普通高等教育规划教材

水 处 理 工 程

（下册）

王学刚　王光辉　编

中国环境出版社·北京

图书在版编目（CIP）数据

水处理工程. 下/王学刚，王光辉编. —北京：中国环境
出版社，2015.1
普通高等教育规划教材
ISBN 978-7-5111-2197-4

Ⅰ. ①水… Ⅱ. ①王… ②王… Ⅲ. ①水处理—高
等学校—教材 Ⅳ. ①TU991.2

中国版本图书馆 CIP 数据核字（2014）第 309782 号

出 版 人	王新程
责任编辑	黄晓燕
文字编辑	赵楠婕
责任校对	唐丽虹
封面设计	宋 瑞

出版发行	中国环境出版社
	（100062 北京市东城区广渠门内大街 16 号）
	网 址：http://www.cesp.com.cn
	电子邮箱：bjgl@cesp.com.cn
	联系电话：010-67112765（编辑管理部）
	010-67112735（环评与监察图书出版中心）
	发行热线：010-67125803，010-67113405（传真）
印 刷	北京中科印刷有限公司
经 销	各地新华书店
版 次	2015 年 1 月第 1 版
印 次	2015 年 1 月第 1 次印刷
开 本	787×960 1/16
印 张	21.75
字 数	400 千字
定 价	28.00 元

前　言

　　随着国民经济的迅猛发展、人民生活水平的逐步提高、工业化和城市化步伐的加快，用水量和污水排放量显著增加，淡水资源的短缺和水环境污染问题日益突出，全面深入地了解和掌握水处理技术，解决我国面临的水环境污染问题，已成为环境工程技术人员的重要历史使命。同时，水环境污染问题又促进了水处理工程技术的发展，特别是其他有关学科（如生物、材料、物理、化学、化工等）近年来的发展，为水处理工程技术的发展注入了新的活力，提供了丰富的素材，使水处理工程技术更多地体现出多学科交叉与集成的边缘性特点。

　　根据原水及污（废）水各自水质特征、使用目的与处理方法的差异，水处理工程学科已形成给水处理和排水处理两个分支，并在不断发展和完善之中。本书考虑水处理技术领域内的给水处理和排水处理在理论、方法等方面的共性，以处理水质为目标，以处理方法为主线，将长期使用的给水处理和排水处理两个体系的主要内容进行了有机整合。在保证基本概念、基本理论、基本技术方法和工艺要求的同时，充分注意吸收国内外水处理工程的新理论、新技术和新工艺，反映了现代水处理工程学科的发展趋势。

　　本书内容主要包括水的物理处理、化学处理、物化处理和生物处理等，在编写时基本上按照处理单元所采用方法的不同编排章节，且各章节具有相对独立性。全书重点反映各处理方法的基本概念、基本原理、设计计算以及实际应用等内容，使本书的体系具有结构合理、内容新颖、丰富完整等特点。为理论联系实际，便于学生深入理解书中的内容，除给出处理单元技术的应用实例之外，还给出了一定量的计算例题、习题和思考题，以培养学生的基本专业素质、工程的基本思维方法和分析解决实际问题能力。

　　本书是高等学校环境科学与工程专业本科生的教材，亦可供从事水污染治理工程技术人员和有关管理人员使用，还可供参加国家注册环保工程师职业资格考试的有关人员参考。

本教材分为上、下两册，上册含 1~5 章，下册含 6~12 章。各篇、章编写的具体分工是：王光辉编写第一篇第 1 章、第 2 章；第二篇第 3 章、第 4 章、第 5 章。王学刚编写第三篇第 6 章、第 7 章、第 8 章、第 9 章、第 10 章、第 11 章、第 12 章。最后由王光辉统稿、定稿。

在编写过程参阅了大量近年来出版的水处理文献资料，得到了有关专家的指导与支持，许多专家对全书提出宝贵意见，同时本书的出版还得到了江西省环境工程特色专业和水处理工程精品课程、水处理工程资源共享课程和环境工程专业综合改革试点等建设项目的资助，在此一并表示感谢。

由于编者水平有限，书中的不足之处在所难免，敬请读者批评指正。

编　者

2013 年 8 月 1 日

目　录

第三篇　生物处理理论与技术

第三篇
生物处理理论与技术

生物处理是废水处理方法中最重要的方法之一。根据微生物的代谢特性，可分为好氧微生物和厌氧微生物，生物化学处理法可相应地分为好氧生物处理和厌氧生物处理。学习本篇内容时，应首先了解环境微生物的生理特征及其生化规律，在此基础上理解和掌握好氧生物处理工艺和厌氧生物处理工艺净化污水的基本原理、基本工艺流程和必要的设计计算，从基本原理、污水处理设备、工艺条件、方法特点、污染物去除效率影响因素、经济效益等方面对各种净化方法进行比较，针对不同的水质特点设计合理的处理工艺和方案。

第 6 章　废水生物处理基础

6.1　概述

6.1.1　废水生物处理的分类

废水生物处理是 19 世纪末出现的治理污水的技术，发展至今已成为世界各国处理城市生活污水和工业废水的主要手段。目前，国内已有近万座污水生物处理厂（站）投入运行。

生物化学处理法简称生化法，是利用自然环境中的微生物，并通过微生物体内的生物化学作用来分解废水中的有机物和某些无机毒物（如氰化物、硫化物），使之转化为稳定、无害物质的一种水处理方法。

1916 年在英国出现了第一座人工处理的曝气池，利用人工培养的微生物来处理城市生活污水，开始了污水生化处理的新时代。由于生化法处理废水效率高、成本低、投资省、操作简单，因此在城市污水和工业废水的处理中都得到广泛的应用。生化法的缺点是运行不当时会产生污泥膨胀和上浮，影响处理效果；该法对要处理水的水质也有一定要求，如废水成分、pH、水温等，因而限制了它的使用范围，另外，生化法占地面积也较大。

生物处理法在城市污水的处理中使用得比较广泛。城市污水的处理分为三个级别，分别称为污水一级处理、污水二级处理和污水三级处理。污水一级处理就是使用物理处理方法，如格栅、沉淀池等去除水中不溶解的污染物。二级处理应用生物处理法，通过微生物的代谢作用进行物质的转化，将废水中的复杂有机物氧化降解为简单的物质。三级处理是用生物法、离子交换法等去除水中的氮和磷，并用臭氧氧化、活性炭吸附等去除难降解有机物，用反渗透法去除盐类物质，用氯化法对水进行消毒。我国目前正在努力普及二级处理，而二级处理中生物处理是最常采用的方法。

不同的细菌对氧的反应不同，一些细菌只能在有氧存在的环境中生长，称需氧细菌（或称好氧细菌），利用此类微生物的作用来处理废水称为好氧生物处理法。另一些细菌只能在无氧的环境中生长，叫厌氧细菌，相应的处理方法叫厌氧生物处理。介于两者之间的还有兼性微生物（在有氧或无氧的环境中均可生长），但它们在废水处理中不起主要作用。

按微生物的代谢形式，生化法可分为好氧法和厌氧法两大类；按微生物的生长方式可分为悬浮生物法和生物膜法，生物处理法分类如图 6-1 所示。

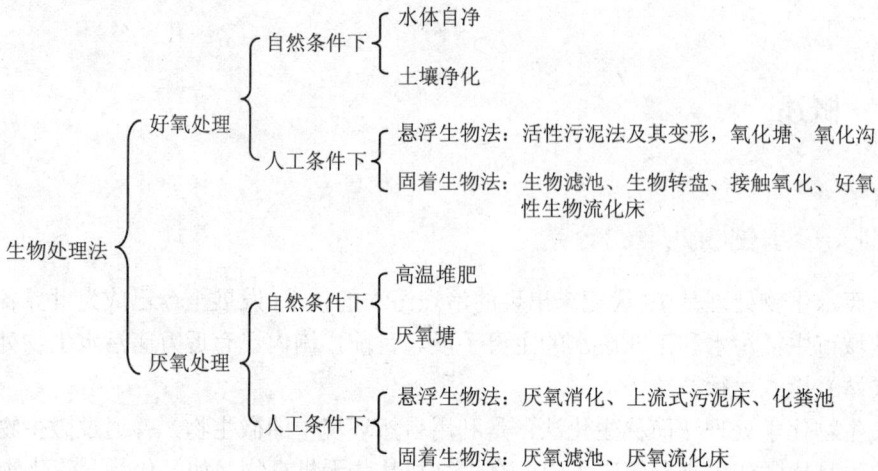

图 6-1 生物处理方法分类

6.1.2 废水的好氧生物处理

在充分供氧的条件下，利用好氧微生物的生命活动过程，将有机污染物氧化分解成较稳定的无机物的处理方法，在工程上称为废水的好氧生物处理。

微生物对有机污染物进行好氧分解的过程如下：溶解态的有机物可以直接透过细菌的细胞壁进入细胞内；固体或胶体的有机物先被细菌吸附，靠细菌所分泌的胞外酶作用，分解成溶解性的物质，然后，再渗入细菌细胞内，通过细菌自身的生命活动，在内酶的作用下，进行氧化、还原和合成过程。一部分被吸收的有机物氧化分解成简单的无机物，如有机物中的碳被氧化成二氧化碳，氢与氧化合成水，氮被氧化成氨、亚硝酸盐和硝酸盐，磷被氧化成磷酸盐，硫被氧化成硫酸盐等。与此同时释放出能量，作为细菌自身生命活动的能源，并将另一部分有机物作为其生长繁殖所需要的构造物质，合成新的原生质。

好氧生物处理时，有机物的转化过程如图 6-2 所示。

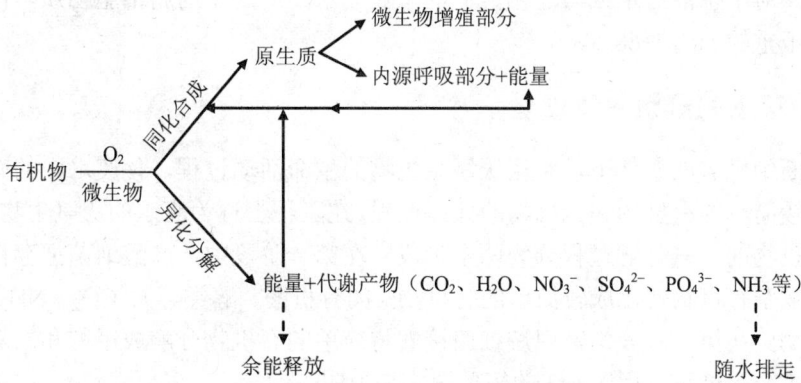

图 6-2 有机物的好氧分解图示

在废水好氧处理过程中，必须不间断地供给溶解氧。因为氧是有机物的最后氢受体，正是由于这种氢的转移，才使能量释放出来，成为细菌生命活动和合成新细胞物质的能源。

有机物的好氧合成过程，也可以用下列生化反应式表示：

（1）有机物的氧化分解（有氧呼吸）：

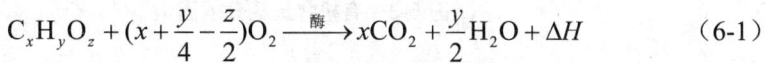

$$C_xH_yO_z + (x + \frac{y}{4} - \frac{z}{2})O_2 \xrightarrow{\text{酶}} xCO_2 + \frac{y}{2}H_2O + \Delta H \tag{6-1}$$

（2）原生质的同化合成（以氨为氮源）：

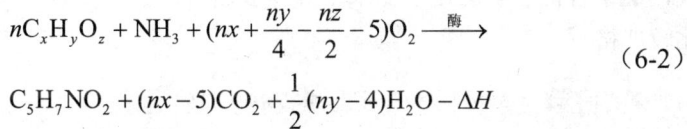

$$nC_xH_yO_z + NH_3 + (nx + \frac{ny}{4} - \frac{nz}{2} - 5)O_2 \xrightarrow{\text{酶}}$$
$$C_5H_7NO_2 + (nx - 5)CO_2 + \frac{1}{2}(ny - 4)H_2O - \Delta H \tag{6-2}$$

（3）原生质的氧化分解（内源呼吸）：

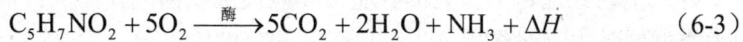

$$C_5H_7NO_2 + 5O_2 \xrightarrow{\text{酶}} 5CO_2 + 2H_2O + NH_3 + \Delta H \tag{6-3}$$

由此可以看出，当废水中营养物质充足，即微生物既能获得足够的能量，又能大量地合成新的原生质时，微生物就不断增长。当废水中营养物质缺乏时，微生物只得依靠细胞内贮藏的物质，甚至把原生质也作为营养物质利用，以获得生命活动所需的最低限度的能源，这种情况下，微生物无论重量还是数量都是不断减少的。可见，要保证废水处理的效果，首先必须有足够数量的微生物，同时，还必须有足够数量的营养物质。

在好氧生物处理过程中，有机物用于氧化与合成的比例，随废水中有机物性质而异。对于生活污水或与之相类似的工业废水，所产生的新细胞物质，占全部有机物干重的 50%～60%。

6.1.3 废水的厌氧生物处理

在断绝供氧的条件下，利用厌氧微生物的生命活动过程，使废水中的有机物转化成较简单的有机物和无机物的处理过程，在工程上称为废水的厌氧生物处理。

有机物的厌氧分解过程分为两个阶段。在第一阶段中，产酸细菌把存在于废水中的复杂有机物转化成较简单的有机物（如有机酸、醇类等）、CO_2、NH_3、H_2S 等无机物。在第二阶段中，甲烷细菌接着将简单的有机物分解成甲烷和二氧化碳等。厌氧分解过程可用图 6-3 的简单图式来说明。

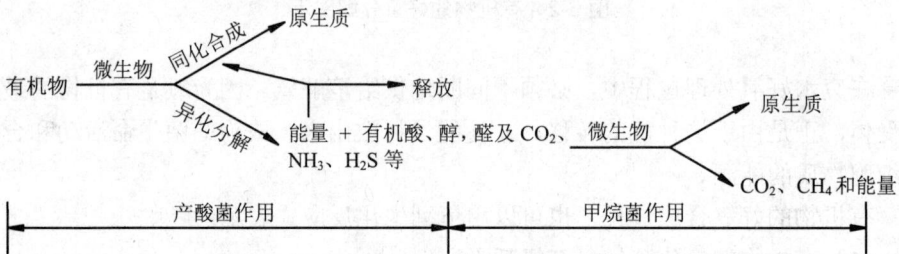

图 6-3　有机物厌氧分解图示

厌氧分解过程中，由于缺乏氧作为氢电子受体，所以，对有机物的分解不彻底，贮于有机物中的化学能未全部释放出来。一般来说，微生物的厌氧生长条件比较严格。

6.1.4 好氧生物处理与厌氧生物处理的区别

（1）起作用的微生物群不同

好氧生物处理是由一大群好氧菌和兼性厌氧菌起作用的；而厌氧生物处理是两大类群的微生物起作用，先是厌氧菌和兼性厌氧菌，后是另一类厌氧菌。

（2）产物不同

好氧生物处理中，有机物被转化成 CO_2、H_2O、NH_3、PO_4^{3-}、SO_4^{2-} 等，且最后基本无害。厌氧生物处理中，有机物先被转化成为数众多的中间有机物（如有机酸、醇、醛等）以及 CO_2、H_2O 等，其中有机酸、醇、醛等有机物又被另一群称为甲烷菌的厌氧菌继续分解。由于能量的限制，其终产物受到较少的氧化作用，如有机碳常形成 CH_4，而不是 CO_2；有机氮形成氨、胺化物或氮气，而不是亚硝酸盐或硝酸盐；硫形成 H_2S，而不是 SO_2 或 SO_4^{2-} 等。产物复杂，有异臭，一些产物可作燃料。

（3）反应速率不同

好氧生物处理由于有氧作为氢受体，有机物转化速率快，需要时间短。可用较小的设备处理较多的废水；厌氧生物处理反应速率慢，需要时间长，在有限的设备内，仅能处理较少量废水或污泥。

（4）对环境要求条件不同

好氧生物处理要求充分供氧，对环境条件要求不太严格；厌氧生物处理要求绝对厌氧的环境，对环境条件（如 pH、温度）要求非常严格。

好氧生物处理与厌氧生物处理都能完成有机污染物的稳定化，但在实际中究竟采用哪种方法，要视具体情况而定。采用厌氧法处理废水，除需要时间长外，处理水发黑，有臭味，且 BOD 浓度仍然很高；如果废水的 BOD_5 浓度较低，所需的处理设备将很庞大。所以，一般废水中有机物浓度若超过 1%（约 10 000 mg/L），才用厌氧生物处理。目前的厌氧生物处理多用于处理沉淀池的有机污泥和高浓度有机废水（如屠宰、酿造工业、食品工业等生产废水）。而好氧生物处理则多用于处理有机污染物浓度较低或适中的废水。

6.2　有机污染物的生物降解性

6.2.1　微生物与废水可生化性

迄今为止，已知的环境污染物达数十万种之多，其中大量的是有机物。所有的有机污染物，可根据微生物对它们的降解性，分成可生物降解、难生物降解和不可生物降解三大类。

废水的生物处理就是利用微生物的新陈代谢作用处理废水的一种方法。微生物与其它生物一样，为了进行自身的生理活动，必须从周围环境中摄取营养物质并加以利用。这些营养物质在微生物体内，通过一系列的生物化学反应，使微生物获得需要的能量，同时微生物本身也得到繁殖、数量得到增加。在废水中存在着各种有机物和无机物。这些物质大部分都可以被微生物作为营养物质而加以利用。废水的生物处理实质就是将废水中含有的污染物质作为微生物生长的营养物质被微生物代谢、利用、转化，将原有的高分子有机物转化为简单有机物或无机物，使得废水得到净化。

作为一个整体，微生物分解有机物的能力是惊人的。可以说，凡自然界存在的有机物，几乎都能被微生物所分解。有些种类，如葱头假单胞菌甚至能降解 90

种以上的有机物，它能利用其中任何一种作为唯一的碳源和能源进行代谢。有毒的氰（腈）化物、酚类化合物等，也能被不少微生物作为营养物质利用、分解。

半个多世纪以来，大量人工合成的有机物问世，如杀虫剂、除草剂、洗涤剂、增塑剂等，它们都是地球化学物质家族中的新成员。尤其是不少有机物的合成研制开发时的目的之一，就是要求它们具有化学稳定性。因此，微生物一接触这些陌生的物质，开始时难以降解也是不足为怪的。但由于微生物具有极其多样的代谢类型和很强的变异性，近年来的研究发现，许多微生物能降解人工合成的有机物，甚至原以为不可生物降解的合成有机物，也找到了能降解它们的微生物。因此，通过研究，有可能使不可降解的或难降解的污染物转变为能降解的，甚至能使它们迅速、高效地去除。

所谓的可生化性，即通过实验去判断某污水或某物质用生物处理的可能性，以允许投配水量或浓度来表示。它只研究可否用生物处理，而不研究分解成什么产物。事实上，生物处理并不要求将有机物全部分解成 CO_2、H_2O 和硝酸盐，而只要求水中污染物去除达到环境所允许的程度。

可生化性研究的目的在于了解污染物的分子结构能否在生物作用下，分解成环境所允许的结构形式，以及是否有足够快的分解速度。

可生化性研究可以帮助确定工业废水局部处理的必要性以及应采取的预处理方法、处理的程度和污水处理工程的运行稳定性，可生化性研究将为污水处理工艺的制定提供科学依据。

6.2.2　化学结构与生物降解的相关性

化学结构与生物降解的相关性归纳起来主要有以下几点：

（1）烃类化合物

一般是链烃比环烃易分解，直链烃比支链烃易分解，不饱和烃比饱和烃易分解。

（2）主要分子链

主要分子链上的 C 被其他元素取代时，对生物氧化的阻抗就会增强，也就是说，主链上的其他原子常比碳原子的生物利用度低，其中氧的影响最显著（如醚类化合物较难生物降解），其次是 S 和 N。

（3）碳氢键

每个 C 原子上至少保持一个碳氢键的有机化合物，对生物氧化的阻抗较小，而当 C 原子上的 H 都被烷基或芳基所取代时，就会形成生物氧化的阻抗物质。

（4）官能团的性质及数量

官能团的性质及数量对有机物的可生化性影响很大。例如，苯环上的氢被羟

基或氨基取代，形成苯酚或苯胺时，它们的生物降解性将比原来的苯提高。卤代作用则使生物降解性降低，尤其是间位取代的苯环，其抗生物降解更明显。一级醇（—CH_2OH）、二级醇（$>CHOH$）易被生物降解，三级醇（$R-\overset{\overset{\displaystyle R}{|}}{\underset{\underset{\displaystyle R}{|}}{C}}-OH$）却能抵抗生物降解。

（5）分子量大小对生物降解性的影响很大

高分子化合物，由于微生物及其酶难以扩散到化合物内部，袭击其中最敏感的反应键，因此使生物可降解性降低。

由于废水中污染物的种类繁多，相互间的影响错综复杂，所以一般应通过实验来评价废水的可生化性，判断采用生化处理的可能性和合理性。

6.2.3　废水可生化性的评定方法

（1）按水质指标进行评价

通常是运用对工业废水或化学物质（有时称基质）的 BOD_5、COD_{Cr}、TOD 的测定进行评价。

1）BOD_5/COD_{Cr} 比值法

BOD_5 和 COD_{Cr} 是废水生物处理过程中常用的两个水质指标，用 BOD_5/COD_{Cr} 值评价废水的可生化性是广泛采用的一种最为简易的方法。在一般情况下，BOD_5/COD_{Cr} 值越大，说明废水可生物处理性越好。综合国内外的研究结果，可参照表 6-1 中所列数据评价废水的可生化性。

表 6-1　废水可生化性评价表

BOD_5/COD_{Cr}	>0.45	0.3~0.45	0.2~0.3	<0.2
可生化	好	较好	较难	不宜

在使用这种方法时，应注意以下几个问题。

①某些废水中含有的悬浮性有机固体容易在 COD 的测定中被重铬酸钾氧化，并以 COD 的形式表现出来。但在 BOD 反应瓶中受物理形态限制，BOD 数值较低，致使 BOD_5/COD 值减小。而实际上悬浮有机固体可通过生物絮凝作用去除，继之可经胞外酶水解后进入细胞内被氧化，其 BOD_5/COD 值虽小，可生物处理性却不差。

②COD 测定值中包含了废水中某些无机还原性物质（如硫化物、亚硫酸盐、

亚硝酸盐、亚铁离子等）所消耗的氧量，BOD_5 测定值中也包括硫化物、亚硫酸盐、亚铁离子所消耗的氧量。但由于 COD 与 BOD_5 测定方法不同，这些无机还原性物质在测定时的终态浓度及状态都不尽相同，亦在两种测定方法中所消耗的氧量不同，从而直接影响 BOD_5 和 COD 的测定值及其比值。

③重铬酸钾在酸性条件下的氧化能力很强，在大多数情况下，COD 值可近似代表废水中全部有机物的含量。但有些化合物如吡啶不被重铬酸钾氧化，不能以 COD 的形式表现出需氧量，但却可能在微生物作用下被氧化，以 BOD_5 的形式表现出需氧量，因此对 BOD_5/COD_{Cr} 值产生很大影响。

综上所述，废水 BOD_5/COD_{Cr} 值不可能直接等于可生物降解的有机物占全部有机物的百分数，所以，用 BOD_5/COD_{Cr} 值来评价废水的生物处理可行性尽管方便，但比较粗糙，欲做出准确的结论，还应辅以生物处理的模型实验。

2）BOD_5/TOD 值法

对于同一废水或同种化合物，COD 值一般总是小于或等于 TOD 值，不同化合物的 COD/TOD 值变化很大，如吡啶为 2%，甲苯为 45%，甲醇为 100%，因此，以 TOD 代表废水中的总有机物含量要比 COD 准确，即用 BOD_5/TOD 值来评价废水的可生化性能得到更好的相关性。

通常，废水的 TOD 由两部分组成，其一是可生物降解的 TOD（以 TOD_B 表示），其二是不可生物降解的 TOD（以 TOD_{NB} 表示），即

$$TOD = TOD_B + TOD_{NB}$$

在微生物的代谢作用下，TOD_B 中的一部分氧化分解为 CO_2 和 H_2O，另一部分合成为新的细胞物质。合成的细胞物质将在内源呼吸过程中被分解，并有一些细胞残骸最终要剩下来。采用 BOD_5/TOD 值评价废水可生化性时，有些研究者推荐采用表 6-2 所列标准。

表 6-2　废水可生化性评价参考数据

BOD_5/TOD	>0.4	0.2～0.4	<0.2
可生化性	易生化	可生化	难生化

（2）测呼吸线（瓦呼仪法）

该方法是根据有机物的生化呼吸线与内源呼吸线的比较来判断有机物的生物降解性能。

测呼吸线即测定基质的耗氧曲线，并把活性污泥微生物对基质的生化呼吸线与其内源呼吸线相比较而作为基质可生化性的评价。

当活性污泥微生物处于内源呼吸时，利用的基质是微生物自身的细胞物质，其呼吸速度是恒定的，耗氧量与时间的变化呈直线关系，这称为呼吸线。当供给活性污泥微生物外源基质时，耗氧量随时间的变化是一条特征曲线，称为生化呼吸线。把各种有机物的生化呼吸线与内呼吸线加以比较时，可能出现如图 6-4 所示的三种情况。

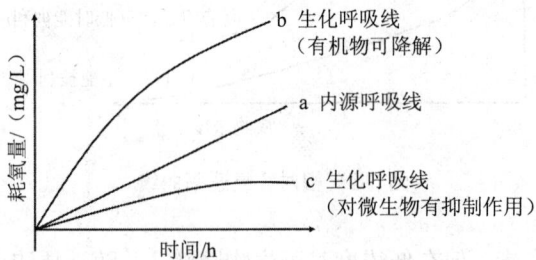

图 6-4　微生物呼吸耗氧曲线

①生化呼吸线位于内呼吸线之上。说明该有机物或废水可被微生物氧化分解。两条呼吸线之间的距离越大，该有机物或废水的生物降解性越好，反之亦然（见图 6-4 b）。

②生化呼吸线与内呼吸线基本重合，表明该有机物不能被活性污泥微生物氧化分解，但对微生物的生命活动无抑制作用（图 6-4a）。

③生化呼吸线位于内呼吸线之下，说明该有机物对微生物产生了抑制作用，生化呼吸线越接近横坐标，则抑制作用越大（图 6-4c）。

（3）测相对耗氧速率曲线

耗氧速率就是单位生物量在单位时间内的耗氧量。生物量可用活性污泥的重量、浓度或含氮量来表示。如果测定时生物量不变，改变底物浓度，便可测得某种有机物在不同浓度下的耗氧速率，把它们与内呼吸耗氧速率去比，就可得出相应浓度下的相对耗氧速率，据此可作出相对耗氧速率曲线。

以有机物或废水浓度为横坐标，以相对耗氧速率为纵坐标，所作的不同基质（或废水）的相对耗氧速率曲线可能出现图 6-5 的四种耗氧曲线的类型：

① 表明基质无毒，但不能被活性污泥微生物所利用，如某些矿物油。

② 表明基质无毒无害，可被活性污泥微生物降解，在一定范围内相对耗氧速率随基质浓度增加而增加，如葡萄糖、牛奶污水等。

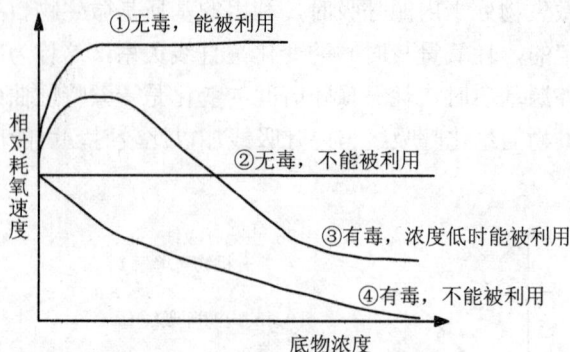

图 6-5 相对耗氧速率曲线

③ 表明基质有毒，但在低浓度时可生物降解，并随基质浓度的增加，相对耗氧速率可逐渐增加，超过一定浓度后，相对耗氧速率逐渐降低，说明生物降解逐渐受到抑制。当相对耗氧速率降到 100 时，便到了活性污泥微生物忍受的限界浓度，这时，对外源底物的生物降解已完全被抑制，如苯、酚、甲醛等。

④ 表明基质有毒，不能被微生物利用，如氯化汞之类的金属盐。

（4）测定生物氧化率

用活性污泥作为测定用微生物，单一的被测有机物作为底物，在瓦氏呼吸仪上检测其耗氧量，与该底物完全氧化的理论需氧量相比，即可求得被测化合物的生物氧化率。

例如，经测试得到一些有机物的生物氧化率（%）分别如下：

甲苯	53
醋酸乙烯酯	34
苯	24
乙二胺	24
二甘醇	5
二癸基苯二甲酸	1
乙基-己基丙烯盐	0

如果，除底物不同外，其余测定条件完全相同，则测得的生物氧化率的大小，在一定程度上可反映这些化合物的生物降解性的差异。

（5）培养法

通常采用生物处理的小模型，接种适量的活性污泥，对待测废水进行批式处理试验。测定进水、出水的 COD_{Cr} 和 BOD_5 等水质指标，观察活性污泥的增长，镜检活性污泥生物相。根据测试结果，可作出废水可生化性的判断。

除上述方法外，还可通过测定活性污泥与废水（或污染物）接触前后活性污泥中挥发性物质的变化、脱氢酶活性的变化、ATP 量的变化等方法来评价生物降解性。

6.3 废水生物处理中的微生物及生长环境

6.3.1 废水生物处理中的微生物

废水生物处理中的微生物种类繁多，活性污泥中除细菌之外还有原生动物和后生动物，当环境条件适宜时，酵母、丝状菌、放线菌及藻类等在活性污泥中也时有发现。了解活性污泥中微生物的营养代谢规律、明确其微生物组成及其对环境条件的要求，这对活性污泥法的合理设计和处理厂的运行管理都十分重要。处理厂活性污泥的污泥膨胀、上浮、污泥解体等时有发生，都直接影响出水水质，如何应对处理这些故障都涉及微生物学方面的知识。近 20 来年生物除磷脱氮技术发展很快，与微生物学技术发展密不可分。本节只重点介绍生物处理中的微生物。

（1）细菌（真细菌）

细菌是微小的、单细胞的、没有真正细胞核的原核生物。它可分为三大类型 —— 球菌、杆菌和螺旋菌。一般来说，细菌的构造可分为基本结构和特殊结构；特殊构造只为一部分细菌所具有。细菌的基本结构包括细胞壁和原生质体两部分；原生质体位于细胞壁内，包括细胞膜、细胞质、核质和内含物。细菌的特殊结构有荚膜、芽孢和鞭毛三种。典型的细菌形态及其细胞结构见图 6-6。

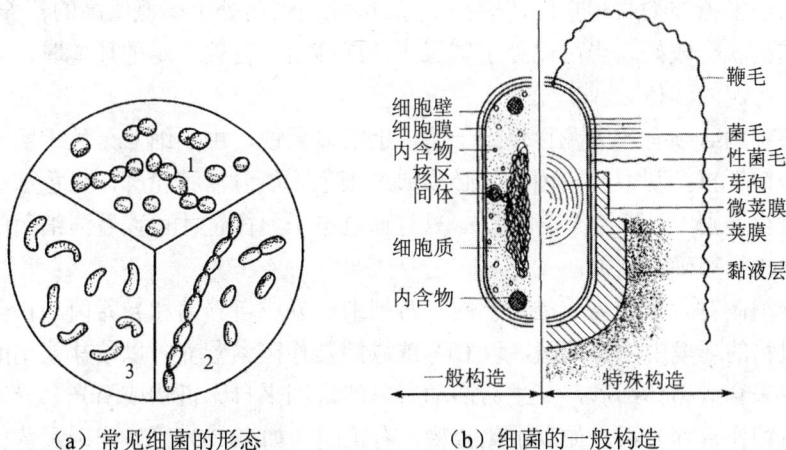

（a）常见细菌的形态

1-球菌；2-杆菌；3-螺旋菌

（b）细菌的一般构造

图 6-6 典型的细菌形态及其细胞结构

细菌中最大的可达 80 μm，小的则只有 0.2 μm，已接近于光学显微镜的临界点。硫细菌和铁细菌就属于最大的细菌。球菌中直径为 0.5～1.0 μm 的占多数，杆菌中则以（0.5～1.0）×1.0×2.0 μm 左右的居多。

每个细菌都可看作为一个单独的化工厂，吸收营养完成其新陈代谢活动都是在细菌内进行的，细胞吸收葡萄糖后，能制造上百种有机物，有着奇妙的能力，其过程示意图见图 6-7。

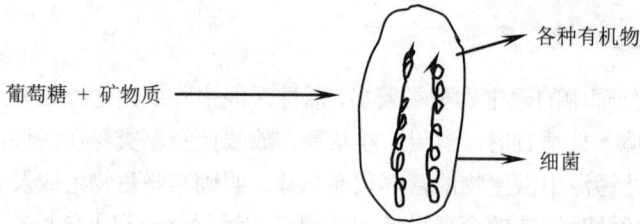

葡萄糖 + 矿物质 → 各种有机物 细菌

图 6-7　细菌合成有机物示意

细菌是最低等的单细胞生物，是活性污泥的主要微生物，其数量占污泥中微生物总量的 90%～95%。细菌在有机污染物的净化中起着最重要的作用。活性污泥中的细菌主要有菌胶团细菌及丝状细菌，它们构成活性污泥的骨架，其他微型动物则附着其上或遨游其间。细菌、微型动物与其他微生物及污水中的悬浮物混杂在一起，形成具有吸附、分解有机物能力的活性污泥絮体。而重要的是这些细菌因为菌胶团形成的综合性生物絮体，构成活性污泥絮体颗粒的核心。目前较为广泛的菌胶团形成学说有胶体基质说和纤维素说。这类能形成絮凝体的细菌主要是由含碳的多糖类物质将它们连接在一起。因此当细菌处于碳氮比高的营养条件，絮体的结构就会较好。当污泥处于碳氮比低或高温、营养不足的环境时，则容易导致活性污泥的解体。

观察细菌必须有放大几百倍到千倍以上的显微镜，由于细菌无色透明，普通光学显微镜下直接观察比较困难，必须通过染色才能看清其轮廓，染色法还可以对细菌进行鉴别（如革兰氏染色法）。只有通过电子显微镜才可以看清细菌的内部结构，并进行精确的读数。

根据细菌对营养的需求类型不同，常把细菌分成自养菌和异养菌。自养菌能在含无机物的环境中生长繁殖，以 CO_2 或碳酸盐作碳素营养，以铵盐或硝酸盐作氮素营养来合成菌体细胞，其生命活动所需能量则来自无机物或阳光。异养菌则是以有机物作营养元素，如碳水化合物、有机酸（如 BOD 等）作碳素营养，并利用有机物分解过程中放出的能量作为进行生命活动所必需的能源，其氮素则来自无机物或有机氮化物。

　　自养菌还可以根据所需能量来源的不同分为光能营养型和化能营养型两类。一般藻类就是光能自养菌，而硝酸盐菌和亚硝酸盐菌则是化能自养菌。还可以根据对分子氧的需要不同把细菌分成好氧菌、厌氧菌和兼性菌。比较全面的分类是根据细菌对碳源、电子供体（如有机物、挥发性脂肪酸、NH_3、NO_2等）、电子受体（如 O_2、NO_2、NO_3 等）的要求和最终产物的状况（如 CO_2、H_2O 或甲烷）不同进行分类。

　　（2）真菌

　　真菌是类似植物的低等的真核微生物，结构比细菌复杂，包括单细胞的酵母菌和呈丝状的多细胞真菌。酵母菌为单细胞的真菌，一般呈卵圆形、圆形或圆柱形。酵母菌细胞宽 1～5 μm，长 5～30 μm 或更长（约 100 μm）。真菌是多细胞的腐生或寄生的丝状菌，具有一种由分枝的丝状菌丝所组成的叶状菌。活性污泥中真菌主要是丝状真菌。丝硫真菌及球衣细菌见图 6-8。

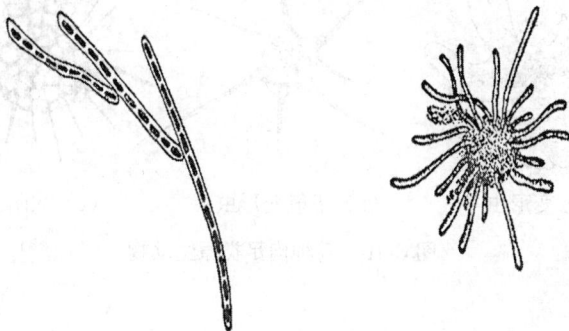

图 6-8　丝硫真菌及球衣细菌

　　在正常的活性污泥中，真菌类的出现不占优势。可是，在影响细菌增殖的恶劣环境中，则发现真菌增殖代替细菌的增殖。这种具有丝状结构的真菌过度繁殖，则会使得活性污泥的沉淀性能变化，影响处理效果，即所谓发生污泥膨胀。

　　（3）原生动物

　　原生动物是最低等的单细胞的动物，个体很小，长度一般在 10～100 μm。包括各种不同的形态，繁殖方式有无性繁殖（如二分裂法、纵分裂法、横分裂法、出芽生殖、多分裂法）和有性繁殖，在食物链中属于消费者。以细菌和藻类为食，而它又被以后的轮虫和昆虫的幼虫所食，它是严格好氧的，一定要有溶解氧才能生存，只有在高负荷处理中能见到少量的厌氧原生动物。水处理中常见的原生动物有三类：鞭毛类（Mastigophora）（图 6-9）、肉足类（Sarcodina）（图 6-10）和纤毛类（Ciliata）（图 6-11）。

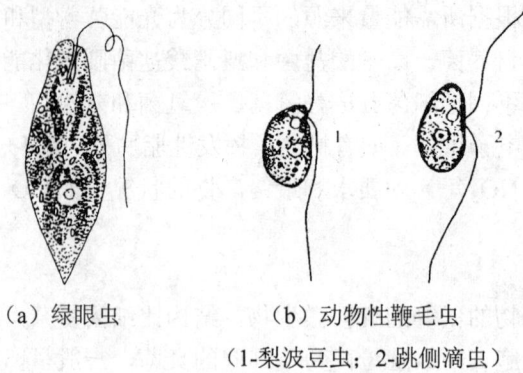

（a）绿眼虫 　　　　（b）动物性鞭毛虫

（1-梨波豆虫；2-跳侧滴虫）

图 6-9　几种鞭毛类原生动物

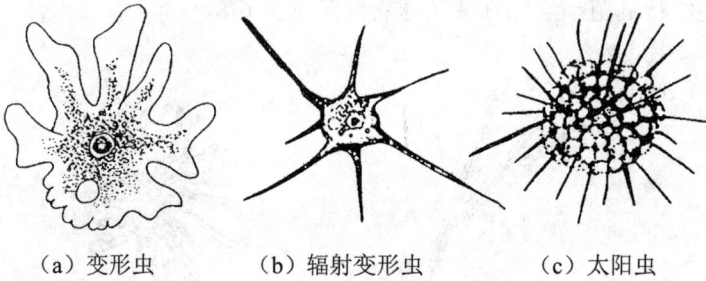

（a）变形虫　　　　（b）辐射变形虫　　　　（c）太阳虫

图 6-10　几种肉足类原生动物

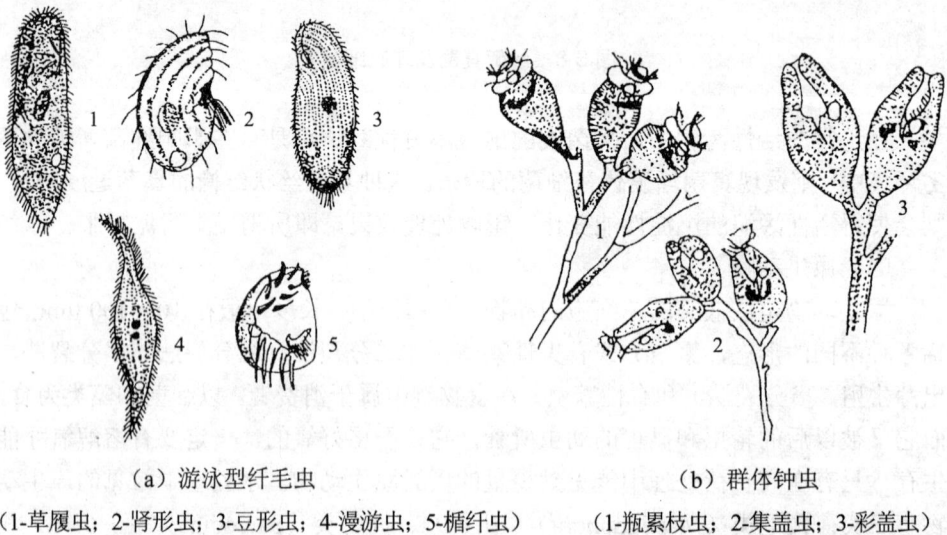

　　　　（a）游泳型纤毛虫 　　　　　　　　　（b）群体钟虫

（1-草履虫；2-肾形虫；3-豆形虫；4-漫游虫；5-楯纤虫）　　（1-瓶累枝虫；2-集盖虫；3-彩盖虫）

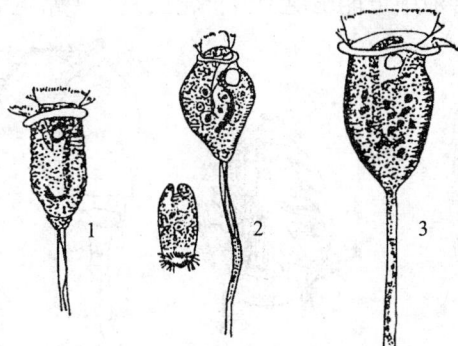

（c）几种单个个体的钟虫（固着型）

（1-领钟虫；2-小口钟虫；3-沟钟虫）

图 6-11 几种纤毛类原生动物

总体来看，在污水处理过程中，从重要性及数量上说，原生动物为仅次于细菌的微生物。原生动物所起的最主要作用是吞食细菌。吞食细菌一方面起了净化废水的作用，另一方面控制了细菌的增殖速度，保持微生物群体的生态平衡。另外，原生动物也可以直接从废水中吞食固体有机物，吸收有机物直接发挥净化废水的作用。在 1 mL 的正常活性污泥的混合液中通常有 5 000~20 000 个原生动物。

原生动物还可以作为指示生物，由于不同种类的原生动物对环境条件的要求不同，对环境变化的敏感程度也不同，所以可以利用原生动物的种群的生长情况，判断生物处理构筑物的运转情况及废水净化的效果。因为原生动物的形体比细菌大得多，以低倍显微镜即可观察，因此以原生动物作为指示生物是较为方便的。

活性污泥混合液中出现游动的原生动物（称自由游泳型）多，说明混合液中分散的细菌多，在这种情况下，处理后的出水往往比较混浊，而固着于生物絮体上的固着型的原生动物多，则说明混合液中分散的细菌少。如果包括细菌在内的悬浮物大部分被微生物絮体网捕下来，澄清后的上清液就比较清澈。如果显微镜镜检观察到固着型纤毛虫（钟虫类）多，说明活性污泥正常，处理后出水清澈。这些原生动物对判别污水处理厂工作好坏有指示性作用，所以称它们为指示性原生动物。

（4）后生动物

后生动物由多个细胞组成，种类很多。在活性污泥中，后生动物的种类和个体数都很少，一般在 1 mL 活性污泥混合液中可能出现 100~200 个后生动物。但有时因污泥龄长、负荷低、营养缺乏导致污泥老化，污泥细碎而使轮虫数量增加到 1 mL 活性污泥混合液中可能出现上万个轮虫。几种常见后生动物见图 6-12。

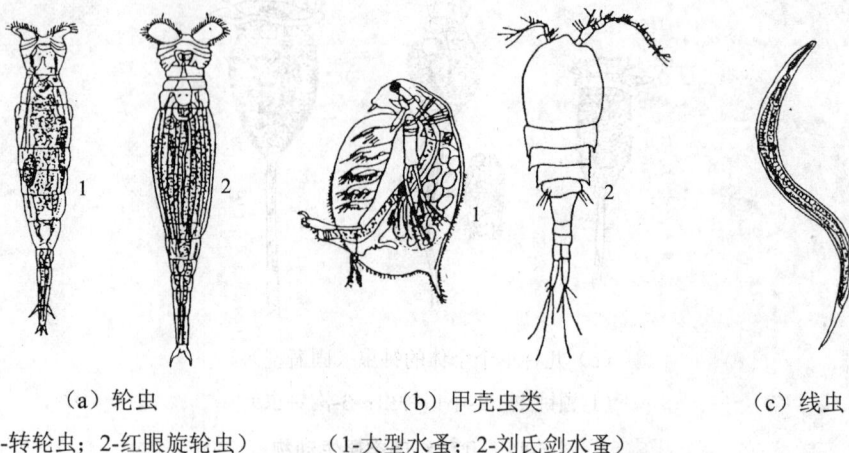

(a) 轮虫   (b) 甲壳虫类   (c) 线虫

(1-转轮虫；2-红眼旋轮虫)   (1-大型水蚤；2-刘氏剑水蚤)

图 6-12 几种常见后生动物

在废水处理中常见的后生动物是轮虫[见图 6-12（a）]和线虫[见图 6-12（c）]，偶尔也出现腹毛类、寡毛类和甲壳类[图 6-12（b）]等后生动物。轮虫体形前端有一个头冠，头冠上有一列或多列纤毛形成的纤毛环。纤毛环经常摆动，可将食物引入。轮虫因其纤毛环摆动时像旋转的轮盘而得名。线虫的形体为长条线形，最长可达 2 mm，断面为圆形。轮虫和线虫在活性污泥和生物膜中都能观察到，它们的存在，往往表明处理效果较好。轮虫广泛分布在水和潮湿土壤中，体长一般为 $100 \sim 150 \ \mu m$。

线虫一般 1 mL 活性污泥混合液中可能出现 100 个左右或者几百个。线虫与轮虫不同，往往在负荷高的活性污泥混合液中才出现。

腹毛类、寡毛类和甲壳类等后生动物时有出现，但数量不多。

总之，活性污泥系统可能出现的微生物，几乎包括微生物的各种类群，属于原核生物的有细菌、放线菌和蓝细菌，属于真核生物的有酵母、丝状真菌以及属于原生动物的多细胞微型动物等。此外，还有单细胞藻类、病毒和立克次氏体等。但是，处于正常运行情况下的活性污泥，其微生物组成的主要成员是细菌（其中主要是异氧菌）。微生物的主要作用是稳定有机物、氧化 $NH_4^+\text{-}N$ 成 $NO_2^-\text{-}N$、$NO_3^-\text{-}N$。有机物是微生物的食料，微生物依靠这些食料生长、繁殖。食料减少，生物量增加。

活性污泥是各种细菌、原生动物的混合体，它们组成了具有一定营养层次的稳定的食物链。一般情况下，除细菌外，其他类型的微生物是不出现或是少见和偶见的。但在特定环境下，某些菌种和原生动物会占优势，因此可以作为指示生物，通过镜检即可检验出来。在处理化学工业废水时，原生动物就不一定出现。

6.3.2　微生物细胞原生质的经验分子式

微生物细胞的经验分子式是表达微生物细胞的基本成分的有效方式，原核生物的组成中几乎 80%是水，20%是干物质，干物质中 90%是有机物，10%为无机物。为了弄清原核生物组分的含量，前人做了大量实验研究工作。现将其典型结果表述如下。

Hoover&Porges（1952）：$C_5H_7O_2N$（分子量 113）

Kansas（20 世纪 60 年代）：$C_5H_9O_{2.5}N$（分子量 123）

MIT（20 世纪 50 年代）：$C_5H_9O_2N \sim C_5H_9O_3N$

Kansas 大学研究指出：细菌细胞中 C/H 值在任何生长条件下为 6.8；新细胞中的 VSS 碳占 56%，氮占 12%。

当考虑到磷时，可用 $C_{60}H_{87}O_{23}N_{12}P$ 经验分子式来代表细胞的经验分子式。微生物细胞组分可用表 6-3 表示。

表 6-3　几种微生物的组分

组分	微生物名称		
	酵母菌	细菌	菌胶团
碳/%	47.0	47.3	44.9
氢/%	6.0	5.7	—
氧/%	32.5	27.0	—
氮/%	8.5	11.3	9.9
灰分/%	6.0	8.3	—
经验式	$C_{13}H_{20}N_2O_7$	$C_5H_7NO_2$	—
C/N	5.6	4.3	4.5

注：微生物的组分中碳与氢占其总含量的 90%~97%。

微生物细胞除 C、H、O、N 诸元素外，还有 P、Fe、Mg、K、Ca、Na、S、Co、Zn、Mo 等微量元素。缺少其中任何一种元素都会减慢其代谢速度，影响处理效果。生活污水含有这些元素，可以很好合成微生物细胞，但工业废水中不含这些元素，需要时可添加。

6.3.3　微生物的生长环境

微生物的生长与环境条件关系极大。在污水生物处理过程中，应设法创造良好的环境，使微生物很好地生长、繁殖，以取得令人满意的处理效果和经济效益。

影响微生物生长的环境因素很多，其中最主要的是营养、温度、pH、溶解氧以及有毒物质。

（1）微生物的营养

微生物为合成自身的细胞物质，需要从周围环境中摄取自身生存所必需的各种物质，这就是营养物质。其中主要的营养物质是碳、氮、磷等，这些是微生物细胞化学成分的骨架。对微生物来讲，碳、氮、磷营养有一定的比例，一般为 $BOD_5 : N : P = 100 : 5 : 1$。

一般来说，生活污水中大多含有微生物能利用的碳源，氮和磷的含量也较高，采用生物法处理时不需另外投加，但对于某些含碳量低或者含氮、磷低的工业废水，可能需要另加碳源、氮源和磷源，如投加生活污水、米泔水、淀粉浆料等以补充碳源，投加尿素、硫酸氨等补充氮源，投加磷酸钾、磷酸钠等补充磷。

（2）温度

各类微生物所生长的温度范围不同，为 5～80℃。此温度范围内，可分成最低生长温度、最高生长温度和最适生长温度（微生物生长速度最高时的温度）。依微生物适应的温度范围，微生物可分成低温性、中温性和高温性三类。低温性微生物的生长温度在 20℃ 以下，中温性微生物的生长温度在 20～45℃ 范围内，高温性微生物的生长温度在 45℃ 以上。

一般好氧生物处理中的微生物多属中温微生物，其生长繁殖的最适温度范围为 20～37℃，当温度超过最高生长温度时，微生物的蛋白质迅速变性且酶系统会遭到破坏失去活性，严重时可使微生物死亡。低温会使微生物代谢活力降低，进而处于生长繁殖停止状态，但仍保持生命力。

厌氧生物处理中，常利用中温和高温两种类型的微生物，中温厌氧菌的最适温度范围为 25～40℃，高温厌氧菌的最适温度范围为 50～60℃。如污泥厌氧消化中的中温消化常采用温度为 33～38℃，高温消化常采用 52～57℃。

（3）pH

不同的微生物有不同的 pH 范围。例如细菌、放线菌、藻类和原生动物的 pH 适应范围是 4.0～10.0。大多数细菌适宜中性和偏碱性环境（pH=6.5～7.5）；氧化硫化杆菌喜欢在酸性环境，其最适 pH 为 3.0，亦可在 pH=1.5 的环境中生活；酵母菌和真菌要求在酸性或偏酸性的环境中生活，最适 pH 为 3.0～6.0。

在污水生物处理过程中，保持最适 pH 范围是十分必要的。如活性污泥法曝气池中的适宜 pH 为 6.5～8.5，如果 pH 上升到 9.0，原生动物将由活跃转为呆滞，菌胶团黏性物质解体，活性污泥结构遭到破坏，处理效果显著下降。如果进水 pH 突然降低，曝气池混合液呈酸性，活性污泥结构也会发生变化，二沉池中将出现大量浮泥现象。

当污水的 pH 变化较大时，应设置调节池，以保持生物反应器中的 pH 在合适的范围内。

（4）溶解氧

溶解氧是影响生物处理效果的重要因素。在好氧生物处理中，如果溶解氧不足，好氧微生物由于得不到充足的氧，其活性将受到影响，新陈代谢能力降低，同时对溶解氧要求较低的微生物将逐步成为优势种属，影响正常的生化反应过程，造成处理效果下降。对于生物除磷脱氮来讲，厌氧释磷和缺氧反硝化过程不需要溶解氧，否则将导致氮、磷去除效果下降。

好氧生物处理的溶解氧一般以 2～3 mg/L 为宜。缺氧反硝化一般应控制溶解氧在 0.5 mg/L 以下，厌氧磷释放则要求溶解氧低于 0.3 mg/L。

（5）有毒物质

在工业废水中，有时存在着对微生物具有抑制和毒害作用的化学物质，这类物质称为有毒物质。其毒害作用主要表现在细胞的正常结构遭到破坏及菌体内的酶变质，并失去活性。如重金属（砷、铅、镉、铬、铁、铜、锌等）能与细胞内的蛋白质结合，使酶变质失去活性。因此，生物处理中应对有毒物质严加控制，但毒物浓度的允许范围目前尚无统一的标准，表 6-4 中列出的数字可供参考。

表 6-4 活性污泥系统中有毒物质的允许浓度　　　　单位：mg/L

有毒物质	允许浓度	有毒物质	允许浓度
铜化合物（以 Cu 计）	0.5～1.0	苯	10
锌化合物（以 Zn 计）	5～13	氯苯	10
镍化合物（以 Ni 计）	2	对苯二酚	15
铅化合物（以 Pb 计）	1.0	间苯二酚	450
锑化合物（以 Sb 计）	0.2	邻苯二酚	100
镉化合物（以 Cd 计）	1～5	间苯三酚	100
钒化合物（以 V 计）	5	邻苯三酚	100
银化合物（以 Ag 计）	0.25	苯胺	100
铬化合物（以 Cr 计）	2～5	二硝基甲苯	12
（以 Cr^{3+} 计）	2.7	甲醛	160
（以 Cr^{6+} 计）	0.5	乙醛	1 000
硫化物（以 S^{2+} 计）	5～25	二甲苯	7
（以 H_2S 计）	20	甲苯	7
氰氢酸氰化钾	1～8	氯苯	10
硫氰化物	36	吡啶	400
砷化合物（以 As^{3+} 计）	0.7～2.0	烷基苯磺酸盐	15
汞化合物（以 Hg 计）	0.5	甘油	5

【习题与思考题】

6-1　好氧生物处理和厌氧生物处理的主要区别。

6-2　在好氧条件下，废水中有机物的去除主要是由哪几个生物过程完成的？请分别给出其反应方程式。

6-3　在无初沉池的活性污泥法中，咖啡生产废水与生活污水合并处理。混合废水中咖啡废水占 40%，生活污水占 60%。咖啡废水的 BOD_5 为 840 mg/L，总氮为 6 mg/L，生活污水 BOD_5 为 200 mg/L，总氮为 35 mg/L，总磷为 5 mg/L。如果对于活性污泥法要求 BOD_5：N：P 为 100：5：1，混合废水中的氮和磷是否合适？如果不合适，需要在废水中投加多少 NH_4NO_3 和 KH_2PO_4？

6-4　废水可生化性问题的实质是什么？评价废水可生化性的主要方法有哪几种？各有何优缺点？

6-5　已知某一级反应起始浓度为 220 mg/L，2 h 后的基质浓度为 20 mg/L，求其反应速度常数 k 与反应 1 h 后的基质浓度 ρ_s。

第7章 活性污泥法

活性污泥法是一种应用最广泛的废水好氧生物处理技术之一，是一种悬浮型的好氧生物处理工艺。所谓"活性污泥"（Activated Sludge）指的是一种人工培养的生物絮凝体，利用这种悬浮生长的生物絮凝体去处理废水的方法称为活性污泥法。该方法自1914年英国的Ardernh和Lockett实验成功以来，作为一种二级处理技术，在处理生活污水和各种工业废水方面得到应用，目前已成为最成熟但仍在迅速发展变化的废水处理技术之一。

7.1 活性污泥法基本原理

7.1.1 活性污泥法的流程与基本特征

有机废水经过一段时间的曝气后，水中会产生一种以好氧菌为主体的茶褐色絮凝体，其中含有大量的活性微生物，这种污泥絮体就是活性污泥。活性污泥（Activated Sludge）是以细菌、真菌、原生动物和后生动物所组成的活性微生物为主体，此外还有一些无机物、未被微生物分解的有机物和微生物自身代谢的残留物。活性污泥结构疏松，比表面积很大，对有机物有着强烈的吸附凝聚和氧化分解能力。在条件适当的时候，活性污泥还具有良好的自身凝聚和沉降性能，大部分絮凝体在0.02~0.2 mm。从废水处理角度来看，这些特点对废水中污染物的去除是十分有利的。

活性污泥法就是以废水中的有机污染物为培养基，在有溶解氧的条件下，连续地培养活性污泥，再利用其吸附凝聚和氧化分解作用去除净化废水中有机污染物。

活性污泥反应进行使污水中的有机污染物得到降解、去除，污水得到净化，由于微生物的繁衍增殖，活性污泥本身也得到增长。

传统活性污泥法工艺系统主要是由曝气池、曝气系统、二次沉淀以及污泥回流系统和污泥排放系统组成，如图7-1所示。曝气池与二次沉淀池是活性污泥系统的基本处理构筑物单元。

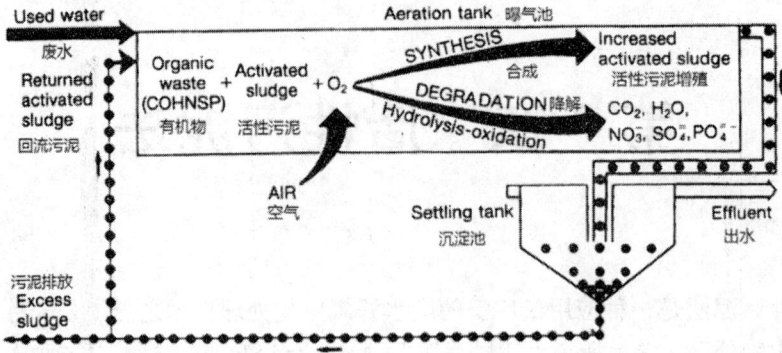

图 7-1　活性污泥法处理系统（据 Hawkes 1983a）

（1）曝气池（Aeration Tank）

在池中使废水中的有机污染物与活性污泥充分接触，并吸附和氧化分解有机污染物质。

（2）曝气系统（Aeration System）

供给曝气池生物反应所必需的溶解氧，并起混合搅拌作用，使活性污泥处于悬浮状态。

（3）二次沉淀池（Sedimetation Tank）

进行固液分离，保证出水水质。活性污泥通过沉淀与污水分离，澄清后的污水作为处理水排出系统。它是相对初沉淀而言的，初沉淀设于曝气池之前，用以去除废水中的粗大的悬浮物颗粒物，悬浮物少时可以不设初沉淀。

（4）污泥回流（Returned Sludge）

将二次沉淀池中的一部分沉淀污泥回流到曝气池，以维持曝气池内的污泥浓度。通过调节污泥回流比，改变曝气池的运行工况。

（5）剩余污泥排放（Excess Sludge）

曝气池内污泥不断增殖，增殖的污泥作为剩余污泥从剩余污泥排放系统中排出，是去除有机物的途径之一。剩余污泥必须妥善处理，否则将造成二次污染。

活性污泥法处理活性污泥系统有效运行的基本条件是：污水中含有足够的可溶性易降解有机物，作为微生物生理活动所必需的营养物质；混合液中含有足够的溶解氧；活性污泥在曝气池内呈悬浮状态，能够与污水充分接触；活性污泥连续回流、及时排出剩余污泥，使曝气池中保持一定浓度的活性污泥浓度；没有对微生物有毒有害的物质进入。

活性污泥法处理系统，实质上是自然界水体自净的人工强化模拟。

7.1.2 活性污泥的形态与组成

活性污泥是活性污泥法处理系统中的主体作用物质。在活性污泥上栖息着具有强大生命力的微生物群体。在微生物群体新陈代谢功能的作用下，活性污泥具有将有机物转化为稳定的无机物的活力，故此称之为"活性污泥"。

正常的活性污泥在外观上呈褐色或（土）黄色的絮状体，也称"生物絮凝体"，其颗粒粒径一般介于 0.02～0.2 mm。静置时，活性污泥立即凝聚成较大的絮状粒而下沉。活性污泥具有较大的比表面积，每毫升活性污泥的表面积介于 20～100 cm^2。活性污泥含水率很高，一般都在 99%以上，其比重因含水率不同而异，为 1.002～1.006 g/cm^3。

活性污泥固体物质仅占 1%（含固率）以下，由有机与无机两部分组成，其组成比例因污水性质不同而异，如城市污水的活性污泥，其中有机成分占 75%～85%，无机成分占 15%～25%。

活性污泥固体物质是由以下四部分物质所组成：

（1）M_a —— 具有代谢功能的活性微生物群体，简称活细胞（Activated Mass）；

（2）M_e —— 微生物内源代谢、自身氧化的残留物（Endogenous Mass）；

（3）M_i —— 由污水挟入的难生物降解的惰性有机物（Inert Organic）；

（4）M_{ii} —— 由污水挟入的无机物质（Inert Inorganic）。

7.1.3 活性污泥微生物及其作用

活性污泥微生物是由细菌类、真菌类、原生动物和后生动物等异种微生物群体组成的混合培养体。这些微生物群体与污水中的有机营养物形成一个小型的相对稳定的生态系统和食物链，如图 7-2 所示。

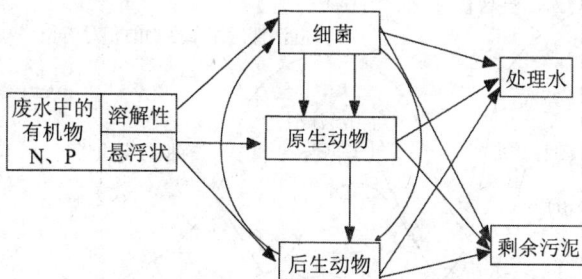

图 7-2 活性污泥微生物群体的食物链

细菌是活性污泥净化功能最活跃的成分，其数量占污泥中微生物总重量的 90%～95%，绝大多数都是好氧或兼性化能异养型原核细菌，在正常成熟的活性污泥上的细菌数量介于 $10^7 \sim 10^8$ 个/mL（活性污泥）。现已基本判明，在活性污泥上形成优势的细菌可能主要有：产碱杆菌属、芽孢杆菌属、黄杆菌属、动胶杆菌属、假单胞菌属和大肠埃希氏杆菌等。此外，还可能出现的细菌有：无色杆菌属、微球菌属、诺卡氏菌属和八叠菌属等。

这些种属的细菌都具有较高的增殖速率，在环境适宜的条件下，世代时间仅为 20～30 min。它们也都具有很强的分解有机物并将其转化为稳定无机物的能力。其中的动胶杆菌等具有将大量细菌结合成为"菌胶团"的功能。菌胶团细菌是构成活性污泥絮凝体的主要成分，有很强的吸附、氧化分解有机物的能力。菌胶团有很好的沉降性能，使混合液在二次沉淀池中迅速完成泥水分离。

活性污泥中真菌的出现一般与水质有关。真菌能够在低溶解氧、低 pH（最佳pH 为 5.6）、低营养物（对氮的需求是细菌的一半）条件下快速繁衍增殖，具有处理某些特殊工业废水的功能，如可以降解纤维素等物质。通常，丝状真菌在活性污泥中可交叉穿织在菌胶团之间，是形成活性污泥絮凝体的骨架，使污泥具有良好的沉淀性能。但是若大量异常的增殖则会引发污泥膨胀现场，导致二沉池中污泥难以沉降分离，影响出水水质。

活性污泥系统中的原生动物主要有肉足虫、鞭毛虫和纤毛虫三类。原生动物摄食的对象主要是细菌，因此活性污泥中的原生动物在种属和数量上是随处理水的水质和细菌的存活状态变化而改变的。

活性污泥系统中的后生动物有轮虫和线虫。轮虫在系统正常运行时期，有机物含量低和出水水质良好时才会出现，故轮虫的存在是处理效果较好的标志。

图 7-3 是活性污泥处理系统中微生物随污水有机物浓度变化的演变规律。

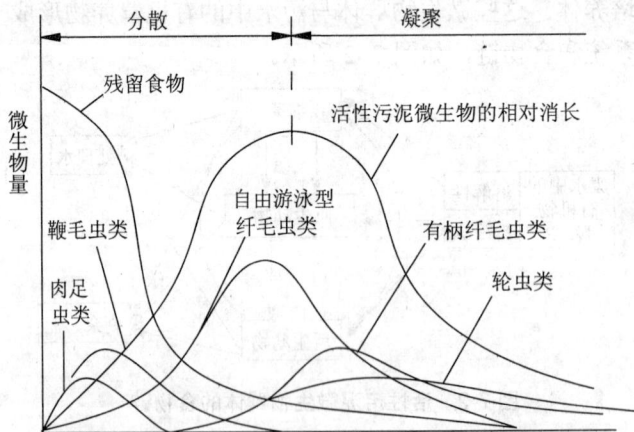

图 7-3 活性污泥微生物随污水有机物浓度变化的演替

在活性污泥处理系统中，净化污水的第一承担者，也是主要承担者是细菌，而摄食处理水中游离细菌，使污水进一步净化的原生动物则是第二承担者。

通过显微镜镜检，能够观察到活性污泥中的原生动物、后生动物，并辨别认定其种属，据此能够判断处理水质的优劣。因此，将原生动物和后生动物称为活性污泥系统中的指示生物。

7.1.4 活性污泥微生物的增殖规律及其应用

活性污泥中微生物的增殖是活性污泥在曝气池内发生反应、有机物被降解的必然结果，而微生物增殖的结果则是活性污泥的增长。

（1）活性污泥的增殖曲线

活性污泥中复杂的微生物与废水中的有机营养物形成了复杂的食物链（见图7-2）。尽管如此，活性污泥的增长曲线仍与纯种细菌增长曲线颇为相似（见图7-4）。

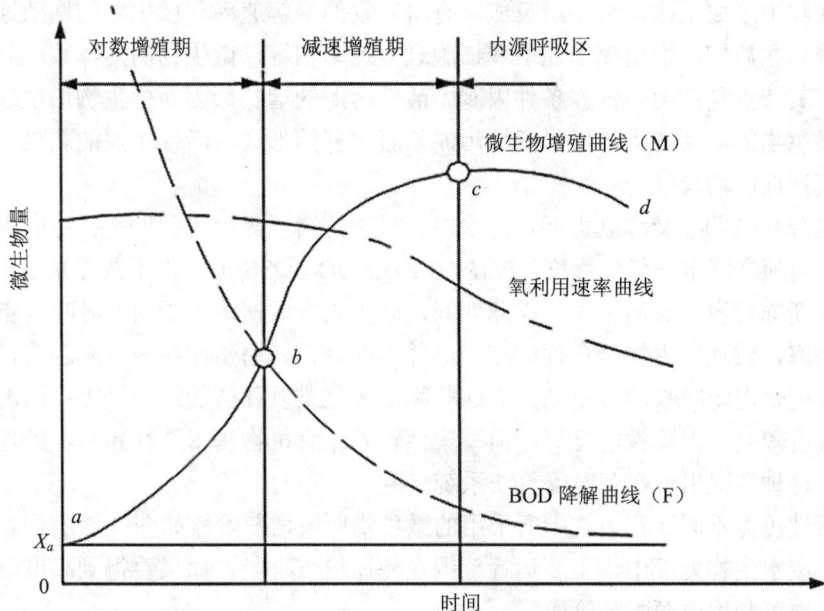

图7-4 活性污泥的增殖曲线及其有机物降解、氧利用速率的关系

污水中的有机物（F）和活性污泥（M）的比值（F/M）控制得当时，活性污泥的增殖经历适应期（或迟缓期）、对数增殖期、减速增殖期（也称稳定期）和内源呼吸期四个阶段。

适应期 亦称调整期或迟缓期。这个阶段是活性污泥微生物对于新的环境条件、污水中有机物污染物的种类等的一个短暂的适应过程。经过适应期后，微生物从数量上可能没有增殖，但发生了一些质的变化，如菌体体积有所增大，酶系统也已做了相应调整，产生了一些适应新环境的变异等。污水中的 BOD_5、COD等各项污染指标可能并无较大变化。

对数增殖期　F/M 值很高（>2.2 $kgBOD_5/kgSS\cdot d$），有机底物非常丰富，营养物质不是微生物增殖的控制因素，微生物的增长速率与基质浓度无关，呈零级反应，它仅由微生物本身所特有的最小世代时间所控制。微生物以最大速率增殖，有机物按最大速率降解。其特点是：微生物的营养丰富，活性强，污泥增长不受营养条件的限制；但此时微生物活动能力很强，导致污泥质地松散，凝聚性能差，分离效果不好，因而出水效果差。这种情况出现在高负荷活性污泥系统。

减速增殖期　又称稳定期或平衡期。随着微生物的不断增殖，有机物浓度不断下降，F/M 值下降到一定水平后（0.1 $kgBOD_5/kgSS\cdot d<F/M<2.2$ $kgBOD_5/kgSS\cdot d$），有机底物的浓度成为微生物增殖的控制因素。此时，微生物的增殖速率与残存的有机底物浓度成正比，为一级反应，有机底物的降解速率和微生物的增殖速率开始下降。在后期，增殖速率几乎和细胞衰亡速率相等，微生物的活体数达到最高水平。其特点是：由于营养条件限制了活性污泥的增长，因而微生物增殖速率下降，微生物的活动能力降低，活性污泥絮凝体开始形成，活性污泥的凝聚、吸附以及沉淀性能均较好。

内源呼吸期　又称衰亡期。污水中有机物持续下降，达到近乎耗尽的程度，F/M 比值随之降至很低的程度（$F/M<0.1$ $kgBOD_5/kgSS\cdot d$）。由于营养缺乏，微生物开始新陈代谢自身原生质。在此期间，微生物合成速率小于内源呼吸（自身氧化）速率，致使微生物总量逐渐减少，并走向衰亡，增殖曲线呈下降趋势。污水中最终剩余内源呼吸的残留物，而这些物质多是难以降解的细胞壁等；污泥的无机化程度较高，沉降性能良好，但凝聚性较差；有机物基本消耗殆尽，处理水质良好。这种情况出现在延时曝气法系统。

活性污泥不同运行方式中所采用的微生物所属增殖阶段如图 7-5 所示。一般来说，废水生物处理中，主要运行范围在减速增殖阶段，如果要得到高度稳定的出水，也可利用内源呼吸阶段。

（2）活性污泥增殖规律的应用

① 活性污泥的增殖状况，主要是由 F/M 值所控制（图 7-6）；

② 处于不同增殖期的活性污泥，其性能不同，出水水质也不同；

③ 通过调整 F/M 值，可以调控曝气池的运行工况，达到不同的出水水质和不同性质的活性污泥；

④ 活性污泥法的运行方式不同，其在增殖曲线上所处位置也不同。

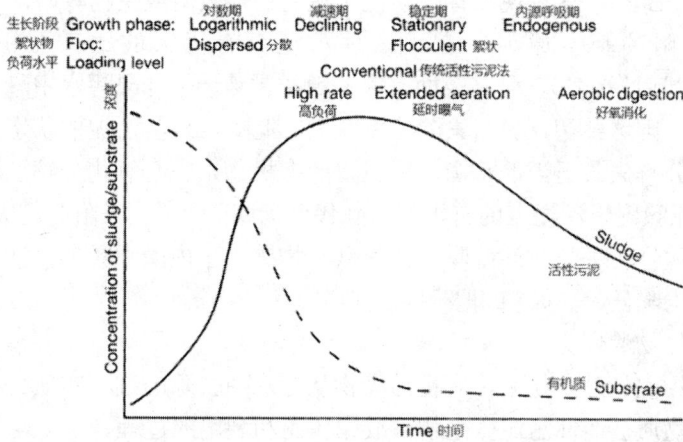

图 7-5　活性污泥不同运行方式中所采用的微生物增殖阶段（据 Winkler 1985）

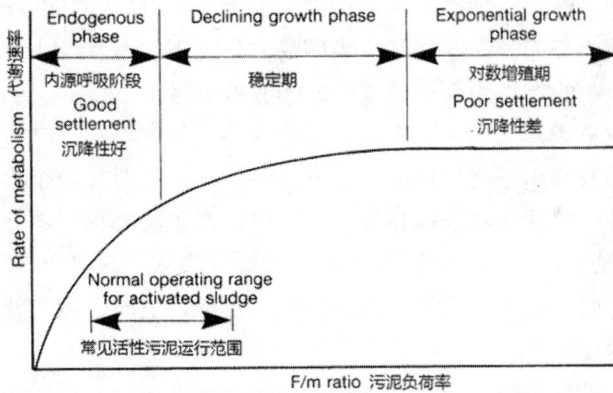

图 7-6　活性污泥的增殖与 F/M 的关系（据 Viesmann and Hammer 1985）

7.1.5　活性污泥净化污水的过程

在活性污泥处理系统中，有机污染物物从废水中被去除的实质就是有机底物作为营养物质被活性污泥微生物摄取、代谢与利用的过程，这一过程的结果是污水得到了净化，微生物获得了能量而合成新的细胞，活性污泥得到了增长。一般将这整个净化反应过程分为三个阶段：初期吸附、微生物的代谢和活性污泥的沉淀分离。

（1）初期吸附（物理吸附和生物吸附）

在污水处理中，活性污泥在与污水初期接触的 20～30 min 内，就可以去除

20%～70%的 BOD，这种现象称为活性污泥的初期吸附或生物吸附。

初期吸附的基本原因，在于活性污泥具有巨大的比表面积（2 000～10 000 m^2/m^3 活性污泥），且其表面具有多糖类黏液层。如果污水中悬浮的活胶体的有机物多，则这种初期吸附去除比率就大。此外，还与污泥的状态有关：如果吸附与氧化分解失去适当的平衡，原吸附的有机物未完全氧化分解，则初期吸附量小；如果原吸附于污泥上的有机物新陈代谢彻底，则二次吸附时的吸附量就大。但若回流污泥经历了长时间的曝气，使微生物进入了内源呼吸期，活性降低，则再吸附能力也降低，亦即初期吸附量也就低。

（2）微生物的代谢

在活性污泥处理系统中，有机污染物从污水中去除的过程实质上是有机污染物作为营养物质被活性污泥微生物摄取、代谢和利用的过程。

首先，有机污染物被吸附在有大量微生物栖息的活性污泥表面，与微生物细胞表面接触，在微生物透膜酶的催化作用下，小分子有机物能够直接在透膜酶的作用下，直接透过细胞壁被摄入细菌体内，但大分子有机物如淀粉、蛋白质等则首先被吸附在细胞表面，在胞外酶—水解酶的作用下，水解成小分子再被摄入体内。一部分被吸附的有机物可能通过污泥排放被去除。

微生物将有机物摄入体内后，在各种胞内酶，如脱氢酶、氧化酶等的催化作用下，以其作为营养用于代谢反应。在好氧条件下，代谢按两个途径进行。一部分有机污染物被微生物用与合成新细胞，同时，微生物对另一部分有机物进行氧化分解，最终形成 CO_2 和 H_2O 等稳定的无机物质，并从中获取合成新细胞的能量。当营养物质匮乏时，微生物可能进入内源代谢反应，这时，微生物对其自身的细胞物质进行代谢反应。

美国污水处理专家麦金尼对活性污泥在曝气池内进行的细胞物质合成、有机物氧化分解和内源代谢三项反应，提出了下图所示的数量关系，可供参考。

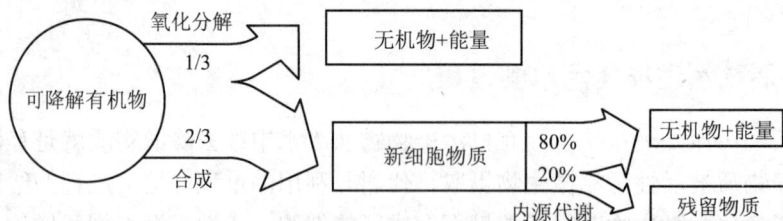

图 7-7　微生物代谢活动中的数量关系

即可降解有机物经微生物代谢有 2/3 合成新细胞物质，1/3 被氧化分解为无机物质。新细胞物质经自身内源代谢（即内源呼吸），其中 80%又被氧化分解为无机物质，20%为不能分解的残留物质。

1）氧化分解

$$C_xH_yO_z + (x + \frac{y}{4} - \frac{z}{2})O_2 \xrightarrow{\text{酶}} xCO_2 + \frac{y}{2}H_2O + \Delta H$$

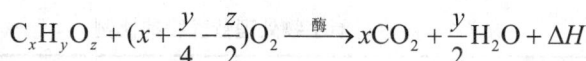

2）合成代谢（合成新细胞）

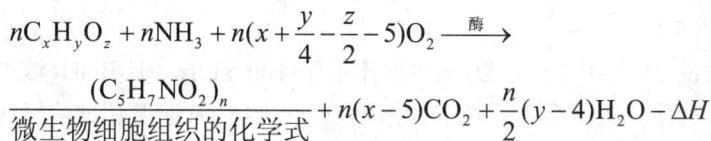

$$nC_xH_yO_z + nNH_3 + n(x + \frac{y}{4} - \frac{z}{2} - 5)O_2 \xrightarrow{\text{酶}}$$

$$\underbrace{(C_5H_7NO_2)_n}_{\text{微生物细胞组织的化学式}} + n(x-5)CO_2 + \frac{n}{2}(y-4)H_2O - \Delta H$$

3）内源代谢

$$(C_5H_7NO_2)_n + 5nO_2 \xrightarrow{\text{酶}} 5nCO_2 + 2nH_2O + nNH_3 + \Delta H$$

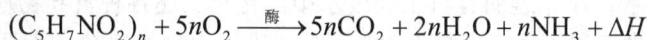

（3）活性污泥的沉淀分离

活性污泥系统净化污水的最后程序是泥水分离，这一过程是在二次沉淀池内进行的。

7.1.6　影响活性污泥性能的环境因素

① 溶解氧

活性污泥法是好氧生物处理技术。供氧是活性污泥法高效运行的重要条件，供氧多少一般用混合液溶解氧的浓度控制。一般来说，溶解氧浓度以不低于 2 mg/L 为宜。

② 水温

温度是影响微生物正常生理活动的重要因素之一。好氧生物处理时，温度多维持在 15~30℃，温度再高时，气味明显，而温度低于 10℃时，则会对活性污泥的功能产生不利影响，降低 BOD 的去除速率。

③ 营养物质

各种微生物体内含的元素和需要的营养元素大体一致。细菌的化学组成实验式为 $C_5H_7O_2N$，真菌为 $C_{10}H_{17}O_6N$，原生动物为 $C_7H_{14}O_3N$，所以在培养微生物时，可按菌体的主要成分比例供给营养。微生物赖以生活的主要外界营养为碳和氮，通常称为碳源和氮源。此外，还需要微量的钾、镁、铁、维生素等。

碳源 —— 异氧型微生物利用有机碳源，自氧菌利用无机碳源。

氮源 —— 无机氮（NH_3 及 NH_4^+）和有机氮（尿素、氨基酸、蛋白质等）。

许多学者研究了污水处理中微生物对基质（BOD）与氮、磷的要求，得出了有参考价值的比例关系（表 7-1），可作为生物处理中的重要的控制条件之一。

表 7-1　污水好氧生物处理营养物的比例

研究者	BOD：N：P	研究者	BOD：N：P
Eekenfelder	100：5.0：1	Sawyer	100：4.3：1
Mckinney	80：5.0：1	Simpson	90：5.3：1

一般地说，污水中的 BOD_5 最少应不低于 100 mg/L。但 BOD_5 浓度也不应太高，否则，氧化分解时会消耗过多的溶解氧，一旦耗氧速度超过溶氧速度，就会出现厌氧状态，使好氧过程破坏。好氧生物处理中 BOD_5 最大为 500～1 000 mg/L，具体视充氧能力而定。

与生活污水性质相近的有机工业废水中，含有上述各种营养物质，但许多工业废水中往往缺乏氮、磷、钾等无机盐，故在进行生物处理时，必须补充氮、磷、钾。投加方法有二：其一是与营养丰富的生活污水混合处理；其二是投加化学药剂，如硫酸铵、硝酸铵、尿素、磷酸氢二钠等。投加比例多采用 BOD_5：N：P=100：5：1，根据不同情况，氮变化于 4～7，磷变化于 0.5～2。

④ pH

活性污泥微生物的最适 pH 介于 6.5～8.5 之间，如 pH 降至 4.5 以下，原生动物全部消失，真菌将占优势，易于产生污泥膨胀现象。当 pH 超过 9.0 时，微生物的代谢速率将受到影响。

因此，在用活性污泥法处理酸性、碱性或 pH 变化幅度较大的工业废水时，应考虑事先进行中和处理或设均质池。

⑤ 有毒物质

对微生物有毒有害作用或抑制作用的物质较多。主要毒物有重金属离子（如锌、铜、镍、铅、铬等）和一些非金属化合物（如酚、醛、氰化物、硫化物等）。油类物质亦应加以限制。

重金属及其盐类都是蛋白质的沉淀剂，其离子与细胞蛋白质结合，使之变性，或与酶的—SH 基结合而使酶失活。酚、醇、醛等有机化合物能使活性污泥中的生物蛋白质变性或使蛋白质脱水，损害细胞质而使微生物致死。

7.2 活性污泥的性能指标及工艺参数

7.2.1 活性污泥的性能指标

活性污泥的性能决定着净化结果的好坏。在吸附阶段要求污泥颗粒松散，表面积大，易于吸附有机物，在泥水分离阶段，则希望污泥有好的凝聚与沉降性能。反映活性污泥性能的指标有混合液悬浮固体浓度（污泥浓度）、污泥沉降比、污泥体积指数和密度指数。

（1）混合液悬浮固体浓度（Mixed Liquor Suspended Solids，MLSS）

又称混合液污泥浓度，它表示的是在曝气池单位容积混合液内所含有的活性污泥固体物的总重量。包括活性污泥组成的各种物质，即

$$MLSS = M_a + M_e + M_i + M_{ii} \qquad (7\text{-}1)$$

式中，M_a —— 具有代谢功能的活性微生物群体，简称活细胞；

M_e —— 微生物内源代谢、自身氧化的残留物；

M_i —— 由污水挟入的难生物降解的惰性有机物；

M_{ii} —— 由污水挟入的无机物质。

MLSS 可以间接反映曝气池混合液中所含微生物的量，单位为 mg/L 或 g/L。一般活性污泥法中，MLSS 浓度一般为 2～6 g/L，多为 3～4 g/L。

（2）混合液挥发性悬浮固体浓度（Mixed Liquor Volatile Suspended Solids，MLVSS）

表示混合液悬浮固体中有机物的量，即

$$MLVSS = M_a + M_e + M_i \qquad (7\text{-}2)$$

用它表示活性污泥微生物量（相对量，因包含了 M_e、M_i 等惰性有机物）比用 MLSS 更为切合实际。对一定的废水而言，在一定条件下，$f = MLVSS/MLSS$ 比较固定，例如生活污水的比值一般是 0.75 左右。

MLSS 及 MLVSS 两项指标，虽然在表示混合液生物量方面，仍然不够精确，但由于测定方法简单易行，且能够在一定程度上表示相对生物量，因此，广泛地应用于活性污泥法系统的设计与运行中。

（3）污泥沉降比（Settling Velocity，SV）。

又称 30 min 沉降率。指将曝气池中的混合液在量筒中静置 30 min，其沉淀污

泥与原混合液的体积比，一般以%表示。

$$SV = \frac{30\min 后形成沉淀污泥容积}{原混合液体积} \times 100\% \qquad (7-3)$$

正常污泥在静置 30 min 后，一般可达到它的最大密度，所以沉降比可以反映曝气池正常运行的污泥数量，可以用于控制剩余污泥的排放，还反映出污泥膨胀等异常情况。由于 SV 测定简单，便于说明问题，所以是评定活性污泥特性的重要指标之一。

一般城市污水的 SV 值在 15%～30%，污泥沉降比超过正常范围，则要分析原因。若是污泥浓度过大，则要排出部分污泥；若是污泥凝聚沉降性差，则要结合污泥指数情况，查明原因，采取措施。

（4）污泥体积指数（Sludge Volume Index，SVI）

曝气池出口处的混合液，经过 30 min 静置沉淀后，1 g 干污泥所形成的污泥体积，称为污泥体积指数（SVI），单位为 mL/g。其值计算式为：

$$SVI = \frac{1L混合液经30\min 静沉后形成的活性污泥容积（ml）}{1L混合液中悬浮固体干重（g）}$$
$$= \frac{SV（mL/L）}{MLSS（g/L）} = \frac{SV（\%）\times 10（mL/L）}{MLSS（g/L）} \qquad (7-4)$$

【例 7-1】设从正常运行的曝气池中，取 100 ml 混合液于量筒中，静置沉淀 30 min 后，测得沉淀污泥体积为 32.8 mL，混合液悬浮固体浓度（MLSS）为 3 000 mg/L。求该活性污泥的 SVI 值是多少？

解：

从（7-3）式可知：

SV=328 ml/L 或 SV=32.8%，MLSS=3 g/L，则：

$$SVI = \frac{328(ml/L)}{3(g/L)} = \frac{32.8\% \times 10(ml/L)}{3(g/L)} = 109mL/g$$

由于 SVI 代表了 1 g 干泥所占的体积毫升数，换言之，SVI 值的倒数就是代表了 SVI 体积每毫升数中所含的干泥重量。这样，由于活性污泥含水率较高，容重可按 1 g/ml 计，则可从活性污泥的 SVI 值去推求该污泥的固体率及含水率；反之亦然。以【例 7-1】说明之：

SVI=109 ml/g，则 $\frac{1}{SVI} = \frac{1}{109} = 0.009$ g/ml（每毫升水污泥干重）

所以该污泥的固体率 $G = \left[\left(\dfrac{1}{\text{SVI}}\right)/1\right] \times 100\% = 0.9\%$，含水率 $P = 1 - G = 99.1\%$。

由上可见，活性污泥的固体率和污泥指数之间的关系可由式（7-5）来表示。即

$$G = \frac{1}{\text{SVI}} \times 100\% \tag{7-5}$$

由式（7-5）可见，SVI 值高的活性污泥，其固体率低（或含水率高）；换言之，含水率高（或固体率低）的活性污泥，其 SVI 值高。式（7-5）表示的换算关系，一般来说，亦是一种比较粗的换算方法。

在活性污泥法污水处理厂中，SVI 值能较好地反映出活性污泥的松散程度（活性）和凝聚、沉降性能。其值过高，说明其沉降性能不好，将要或已经发生膨胀现象（sludge bulking）；其值过低，说明泥粒小，密实，无机成分多。一般认为：

SVI＜100　污泥的沉降性能好，吸附性能差，泥水分离好；

100＜SVI＜200　污泥的沉降性能一般，吸附性能一般，泥水分离一般；

SVI＞200　污泥的沉降性能不好，吸附性能好，泥水分离差，发生污泥膨胀。

正常情况下，城市污水 SVI 值在 50～150 ml/g。SVI 大小与水质有关。当工业废水中溶解性有机物含量高时，正常的 SVI 值偏高，而当无机物含量高时，正常的 SVI 值可能偏低。影响 SVI 值的因素还有温度、污泥负荷等。

从微生物组成方面看，活性污泥中固着型纤毛类原生动物（如钟虫，盖纤虫等）和菌胶团占优势时，吸附氧化能力较强，出水有机物浓度较低，污泥比较容易凝聚。

（5）污泥密度指数（Sludge Density Index，SDI）

曝气池混合液在静置 30 min 后，含于 100 ml 沉降污泥中的活性污泥悬浮固体的克数，称为污泥密度指数（SDI），它和 SVI 的关系为：

$$\text{SDI} = \frac{X\,(\text{mg}/\text{L})}{100\text{SV}\,(\%)} = \frac{100}{\text{SVI}\,(\text{ml}/\text{g})} \tag{7-6}$$

式中，X —— 混合液悬浮固体（MLSS）浓度，mg/L；

　　　SV —— 污泥沉降比，%；

　　　SVI —— 污泥体积指数，ml/g。

【例 7-1】中 SVI＝109 ml/g，因此 SDI＝0.917。

活性污泥处理系统中，若 SVI＜100（SDI＞1）表明污泥沉降性能良好，若 SVI＞200（SDI＜0.5）表明污泥沉降性能不好，可能发生污泥膨胀（见图 7-8）。

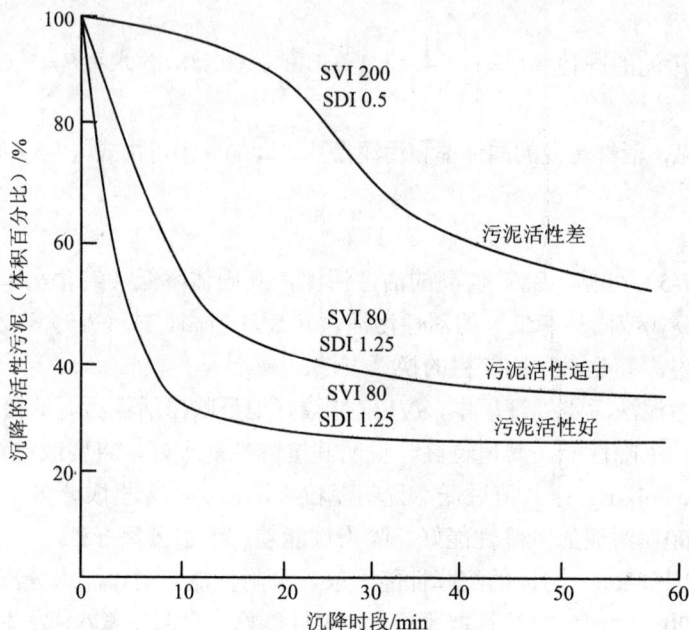

图 7-8　SVI、SDI 与活性污泥沉降特征关系曲线（据 Hawkes，1983a）

7.2.2　活性污泥法的设计与运行参数

（1）BOD 负荷

BOD 负荷有污泥负荷（N_s 或 F/M）和容积负荷（N_v）两种不同的表示方法。

在活性污泥法中，一般将有机物（BOD_5）与活性污泥（MLSS）的重量比值（food to biomass，F/M），称为污泥负荷，一般用 N_s 表示。F/M 是活性污泥处理系统的设计、运行一项非常重要的参数。

污泥负荷（sludge Loading）：指曝气池内单位重量活性污泥（kg MLSS），在单位时间（1 d）内所承受的有机物染物量（BOD），单位为 $kgBOD_5/（kg MLSS \cdot d）$。即：

$$N_s = \frac{F}{M} = \frac{QS_0}{XV} \quad [kgBOD_5/（kgMLSS \cdot d）] \tag{7-7}$$

式中，Q —— 废水流量，m^3/d；

　　　S_0 —— 原污水中有机污染物（BOD_5）的浓度，mg/L；

　　　X —— 混合液悬浮固体（MLSS）浓度，mg/L；

　　　V —— 曝气池容积，m^3。

例如，在一传统活性污泥处理系统中，水力停留时间为 4.5 h，污水进水 BOD_5

浓度为 240 mg/L，曝气池内 MLSS 浓度为 2 500 mg/L，则该处理系统的污泥负荷为：

$$(240 / 2500)(24 / 4.5) = 0.5 \text{kgBOD}_5 / （\text{kgMLSS} \cdot \text{d}）$$

容积负荷（volumetric Loading）：指单位曝气池容积（m^3），在单位时间（1 d）内所承受的有机污染物量（BOD_5），单位为 $\text{kgBOD}_5/（\text{m}^3 \cdot \text{d}）$。即：

$$N_V = \frac{QS_0}{V} \quad [\text{kgBOD}_5 /（\text{m}^3 \cdot \text{d}）] \tag{7-8}$$

例如在一活性污泥处理系统中，水力停留时间为 4.5 h，污水进水 BOD_5 浓度为 240 mg/L，则该处理系统的容积负荷（有机负荷）为：

$$(240 \times 24) /（4.5 \times 1\,000）= 1.28 \text{ kgBOD}_5 /（\text{m}^3 \cdot \text{d}）$$

有机负荷越高，最终出水的有机物浓度也就越高。

N_S 与 N_V 及其相互关系式如下：

$$N_V = N_S \cdot X \tag{7-9}$$

BOD 污泥负荷（N_s 或 F/M）和 BOD 容积负荷（N_V）是活性污泥处理系统设计、运行最基本的参数之一，具有很高的工程应用价值，特别是 BOD 污泥负荷，因源于 F/M 比值，具有一定的理论意义。

实践证明，F/M（BOD 污泥负荷）是影响活性污泥增长速率、有机物去除速率、氧的利用速率以及污泥吸附凝聚沉降性能的重要因素。

采用较高的 BOD 污泥负荷，将加快有机污染物的降解速度与活性污泥增长的速度，降低曝气池容积，经济上比较适宜，但处理水质未必能达到预定的要求。例如在 F/M 大于等于 2.2 时，活性污泥微生物处于对数增长期，有机物以最大速率被去除，但污泥呈分散状而不宜凝聚沉降，导致出水水质较差。

采用较低的 BOD 污泥负荷，有机污染物的降解速度与活性污泥增长的速度，都将降低，曝气池容积加大，建设费用有所增高，但处理水质将会提高，并达到要求。通常控制曝气池内活性污泥处于减速增长期，以营养控制污泥增长，这时，细菌会因活力小而结合成絮状物。当曝气池中营养物质几乎耗尽，F/M 值很小，并维持一常数值时，即进入内源呼吸期。此时微生物明显代谢自身细胞物质，会在维持生命过程中逐渐死亡；同样由于活力甚低，形成絮凝体的速率剧增，加之溶解氧水平高，原生动物大量吞食细菌，故可得到澄清的处理水。

可见，欲得良好的处理结果，就应很好地控制 BOD 污泥负荷。在完全混合曝气池中，N_S 与去除率及处理出水有机物浓度 S_e 的关系为：

$$N_S = \frac{1}{1-\eta} \times \frac{Q}{V} \times \frac{S_e}{X} = \frac{1}{1-\eta} \times \frac{1}{t} \times \frac{S_e}{X} \qquad (7\text{-}10)$$

式中，t —— 曝气时间（水力停留时间）。

在 t 和 η 一定时，可根据要求的 S_e 和适宜的 X 求得 BOD 负荷。

根据统计资料，在处理生活污水的推流式曝气池内，N_S 和 S_e 之间存在以下关系：

$$N_S = KS_e^n \qquad (7\text{-}11)$$

式中，K=0.012 95，n =1.191 8，但当采用活性污泥法处理特殊有机污水时，应首先进行试验，以确定 N_S 与 S_e 之间的关系。

BOD 污泥负荷还与活性污泥膨胀现象有直接关系。当 N_S 在 0.2～0.5 kgBOD/（kgMLSS·d）范围内时，SVI 控制在 100 左右比较合适。在曝气系统运行中，有时会出现污泥指数增高和污泥膨胀的现象，其原因虽然很多，但主要与污泥负荷有关。当 N_S 在 0.5～1.5 kgBOD/（kgMLSS·d）范围内，SVI 值很高，属于污泥膨胀高发区，污泥沉降效果不佳，因此，在工程上应避免采用这一区段的 BOD 污泥负荷。

（2）污泥龄（Sludge residence time or sludge age）

污泥龄又称固体平均停留时间（SRT）、细胞平均停留时间（MCRT）。它指在反应系统内，微生物从其生成开始到排出系统的平均停留时间，也可以说是反应系统内的微生物全部更新一次所需要的平均时间。

从工程上来说，在稳定条件下，污泥龄（θ_c）就是曝气池中活性污泥总量与每日排放的污泥量之比，单位是 d。即：

$$\theta_c = \frac{VX}{\Delta X} \qquad (7\text{-}12)$$

式中，ΔX —— 曝气池内每日增殖的微生物量，稳态运行时，就是每日排放的剩余污泥量，一般用 kgMLSS/d 表示。

根据活性污泥处理系统进行物料平衡关系，如图 7-9 所示。

每日排除系统外的活性污泥的量，包括作为剩余污泥排出的污泥量和随处理水流出的污泥量。因此，污泥龄可表示为：

$$\theta_c = \frac{VX}{Q_w X_r + (Q - Q_w) X_e} \qquad (7\text{-}13)$$

式中，Q_w —— 剩余污泥排除量，m^3/d；

X_e —— 排放处理水中悬浮固体浓度，mg/L；

X_r —— 剩余（回流）污泥浓度，mg/L。

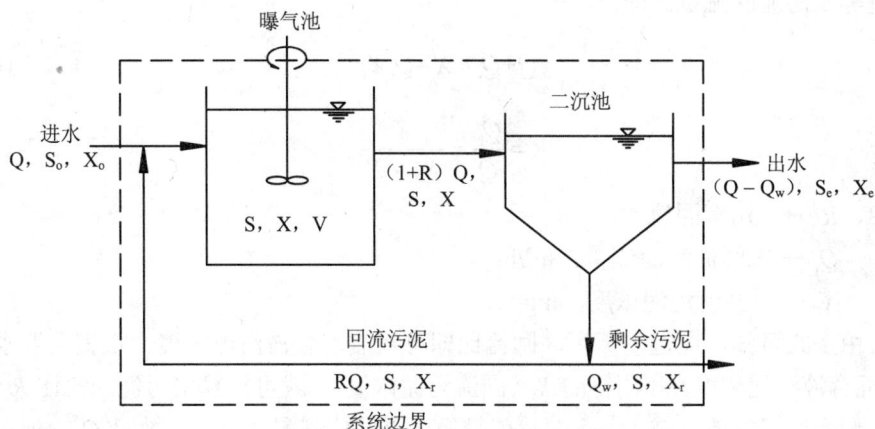

图 7-9 活性污泥处理系统物料关系

在一般条件下，由于 X_e 很小，可忽略不计，上式可简化为：

$$\theta_c = \frac{VX}{Q_w X_r} \qquad (7\text{-}14)$$

X_r 是剩余污泥浓度，回流至曝气池的回流污泥浓度也同此值，在一般情况下，它是活性污泥特性和二次沉淀池沉淀效果的函数，可由下式求定其近似值：

$$X_r = \frac{10^6}{\text{SVI}} \cdot r \qquad (7\text{-}15)$$

式中，r —— 修正系数，一般取 1.2。

由式（7-12）知，$1/\theta_c = \mu$（μ 为活性污泥微生物比增殖速度），说明污泥平均停留时间和增殖的关系密切，用 θ_c 控制剩余污泥量，已是一种重要方法，它有助于说明污泥微生物的组成。世代时间长的微生物在系统中将被逐渐淘汰，所以要达到预期效果，必须使 θ_c 值适当，使活性污泥中净化微生物得到充分的增殖。θ_c 长，吸附的有机物被氧化分解掉的就多，需氧量就大，剩余污泥量就少；反之，吸附的有机物被氧化分解的量就少，一部分来不及氧化分解的有机物就作为剩余污泥排出系统，需要的氧量相应就少些。延时曝气法的 θ_c 长，增加的污泥量少，需氧量比普通活性污泥法大 1 倍左右。

（3）污泥回流比

污泥回流比是指从二沉池返回到曝气池的回流污泥量 Q_r 与污水流量 Q 之比，常用%表示。

根据活性污泥系统的物料平衡原理（图 7-9），假设出水所夹带的污泥量、剩余污泥排放量及污泥增长量都可以忽略不计，则在稳定状态下，进入二沉池的污泥量等于污泥回流量。即：

$$(Q+Q_r)\,X=Q_rX_r \qquad\qquad (7\text{-}16)$$

$$R=\frac{Q_r}{Q}=\frac{X}{X_r-X} \qquad\qquad (7\text{-}17)$$

式中，R —— 污泥回流比；

$\quad Q_r$ —— 回流污泥流量，m^3/h；

$\quad X_r$ —— 回流污泥浓度，mg/L。

由上式可知，通过调节污泥回流比即可控制混合液污泥浓度，根据所要求的 X（混合液污泥浓度）和测得的 X_r（回流污泥浓度），就可计算出污泥回流比 R 值。

剩余污泥排放量越大，污泥龄就越短。通过控制剩余污泥排放量 Q_w，便可方便地控制污泥龄。世代时间大于污泥龄的微生物在曝气池内不可能形成优势菌种属。如硝化菌在 20℃时，其世代时间为 3 d，当污泥龄小于 3 d 时，硝化菌就不可能在曝气池内大量增殖，不能成为优势菌种属，就不能在曝气池内产生硝化反应。

污泥浓度与污泥龄有关，而污泥龄与剩余污泥排放量有关，工程实践中常通过调节剩余污泥排放量来控制污泥浓度。剩余污泥排放量越大，污泥龄就越短，污泥浓度（X）就越低。反之亦然。

出水水质与污泥龄有关。污泥龄长，出水水质好。随着污泥龄的延长，污染物去除率很快达到最大值，所以不需要太长的污泥龄（0.5~1.0 d）就可以取得较高的去除率。但是，污泥龄短时，微生物浓度低，营养相对丰富，细菌生长速度快，絮凝沉降性能差，易流失，出水水质较差。所以，常取污泥龄介于 3~10 d。

设计时，既可用有机负荷，也可用污泥龄作为设计参数。但控制污泥负荷比较困难，需测定有机物浓度和污泥量。而控制污泥龄比较简单，调节剩余污泥排放量即可。所以，常采用污泥龄作为设计参数。

（4）曝气时间，又称水力停留时间

曝气时间（t）是指污水进入曝气池后，在曝气池中的平均停留时间，也称水力停留时间（Hydraulic Retention Time）或停留时间，常以小时（h）计。

$$\text{HRT}=(V\times24)/Q \qquad\qquad (7\text{-}18)$$

实际上，通过曝气池的流量应是入流的污水和回流污泥的总量，所以，有人又称该时间为理论停留时间，称包括回流污泥量的时间为实际停留时间。但是，从平均停留时间意义上来说，实际停留时间和理论停留时间的数值是相等的。

（5）微生物增殖与有机物降解

曝气池内，在活性污泥微生物的代谢作用下，污水中的有机物得到降解去除，同时活性污泥得到增长。活性污泥微生物在曝气池内每日净增殖量 ΔX（kg/d）是微生物合成反应和内源代谢的综合结果。活性污泥的增长和 BOD 去除之间的动力学关系为：

$$\frac{dX}{dt} = a\frac{dS_r}{dt} - bX \tag{7-19}$$

$$\frac{1}{X} \times \frac{dX}{dt} = a\frac{1}{X} \times \frac{dS_r}{dt} - b \tag{7-20}$$

式中，dX/dt —— 活性污泥增殖速度，即单位时间内单位体积中所增殖的以 VSS 计的微生物量，$kg/(m^3 \cdot d)$；

a —— 产率系数，即平均去除单位重量的 BOD 所增殖的微生物量，kg/kg；

dS_r/dt —— 活性污泥去除 BOD 速度，$kg/(m^3 \cdot d)$；

b —— 活性污泥自身分解系数，d^{-1}；

X —— 活性污泥浓度，kg/m^3；

$\dfrac{1}{X} \times \dfrac{dX}{dt}$ —— 活性污泥比增殖速度，$kg/(kg \cdot d)$，常以 μ 表示。

由式（7-19）和式（7-20）可知，污泥增殖是微生物去除基质 BOD 的必然结果。增殖速度与营养的丰富程度有关。确定污泥增殖量对控制曝气池的污泥量以及确定污泥处理设施是极为重要的。

由式（7-21）可以得出曝气池每日污泥增量 ΔX 为：

$$\Delta X = aQS_r - bVX \tag{7-21}$$

式中，Q —— 处理废水量，m^3/d；

V —— 曝气池容积，m^3。

a 与 b 由式（7-22）通过试验求得：

$$\frac{\Delta X}{VX} = a\frac{QS_r}{VX} - b \tag{7-22}$$

式中，$\dfrac{\Delta X}{VX}$ —— 污泥微生物平均停留时间 θ_c 的倒数，即 $1/\theta_c$；

$\dfrac{QS_r}{VX}$ —— 以去除的基质为基准的污泥负荷。

以 $\dfrac{QS_r}{VX}$ 为横坐标，$\dfrac{\Delta X}{VX}$ 为纵坐标，可用图解法求得 a 和 b。不同废水的 a 和 b 值见表 7-2。此外，有机负荷、基质浓度、曝气时间、处理水温度等，对污泥增长也有影响。在冬季水温低时，虽然污泥转换率低，但由于 b 非常小，所以污泥量可能还会有增加。

表 7-2　不同废水的污泥产率系数（a）与自身分解系数（b）

废水	a	b
生活污水	0.49～0.73	0.07～0.075
石油精制废水	0.49～0.62	0.1～0.16
化学、石油化学废水	0.31～0.72	0.05～0.18
酿造废水	0.56	0.10
制药废水	0.72～0.77	—
牛皮纸浆废水	0.50	0.08

实际曝气池的污泥增加量，比上述计算值要大。这是因为除 BOD 转换而增加的污泥量外。其他悬浮固体被吸附后，也构成了增殖污泥的一部分。如果废水中诸如无机物、纤维等无活性的 SS 具有相当比例，则比较接近实际的计算应考虑上述两方面的因素。

为了进一步深入地对活性污泥微生物增殖进行探讨，将其增殖通过增殖速度表示。考虑到细胞合成与内源代谢同步进行，单位曝气池容积内活性污泥的净增殖速度为：

$$\left(\frac{\mathrm{d}X}{\mathrm{d}t}\right)_g = \left(\frac{\mathrm{d}X}{\mathrm{d}t}\right)_s - \left(\frac{\mathrm{d}X}{\mathrm{d}t}\right)_e \tag{7-23}$$

式中，$\left(\dfrac{\mathrm{d}X}{\mathrm{d}t}\right)_g$ —— 活性污泥微生物净增值速度；

$\left(\dfrac{\mathrm{d}X}{\mathrm{d}t}\right)_s$ —— 活性污泥微生物合成速度，其值为：

$$\left(\frac{\mathrm{d}X}{\mathrm{d}t}\right)_s = Y\left(\frac{\mathrm{d}S}{\mathrm{d}t}\right)_u \tag{7-24}$$

$\left(\dfrac{\mathrm{d}S}{\mathrm{d}t}\right)_u$ —— 活性污泥微生物对有机物的降解（利用）速度；

Y —— 产率系数，即微生物每代谢1 kg BOD所合成的MLVSS质量；

$\left(\dfrac{\mathrm{d}X}{\mathrm{d}t}\right)_e$ —— 活性污泥微生物内源代谢速度，其值为：

$$\left(\frac{\mathrm{d}X}{\mathrm{d}t}\right)_e = K_d X_v \tag{7-25}$$

式中，K_d —— 微生物自身氧化速率（衰减系数），d^{-1}；

　　X_v —— MLVSS。

将式（7-24）、式（7-25）代入式（7-23）可得：

$$\left(\frac{dX}{dt}\right)_g = Y\left(\frac{dS}{dt}\right)_u - K_d X_v \tag{7-26}$$

式（7-26）描述了微生物净增长速率和底物利用速率之间的关系，称为微生物增长的基本方程。

活性污泥微生物每日在曝气池中 MLVSS 的净增殖量（剩余污泥量）为：

$$\Delta X_v = YQ(S_0 - S_e) - K_d V X_v \tag{7-27}$$

式中，X_v —— 每日增长（排放）的挥发性污泥量（VSS），kg/d；

　　$Q(S_0 - S_e)$ —— 每日有机物降解量，kg/d；

　　VX_v —— 曝气池内混合液挥发性悬浮固体总量（VSS），kg。

将式（7-27）各项除以 VX_v 得：

$$\frac{\Delta X_v}{VX_v} = Y\frac{QS_r}{VX_v} - K_d \tag{7-28}$$

而

$$\frac{QS_r}{VX_v} = \frac{Q(S_0 - S_e)}{VX_v} = N_{rs} \tag{7-29}$$

式中，N_{rs} —— BOD-污泥去除负荷，$kgBOD_5/（kgMLSS·d）$。

此外，$\dfrac{\Delta X_v}{VX_v}$ 为微生物平均停留时间 θ_c 的倒数，即：

$$\frac{\Delta X_v}{VX_v} = \frac{1}{\theta_c} \tag{7-30}$$

因此，可以得出污泥龄与污泥去除负荷之间的关系式：

$$\frac{1}{\theta_c} = YN_{rs} - K_d \tag{7-31}$$

从上式可见，污泥龄（θ_c）与 BOD-污泥去除负荷（N_{rs}）成反比关系。

a 值（污泥转换率）与 b 值（自身氧化率）多在工程设计与运行中应用，并以 MLSS 为基准考虑，而 Y 值（污泥产率系数）与 K_d 值（衰减系数）则多用于科学研究和学术探讨，且以 MLVSS 为计算基准。

（6）有机底物降解与需氧

曝气池内活性污泥对有机物的氧化分解及微生物的正常代谢活动均需要氧

气，需氧量一般可利用下列方法计算。

① 根据有机物降解需氧率和内源代谢需氧率计算

被去除的 BOD 中，一部分被氧化分解以取得能量，另一部分被转化为新的原生质和贮藏物质。前者消耗溶解氧，后者在内源呼吸时也消耗溶解氧，由此可得曝气池需氧量 R_0（kg/d）：

$$R_0 = O_2 = a'Q(S_0 - S_e) + b'VX_v \tag{7-32}$$

式中，O_2 —— 曝气池混合液的需氧量，kgO_2/d；

    a' —— 代谢每 $kgBOD_5$ 所需的氧量，$kgO_2/(kgBOD_5 \cdot d)$；

    b' —— 每 kgVSS 每天进行自身氧化所需的氧量，$kgO_2/(kgVSS \cdot d)$。

式（7-32）可改写为下列两种形式

$$\frac{O_2}{VX_v} = a'\frac{Q(S_0 - S_e)}{VX_v} + b' \tag{7-33}$$

$$\frac{O_2}{Q(S_0 - S_e)} = a' + b'VX_v \tag{7-34}$$

式中，$\dfrac{O_2}{VX_v}$ —— 氧的比耗速度，即每 kg 活性污泥以（VSS 计）平均每天的耗氧量，$kgO_2/(kgMLVSS \cdot d)$；

    $\dfrac{O_2}{Q(S_0 - S_e)}$ ——比需氧量，即去除 1kg 的 BOD 的需氧量，$kgO_2/(kgBOD_5 \cdot d)$。

a'，b' 值，应通过试验按式（7-34）用图解法确定，以 $\dfrac{O_2}{Q(S_0 - S_e)}$ 为横坐标，以 $\dfrac{O_2}{VX_v}$ 为纵坐标，获得直线，斜率为 a' 值，纵轴的截距为 b' 值。表 7-3 列出了一些废水的 a' 和 b' 值。

表 7-3　几种废水的 a'、b' 值

废水名称	a'	b'	废水名称	a'	b'
石油化工废水	0.75	0.160	酿造废水	0.44	—
含酚废水	0.56	—	制药废水	0.35	0.354
合成纤维废水	0.56	0.142	亚硫酸浆废水	0.40	0.185
漂染废水	0.5~0.6	0.065	制浆造纸废水	0.38	0.092
炼油废水	0.50	0.12	生活污水	0.42~0.53	0.188~0.110

当废水进行包括硝化在内的完全氧化处理时，氨变成硝酸尚需氧。故曝气池需氧量为：

$$R_0 = O_2 = a'Q(S_0 - S_e) + b'VX_v + 4.6N_r \qquad (7-35)$$

式中，N_r —— 被转化的氨氮量，kg/d；

4.6 —— 1 kg 氨氮转化成硝酸盐所需氧量，kgO_2 / kg氨氮。

② 根据 BOD 去除的需氧量计算

对于含碳可生物降解物质的需氧量的计算，可根据污水中的 BOD_u 以及每天排出的剩余污泥量加以计算。

1）去除 BOD 的需氧量

因为 BOD_u 与 BOD_5 之间的关系为：$BOD_u/BOD_5=1.47$（$BOD_5=0.68\,BOD_u$），因此，去除 BOD 的需氧量也可用下式表示：

$$O_2^{\,a} = 1.47Q(S_0 - S_e) \qquad (7-36)$$

式中，S_0 —— 进水 BOD_5，kg/m^3；

S_e —— 出水 BOD_5，kg/m^3。

2）排放剩余污泥氧当量

并非所有的底物都被氧化了，在去除的全部底物中，只有一部分是作为能源被氧化，另一部分则被用于合成新细胞物质，即体现为微生物的增长。用于合成新细胞的有机底物是不耗氧的，因此应扣除这部分的需氧量。在稳态条件下系统中微生物的增长量等于剩余污泥的排放量，因此扣除的这部分需氧量可以通过剩余污泥量来折算。

将剩余污泥（以细胞化学组成通式表示 $C_5H_7O_2N$）的生物氧化反应式写出如下：

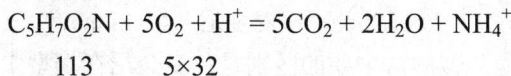

$$C_5H_7O_2N + 5O_2 + H^+ = 5CO_2 + 2H_2O + NH_4^+$$
$$113 \qquad 5 \times 32$$

每千克细菌细胞内源呼吸需要的氧量 $O_2=5\times32/113=1.42\,kg$，则排放的剩余污泥的氧当量为：

$$O_2^{\,c} = 1.42\Delta X_v \qquad (7-37)$$

式中，$O_2^{\,c}$ —— 剩余污泥氧当量，kg/d；

ΔX_v —— 剩余污泥量（以 MLVSS 计算），kg/d。

故系统去除 BOD 需氧量为：

$$O_2 = 1.47Q(S_0 - S_e) - 1.42\Delta X_v \tag{7-38}$$

式中，O_2 —— 系统总需氧量，kgO_2/d。

7.3 活性污泥反应动力学基础及应用

　　污泥对有机物的转化过程，也就是生物代谢过程，它包括微生物细胞物质的合成（活性污泥的增长）、有机物的氧化分解（包括部分细胞物质的分解）以及溶解氧的消耗等。所以基质 BOD 浓度与其去除速率、污泥的增殖与 BOD 去除速率、耗氧速率与 BOD 去除速率之间的关系，是研究净化理论的核心。

　　对活性污泥反应动力学研究讨论的目的之一是，将动力学引入活性污泥系统，并结合系统的物料平衡，就可以建立活性污泥系统的数学模型，明确各项因素，如有机底物浓度、活性污泥微生物量、溶解氧浓度等对反应速度的影响，使人们能够创造更适宜于活性污泥反应进行的环境条件，使反应能够在比较理想的速度下进行，使活性污泥处理系统的设计和运行更加合理化和科学化。

　　当前，从活性污泥处理系统的工程实践要求考虑，对活性污泥反应动力学的研讨重点在于确定活性污泥反应速度与各项主要环境因素之间的关系，活性污泥法数学模型主要包括两个方面：

　　（1）基质降解动力学，涉及有机底物的降解速率与有机底物浓度、活性污泥微生物量等因素之间的关系；

　　（2）微生物增长动力学，涉及活性污泥微生物的增殖速度与有机底物浓度、微生物量等因素之间的关系。

　　活性污泥法动力学模型中最著名的可能要算劳伦斯-麦卡蒂（Lawrence-McCarty）、埃肯菲尔德（Eckenfelder）和麦金尼（Mckinney）三大动力学模型。基本上，这三组模型是类似的，主要的区别是：麦金尼在模型中使用了食物限制条件下供氧充分的底物代谢的一级反应式，埃肯菲尔德利用了"关于底物利用的非连续函数"，指出在低底物浓度条件下，底物去除速度不仅与底物浓度有关，还与微生物数量有关，劳伦斯-麦卡蒂模型中则应用了莫诺特的概念。本书重点介绍劳伦斯-麦卡蒂模型，因为这一数学模型在实际的工程设计计算中应用最为广泛。

7.3.1 建立模型的假设

　　活性污泥法动力学模型的建立一般都以完全混合曝气池为基础，且都是建立在一定的假设基础上的，这些假设主要有：

① 曝气池处于完全混合状态；

② 进水中的微生物浓度与曝气池中的活性污泥微生物浓度相比很小，可假设为零；

③ 全部可生物降解的底物都处于溶解状态；

④ 假定系统处于稳定状态；

⑤ 二沉池中没有微生物的活动；

⑥ 二沉池中没有污泥积累，泥水分离良好。

图 7-10 表示了一个完全混合活性污泥工艺的典型流程，也是建立活性污泥法数学模型的基础。图中虚线表示建立数学模型的范围。Q、S_0、X_0 表示进入系统的污水流量、有机底物浓度和进水中微生物浓度，曝气池中的活性污泥浓度、有机物浓度和曝气池容积分别用 X、S、V 表示，R 表示回流污泥流量与进水流量之比，叫作回流比，X_r 为回流污泥浓度，Q_w 为剩余污泥排放流量，S_e 为出水的有机底物浓度，X_e 为出水中活性污泥的浓度。图中的流量以 m^3/d 计，浓度以 mg/L 计，活性污泥浓度均以 MLVSS 计。

图 7-10 中剩余污泥的排除方式有两种，一种是从曝气池与二沉池之间的连接管路上排除，另一种是从二沉池回流管线上排除。第二种排除剩余污泥的方式是实际工程中普遍采用的方式，劳伦斯-麦卡蒂数学模型的推导将以这种排泥方式为准。

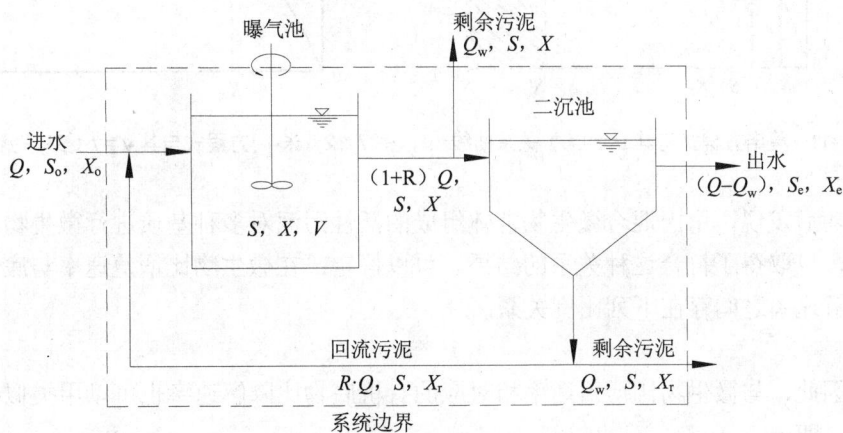

图 7-10 完全混合活性污泥系统的典型流程

7.3.2 莫诺方程式及其推广应用

（1）莫诺（Monod）基本方程式

J. Monod 于 1942 年和 1950 年曾两次进行了单一基质的纯菌种培养试验，试验结果（图 7-11）和 Michaelis-Menton 于 1913 年通过试验所取得的酶促反应速度与底物浓度之间的关系（图 7-12）是相同的，进而提出了与米-门公式相类似地表达微生物比增殖速率与基质浓度之间的动力学公式，即莫诺模式。

$$\mu = \frac{\mu_{max} \cdot S}{K_s + S} \tag{7-39}$$

式中，μ —— 微生物的比增殖速率，$kgVSS/(kgVSS \cdot d)$；

μ_{max} —— 基质达到饱和浓度时，微生物的最大比增殖速率；

S —— 反应器内的基质浓度，mg/L；

K_s —— 饱和常数，也是半速常数。

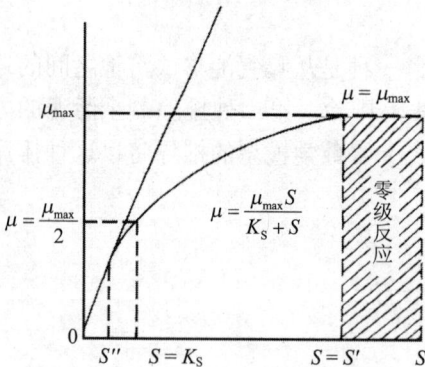

图 7-11 莫诺方程式与其 $u=f(S)$ 关系曲线　　图 7-12 米-门方程式与其 $v=f(S)$ 关系曲线

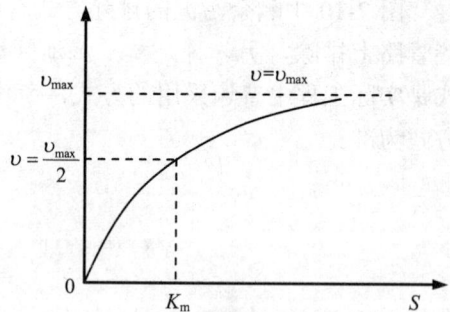

随后发现，用由混合微生物群体组成的活性污泥对多种基质进行微生物增殖试验，也取得了符合这种关系的结果。可以假定：在微生物比增殖速率与底物的比降解速率之间存在下列比例关系：

$$\mu \propto v$$

因此，与微生物比增殖速率相对应的有机底物比降解速率也可以用类似公式表示，即：

$$v = v_{max} \frac{S}{K_S + S} \tag{7-40}$$

式中，v —— 有机底物比降解速率，$v = -\dfrac{1}{X}\dfrac{ds}{dt}$，$kgBOD_5/(kgVSS \cdot d)$；

v_{max}　——　有机底物的最大比降解速率；

S　——　限制增殖的底物浓度；

K_s　——　饱和常数。

对于污水处理领域来说，有机底物的比降解速率比微生物增殖速率更实际，应用性更强，是讨论研究的对象。

有机底物的比降解速率，按物理意义考虑，则有：

$$v = -\frac{1}{X}\frac{dS}{dt} = \frac{d(S_0 - S)}{Xdt} \tag{7-41}$$

式中，S_0　——　原污水中有机底物的原始浓度；

S　——　经 t 时间反应后混合液中残留的有机底物浓度；

t　——　活性污泥反应时间；

X　——　混合液中活性污泥总量。

根据式（7-40）和式（7-41），可以得出有机底物的降解速度为：

$$-\frac{dS}{dt} = v_{max}\frac{XS}{K_s + S} \tag{7-42}$$

式中，$\dfrac{dS}{dt}$　——　有机底物降解速度。

（2）莫诺（Monod）方程式的推论

莫诺方程式是描述微生物比增殖速率（有机底物比降解速率）与有机底物浓度之间的函数关系。对这种函数关系在两种极限条件下，进行推论，能够得出如下结论。

1）在高底物浓度的条件下，混合液中 $S \gg K_S$，则：

$v = v_{max}\dfrac{S}{K_S + S}$（莫诺公式）及 $-\dfrac{dS}{dt} = v_{max}\dfrac{X \cdot S}{K_S + S}$ 式中 K_S 值与 S 值相比，可忽略不计，从而得出：

$$v = v_{max}\frac{S}{K_S + S} = v_{max} \tag{7-43}$$

$$-\frac{dS}{dt} = v_{max}\frac{XS}{K_S + S} = v_{max}X = K_1 X \tag{7-44}$$

式（7-43）及图 7-11 说明，在高浓度有机底物条件下，有机底物以最大的速度进行降解，而与有机底物的浓度无关，呈零级反应关系。即图 7-11 上所表示的 S-S' 区段。有机底物的浓度再进行提高，降解速率也不会提高，因为在这一条件下，微生物处于对数增殖期，其酶系统的活性位置都为有机底物所饱和。

式（7-44）说明，在高浓度有机底物条件下，有机底物的降解速度（$\frac{dS}{dt}$）与污泥浓度（X）有关，并呈一级反应关系。

2）在低底物浓度的条件下，混合液中 $S \ll K_S$，则：

$$v = v_{max} \frac{S}{K_S + S} = \frac{v_{max}}{K_S} S = K_2 S \tag{7-45}$$

$$-\frac{dS}{dt} = v_{max} \frac{XS}{K_S + S} = \frac{v_{max}}{K_S} \cdot XS = K_2 XS \tag{7-46}$$

式（7-46）说明，在低浓度有机底物条件下，有机底物的降解速度（$\frac{dS}{dt}$）遵循一级反应，有机物浓度已成为有机底物降解的控制因素，因为在这种条件下，混合液中有机底物浓度已经不高，微生物增殖处于减速增殖期或内源呼吸期，微生物酶系统多未被饱和，在图 7-11 中即为横坐标 $S=O$ 到 $S=S''$ 这一区段。这个区段的曲线在表现形式上为通过原点的直线，其斜率即为 K_2。

城市污水属于低底物浓度的污水，COD 值一般在 400 mg/L 以下，BOD$_5$ 值则在 300 mg/L 以下，对此，埃肯费尔德（Eckenfelder）认为，对城市污水活性污泥系统处理，用式（7-46）描述有机底物的降解速度是适宜的。

将式（7-46）加以积分，得：

$$\ln \frac{S}{S_0} = K_2 Xt \tag{7-47}$$

整理后，得：

$$S = S_0 e^{-K_2 Xt} \tag{7-48}$$

上式表示的是活性污泥反应系统中，经 t 时间反应后，混合液残存的有机底物值与原污水中有机底物量 S_0 之间的关系。

式（7-48）具有较强的实用价值。在对式（7-48）应用上的关键问题是正确地确定 K_2 值。

（3）莫诺（Monod）方程式在完全混合曝气池中的应用

根据废水流入曝气池的方式和曝气池内回流污泥与废水的流动混合方式，曝气池可分为推流式曝气池和完全混合式曝气池。

图 7-13 所示为完全混合曝气池的活性污泥处理系统。

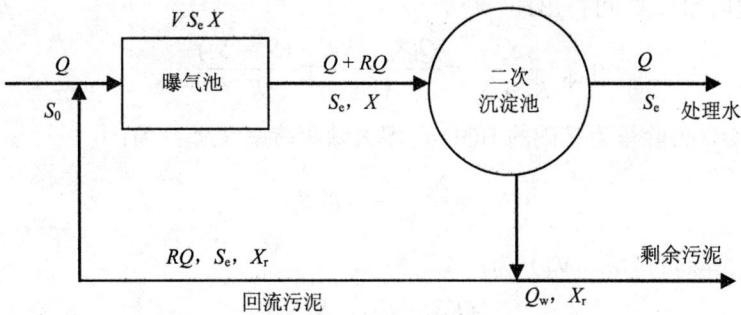

$$V\,S_e\,X$$

曝气池

二次沉淀池

处理水

Q
S_0

$Q+RQ$
S_e，X

Q
S_e

RQ，S_e，X_r

回流污泥

剩余污泥

Q_w，X_r

图 7-13　完全混合活性污泥系统的物料平衡

在稳态条件下，对系统中的有机物进行物料平衡，下式成立：

$$QS_0 + RQS_e = (Q+RQ)\,S_e + (\frac{\mathrm{d}S}{\mathrm{d}t}) \cdot V \tag{7-49}$$

整理后，得：

$$-\frac{\mathrm{d}S}{\mathrm{d}t} = \frac{Q(S_0 - S_e)}{V} \tag{7-50}$$

将 $-\dfrac{\mathrm{d}S}{\mathrm{d}t} = K_2 XS$ 代入式（7-50）得出：

$$\frac{Q(S_0 - S_e)}{XV} = \frac{S_0 - S_e}{Xt} = K_2 S_e \tag{7-51}$$

对式（7-51）经过整理归纳后，可得：

有机物残留率：　$\dfrac{S_e}{S_0} = \dfrac{1}{1 + K_2 Xt}$ 　　　　　（7-52）

有机物去除率：

$$\eta = \frac{S_0 - S_e}{S_0} = 1 - \frac{S_e}{S_0} = 1 - \frac{1}{1 + K_2 Xt} = \frac{K_2 Xt}{1 + K_2 Xt} \tag{7-53}$$

根据完全混合曝气池的特征，式（7-42）可改写，以 S_e 代替上式中 S，可得出：

$$-\frac{\mathrm{d}S}{\mathrm{d}t} = v_{\max} \frac{XS_e}{K_S + S_e}$$

代入式（7-50）中，可得出：

$$v_{\max} \frac{XS_e}{K_S + S_e} = \frac{Q(S_0 - S_e)}{V} \tag{7-54}$$

两边同除以 X，可得出：

$$v_{max} \frac{S_e}{K_S + S_e} = \frac{Q(S_0 - S_e)}{XV} = \frac{(S_0 - S_e)}{X \cdot t} \tag{7-55}$$

以 BOD 去除量为基础的 BOD-污泥去除负荷率（N_{rs}）为：

$$N_{rs} = \frac{S_0 - S_e}{Xt} = K_2 S_e \tag{7-56}$$

容积去除负荷率（N_{rv}）为：

$$N_{rv} = \frac{Q(S_0 - S_e)}{V} = \frac{S_0 - S_e}{t} = K_2 X S_e \tag{7-57}$$

K_2 值可通过实验取得几组 $\frac{S_0 - S_e}{Xt}$ 与 S_e 值后，用图解法求得。

（4）动力学参数 K_2、V_{max} 及 K_S 的求定

1）K_2 的确定

对于常数值 K_2，通过图解法确定。方法如下：

将式 $\frac{S_0 - S_e}{Xt} = K_2 S_e$ 按通过原点的直线方程式 $y = kx$ 的形式考虑。以 $\frac{S_0 - S_e}{Xt}$ 为纵坐标，以 S_e 为横坐标。将从运行的污水处理厂或通过试验取得的 S_0、S_e、X 及 t 等各项数据，加以整理分组，列入坐标图内，得图 7-14 所示的图像。

直线通过坐标原点，其斜率即为 K_2 值。

2）V_{max} 及 K_S 的确定

对于常数值 V_{max} 及 K_S，一般也通过图解法确定，其方法如下：

对公式 $N_{rs} = \frac{S_0 - S_e}{Xt} = K_2 S_e = v_{max} \frac{S_e}{K_S + S}$ 取倒数，得：

$$\frac{Xt}{S_0 - S_e} = \left(\frac{K_S}{V_{max}}\right)\left(\frac{1}{S_e}\right) + \left(\frac{1}{V_{max}}\right) \tag{7-58}$$

可以将上式按直线方程 $y = kx + b$ 形式考虑，$\frac{Xt}{S_0 - S_e}$ 是随 $\frac{1}{S_e}$ 项变化的线性函数。以 $\frac{Xt}{S_0 - S_e}$ 为纵坐标，以 $\frac{1}{S_e}$ 为横坐标。同样将所取得的数据，按式（7-58）的格式归纳整理，并将所得到的各组数据列入坐标图内，得出如图 7-15 所示的坐标图。

直线斜率为 $\frac{K_S}{V_{max}}$，在纵坐标上的截距为 $\frac{1}{V_{max}}$，在横坐标上的截距为 $-\frac{1}{K_S}$。通

过这些数据求定出常数值 V_{max} 及 K_S。

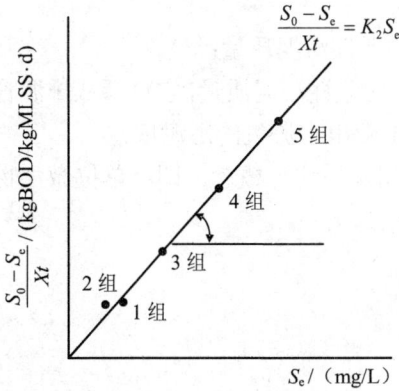

图 7-14　图解法确定 K_2 值

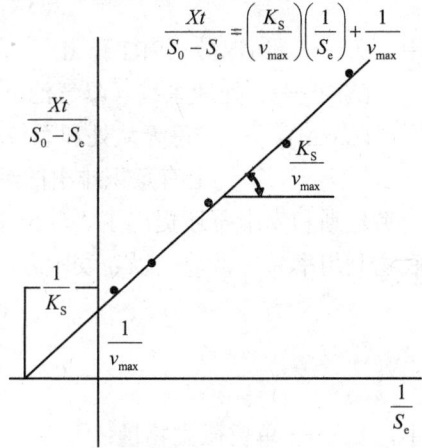

图 7-15　图解法确定常数值 V_{max} 及 K_S

对于城市污水，典型的动力学参数如表 7-4 所示。

表 7-4　城镇污水的典型动力学参数值（20℃）

动力学参数	单位	范围	典型值
v_{max}	gCOD/（gVSS·d）	2～10	5
K_S	gBOD$_5$/m^3	25～100	60
Y	gVSS/gBOD$_5$	0.4～0.8	0.6
K_d	d^{-1}	0.04～0.075	0.06

7.3.3　劳伦斯-麦卡蒂（Lawrence-Mc Carty）模型

（1）概述

A.W. Lawrence 和 P.L. Mc Carty 以微生物增殖和对有机物的利用为基础，于 1970 年建立了活性污泥反应动力学基本数学模型。

劳伦斯和麦卡蒂接受了莫诺的论点，并在自己的动力学模型中纳入了莫诺方程式。劳伦斯和麦卡蒂强调了"污泥龄"这一运行参数的重要性，提出了新的概念，即单位重量的微生物在活性污泥反应系统中的平均停留时间，并建议将其易名为"生物固体停留时间"（solids retention time，SRT），从工程上来说，就是反应系统内微生物总量与每日排放的剩余污泥量的比值，常用 θ_c 表示之。

$$\theta_c = \frac{(X)_\mathrm{T}}{(\Delta X / \Delta t)_\mathrm{T}} \tag{7-59}$$

式中，θ_c —— 污泥龄（SRT），d；

$(X)_\mathrm{T}$ —— 处理系统（曝气池）中总的活性污泥质量；

$(\Delta X/\Delta t)_\mathrm{T}$ —— 每天从处理系统中排出的活性污泥质量，它包括从排泥管线上有意识排出的污泥加上随出水流失的污泥量。

劳伦斯和麦卡蒂还提出了"单位基质利用率"这一概念。即：单位微生物量的底物利用率为一常数，以 q 表示之，其表达式为：

$$q = \frac{\left(\dfrac{\mathrm{d}S}{\mathrm{d}t}\right)_\mathrm{u}}{X_\mathrm{a}} \tag{7-60}$$

式中，X_a —— 单位微生物量；

$\left(\dfrac{\mathrm{d}S}{\mathrm{d}t}\right)_\mathrm{u}$ —— 微生物对有机底物的利用（降解）速度。

对于微生物比增殖速率（μ）与生物固体平均停留时间（θ_c）有如下关系：

$$\mu = \frac{1}{X}\frac{\mathrm{d}X}{\mathrm{d}t} = \frac{(\Delta X / \Delta t)_\mathrm{T}}{(X)_\mathrm{T}} = \frac{1}{\theta_c} \tag{7-61}$$

式中，μ —— 活性污泥的比增长速率，mg 新细胞/（mg 细胞·d）。

因此，以污泥龄作为生物处理的控制参数，其重要性是明显的，因为通过控制污泥龄，可以控制微生物的比增长速率及系统中微生物的生理状态。

（2）劳伦斯-麦卡蒂基本模型

劳伦斯-麦卡蒂基本模型，是以生物固体平均停留时间（θ_c）及单位底物利用率（q）作为基本参数，并以第一、第二两个基本模型表达的。

1）劳伦斯-麦卡蒂第一基本模型

劳伦斯-麦卡蒂第一基本模型是在表示微生物净增殖速度与有机底物被微生物利用速度之间关系的式（7-27）基础上建立的。

在稳态条件下，对图 7-10 作系统活性污泥的物料平衡，有：

$$QX_0 + (\frac{\mathrm{d}S}{\mathrm{d}t})_\mathrm{g} \cdot V = (Q - Q_\mathrm{w})\,X_\mathrm{e} + Q_\mathrm{w}X_\mathrm{r} \tag{7-62}$$

式中，X_0 —— 进水中微生物浓度，gVSS/m³；

X_e —— 出水中微生物浓度，gVSS/m³；

X_r —— 回流污泥浓度，gVSS/m³；

X —— 曝气池中活性污泥浓度，gVSS/m³；

V —— 曝气池容积，m³；

Q　——进水流量，m^3/d；

Q_w　——剩余污泥排放量，污泥浓度，m^3/d；

$(\dfrac{dS}{dt})_g$　——活性污泥净增长速率，$gVSS/(m^3 \cdot d)$。

根据前述假定，进水中的微生物浓度可以忽略，因此，上式变为：

$$(\frac{dS}{dt})_g \cdot V = (Q - Q_w)X_e + Q_w X_r \tag{7-63}$$

将微生物增长基本方程式（7-27）代入上式并整理，有：

$$\frac{(Q - Q_w)X_e + Q_w X_r}{XV} = Y\frac{1}{X}\left(\frac{dS}{dt}\right)_u - K_d \tag{7-64}$$

或

$$\frac{1}{\theta_c} = Y\frac{1}{X}\left(\frac{dS}{dt}\right)_u - K_d \tag{7-65}$$

将 $q = \dfrac{\left(\dfrac{dS}{dt}\right)_u}{X}$ 代入式（7-65），即可得到劳-麦第一基本模型：

$$\frac{1}{\theta_c} = Yq - K_d \tag{7-66}$$

式中，θ_c　——生物固体平均停留时间，d；

　　　Y　——活性污泥的合成产率系数，$mgVSS/mgBOD_5$；

　　　q　——单位有机物利用率；

　　　K_d　——衰减系数，或内源代谢系数，d^{-1}。

劳伦斯-麦卡蒂第一基本模型所表示的是：生物固体平均停留时间（θ_c）与产率（Y）、单位利用率（q）以及微生物衰减系数（K_d）之间的关系。

2）劳伦斯-麦卡蒂第二基本模型

劳伦斯-麦卡蒂第二基本模型，是在莫诺方程式的基础上建立的，其在概念上的基础是有机物的降解速度等于其被微生物的利用速度，即：

$$v = q \tag{7-67}$$

式中，v　——有机底物的降解速度。

将 q 代入式 $v = v_{max} \cdot \dfrac{S}{K_s + S}$ 中，经归纳整理后，即可得到劳伦斯-麦卡蒂第二基本模型：

$$\left(\frac{dS}{dt}\right)_u = qX = v_{max}\frac{XS}{K_s + S} \tag{7-68}$$

劳伦斯-麦卡蒂第二基本模型所表示的是：有机底物的利用速率（降解速率）与曝气池内微生物浓度（X）及有机底物浓度（S）之间的关系。

（3）劳伦斯-麦卡蒂模型的推论与应用

1）处理水有机物浓度（S_e）与污泥龄（θ_c）的关系

将前述莫诺方程提出的底物利用速率与反应器中微生物浓度及底物浓度之间的动力学关系式即式（7-40）代入劳伦斯-麦卡蒂第一基本模型，即式（7-66）得：

$$\frac{1}{\theta_c} = Y\frac{v_{max}S_e}{K_S + S_e} - K_d \tag{7-69}$$

从上式中解出 S_e，得：

$$S_e = \frac{K_S\left(\dfrac{1}{\theta_c} + K_d\right)}{Yv_{max} - \left(\dfrac{1}{\theta_c} + K_d\right)} \tag{7-70}$$

式中，S_e —— 出水中溶解性有机底物的浓度，$gBOD_5/L$；

$\quad\quad K_S$ —— 饱和常数，即 $v=v_{max}/2$ 时的底物浓度，也称半速常数，$gBOD_5/L$；

$\quad\quad v_{max}$ —— 最大比底物利用速率，$gBOD_5/gVSS\cdot d$。

上式说明活性污泥系统的出水有机物浓度仅仅是污泥龄和动力学参数的函数，与进水有机物浓度无关。

2）曝气池内微生物浓度（X）与污泥龄（θ_c）的关系

在稳态条件下，对图 7-10 作曝气池有机物的物料平衡，有：

$$QS_0 + RQS_e - (dS / dt)_u \cdot V - (1+R)QS_e = 0 \tag{7-71}$$

整理得：

$$\left(\frac{dS}{dt}\right)_u = \frac{Q(S_0 - S_e)}{V} \tag{7-72}$$

将式（7-72）代入劳伦斯-麦卡蒂第一基本模型，即式（7-66）得：

$$\frac{1}{\theta_c} = Y\frac{Q(S_0 - S_e)}{XV} - K_d \tag{7-73}$$

从上式解出 X 并整理得：

$$X = \frac{YQ(S_0 - S_e)\theta_c}{V(1 + K_d\theta_c)} \tag{7-74}$$

从上式可以看出，曝气池中活性污泥浓度与进出水质、污泥龄和动力学参数密切相关。

3）污泥回流比（R）与（θ_c）值的关系

在稳态条件下，对图 7-10 作曝气池生物量的物料平衡，有：

$$QX_0 + RQX_r + \left[Y\left(\frac{\mathrm{d}S}{\mathrm{d}t}\right)_u - K_d X\right]V - (1+R)QX = 0 \tag{7-75}$$

将式 $q = \dfrac{\left(\dfrac{\mathrm{d}S}{\mathrm{d}t}\right)_u}{X}$ 代入式（7-75），得：

$$RQX_r + \left[Yq - K_d\right]XV = (1+R)QX \tag{7-76}$$

将劳伦斯-麦卡蒂第一基本模型 $\dfrac{1}{\theta_c} = Yq - K_d$ 代入式（7-76），得：

$$RQX_r + \frac{1}{\theta_c}XV = (1+R)QX \tag{7-77}$$

从上式解出 θ_c 并整理得：

$$\frac{1}{\theta_c} = \frac{Q}{V}\left(1 + R - R\frac{X_r}{X}\right) \tag{7-78}$$

上式表明污泥龄是 X_r/X 和回流比 R 的函数，而 X_r/X 又是活性污泥沉降性能及二沉池沉淀效率的函数。当二沉池运行正常时，可用下式估计回流污泥的最高浓度：

$$(X_r)_{\max} = \frac{10^6}{\mathrm{SVI}} \tag{7-79}$$

式中，SVI —— 污泥体积指数。

4）产率系数（Y）与表观产率系数（Y_{obs}）与污泥龄（θ_c）的关系

产率系数（Y）是指单位时间内，微生物的合成量与基质降解量的比值。表示微生物增殖总量，没有去除内源呼吸而消亡的那部分微生物质量，所以这个产率也称合成产率。即：

$$Y = \frac{(\mathrm{d}X/\mathrm{d}t)_s}{(\mathrm{d}S/\mathrm{d}t)_u} \tag{7-80}$$

表观产率系数（Y_{obs}），是指单位时间内，实际测定的污泥产量与基质降解量的比值。实测所得微生物的增殖量，即微生物的净增殖量，实际上没有包括内源呼吸而消亡的那部分微生物质量。即：

$$Y_{obs} = \frac{(dX/dt)_T}{(dS/dt)_u} \tag{7-81}$$

对式（7-81）除以微生物量（X），得：

$$Y_{obs} = \frac{(dX/dt)_T/X}{(dS/dt)_u/X} = \mu/q \tag{7-82}$$

由劳伦斯-麦卡蒂第一基本模型 $\frac{1}{\theta_c} = Yq - K_d$，得：

$$\left(\frac{1}{\theta_c} + K_d\right)\frac{1}{Y} = q \tag{7-83}$$

将式（7-61）$\mu = \frac{1}{\theta_c}$，以及式（7-83）代入式（7-82），得：

$$\frac{1}{Y_{obs}} = \left(\frac{1}{\theta_c} + K_d\right)\frac{1}{Y}\theta_c \tag{7-84}$$

从上式解出 Y_{obs}，经整理，得到 Y、Y_{obs} 与 θ_c 值之间关系为：

$$Y_{obs} = \frac{Y}{1 + K_d\theta_c} \tag{7-85}$$

在工程实践中，Y_{obs} 是一项重要的参数，它对设计、运行管理都有重要的意义，也有一定的理论价值。

式（7-85）还提供了通过试验求 Y 及 K_d 的方法，将其取倒数后得：

$$\frac{1}{Y_{obs}} = \frac{1}{Y} + \frac{K_d}{Y}\theta_c \tag{7-86}$$

可以将上式按直线方程 $y = kx + b$ 形式考虑，以 $\frac{1}{Y_{obs}}$ 为纵坐标，以 θ_c 为横坐标。

将所测得的数据，其中 $Y_{obs} = \frac{\Delta X}{Q(S_0 - S_e)}$，按式（7-86）的格式归纳整理，并将所得到的各组数据列入坐标图内，用图解法确定 Y 值和 K_d 值。

5）对模型的推论

按莫诺方程式的推论，在低浓度有机底物条件下，有机底物的降解速率遵循一级反应规律，即 $v = K_2 S$（式（7-45））。

按劳伦斯-麦卡蒂论点，有机底物的降解速率等于其被微生物的利用速率，即 $v = q$，于是，对完全混合曝气池，可写成：

$$q = K_2 S_e = \frac{Q(S_0 - S_e)}{XV} \tag{7-87}$$

可见，劳伦斯-麦卡蒂以自己的模式为基础，通过活性污泥法系统的物料衡算关系，推导出了具有一定应用价值的各项关系式，在污水处理学术界得到了比较广泛的认可。

7.3.4　活性污泥数学模型的新进展

虽然埃肯菲尔德、劳伦斯-麦卡蒂和麦金尼三大动力学模型得到了世界范围内的广泛承认，对活性污泥法的设计和运行都起到了重要作用，但总的来说，这些动力学模型尚属于静态模型，且仅包括了碳源有机物的去除。随着人类对水环境要求的提高，特别是对水体富营养化防治要求的提高，氮、磷的去除更显重要和突出。污水处理设施的功能必须拓宽，而上述动力学模型明显的存在一定的局限，为完善动力学模型，近年来（1986 年、1995 年和 1998 年）国际水质协会（IAWQ）在总结以往研究成果的基础上先后推出了活性污泥法 1 号、2 号和 3 号模型，即 ASM1、ASM2 和 ASM3。这些模型重在对活性污泥法生物处理基本过程的动态模拟。ASM1 包括了碳源氧化、硝化和反硝化等反应过程；ASM2 增加了生物除磷过程。ASM3 是对 ASM1 的进一步改进。3 个模型以物料平衡为基础，包含了异氧型、自氧型微生物和聚磷菌、多种基质、硝态氮、氨氮及无机可溶磷等十多种物质的平衡。模型用矩阵来描述各有关物质浓度、反应速率、反应动力学参数及化学计量系数之间的关系，使各组分变化规律和相互关系更加直观，且可方便地用计算机进行动态模拟。模型在"反应速率"中使用了"开关函数"，以反映环境因素改变所产生的遏制作用。模型将处理系统中的各种物质分成两大类：一类是可溶性物质；另一类是颗粒物质。并用 COD 代表传统的 BOD$_5$，COD 等价于供电子能力，为物料平衡提供了可靠的途径。ASM1 和 ASM2 模型排除了传统的 Herbet 内源代谢理论，取而代之的是基于生态学理论的细菌死亡-再生理论。而 ASM3 仍沿用内源呼吸理论，并强调了转换系数胞内贮存物的重要性。IAWQ 模型给出了动力学和化学计量参数的推荐值，说明了这些参数的概念，便于指导实际运用时参数的测定。从 IAWQ 模型的特点可以看出，这一系列模型是活性污泥法数学模型的一个重大突破。其意义主要在于该模型系列为动态模型，可以预测活性污泥法系统的需氧、污泥产量、硝化反硝化脱氮以及除磷的过程，使人们可以对活性污泥系统的运行进行模拟，能更准确把握系统的运行状态，为新工艺的开发、辅助设计、运行管理和教学提供了强有力的工具。

然而，也应该看到，IAWQ 模型系列在计量系数、动力学参数等的确定中存在缺陷，还有待进一步探索。

7.4　活性污泥法的运行方式及工艺参数

活性污泥法自从早期的概念形成以来，随着污水处理要求的不断提高，设备、材料、过程控制技术的进步以及人们对微生物降解过程和生命活动的逐渐深入了解，污水处理的活性污泥法工艺也在不断发展和演变。

7.4.1　活性污泥法曝气反应池的基本形式

曝气池实质上是一个反应器，它的池型与所需的水力特征及反应要求密切相关，主要分为推流式、完全混合式、封闭环流式及序批式 4 大类。其他曝气反应池类型基本都是这 4 种类型的组合或变形。

（1）推流式曝气池（Plug-Flow Aeration Basin）

推流式曝气池自从 1920 年出现以来，至今一直得到普遍应用。其工艺流程如图 7-16 所示。污水及回流污泥一般从池体的一端进入，水流呈推流型，理论上在曝气池推流横断面上各点浓度均匀一致，纵向不存在掺混，底物浓度在进口端最高，沿池长逐渐降低，至池出口端最低。但实际上推流式曝气池都存在掺混现象，真正的理想推流式并不存在。

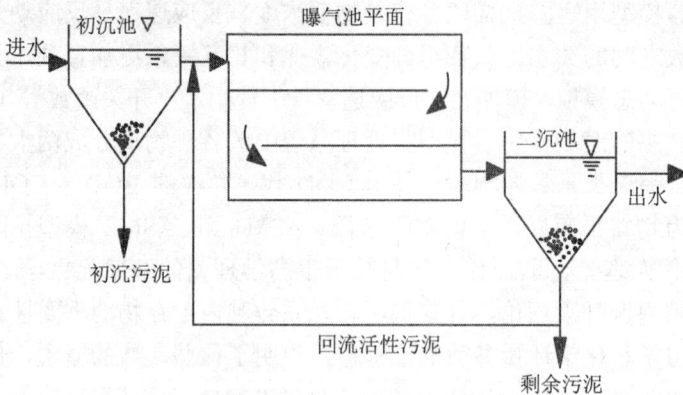

图 7-16　推流式曝气池工艺流程

1）平面布置：推流曝气池的长宽比一般为 5～10。为了便于布置，长池可以两折或多折，污水从一端进入，另一端流出。进水方式不限，为保证曝气池的有效水位，出水都用溢流堰。

2）横断面布置：推流曝气池的池宽和有效水深之比一般为 1～2。与常用曝气鼓风机的出口风压匹配，有效水深通常在 4～6 m，但也有深至 12 m 的情况。根据横断面上的水流情况，又可分为平移推流式和旋转推流式。

平移推流式的曝气池底铺满扩散器，池中的水流只有沿池长方向的流动。这种池型的横断面宽深比可以高一些，见图 7-17。

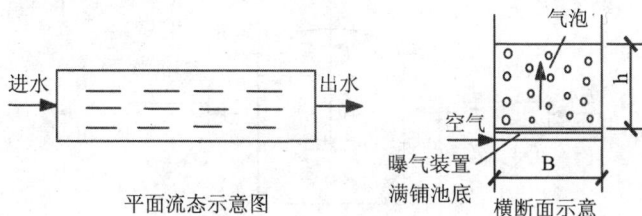

图 7-17 平移推流式曝气池流态

旋转推流式的曝气扩散装置安装于横断面的一侧。由于气泡形成的密度差，池水产生旋流。池中的水除沿池长方向流动外，还有侧向旋流，形成了旋转推流式，见图 7-18。

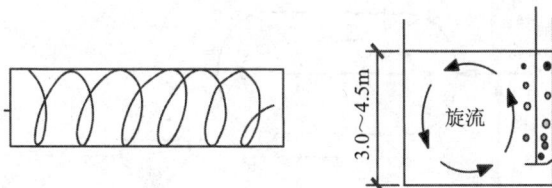

图 7-18 旋转推流式曝气池流态

（2）完全混合曝气池（Completely Mixed Aeration Basin）

完全混合曝气池的形状可以是圆形，也可以为方形或矩形，曝气设备可采用表面曝气机或鼓风曝气方式。污水一进入曝气反应池，在曝气搅拌作用下立即和全池混合，曝气池内各点的底物浓度、微生物浓度、需氧速率完全一致（图 7-19），不像推流式那样前后段有明显的区别，当入流出现冲击负荷时，因为瞬时完全混合，曝气池混合液的组成变化较小，故完全混合法耐冲击负荷能力较大。

（3）封闭环流式反应池（Closed Loop Ractor，CLR）

封闭环流式反应池结合了推流和完全混合两种流态的特点，污水进入反应池后，在曝气设备的作用下被快速、均匀地与反应器中混合液进行混合，混合后的水在封闭的沟渠中循环流动（图 7-20）。循环流动流速一般为 0.25～0.35 m/s，完成一个循环所需时间为 5～15 min。由于污水在反应器内停留时间为 10～24 h，因此，污水在这个停留时间内会完成 40～300 次循环。封闭环流式反应池在短时间内呈现推流式，而在长时间内则呈现完全混合特征。两种流态的结合，可减小短流，使进水被数十倍甚至数百倍的循环混合液所稀释，从而提高了反应器的缓冲能力。

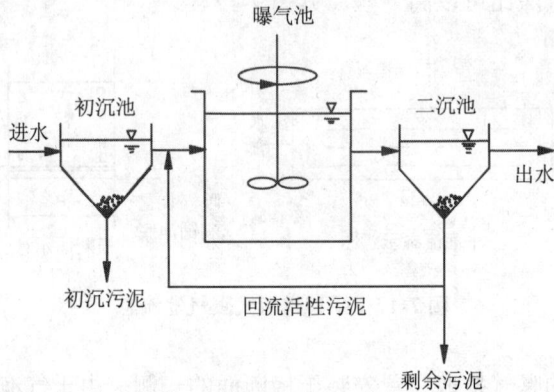

图 7-19　完全混合曝气池工艺流程

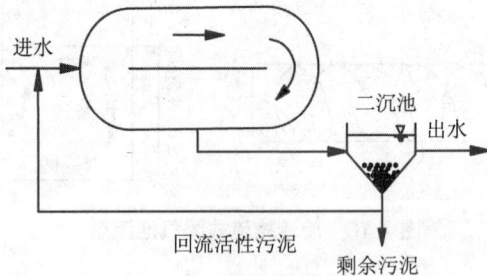

图 7-20　封闭环流式处理系统流程

（4）序批式反应池（Sequencing Batch Reactor，SBR）

序批式反应池（SBR）属于"注水—反应—排水"类型的反应器，在流态上属于完全混合，但有机污染物却是随着反应时间的推移而被降解的。图 7-21 为序批式反应池的基本运行模式，其操作流程由进水、反应、沉淀、出水和闲置五个基本过程组成，从污水流入到闲置结束构成一个周期，所有处理过程都是在同一个设有曝气或搅拌装置的反应器内依次进行，混合液始终留在池中，从而不需另外设置沉淀池。周期循环时间及每个周期内各阶段时间均可根据不同的处理对象和处理要求进行调节。

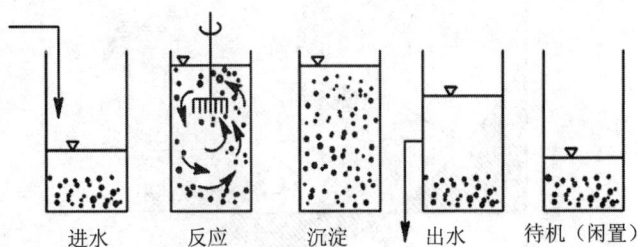

进水　　　反应　　　沉淀　　↓出水　　待机（闲置）

图 7-21　序批式反应工艺的操作流程

7.4.2　活性污泥法的主要运行方式

活性污泥法自发明以来，根据反应时间、进水方式、曝气设备、氧的来源、反应池型等的不同，已经发展出多种变型，这些变型方式有的还在广泛应用，同时新开发的处理工艺还在工程中接受实践的考验，采用时须慎重区别对待，因地因时地加以选择。

（1）传统推流式

传统推流式活性污泥法也称普通活性污泥法或标准活性污泥法，其工艺流程见图 7-16。

经初次沉淀池去除粗大悬浮物的污水和回流污泥从曝气池的前端进入，在曝气池内呈推流形式流动至池的末端，由鼓风机通过扩散设备或机械曝气机曝气并搅拌，因为廊道的长宽比要求在 5～10，所以一般采用 3～5 条廊道。在曝气池内进行吸附、絮凝和有机污染物的氧化分解，最后进入二沉池进行处理，处理后的污水和活性污泥的分离，部分污泥回流至曝气池，部分污泥作为剩余污泥排放。

传统推流式运行中存在的主要问题，一是池内流态呈推流式，首端有机污染物负荷高，耗氧速率高；二是污水和回流污泥进入曝气池后，不能立即与整个曝气池混合液充分混合，易受冲击负荷影响，适应水质、水量变化的能力差；三是混合液的需氧量在长度方向是逐步下降的，而充氧设备通常沿池长是均匀布置的，这样会出现前半段供氧不足，后半段供氧超过需要的现象（图 7-22）。

（2）渐减曝气法

为了改变传统推流式活性污泥法供氧和需氧的差距，可以采用渐减曝气方式，充氧设备的布置沿池长方向与需氧量匹配，使布气沿程逐步递减，使其接近需氧速率，而总的空气用量有所减少，从而可以节省能耗，提高处理效率（图 7-23）。

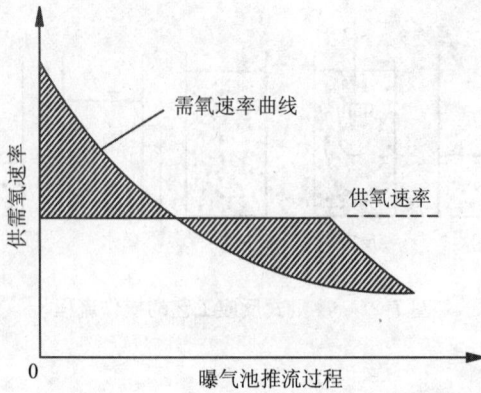

图 7-22　传统推流式曝气池中供氧速率和需氧速率曲线

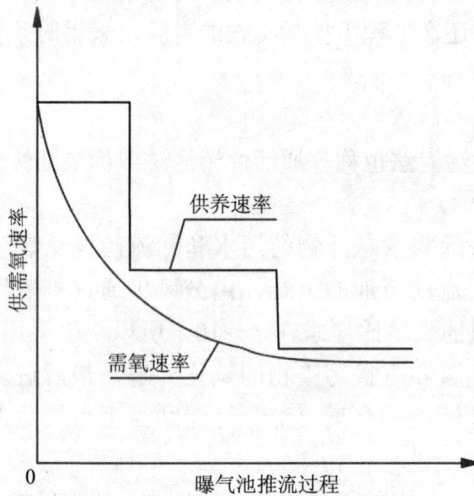

图 7-23　渐减曝气活性污泥法的曝气过程

（3）阶段曝气法

降低传统推流式曝气池中进水端需氧量峰值要求，还可以采用分段进水方式，入流污水在曝气池中分 3～4 点进入，均衡了曝气池内有机污染物负荷及需氧率，提高了曝气池对水质、水量冲击负荷的能力（图 7-24）。阶段曝气推流式曝气池一般采用 3 条或更多廊道，在第一个进水点后，混合液的 MLSS 浓度可高达 5 000～9 000 mg/L，后面廊道污泥浓度随着污水多点进入而降低。在池体容积相同情况下，与传统推流式相比，阶段曝气活性污泥法系统可以拥有更高的污泥总量，从而污泥龄可以更高。

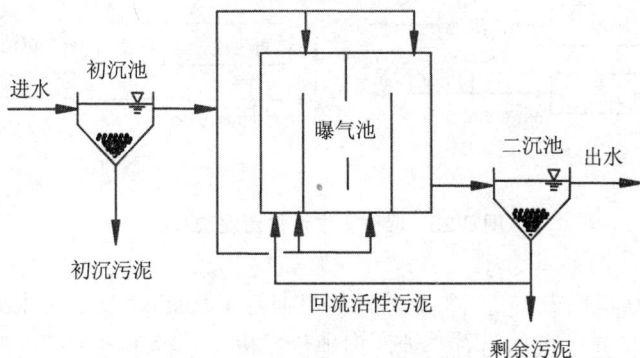

图7-24　阶段曝气法流程示意

　　阶段曝气法也可以只向后面的廊道进水，使系统按照吸附再生法运行。在雨季高流量时，可将进水超越到后面廊道，从而减少进入二沉池的固体负荷，避免曝气池混合液悬浮固体的流失。

　　（4）高负荷曝气法

　　高负荷曝气法（又称改良曝气法）在系统与曝气池构造方面与传统推流式活性污泥法相同，但曝气停留时间仅 1.5～3.0 h，曝气池活性污泥处于生长旺盛期。本工艺的主要特点是有机物容积负荷或污泥负荷高，曝气时间短，但处理效果低，一般 BOD_5 去除率不超过 70%～75%，为了维护系统的稳定运行，必须保证充分的搅拌和曝气。

　　（5）延时曝气法

　　延时曝气法与传统推流式类似，不同之处在于本工艺的活性污泥处于生长曲线的内源呼吸期，有机物负荷非常低，曝气反应时间长，一般多在 24 h 以上，污泥泥龄长，SRT 在 20～30 d，曝气系统的设计决定于系统的搅拌要求而不是需氧量。由于活性污泥在池内长期处于内源呼吸期，剩余污泥量少且稳定，剩余污泥主要是一些难以生物降解的微生物内源代谢的残留物，因此也可以说该工艺是污水、污泥综合好氧处理系统。本工艺还具有处理过程稳定性高，对进水水质、水量变化适应性强，不需要初沉池等优点；但也存在需要池体容积大，基建费用和运行费用都较高等缺点，一般适用于小型污水处理系统。

　　（6）吸附再生法

　　吸附再生法又称接触稳定法，出现于 20 世纪 40 年代后期美国的污水处理厂扩建改造中，其工艺流程见图7-25。

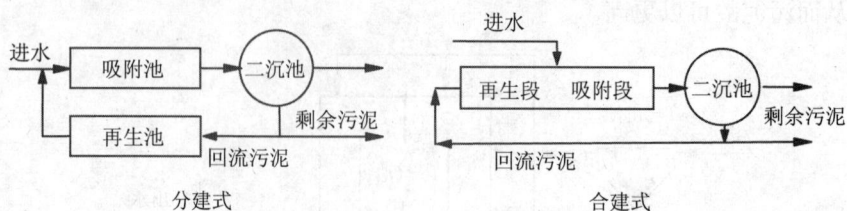

图 7-25 吸附再生活性污泥法系统

20 世纪 40 年代末，美国得克萨斯州奥斯汀（Austin）城的污水处理厂由于水量增加，需要扩建。虽然另有空地，但地价昂贵，不得不寻求厂内改造方法。

在实验室里，用活性污泥法处理牛奶污水时，混合液中溶解部分的 BOD_5 下降有一定的规律。如果测定 BOD_5 时的取样间隔时间较长，例如每隔 1 h 取样一次，那么所得的 BOD_5 下降曲线是光滑的，如图 7-26 的实线所示，表明有机物去除接近于一级反应。但是，缩短取样间隔时，发现在运行开始后的第 1 h 内，BOD_5 值有一个迅速下降而后又逐渐回升的现象，见图 7-26 中虚线，而且这个短暂过程中 BOD_5 的最低值与曝气数小时后的 BOD_5 基本相同。利用这一事实，把曝气时间缩短为 15～45 min（MLSS 为 2 000 mg/L），取得了 BOD_5 相当低的出水。但是，回流污泥丧失了活性，其去除污水中 BOD_5 的能力下降了。于是在把回流污泥与入流的城镇污水汇合之前预先进行充分曝气，这样即可恢复它的活性。在适当改变原曝气池的进水位置和增添充氧扩散设备后，只用了原池一半容积，就解决了超负荷问题。

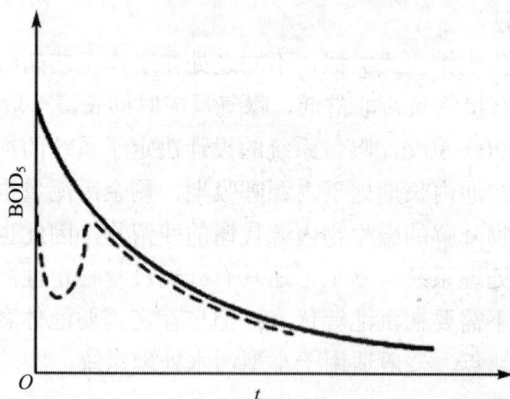

图 7-26 污水与活性污泥混合曝气后 BOD_5 变化动态

但是，每月总有一天出水质量不好，调查研究后发现这一天是城内牛奶场的清洗日。牛奶场污水 BOD_5 很高而 SS 不高。这说明混合液曝气过程中第一阶段 BOD_5 的下降是由于吸附作用造成的，对于溶解的有机物，吸附作用不大或没有。因此，把这种方法称为吸附再生法，混合液的曝气完成了吸附作用，回流污泥的曝气完成活性污泥的再生。

此外，还发现：① 这一方法直接用于原污水的处理比用于初沉池的出流水效果好，初沉池可以省去；② 剩余污泥量有所增加。

本工艺的特点是污水与活性污泥在吸附池内吸附时间较短（30～60 min），吸附池容积较小，而再生池接纳的是已经排出剩余污泥的回流污泥，且污泥浓度较高，因此，再生池的容积也较小；吸附再生法具有一定的抗冲击负荷能力，如果吸附池污泥遭到破坏，可以由再生池进行补充。

但由于吸附接触时间短，限制了有机物的降解和氨氮的硝化，处理效果低于传统法，对于含溶解性有机污染物较多的污水处理，本工艺并不适用。

（7）完全混合法

污水与回流污泥进入曝气池后，立即与池内的混合液充分混合，池内的混合液是有待泥水分离的处理水（图 7-27）。

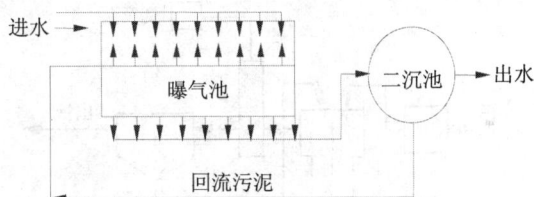

图 7-27　完全混合活性污泥法处理系统

该工艺具有如下特征：

① 进入曝气池的污水很快被池内已存在的混合液所稀释、均化，入流出现冲击负荷时，池液的组成变化较小，因为骤然增加的负荷可为全池混合液所分担，而不是像推流中仅仅由部分回流污泥来承担，所以该工艺对冲击负荷具有较强的适应能力，适用于处理工业废水，特别是浓度较高的工业废水。

② 污水在曝气池内分布均匀，F/M 值均等，各部位有机污染物降解工况相同，微生物群体的组成和数量几近一致，因此，有可能通过对 F/M 值的调整，将整个曝气池的工况控制在最佳条件，以更好地发挥活性污泥的净化功能。

③ 曝气池内混合液的需氧速率均衡。

完全混合活性污泥法系统因为有机物负荷较低，微生物生长通常位于生长曲线的静止期或衰老期，活性污泥易于产生膨胀现象。

完全混合活性污泥法池体形状可以采用圆形或方形，与沉淀池可以合建或分建。

（8）深层曝气法

曝气池的经济深度是按基建费和运行费用来决定的。根据长期的经验，并经过多方面的技术经济性比较，经济深度一般为 5～6 m。但随着城市的发展，普遍感到用地紧张，为了节约用地，从 20 世纪 60 年代开始研究发展了深层曝气法。

一般深层曝气池水深可达 10～20 m，但超深层曝气法，又称竖井或深井曝气，直径为 1.0～6.0 m，水深可达 150～300 m，大大节省了用地面积。同时由于水深大幅度增加，可以促进氧传递速率，处理功能几乎不受气候条件的影响。本工艺适用于处理高浓度有机废水。

图 7-28 为深井曝气法处理流程，井中分隔成两个部分，一面为下降管，另一面为上升管。污水及污泥从下降管导入，由上升管排出。在深井靠地面的井颈部分，局部扩大，以排出部分气体。经处理后的混合液，先经真空脱气（也可以加一个小的曝气池代替真空脱气，并充分利用混合液中的溶解氧），再经二沉池固液分离。混合液也可用气浮法进行固液分离。

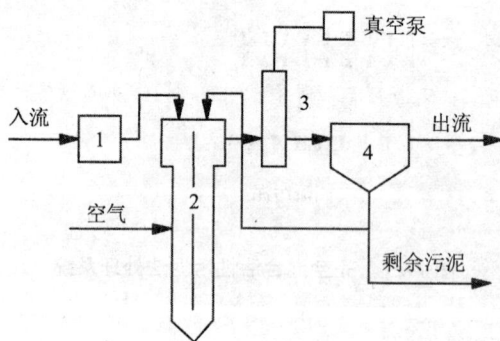

图 7-28　深井曝气法处理流程
1-砂池；2-深井曝气池；3-脱气塔；4-二沉池

在深井中可利用空气作为动力，促使液流循环。采用空气循环方法，启动时先在上升管中比较浅的部位输入空气，使液流开始循环。待液流完全循环后，再在下降管中逐步供给空气。液流在下降管中与输入的空气一起，经过深井底部流入上升管中，并从井颈顶管排出，并释放部分空气。由于下降管和上升管的气液混合物存在着密度差，故促使液流保持不断循环。深井曝气池见图 7-29。

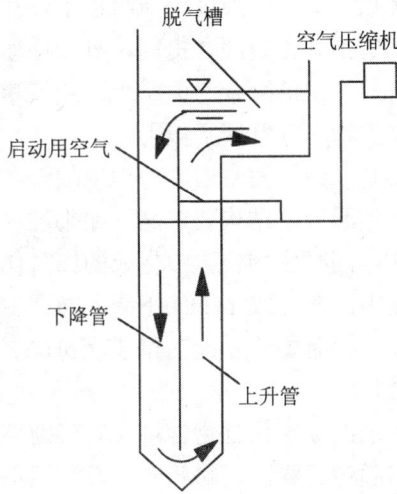

图 7-29 深井曝气池

深井曝气法中，活性污泥经受压力的变化较大，有时加压，有时减压，实践表明这时微生物的活性和代谢能力并没有异常变化。但合成和能量的分配有一定变化，运行中发现二氧化碳产生量比常规曝气多 30%，污泥产量低。

深井曝气池内，气液紊流大，液膜更新快，促使 K_{La} 值增大，同时气液接触时间增长，溶解氧的饱和浓度也随深度的增加而增加。国外已建成了几十个深井曝气处理厂，国内也有应用。但是，当井壁腐蚀或受损时污水是否会通过井壁渗透，污染地下水，这个问题必须严肃认真地对待。

（9）纯氧曝气法

以纯氧代替空气，可以提高生物处理的速率。纯氧曝气采用密闭的池子。曝气时间较短，为 1.5～3.0 h，MLSS 较高，6 000～8 000 mg/L，因而二沉池的设计和运行需要注意。纯氧曝气池的构造见图 7-30。

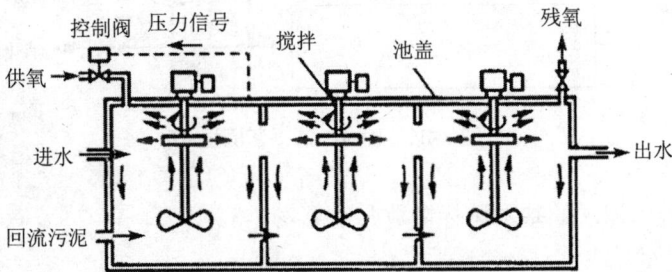

图 7-30 纯氧曝气池构造

纯氧曝气池的主要优点是：氧的纯度达 90% 以上，在密闭的容器中，溶解氧饱和浓度可提高，氧转移的推动力也随之提高，氧传递速率增加了，因而处理效果好，污泥的沉淀性能好，产生的剩余污泥量少。纯氧曝气并没有改变活性污泥或微生物的性质，但使微生物充分发挥了作用。

纯氧曝气的缺点主要是：纯氧发生器容易出现故障，装置复杂，运转管理较麻烦。水池顶部必须密闭不漏气，结构要求高。如果进水中混入大量易挥发的碳氢化合物，容易引起爆炸。同时生物代谢中生成的二氧化碳，将使气体的二氧化碳分压上升，溶解于溶液中，会导致 pH 的下降，妨碍生物处理的正常运行，特别是影响硝化反应的过程，因而要适时排气和进行 pH 的调节。

（10）克劳斯（Kraus）法

美国有一酿造厂，污水的碳水化合物含量有时特别高，给城镇污水处理厂的运行造成很大困难，常引起污泥膨胀。膨胀的活性污泥不易在二沉池中沉淀，因而随水流带走，不仅降低了出水水质，而且造成回流污泥量不足，进而降低了曝气池中混合液悬浮固体浓度。

克劳斯（Kraus）工程师把厌氧消化富含氨氮的上清液加到回流污泥中一起曝气硝化，然后再加入曝气池，除了提供氮源外，硝酸盐也可以作为电子受体，参与有机物的降解。工艺改造后成功地克服了高碳水化合物所带来的污泥膨胀问题，这个过程称为克劳斯（Kraus）法（图 7-31）。此外，消化池上清液夹带的消化污泥量较大，有改善混合液沉淀性能的功效。

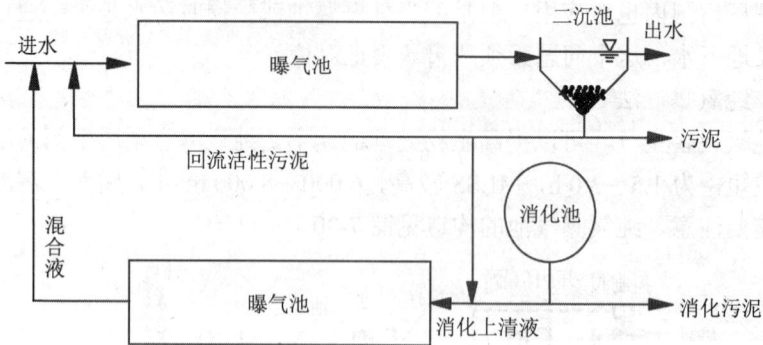

图 7-31　Kraus 法工艺流程

几种活性污泥法的基本运行参数归纳见表 7-5。

表 7-5　常用活性污泥法的典型设计参数

序号	活性污泥运行方式	污泥负荷 N_s/(kgBOD$_5$/kgMLSS·d)	容积负荷 N_v/(kgBOD$_5$/m³·d)	污泥龄 θ_c/d	混合液悬浮固体浓度 MLSS/(mg/L)	回流比/%	曝气时间 t/h
1	传统推流式	0.2～0.4	0.4～0.9	3～5	1 500～2 500	25～75	4～8
2	阶段曝气	0.2～0.4	0.4～1.2	3～5	1 500～3 000	20～50	3～5
3	高负荷曝气	1.5～5.0	1.2～1.4	0.2～0.5	200～500	5～15	1.5～3
4	延时曝气	0.05～0.15	0.1～0.4	20～30	3 000～6 000	18～36	75～150
5	吸附再生法	0.2～0.4	1.0～1.2	3～5	吸附池 1 000～3 000 再生池 4 000～8 000	吸附池 0.5～1.0 再生池 3～6	50～100
6	完全混合	0.25～0.5	0.5～1.8	3～5	2 000～4 000	3～5	25～100（分建） 50～150（合建）
7	深井曝气	1.0～1.2	5～10	5	5 000～10 000	>0.5	50～150
8	纯氧曝气	0.25～1.0	1.6～3.3	8～20	6 000～8 000	1～3	25～50
9	Kraus 法	0.3～0.8	0.6～1.6	3～5	2 000～3 000	4～8	50～100

注：深井曝气法数据摘自中国工程建设标准化协会制定的《深井曝气设计规范》（CECS 42—92），其他工艺数据均摘自我国国标《室外排水设计规范》（GBJ 14—87）。

7.5　活性污泥法的新工艺

7.5.1　氧化沟工艺

（1）工艺原理及过程

氧化沟又称氧化渠（Oxidation Ditch，O.D.），因其构筑物呈封闭的沟渠形而得名，实际上它是一种改良的活性污泥法。

典型氧化沟工艺的流程见图 7-32，在氧化沟中，通道转刷（或转盘和其他机械曝气设备），使污水和混合液在环状的渠道内循环流动以及进行曝气。混合液通过转刷后，溶解氧浓度提高，随后在渠内流动过程中又逐渐降低。氧化沟通常以延时曝气的方式运行，水力停留时间为 10～24 h，污泥龄为 20～30 d。通过设置进水、出水位置及污泥回流位置、曝气设备位置，可以使氧化沟完成硝化和反硝化功能。如果主要去除 BOD$_5$ 或硝化，进水点通常设在靠近转刷的位置（转刷上游），出水点在进水点的上游处。

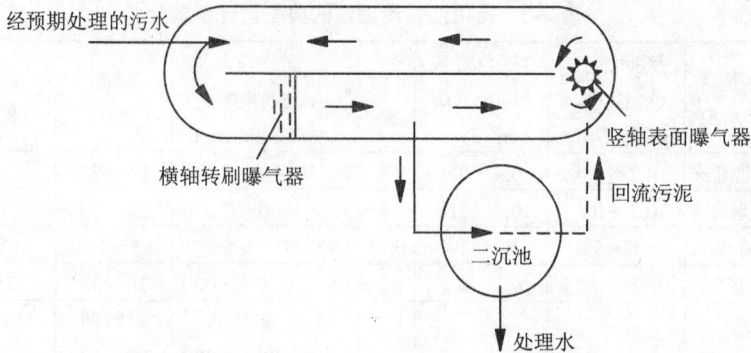

图 7-32 氧化沟工艺流程

氧化沟一般呈环形沟渠状，平面多为椭圆形或圆形，总长可达几十米，甚至百米以上。沟深取决于曝气装置，从 2～6 m。氧化沟渠道内的水流速度为 0.3～0.5 m/s，沟的几何形状和具体尺寸与曝气设备和混合设备密切相关，要根据所选择的设备最后确定。常用的氧化沟曝气和混合设备是转刷（盘）、立轴式表曝机和射流曝气机。目前也有将水下空气扩散装置与表曝机或水下扩散装置与水下推进器联合使用的工程实例。

单池的进水装置比较简单，只要伸入一根进水管即可，而双池以上平行工作时，则应设配水井，采用交替工作系统时，配水井内还要设自动控制装置，以变换水流方向。出水一般采用溢流堰式，为便于调节池内水深宜采用可升降式的。采用交替工作系统时，溢流堰应能自动启闭，并与进水装置相呼应以控制沟内水流方向。

污泥沉淀设施可采用分建式或合建式。

（2）氧化沟工艺的技术特征

1）氧化沟工艺采用的处理流程十分简捷

氧化沟工艺处理城市污水时可不设初沉池，悬浮状的有机物可在氧化沟内得到部分稳定，这比设立单独的初沉池再进行单独的污泥稳定要经济。由于氧化沟采用的污泥平均停留时间较长，其剩余污泥量少于一般活性污泥法产生的污泥，而且氧化沟排放的剩余污泥已在沟内得到一定程度的稳定，因此一般可不设污泥硝化处理装置。为防止无机沉渣在沟中积累，原污水应先经过粗、细格栅及沉砂池的预处理。

工艺流程中的二沉池可与氧化沟分建也可与氧化沟合建（视具体的沟形）。合建的氧化沟系统可省去单独的二沉池和污泥回流系统，使处理构筑物的布置更加紧凑。另外，氧化沟工艺也可参与不同的工艺单元操作过程，如氧化沟前增加厌氧池可增加和提高系统的除磷功能，也可将氧化沟作为 AB 法的 B 段，提高处理系统的整体负荷，改善和提高出水水质。

2）氧化沟工艺结合了推流和完全混合两种流态

在流态上，氧化沟介于完全混合与推流之间。以污水在沟内的流速 v 平均为 0.4 m/s，当沟长为 100～500 m 时，污水完成一个循环所需时间为 4～20 min，如水力停留时间定为 24 h，则在整个停留时间内要做 72～360 次循环。因而，可以认为在氧化沟内混合液的水质是几近一致的，从这个意义来说，氧化沟内的流态是完全混合式的。但是又具有某些推流式的特征，如在曝气装置的下游，溶解氧浓度从高向低变动，甚至可能出现缺氧段。氧化沟的这种独特的水流状态，有利于活性污泥的生物凝聚作用。利用溶解氧在沟中的浓度变化以及存在好氧区和厌氧区的特征，氧化沟工艺可以在同一构筑物中实现硝化和反硝化，这样不仅可以利用硝酸盐中的氧，节省了 10%～25% 的需氧量，而且通过反硝化恢复了硝化过程的部分碱度，有利于节约能源和减少化学药剂的用量。

3）氧化沟的整体体积功率密度较低

氧化沟中的混合液一旦被推动即可使液体在沟内循环流动，一定的流速可以防止混合液中悬浮固体的沉淀，同时充入混合液中的溶解氧随水流流动也加强了氧的传递。氧化沟可在比其他系统低得多的整体体积功率密度下保持液体流动、固体悬浮和充氧，能量的消耗自然降低。当污泥固体在非曝气区逐步下沉到沟底部时，随着水流输送到曝气区，在曝气区高功率密度的作用下，又可被重新搅拌悬浮起来，这样的过程对于污泥吸附进水中非溶解性物质很有益处。当氧化沟被设计为具有脱氮功能时，节能的效果是很明显的，据国外的一些研究报道，氧化沟比常规的活性污泥法能耗降低 20%～30%。

4）有机负荷低，污泥龄长，处理效果好

污水在氧化沟中的水力停留时间长达 10～40 h，污泥龄一般大于 20 d，有机负荷仅为 0.05～0.15 kgBOD$_5$/（kgMLVSS·d），容积负荷 0.2～0.4 kgBOD$_5$/（m^3·d），活性污泥浓度 2 000～6 000 mg/L，出水 BOD$_5$ 为 10～15 mg/L，SS 为 10～20 mg/L，NH$_3$-N 为 1～3 mg/L，对水温、水质和水量的变化有较强的适应性。

（3）氧化沟工艺流程

当前的氧化沟系统种类较多，其系统流程（或组成）各有特点。

1）Carrousel 型氧化沟

Carrousel 型氧化沟是 1967 年由荷兰的 DHV 公司开发研制的。它的研制目的是满足在较深的氧化沟沟渠中使混合液充分混合，并能维持较高的传质效率，以克服小型氧化沟沟深较浅、混合效果差等缺陷。至今世界上已有 850 多座 Carrousel 型氧化沟系统正常运行，实践证明该工艺具有投资省、处理效率高、可靠性好、管理方便和运行维护费用低等优点。

Carrousel 型氧化沟是一个多级串联系统，进水与回流活性污泥混合后，沿水流方向在沟内做不停地循环流动，沟内在池的一端安装立式表曝机，每组沟安装一个，工艺示意图见图 7-33。

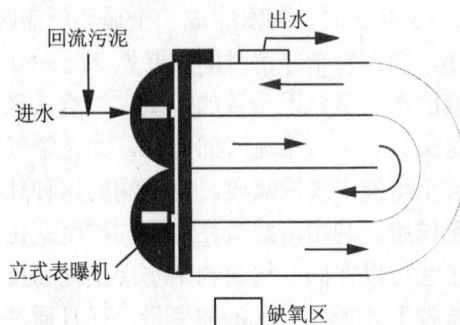

图 7-33　Carrousel 型氧化沟工艺示意

Carrousel 型氧化沟曝气机均安装在沟的一端，因此形成了靠近曝气机下游的富氧区和曝气机上游的缺氧区。设计有效深度一般为 4.0～4.5 m，沟中的流速为 0.3 m/s，由于曝气机周围的局部区域的能量强度比传统活性污泥曝气池中的强度高得多，因此氧的转移效率大大提高。

Carrousel 型氧化沟系统在世界各地应用广泛，规模大小不等，从 200 m³/d 到 650 000 m³/d，BOD_5 去除率达 95%～99%，脱氮效果可达 90% 以上，除磷率在 50% 左右。

2）Orbal 型氧化沟

Orbal 型氧化沟于 1960 年在南非开发并使用，从 1970 年起，此项技术由美国 Envirex 公司继续进行开发和推广，目前在美国已有数百座 Orbal 型氧化沟投入运转。Orbal 型氧化沟是由几条同心圆或椭圆形的沟渠组成，沟渠之间采用隔墙分开，形成多条环形渠道，每一条渠道相当于单独的反应器。污水处理厂 Orbal 型氧化沟组成示意见图 7-34。运行时，污水先进入氧化沟最外层的渠道，在其中不断循环的同时，依次进入下一个渠道，最后从中心管排出混合液，进入沉淀池。因此，Orbal 型氧化沟相当于串联的一系列完全混合反应器的组合。

Orbal 型氧化沟设计深度一般为 4.0 m 以内，采用转盘曝气，转盘浸没深度控制在 230～530 mm。沟中水平流速为 0.3～0.6 m/s。

Orbal 型氧化沟可根据需要分设 2 条沟渠、3 条沟渠和 4 条沟渠。常用的为 3 条沟渠形式。对设 3 条沟渠的系统（图 7-34），第 1 条沟渠的体积约为总体积的 60%，第 2 条沟渠体积占总体积的 20%～30%，第 3 条沟渠体积则占总体积的 10%

左右。运行中保持第 1 条、第 2 条、第 3 条沟溶解氧浓度依次递增,通常为 0 mg/L、1.0 mg/l、2.0 mg/L,以起到除碳、除氮、节省能量的作用。

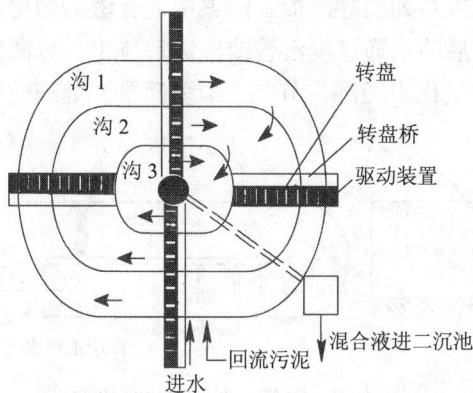

图 7-34 Orbal 型氧化沟组成示意

Orbal 型氧化沟有 3 个相对独立的沟道,进水方式灵活。在暴雨期间,进水可以超越外沟道,直接进入中沟道或内沟道,由外沟道保留大部分活性污泥,利于系统的恢复。因此,对于合流制或部分合流制污水系统,Orbal 型氧化沟均有很好的适用性。

Orbal 型氧化沟一般适用于 20 万 m³/d 以下规模的城市污水处理厂,尤其适用于中小规模的城市污水处理厂。

(4)一体化氧化沟

一体化氧化沟又称合建式氧化沟(Integral Combined Oxidation Ditches),它集曝气、沉淀、泥水分离和污泥回流功能为一体,无须建造单独的二沉池。

固液分离器是一体化氧化沟的关键技术设备,目前已应用的固液分离方式有很多种。最为典型的是 BMTS 沟内分离器和船式分离器。船式一体化氧化沟及分离器见图 7-35。

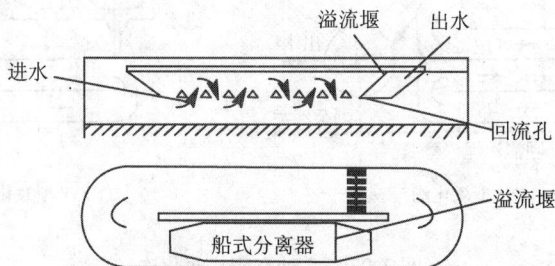

图 7-35 船式一体化氧化沟及分离器

BMTS 型一体化氧化沟见图 7-36，它使用渠道内的澄清池，由前挡板及底部构件组成。挡板强迫水平流动的水流从底部进入澄清池，为减少澄清池中下层水流的紊动，在底部设置系列的导流板。沟渠中混合液均匀地通过导流板之间的空隙进入澄清池，处理后的水通过浸没管或溢流堰排出，分离的污泥返回到氧化沟中。BMTS 型一体化氧化沟经济、节能，构型简单，处理效率高，尤其适合小水量污水的处理。

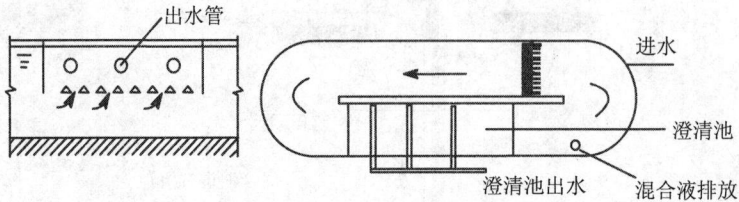

图 7-36　BMTS 型一体化氧化沟

一体化氧化沟将曝气、沉淀两种功能集于一体，可减少占地面积，免除污泥回流系统。

（5）交替式氧化沟

交替式氧化沟（Phased Isolation Ditch）是 SBR 工艺与传统氧化沟工艺组合的结果，最早由丹麦 Kruger 公司开发。目前应用的主要 3 种交替式氧化沟是 VR 型、DE 型和 T 型。结合交替式氧化沟可采用具有脱氮除磷的 Bio-Denitro™、Bio-DenipHo™ 等工艺。3 种交替式氧化沟见图 7-37。

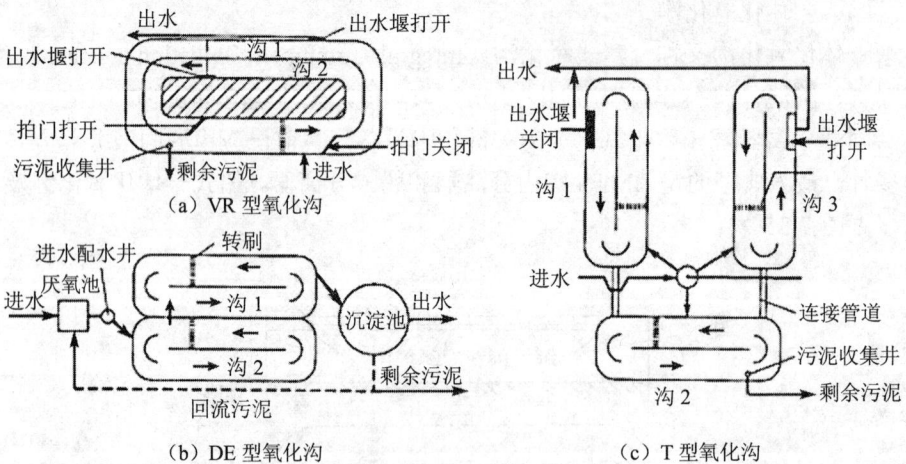

（a）VR 型氧化沟

（b）DE 型氧化沟

（c）T 型氧化沟

图 7-37　几种交替式氧化沟

VR 型氧化沟由一个池子组成，它以连续进水、连续出水的方式运行。池内部为内心岛，整个沟的工作体积分为两部分，分别交替用做曝气区和沉淀区，每个功能区的一端都设有由水流压力封闭的单向活拍门，利用定时器自动改变转刷的旋转方向，并通过沟内水流流向启闭活拍门，以改变沟中水流流动方向和各功能区的工作状态。由于构筑物中两个功能区反复用来曝气和沉淀，因而无须污泥回流系统。通常一个完整的运行周期为 8 h。

DE 型氧化沟是在 VR 型氧化沟的基础上开发的，这种氧化沟与 VR 型相比，在提高处理能力的同时可以进行脱氮。整个系统由两条相互联系的氧化沟与单独设立的沉淀池组成，氧化沟仅进行曝气（脱氮、硝化）和推动混合（反硝化），而沉淀过程在沉淀池中完成，这样就提高了设备和构筑物的利用率。

T 型氧化沟以 3 条相互联系的氧化沟作为一个整体，每条沟都装有用于曝气和推动循环的转刷，因此 T 型氧化沟也常称为三沟式氧化沟。在三沟式氧化沟运行时，污水由进水配水井进行 3 条沟的进水配水切换，进水在氧化沟内，根据已设定的程序进行工艺反应。在 T 型氧化沟系统中，3 条沟交替交换工作方式，其中两条沟用于工艺反应（曝气和混合），另一条用做沉淀。

交替式氧化沟系统实际上是单个氧化沟的不同组合。根据使用情况还可以进行更多的组合，这是交替氧化沟系统的突出优点。

7.5.2　SBR 活性污泥法工艺

SBR（Sequencing Batch Reactor）活性污泥法又称序批式活性污泥法、间歇式活性污泥法，其污水处理机理与普通活性污泥法完全相同。1979 年由美国 Irvine 等根据试验结果提出 SBR 商业化的工艺，随着自控技术的进步，特别是一些在线仪表仪器，如溶解氧仪、pH 计、电导率、氧化还原电位（Oxidation-Reduction Potential，ORP）仪等的使用，从 20 世纪 70 年代开始逐步得到应用。

SBR 活性污泥法是将初沉池出水引入具有曝气功能的 SBR 反应池，按时间顺序进行进水、反应（曝气）、沉淀、出水、待机（闲置）等基本操作，从污水的流入开始到待机时间结束称为一个操作周期。这种操作周期周而复始反复进行，从而达到不断进行污水处理的目的，因此 SBR 工艺不需要设置专门的二沉池和污泥回流系统。SBR 工艺与普通活性污泥工艺的最大不同，是普通活性污泥法工艺中各反应操作过程（如曝气、沉淀等）分别在各自的单元（构筑物）进行，而 SBR 工艺中，各反应操作过程都在同一池中完成，只是依时间的变化，各反应操作随之变化。

（1）工艺原理及过程

SBR 工艺的反应器运行由进水、反应（曝气）、沉淀、出水、待机（闲置）5

个步骤所组成，如图 7-38 所示。分别依次完成这 5 个步骤的操作，从而完成一个周期的运行。

进水　　　　反应　　　　沉淀　排泥　排水　　　闲置

图 7-38　SBR 工艺的运行周期

① 进水期

污水流入曝气池前，该池处于操作期的待机（闲置）工序，此时沉淀后的清液已排放，曝气池内留有沉淀下来的活性污泥。

污水流入，当注满后再进行曝气操作，则曝气池能有效地调节污水的水质水量。如果污水流入的同时进行曝气，则可使曝气池内的污泥再生和恢复活性，并对污水起到预曝气的作用（这种方式也称非限制曝气）。当污水流入的同时不进行曝气，而是进行缓速搅拌使之处于缺氧状态，则可对污水进行脱氮与聚磷菌对磷的释放（这种方式也称限制曝气）。

② 反应期

当污水注入达到预定容积后，即开始反应操作，根据污水处理的目的，如 BOD_5 去除，硝化、磷的吸收以及反硝化等，采取相应的技术措施，如前三项，则为曝气，后一项则为缓速搅拌，并根据需要达到的程度以决定反应的延续时间。

如使反应器连续地进行 BOD_5 去除—硝化—反硝化反应时，对 BOD_5 去除—硝化反应，曝气的时间较长。而在进行反硝化时，应停止曝气，使反应器进入缺氧或厌氧状态，进行缓速搅拌，此时为了向反应器内补充电子受体，应投加甲醛或注入少量有机污水。

在反应的后期，进入下一步沉淀过程之前，还要进行短暂的微量曝气，以吹脱污泥近旁的气泡或氮，以保证沉淀过程的正常进行，如需要排泥，也在后期进行。

③ 沉淀期

使混合液处于静止状态，进行泥水分离。沉淀工序采用的时间基本同二次沉淀池，一般为 1.0～2.0 h。

④ 排放期

排除曝气池沉淀后的上清液，留下活性污泥，作为下一个周期的菌种，起到回流污泥的作用。过剩污泥则引出排放。一般而言，SBR 反应器中的活性污泥量占反应器容积的 30%左右，另外反应池中还剩下一部分处理水，可起循环水和稀释水作用。

⑤ 闲置期

闲置期的作用是通过搅拌、曝气或静置使微生物恢复活性，并起到一定的反硝化作用而进行脱氮，为下一个运行周期创造良好的初始条件。通过闲置后的活性污泥处于一种营养物质的饥饿状态，单位质量的活性污泥具有很大的吸附表面积，能够在下一个周期内发挥较强的去除作用。

（2）SBR 工艺的特点

① 工艺流程简洁，无污泥回流设备，造价低，占地面积小

从 SBR 工艺的运行方式可以看出，SBR 池兼有了许多工艺功能，如曝气、反硝化、沉淀等。因此与普通的活性污泥法相比，这种工艺可以省去一些构筑物和相关的设备，如可省去二沉池，多数情况下可省去初沉池，无须污泥回流等。由于工艺简洁的特点也使得构筑物的布置比较紧凑，占地面积小。虽然工艺污水的总水力停留时间与其他工艺相差不大，但由于 SBR 池常是几座池共用池壁，使得土建的造价也相对较低。

② 处理效果好

SBR 工艺是非连续的操作过程，工作过程中，池中的有机物浓度随时间是变化的，活性污泥处于一种交替的吸附、吸收和生物降解过程。有机物浓度从进水时的最高值，经过反应以后，逐渐降低到出水时的最低值，整个的反应过程没有被稀释，保持着最大的生化反应推动力，从而保证了比较好的处理效果。

③ 运行控制灵活，易于实现脱氮除磷

工艺过程中的各工序可根据水质、水量进行调整，运行灵活。根据进、出水水质的要求，通过改变工艺的工作方式，如搅拌混合、曝气等可以任意地创造缺（厌）氧、好氧的状态，以及对工作时间、泥龄等的设置，达到脱氮除磷的工艺要求。

④ 污泥的沉降性能好，能有效地防止丝状菌膨胀

SBR 工艺的污泥易于沉降，SVI 值较低，SBR 工艺由于存在较高的有机物浓度、污泥龄短，比增长率大，并且缺氧和好氧状态交替出现，能够抑制丝状菌的过量繁殖，避免污泥产生膨胀，取得良好的污泥沉降效果。

⑤ 良好的适应性，无须设置调节池

SBR 对进水水质水量的波动具有较好的适应性，在一般情况下（包括工业放水处理）无须设置调节池，也可以和其他多种工艺形式相结合，组成高选择性、高处理能力、高稳定性的生化处理系统。

（3）影响 SBR 工艺处理效果的主要因素

① 易生物降解的有机物浓度

SBR 工艺进水过程为单纯注水缓慢搅拌时，在进水过程中曝气池内活性污泥

混合液处于从缺氧过渡到厌氧状态，混合液污泥浓度逐渐降低，虽然进水过程中有机物也会缓慢降解，但速度很慢，有机物将不断积累，反硝化细菌会利用水中有机物作碳源，通过反硝化作用可去除部分 NO_3^--N。聚磷菌在厌氧条件下释放磷，当进水结束时其易生物降解有机物浓度值更高，则兼性厌氧细菌将易生物降解有机物转化成低分子脂肪酸的转化速率大，其诱导聚磷菌的释磷速率就高，释磷量就大，聚磷菌好氧条件下摄磷量更高，使其除磷效率提高，另外进水慢速搅拌可提前进入厌氧状态，利于释磷，并缩短厌氧反应时间。所以污水中易生物降解有机物的浓度越大，则除磷越高，通常以 BOD_5/TP（总磷）的比值作为评价指标，一般认为 BOD_5/TP＞20，则磷的去除效果较稳定。

② NO_3^--N 浓度

当进水处于厌氧状态时，进水虽也带来了极少量 NO_3^--N，但主要是好氧段停止曝气后至沉淀及排水工序的缺氧段的反硝化作用不完全留下的 NO_3^--N，会发生反硝化反应。反硝化消耗易生物降解有机物，而反硝化速率比聚磷菌的磷释放速率快，所以反硝化细菌与聚磷菌争夺有机碳源而优先消耗掉部分易生物降解的有机物。如果厌氧混合液中 NO_3^--N 浓度大于 1.5 mg/L 时，会使聚磷菌释放时间滞后，释磷速率减缓，释磷量减少，导致好氧状态下聚磷菌摄取磷能力下降，影响除磷效果。因此，应尽量降低曝气池内进水前留于池内的 NO_3^--N 浓度。如反硝化彻底，则残留的 NO_3^--N 浓度很小，同时也提高了氮的去除率，反之亦然。对此应对曝气好氧反应阶段加以灵活的运行控制，如采取曝气（去除有机物、硝化、摄磷）→停止曝气缺氧（投加少量碳源，进行反硝化脱氮）→再曝气（去除剩余有机物）的运行方式，提高脱氮效率，减少下一周期进水工序厌氧状态时 NO_3^--N 浓度。

③ 运行时间和溶解氧值（DO）

运行时间和 DO 是 SBR 取得良好脱氮除磷效果的两个重要参数。

在进水工序的厌氧状态，DO 应控制在 0.3 mg/L 以内，以满足释磷要求。当释磷速率为 9～10 mg/（g·h），水力停留时间大于 1 h，则聚磷菌体内的磷已充分释放，所以在一般情况下城市污水经 2 h 厌氧状态释磷后其磷的有效释放已甚微。如果污水中 BOD_5/TP 偏低时，则应适当延长厌氧时间。

好氧曝气工序 DO 应控制在 2.5 mg/L 以上，曝气时间 2～4 h，主要应满足 BOD 降解和硝化需氧以及聚磷菌摄磷过程的高氧环境。由于聚磷菌的好氧摄磷速率低于硝化速率，因此，以摄磷来考虑曝气时间较合适，但不宜过长，否则聚磷菌因内源呼吸使自身衰减死亡和溶解，导致磷的释放。

沉淀、排放工序均为缺氧状态，DO 不高于 0.5 mg/L，时间不宜超过 2 h，在此条件下反硝化菌将好氧曝气工序时储存体内的碳源释放，进行 SBR 特有的储存性反硝化作用，使 NO_3^--N 进一步去除而脱氮，但当时间过长，则会造成磷释放，导致出水中含磷量大大增加，影响除磷效果。

④ BOD-污泥负荷与混合液污泥浓度

SBR 反应池内的混合液污泥浓度与 BOD-污泥负荷是两项重要的设计与运行参数，它们直接影响其他各项工艺参数，如反应时间、反应器容积、供氧与耗氧速度等，从而对处理效果也产生直接影响。

迄今，对 SBR 工艺这两项基本参数，还是根据经验取值。对处理城市污水的 SBR 工艺，其反应池内的污泥浓度，可考虑取值 3 000～5 000 mg/L，略高于传统处理系统，BOD-污泥负荷，则宜选用 0.2～0.3 kgBOD/（kgMLSS·d）。

（4）SBR 工艺流程类型

1）典型的 SBR 工艺流程

用于城市污水处理的典型 SBR 处理系统工艺流程见图 7-39。

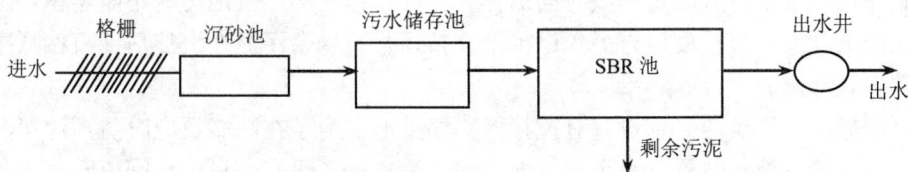

图 7-39　典型 SBR 处理系统工艺流程

在典型 SBR 工艺中，污水储存池的作用是对原污水进行部分的储存。因为 SBR 工艺污水处理厂通常是由几座 SBR 单池构成一个完整的系统，几个池子顺序进水，进行处理。在安排的各池运行周期和进水时，有可能出现各池都不在进水阶段，这样进水就需先储存起来，等待下一个 SBR 单池开始进水时，由污水储存池向该 SBR 单池供水。一座污水处理厂的 SBR 系统，通常由不少于两个 SBR 单池组成，按照一定的时间周期运行。SBR 池的配套设备包括曝气系统、混合设备、出水设备和排泥设备等。典型的 SBR 工艺所有操作都是间歇的、周期的。它的脱氮除磷效果不够稳定，因此在此基础上，又出现了许多变型的 SBR 工艺。

2）改良型 SBR

改良型 SBR（MSBR，Modified SBR）工艺不需设置沉淀池和二沉池，系统连续进、出水，两个序批池交替充当沉淀池用，周期运行。MSBR 工艺的主要特点是：① 采用连续进、出水，避免了传统 SBR 对进水的控制要求及其间歇排水所造成的问题；② 采用恒水位运行，避免了传统 SBR 变水位操作水头损失太大、池子容积利用率低的缺点；③ 提供传统连续流、恒水位活性污泥工艺对生物脱氮除磷所具有的专用缺氧、厌氧和好氧反应区，提高了工艺运行的可靠性和灵活性；

④ 为泥、水分离提供了与传统 SBR 类似的静止沉淀条件，改善了出水水质；⑤ 提供与传统 SBR 类似的间歇反应区，提高了系统对生物脱氮除磷及有机物的去除效率。

在 MSBR 工艺中，污水首先进入厌氧池，在厌氧池内进行水与沉淀池回流的高浓度污泥混合，聚磷菌在此进行磷的释放，吸收低分子脂肪酸并以 PHB 等形式在体内储存起来，接着混合液进入好氧池，聚磷菌分解体内的 PHB，获得能量，过量吸收周围环境中的正磷酸盐，并以聚磷酸盐的形式在细胞内累积，同时碳化菌完成有机碳的降解，硝化菌完成氨氮的硝化。好氧池混合液一部分以序批池 1→缺氧池→沉淀池→好氧池的顺序形成系统内部的混合液循环，内循环量大小近似进水流量。在内循环过程中，缺氧池发挥着反硝化功能，沉淀池将混合液中的污泥沉淀下来进入厌氧池，以形成聚磷菌的厌氧释磷和好氧释磷的循环流动，上清液流入主曝气池。曝气池混合液的另一部分进入序批池 2，沉淀后流出系统。两个序批池出水排放。过一段时间后作为沉淀池作用的序批池污泥不断累积，池中泥面上升到一定程度后与另一序批池交换运行，剩余污泥在沉淀后期直接从序批池中底部排放。

缺氧池、厌氧池分别设置有搅拌器，序批池中为了在缺氧反应时防止污泥沉淀，也设置有搅拌装置。两个序批池至泥水分离池各设有一只过墙回流泵，为了控制回流至厌氧池污泥量，沉淀池至厌氧池也可以设有过墙回流泵。主曝气池内设穿孔曝气管，空气来自鼓风机，序批池出水由气源控制空气堰自动出水装置，便于两序批池之间切换。

MSBR 工艺运行方式与 T 型氧化沟、典型 SBR 系统类似，MSBR 也是将运行过程分为不同时间段，在同一周期的不同时段内，一些单元采用不同的运转方式，以便完成不同的处理目的。MSBR 将一个运转周期分为 6 个时段，由 3 个时段组成一个半周期，在两个相邻的半周期内，除 SBR 池的运转方式不同外，其余各个单元的运转方式完全一样。由其工作原理可以看出，MSBR 是同时进行生物除磷及生物脱氮的污水处理工艺，它是由 A^2/O 系统与 SBR 系统串联组成，并集中了二者的全部优势。

在工程实践中，通常将整个 MSBR 设计成为一座矩形池，并分为不同的单元，各单元起着不同的作用。典型 MSBR 平面布置见图 7-40。

3）CAST 工艺

CAST（Cyclic Activated Sludge Technology）工艺是一种循环式活性污泥法，它的反应池用隔墙分为选择区和主反应区，进水、曝气、沉淀、排水、排泥都是间歇周期运行，因此整个工艺为一间歇式反应器，在此反应器中工艺过程按曝气和非曝气阶段不断重复，将生物反应过程和泥水分离过程结合在一个池子中进行。

与传统的 SBR 反应器不同，CAST 工艺在进水阶段中不设单纯的充水过程或缺氧进水混合工程，另外一个重要特性在于反应器的污水和从主反应区回流的活性污泥（回流量约为日平均流量的 20%）在此相互混合接触。生物选择区内回流的活性污泥种群符合动力学的有关规律，创造合适的微生物生长条件并选择出絮凝性细菌，可有效地抑制丝状菌的大量繁殖，克服污泥膨胀，提高系统的稳定性。

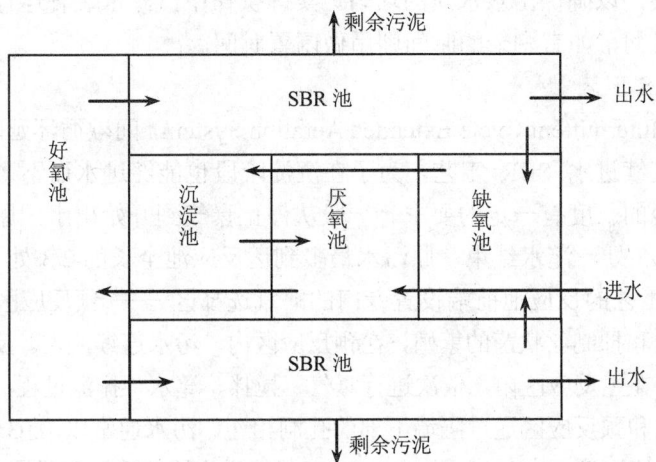

图 7-40 典型的 MSBR 平面

CAST 工艺的运行以周期循环方式进行，其工艺反应时间可以根据需要进行调整。标准的 CAST 工艺以 4 h 为一循环周期，其中 2 h 曝气，2 h 非曝气，当有冲击负荷时，可以通过延长曝气时间、增加循环周期的时间来适应负荷的冲击，保证处理效果。

CAST 工艺的每隔周期的运行可分为 4 个阶段，如图 7-41 所示。

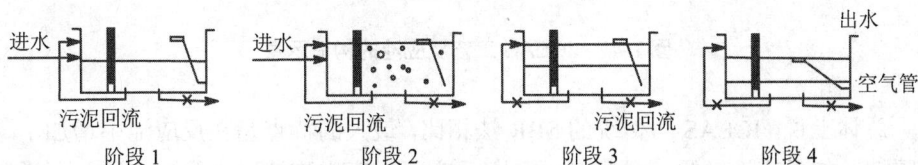

图 7-41 CAST 工艺的运行阶段示意

阶段 1：污水进入生物选择区，同时污泥回流开始，污水和污泥在选择区充分接触后进入主反应区。曝气可以同步进行，也可以在进水一定时间后开始，具体根据进水水质确定。

阶段 2：当反应池进水量达到设计值后，池中的水位最高，进水切换到其他反应池，反应池停止进水，污泥回流也停止，曝气继续，延长的时间由需要达到的处理效果决定。

阶段 3：进行沉淀。

阶段 4：沉淀阶段后，系统的出水由自动控制的滗水装置排出，通过保持恒定的作用水头，以确保出水水质的均匀。实际操作中，滗水装置运行的时间小于或等于设计时间，如有剩余的时间则用做闲置时间。

4）ICEAS 工艺

ICEAS（Intermittent Cycle Extended Aeration System，间歇循环延时曝气系统）工艺是一种连续进水 SBR 工艺，为了在沉淀阶段也能够进水而不影响出水的水质，对反应池的长度有一定的要求。一般从停止曝气到开始出水，原污水最多流到反应池的 1/3 处，滗水结束，原污水最多到达反应池全长的 2/3 处。

ICEAS 工艺的反应池前端设置专门的缺氧选择区 —— 预反应区，用以促进菌胶团的形成和抑制丝状菌的繁殖，在预反应区内，污水连续流入。反应池的后部为主反应区，在主反应区内，依次进行曝气、搅拌、滗水、排泥过程，并且周期循环。主反应区和预反应区通过隔墙下部的孔洞相连，污水通常以 0.03～0.05 m/min 的速度由预反应区流入主反应区。ICEAS 工艺的反应池构造示意见图 7-42。

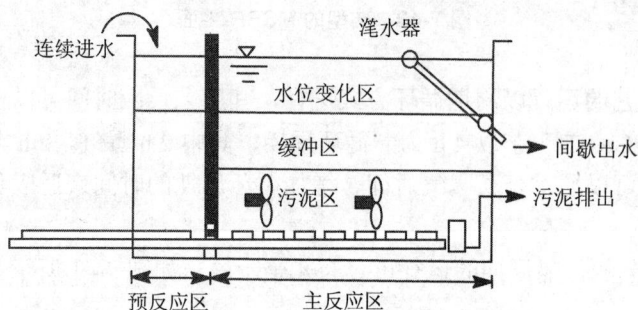

图 7-42 ICEAS 工艺反应池的构造示意

总体上说，ICEAS 与传统的 SBR 法相比，最大的特点是在反应池中增加了一道隔墙，将反应池分隔为预反应区和主反应区，废水连续进入预反应区，再通过隔墙下的小孔以层流速度进入主反应区，沿主反应区池底扩散，对主反应区的混合液基本上不造成搅动。这种系统在处理市政污水和工业废水方面比传统的 SBR 系统费用更省，管理更方便。其主要缺点是容积利用率不够高，反应池没有得到充分利用；曝气设备闲置时间较长；另外，由于进水贯穿于整个运行周期的每个阶段，沉淀期进水在主反应区底部造成水力紊乱而影响泥水分离时间，因此，进水量受到一定的影响，通常水力停留时间较长。

5）其他改良 SBR 工艺

除了上面介绍的之外，还用很多其他的 SBR 改良工艺，列举以下三种。

① UNITANK 工艺

UNITANK 工艺是为了克服三沟式氧化沟工艺的缺点而开发的一种新型工艺。典型的 UNITANK 系统的主体为三池结构，三池之间为串联的完全混合流态。每池有曝气系统，并配有搅拌，外侧两池有出水堰或滗水器及排泥装置，两池交替作为曝气池和沉淀池，污水可进入三池中的任意一个；UNITANK 系统具有滗水简单、池子构造简化、出水稳定、无须回流等特点，但脱氮除磷效果不理想，容积利用率不够高。

② CASS 工艺

CASS（Cyclic Activated Sludge System）工艺在 SBR 池上做了一定的改进。这种工艺的最大改进是在反应池前端增加了一个选择器，废水先进入选择器，与来自主反应区的混合液混合，在厌氧条件下，聚磷菌优势繁殖，为高效除磷创造条件。该工艺可使硝化与反硝化进行得比较充分，因此，也能达到较好的脱氮效果。实践证明，这是 SBR 工艺中脱氮除磷效果较好的一种方式，该工艺至少需要两个池子才能正常运行。

③ DAT-IAT 工艺

DAT-IAT 工艺的主体构筑物是由两个串联的反应池组成的，即由需氧池（Demand Aeration Tank，简称 DAT 池）和间歇曝气池（Intermittent Aeration Tank，简称 IAT 池）组成。一般情况 DAT 池连续进水，连续曝气，其出水进入 IAT 池，在此可完成曝气、沉淀、滗水和排泥工序。由于 DAT 池连续进水，连续曝气起到了水力均衡作用，提高了工艺处理的稳定性。IAT 池可任意调节运行状态，使污水在池中交替处于好氧、缺氧和厌氧状态，达到脱氮除磷的目的。DAT 和 IAT 能够保持较长的污泥龄和较高的 MLSS 浓度，对有机负荷及有毒物质有较强的抗冲击能力。这个工艺处理构筑物较少，流程简单，节省占地面积和投资，适用于工业废水处理，但因除磷效果较差，不适用于生活污水的处理。

7.5.3 吸附-生物降解工艺（AB 法）

AB 法污水处理工艺是吸附-生物降解（Absorption Bio-degradation）工艺的简称。AB 法污水处理工艺是 20 世纪 70 年代由联邦德国亚琛工业大学的 B.Bohnke 教授在传统的两段活性污泥法（初沉池+活性污泥曝气池）和高负荷活性污泥法的基础上提出的一种新型的超高负荷活性污泥法 —— 生物吸附氧化法，该工艺不设初沉池，由 A 段和 B 段二级活性污泥系统串联组成，并分别有独立的污泥回流系统。AB 法工艺突出的优点是 A 段负荷高，抗冲击负荷能力强，特别适用于处理浓度较高、水质水量变化较大的污水。该工艺还可以根据经济实力进行分期建设。例如，可先建 A 级，利用有限的资金投入，去除尽可能多的污染物质，达到优于一级处理的效果；等条件成熟，再建 B 级以满足更高的处理要求。AB 法自问世以来发展很快，在欧洲有广泛的应用。目前，国内已有多个城市污水处理厂采用了 AB 法工艺，如在青岛海泊河污水处理厂、淄博污水处理厂等得到应用，运行良好。

（1）AB 法工艺流程

AB 法污水处理工艺是两段活性污泥法，分为 A 段和 B 段，A 段为吸附段，B 段为生物氧化段。AB 法工艺流程如图 7-43 所示。

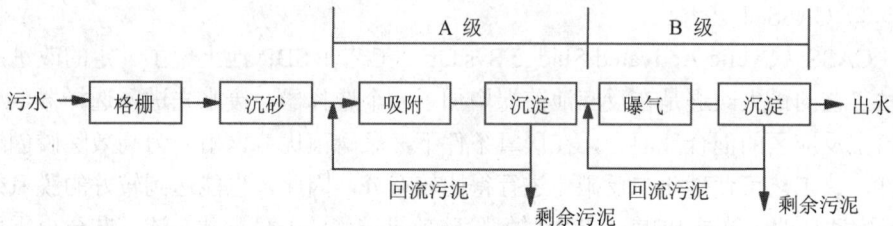

图 7-43　AB 法工艺流程

AB 法工艺中的主要处理构筑物有 A 段吸附池、中间沉淀池、B 段曝气池和最终沉淀池等，通常不设初沉池，以 A 段为一级处理系统。A 段和 B 段拥有各自独立的污泥回流系统，因此有各自独特的微生物种群，有利于系统功能的稳定。

从工艺流程图来看，AB 法处理工艺的主要特征是：

1）整个污水处理系统共分为预处理段、A 级和 B 级三段，在预处理段只设格栅、沉砂等处理设备，不设初沉池；

2）A 级由吸附池和中间沉淀池组成，B 级由曝气池及二沉池组成；

3）A 级与 B 级各自拥有独立的污泥回流系统，每级能够培育出各自独特的、适合本级水质特征的微生物种群。

A 级以高负荷或超高负荷运行[污泥负荷为 2~6 kgBOD$_5$/（kgMLSS·d）]，曝气池停留时间短，一般 30~60 min，污泥泥龄为 0.3~0.5 d；B 级以低负荷运行[污泥负荷一般为 0.1~0.3 kgBOD$_5$/（kgMLSS·d）]，曝气停留时间在 2~4 h，污泥泥龄 15~20 d。

（2）AB 法工艺基本原理

1）A 段的微生物及运行机理

相比传统活性污泥法，AB 法在技术上主要突破是 A 段。A 段前省去了初沉池，污水由城市排水管网经格栅和沉砂池直接进入 A 段，A 段在污泥负荷高达 2～6 kgBOD$_5$/（kgMLSS·d）、水力停留时间为 30 min、DO 为好氧（2 mg/L）或微氧（0.2～0.7 mg/L）、泥龄短（0.5～0.7 d）的条件下运行。由于在排水管网中发生细菌的增殖、适应和选择等生物学过程，使原污水中出现生命力旺盛的能适应原污水环境的微生物群落，A 段充分利用了原污水中存在的生物动力学潜力，成为一个开放性生物动力学系统。实际上将城市排水管网和污水处理厂共同构成一个处理系统，经测定表明由沟渠系统恒定流入 A 段的微生物占 A 段微生物总量的 15% 左右。A 段的高负荷和低泥龄决定了只有那些快速增长和增殖的原核微生物才能够生存并占主要地位，由于其世代较短且处于对数增长期，因而繁殖速度相当快，数量急剧增加，且原核微生物体积小，表面积与体积比值高，所以原核微生物具有较大的代谢活性和大的营养储存容量，在降解聚合物的生理活性方面，A 段细菌要比 B 段细菌高很多。此外，A 段的微生物还具有极高的密度，A 段微生物的选择性、变异适应性、外源补充性和快速增殖性构成 A 段微生物学的主要特点。

A 段对有机物的去除以细菌的絮凝吸附作用为主。这与传统的活性污泥法有很大的不同。A 段污水中存在大量已适应污水的微生物，这些微生物具有自发絮凝性，形成"自然絮凝剂"。当污水中的微生物进入 A 段曝气池时，在 A 段内原有的菌胶团的诱导促进下很快絮凝在一起，絮凝物结构与菌胶团类似，使污水中有机物质脱稳吸附。在 A 段曝气池中，"自然絮凝剂"、胶体物质、游离性细菌、SS、活性污泥等相互强烈混合，将有机物质脱稳吸附。同时，A 段中的悬浮絮凝体对水中悬浮物、胶体颗粒、游离细菌及溶解性物质进行网捕、吸收，使相当多的污染物被裹在悬浮絮凝体中而去除。水中的悬浮固体作为"絮核"提高了絮凝效果。由于原核微生物体积小、比表面积大、繁殖速度快、活力强，并且通过酶解作用改变了悬浮物、胶体颗粒及大分子化合物的表面结构性质，造成了 A 段活性污泥对水中有机物和悬浮物有较强的吸附能力。一般城市污水中所含的 BOD 和 COD 约 50% 以上是由悬浮固体（SS）形成的。A 段的絮凝吸附作用使其对污水中非溶解性有机物的去除效率很高。由于 A 段能充分利用原污水中繁殖能力很强的微生物并不断进行更新，而且 A 段的水力停留时间和泥龄均很短。缺乏污泥充分再生的有利条件，只有部分快速降解的有机物得以氧化分解，因此，A 段中的 MLSS 大部分由原污水中的悬浮固体组成，而靠生物降解产生的 MLSS 量仅占小部分，增殖作用去除的 BOD 基本上是溶解性 BOD。由于 A 段对有机物的去除机理以絮凝吸附作用为主，以及短泥龄等的特点，使 A 段的剩余污泥产量较大，比初沉池高出 30%，约占整个系统的 80%，且有机物含量高。

A 段设计中一些参数的参考值：① BOD-污泥负荷（N_S）：2～6 kgBOD$_5$/（kgMLSS·d），为传统活性污泥系统的 10～20 倍；② 污泥龄（生物固体平均停留时间）（θ_c）：0.3～0.5 d；③ 水力停留时间（t）：30 min；④ 吸附池内溶解氧（DO）浓度：0.2～0.7 mg/L。

2）B 段的微生物及运行机理

B 段曝气池是 AB 法工艺中的核心部分，它的状态好坏与否将直接影响到出水水质。B 段去除有机污染物的方式与普通活性污泥法基本相似，主要以氧化为主，难溶性大分子物质在胞外酶作用下水解为可溶的小分子，可溶小分子物质被细菌吸收到细胞内，由细菌细胞的新陈代谢作用而将有机物质氧化为 CO_2、H_2O等无机物，而产生的能量储存于细胞中。B 段曝气池为好氧运行，因此它所拥有的生物主要是处于内源呼吸阶段的细菌、原生动物和后生动物。B 段的低污泥负荷和长泥龄为原生动物的生长提供了很好的环境条件，而原生动物的大量存在对游离性细菌的去除又有很好的作用。同时由于 A 段的出水作为 B 段的进水，水质已相当稳定，为 B 段微生物种群的生长繁殖创造了有利条件。因为 B 段去除有机污染物的机理主要以氧化为主，而高级生物的内源呼吸作用要比低级生物强，所以 B 段产生的剩余污泥量很少。一般来说，B 段和一级活性污泥法的污泥负荷相同时，其污泥量仅有一级法的 1/4～1/3，同时由于 B 段内原生动物和后生动物对其他微生物的吞噬作用，当污泥浓度相同时，B 段的污泥龄要比一级活性污泥法的污泥龄长。

B 段设计中一些参数的参考值：① BOD-污泥负荷（N_S）：0.15～0.3 kgBOD$_5$/（kgMLSS·d），为传统活性污泥系统的 10～20 倍；② 污泥龄（生物固体平均停留时间）（θ_c）：15～20 d；③ 水力停留时间（t）：2～3 h；④ 吸附池内溶解氧（DO）浓度：1～2 mg/L。

（3）AB 法工艺特点

AB 法工艺利用系统工程的基本理论，省去了传统污水生物处理工艺的初沉池，采用合理的两段处理工艺流程，根据微生物生长和繁殖的规律，以及对有机基质的代谢关系，使 A 段和 B 段分别在两种相差较为悬殊的负荷条件下运行，两段的污泥回流系统分开，保证处理过程中的生物相稳定性。因此，AB 法工艺具有许多优良的性能特点。

1）去除污染物效果好

AB 法工艺与传统生物处理工艺相比，去除 BOD 和 COD 的效果，尤其是去除 COD 的效果有很明显的提高。经 A 段处理后，城市污水中的 BOD$_5$的去除率可以达到 50%～60%，借助 A 段的生物絮凝和极强的吸附作用，为 B 段微生物提供了良好的进水水质条件。B 段内的原生动物对有力微生物具有吞噬作用，进一步降低污水有机负荷。经过实践证明，AB 法污水处理工艺在一般情况下，BOD$_5$的去除率可以达到 90%～95%。COD 的去除率可达 80%～90%。

2）运行稳定性好

AB 法工艺具有很强的抗冲击负荷能力，运行稳定性好，主要表现在以下两个方面。

① AB 法处理工艺出水水质波动小。当处理城市污水时，在同样的进水条件下，AB 法工艺的出水要好于传统的一段处理工艺，并对进水负荷的变化有很好的适应性和稳定性。

② AB 法处理工艺有很强的耐冲击负荷能力，对于城市污水中的 pH、有毒物质等均具有很好的适应和抵抗能力。AB 法工艺的污泥具有良好的沉降性能。一般来说，A 段的污泥容积指数小于 60 mL/g，B 段的污泥指数小于 100 mL/g。因此，AB 法处理工艺系统中的曝气池可以始终保持足够的污泥量。

3）良好的脱氮除磷效果

由于许多城市污水必须进行除磷脱氮处理后排放或回用，因此，可以将 AB 法工艺与生物脱氮或生物除磷工艺相结合进行处理。

AB 法工艺脱氮效果为 30%～40%，除磷效果可达 50%～70%，优于常规的活性污泥法。其中，A 段对氮和有机物的去除比常规的处理高许多倍，通过合理控制 A 段和 B 段的运行条件，可以明显地改善 B 段中进水的水质，以提高处理工艺的除磷脱氮作用。

当污水需要进行脱氮处理时，可采用 A 段和 A_N/O 生物脱氮工艺相结合的工艺流程；当污水需要进行除磷处理时，可采用 A 段与 A_P/O 除磷工艺相结合的工艺流程；当污水需要同步进行脱氮除磷处理时，可采用 A 段与 A^2/O 法同步脱氮除磷工艺相结合的工艺流程。以上工艺流程需满足适宜的 BOD_5/TN 和 BOD_5/TP 值。

4）优越的经济性

AB 法处理工艺优越的经济性主要体现在投资省和运转费用低两个方面。AB 法处理工艺由于节省了二次沉淀池，因此比传统一段法工艺减少 15%～25%的基建投资。另外，由于 A 段通过絮凝和吸附作用在短时间内可达到 40%～70%的 BOD_5 去除率，节省了耗电量。AB 法工艺的产泥量和产气量均较高，如果处理系统能够正常运行，则产生的沼气可以用于发电和供热，以使污水处理厂的能源得到补充。一般来讲，AB 法工艺比传统一段法处理工艺节省运行费用 20%～25%。

7.5.4　膜生物反应器（MBR 法）

膜生物反应器（Membrane Biological Reactor，MBR）是用超滤膜代替二沉池进行污泥固液分离的污水处理装置，为膜分离技术与活性污泥法的有机结合。超滤膜孔径一般在 0.1～0.4 μm，出水水质相当于二沉池出水再加超滤的效果

（图 7-44）。膜生物反应器不仅提高了污染物的去除效率，在很多情况下出水可以作为再生水直接回用，在将来的污水处理领域膜生物反应器将会得到较多应用。

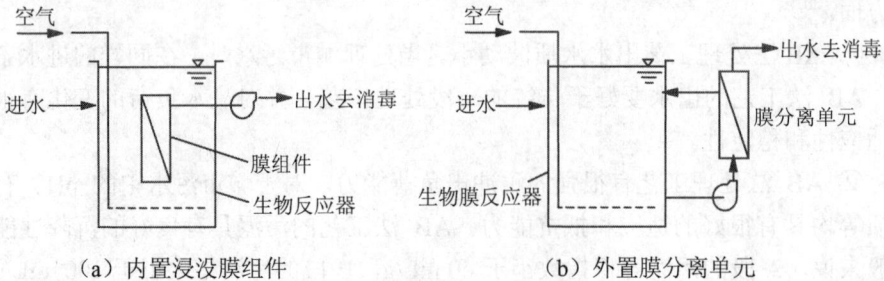

（a）内置浸没膜组件　　　　　　　　　（b）外置膜分离单元

图 7-44　膜生物反应器示意

膜生物反应器在一个处理构筑物内可以完成生物降解和固液分离功能，生物反应区的混合液悬浮固体浓度可以比普通活性污泥法高几倍。膜生物反应器的优点是：① 容积负荷高、水力停留时间短；② 污泥龄较长，剩余污泥量减少；③ 避免了因为污泥丝状菌膨胀或其他污泥沉降问题而影响曝气反应区的 MLSS 浓度；④ 在低溶解氧浓度运行时，可以同时进行硝化和反硝化；⑤ 出水有机物浓度、悬浮固体浓度、浊度均很低，甚至致病微生物都可被截留，出水水质好；⑥ 污水处理设施占地面积小。

膜生物反应器类型可分为内浸没膜组件的内置式膜生物反应器和外置膜分离单元的外置式膜生物反应器。

目前，膜生物反应器还存在造价较高、膜组件易受污染、膜使用寿命有限、运行费用高等缺点。

7.6　气体传递原理与曝气设备

构成活性污泥法有三个基本要素：一是引起吸附和氧化分解作用的微生物，也就是活性污泥；二是污水中的有机物，它是处理对象，也是微生物的食料；三是溶解氧，没有充足的溶解氧，好氧微生物既不能生存也不能发挥氧化分解作用。作为一个有效的处理工艺，还必须使微生物、有机物和氧充分接触，加强传质作用，因而在充氧的同时，必须使混合液悬浮固体处于悬浮状态。充氧和混合是通过曝气设备来实现的。

曝气系统的设计和工作状况的优劣决定了活性污泥法的能耗和处理的效果。要达到理想的效果，曝气设备的选择还必须与曝气池的构造相配合。因而本节重点讨论气体传递原理，曝气系统的设计和曝气池的构造等问题。

7.6.1 气体传递原理

（1）菲克（Fick）定律

物质从一相传递到另一相的过程，称为物质的传递过程，简称传质过程。在曝气过程中，空气中的氧从气相传递到液相中，亦是个传质过程。由于物质传递是借助于扩散作用从一相到另一相的，故传质过程实质上亦是个扩散过程。这一过程之所以产生，主要是由于界面两侧物质存在着浓度差值，这个差值就是扩散过程的推动力，使得物质分子由浓度较高一侧向着较低一侧扩散、转移。

通过曝气，空气中的氧，从气相传递到混合液的液相中，这实际上是一个物质扩散过程，即气相中的氧通过气液界面扩散到液相主体中。

扩散过程的基本规律可以用菲克（Fick）定律加以概括，即：

$$v_d = -D_L \frac{dC}{dX} \tag{7-88}$$

式中，v_d —— 物质的扩散速率，即在单位时间内单位断面上通过的物质数量；

    D_L —— 扩散系数，表示物质在某种介质中的扩散能力，主要取决于扩散物质和介质的特性及温度；

    C —— 物质浓度；

    X —— 扩散过程的长度；

    $\dfrac{dC}{dX}$ —— 浓度梯度，即单位长度内的浓度变化值。

上式表明，物质的扩散速率与浓度梯度成正比关系。

如果以 M 表示在单位时间 t 内通过界面扩散的物质数量，以 A 表示界面面积，则有：

$$v_d = \frac{\dfrac{dM}{dt}}{A} \tag{7-89}$$

代入式（7-88），得：

$$\frac{dM}{dt} = -D_L A \frac{dC}{dX} \tag{7-90}$$

（2）双膜理论

在曝气充氧过程中，气体分子从气相转移到液相，必须经过气、液相界面。气体分子通过气膜和液膜的传递理论，为污水生物处理科技界所接受的是刘易斯（Lewis）和怀特曼（Whitman）于1923年建立的"双膜理论"。

双膜理论的基本论点是：

1）气、液两相接触的自由界面附近，分别存在着做层流流动的气膜和液膜。在其外则分别为气相主体和液相主体，两个主体均处于紊流状态，紊流程度越高，对应的层流膜的厚度就越薄。

2）在两膜以外的气、液相主体中，由于流体的充分湍动（紊流），组分物质的浓度基本上是均匀分布的，不存在浓度差。也就是没有任何传质阻力（或扩散阻力）。气体从气相主体传递到液相主体，所有的传质阻力仅存在于气、液两层层流膜中。

3）在气膜中存在着氧的分压梯度，在液膜中存在着氧的浓度梯度，它们是氧转移的推动力。在气、液两相界面上，两相的组分物质浓度总是互相平衡，即界面上不存在传质阻力。

4）氧是一种难溶气体，溶解度很小，故传质的阻力主要集中在液膜上，因此，氧分子通过液膜的传质速率是氧转移过程的控制速率。

按双膜理论的假定，把复杂的氧转移过程简化为通过气、液两层层流膜的分子扩散过程，通过这两层膜的分子扩散阻力构成了传质的总阻力。双膜理论的简化模型见图 7-45。

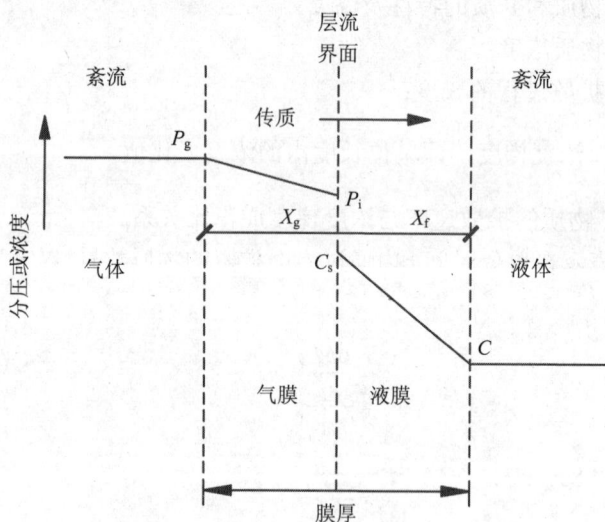

图 7-45 双膜理论模型

相对于液膜来说，氧在气膜中的传递阻力很小，气相主体与界面之间的氧分压差 P_g-P_i 值很低，一般可以认为 $P_g=P_i$。这样界面处的溶解氧浓度值 C_s 是在氧分压为 P_g 条件下的溶解氧饱和浓度值。

设液膜厚度为 X_f（此值极低），因此在液膜内溶解氧浓度的梯度为：

$$-\frac{\mathrm{d}C}{\mathrm{d}X} = \frac{C_s - C}{X_f} \tag{7-91}$$

代入式（7-90），得：

$$\frac{\mathrm{d}M}{\mathrm{d}t} = D_L A \left(\frac{C_s - C}{X_f} \right) \tag{7-92}$$

式中，$\dfrac{\mathrm{d}M}{\mathrm{d}t}$ —— 氧传递速率，kgO_2/h；

D_L —— 氧分子在液膜中的扩散系数，m^2/h；

A —— 气、液两相接触界面面积，m^2；

$\dfrac{C_s - C}{X_f}$ —— 在液膜内溶解氧的浓度梯度，$kgO_2/(m^3 \cdot m)$。

设液相主体的容积为 V（m^3），并用其除以上式，则得：

$$\frac{\frac{\mathrm{d}M}{\mathrm{d}t}}{V} = \frac{D_L A}{X_f V}(C_s - C) \tag{7-93}$$

$$\frac{\mathrm{d}C}{\mathrm{d}t} = K_L \frac{A}{V}(C_s - C) \tag{7-94}$$

式中，$\dfrac{\mathrm{d}C}{\mathrm{d}t}$ —— 液相主体溶解氧浓度变化速率（或氧转移速率），$kgO_2/(m^3 \cdot h)$；

K_L —— 液膜中氧分子传质系数，m/h；$K_L = D_L / X_f$。

由于气液界面面积难以计量，一般以氧总转移系数（K_{La}）代替 $K_L \dfrac{A}{V}$，则上式改写为：

$$\frac{\mathrm{d}C}{\mathrm{d}t} = K_{La}(C_s - C) \tag{7-95}$$

式中，K_{La} —— 氧总转移系数，h^{-1}，$K_{La} = K_L \dfrac{A}{V} = \dfrac{D_L \cdot A}{X_f \cdot V}$，此值表示在曝气过程中氧的总传递性，当传递过程中阻力大，则 K_{La} 值低，反之则 K_{La} 值高。

K_{La} 的倒数 $\dfrac{1}{K_{La}}$ 的单位为 h，它所表示的是曝气池中溶解氧浓度从 C 提高到 C_s 所需要的时间。

从式（7-94）可以看出，影响氧传递速率的主要参数是溶液的溶解氧不饱和值、气液相的接触面积和液膜的厚度。为了提高氧转移速率，可从以下两方面考虑：

① 提高 K_{La} 值。加强液相主体的紊流程度，降低液膜厚度，加速气、液界面的更新，增大气、液接触面积等。

② 提高 C_s 值。提高气相中的氧分压，如采用纯氧曝气、深井曝气等。

（3）氧总转移系数（K_{La}）的求定

氧总转移系数（K_{La}）是计算氧转移速率的基本参数，一般是通过试验求得。对式（7-95）积分后得：

$$\ln\left(\frac{C_s - C_0}{C_s - C_t}\right) = K_{La} \cdot t$$

或

$$\lg\left(\frac{C_s - C_0}{C_s - C_t}\right) = \frac{K_{La}}{2.3} \cdot t \qquad (7\text{-}96)$$

式中，C_0 —— 当 $t = 0$ 时，液体主体中的溶解氧浓度，mg/L；

C_t —— 当 $t = t$ 时，液体主体中的溶解浓度，mg/L；

C_s —— 在实际水温、当地气压下溶解氧在液相主体中的饱和浓度，mg/L。

由式（7-96）可见 $\lg\left(\dfrac{C_s - C_0}{C_s - C_t}\right)$ 与 t 之间存在着直线关系，直线的斜率即为 $\dfrac{K_{La}}{2.3}$。

测定 K_{La} 值的方法与步骤如下：

① 向受试清水中投加 Na_2SO_3 和 $CoCl_2$，以脱除水中的氧；每脱除 1 mg/L 的氧，在理论上需 7.9 mg/L Na_2SO_3，但实际投药量要高出理论值 10%～20%；$CoCl_2$ 的投量则以保持 Co^{2+} 离子浓度不低于 1.5 mg/L 为准，Co^{2+} 是催化剂。

② 当水中溶解氧完全脱除后，开始曝气充氧，一般每隔 10 min 取样一次（开始时可以更密集一些），取 6～10 次，测定水样的溶解氧。

③ 计算 $\dfrac{C_s - C_0}{C_s - C_t}$ 值，绘制 $\lg\left(\dfrac{C_s - C_0}{C_s - C_t}\right)$ 与 t 之间的关系曲线，直线的斜率即为

$\dfrac{K_{La}}{2.3}$。

7.6.2　氧转移的影响因素

影响氧转移速率的主要因素 —— 废水水质、水温、气压等。

（1）污水水质

废水中的污染物质将增加氧分子转移的阻力，使 K_{La} 值降低；为此引入系数 α，对 K_{La} 值进行修正。

污水中含有各种杂质，对氧的转移会产生一定的影响。其中主要是溶解性有机物，特别是某些表面活性物质，它们会在气液界面处集中，形成一层分子膜，增加了氧传递的阻力，影响了氧分子的扩散，污水中总传质系数 K_{La} 值将相应地下降，为此，采用一个小于 1 的系数 α 进行修正。

$$\alpha = \frac{污水中的 K'_{La}}{清水中的 K_{La}}$$

$$K'_{La} = \alpha K_{La} \tag{7-97}$$

此外，污水中含有的各种溶解盐类影响溶解氧的饱和值（C_s），对此，引入另一个小于 1 的数值予以修正，β 为污水中的 C_s 与清水中 C_s 比值。

$$\beta = \frac{污水中的 C'_s}{清水中的 C_s}$$

$$C'_s = C_s \beta \tag{7-98}$$

上述 α、β 修正系数值均可通过对污水和清水的曝气充氧试验测定。对于鼓风曝气的扩散设备，α 值在 0.4～0.8，对于机械曝气设备，α 值在 0.6～1.0 范围内。β 值在 0.70～0.98 变化，通常取 0.95。

（2）水温

水温对氧的转移影响较大，水温升高，液体的黏滞度会降低，有利于氧分子的转移，因此 K_{La} 值将提高；水温降低，则相反。温度对 K_{La} 值的影响以下式表示：

$$K_{La(T)} = K_{La(20)} \times 1.024^{(T-20)} \tag{7-99}$$

式中，$K_{La(T)}$ 和 $K_{La(20)}$ —— 分别为水温 T ℃和 20℃时的氧总转移系数；

$\quad\quad T$ —— 设计水温，℃；

$\quad\quad 1.024$ —— 温度系数。

水温对溶解氧饱和度 C_s 值也产生影响。随着温度的增加，K_{La} 值增大，C_s 降低，液相中氧的浓度梯度有所减小。因此，水温对氧转移有两种相反的影响，但并不是完全抵消，总的来说，水温降低有利于氧的转移。

在不同温度下，蒸馏水中的饱和溶解氧浓度可以从附录1中查出。

（3）氧分压

C_s 值除了受到污水中溶解盐类及温度的影响外，自然还受到氧分压或气压的影响，气压降低，C_s 值也随之下降；反之则提高。因此，在气压不是 $1.013 \times 10^5 Pa$ 的地区，C_s 值应乘以压力修正系数 ρ 值：

$$\rho = \frac{\text{所在地点实际气压}(P_a)}{1.013 \times 10^5} \tag{7-100}$$

对于鼓风曝气池，安装在池底的空气扩散装置出口处的氧分压最大，C_s 值也最大；但随气泡上升至水面，气体压力逐渐降低，降低到一个大气压，而且气泡中的一部分氧已转移到液相中，氧分压更低。故鼓风曝气池中的 C_s 值应是扩散装置出口处和混合液表面处的溶解氧饱和浓度的平均值，按下列公式计算：

$$C_{sm} = \frac{1}{2}\left(C_{s1} + C_{s2}\right) = \frac{1}{2}C_s \cdot \left[\frac{O_t}{21} + \frac{P_b}{1.013 \times 10^5}\right] \tag{7-101}$$

式中，C_{sm} —— 鼓风曝气池内混合液溶解氧饱和浓度平均值，mg/L，对于表面（机械）曝气而言，$C_{sm}=C_s$；

C_{s1}，C_{s2} —— 池底、池面混合液溶解氧饱和浓度，mg/L；

C_s —— 大气压力为 $1.013 \times 10^5 Pa$ 时溶解氧饱和浓度，mg/L；

P_b —— 安装曝气装置处的绝对压力，可以按下式计算：

$$P_b = P + 9.8 \times 10^3 \times H \tag{7-102}$$

P —— 曝气池水面的大气压力，$P = 1.013 \times 10^5 P_a$；

H —— 曝气装置距水面的距离（安装深度），m；

O_t —— 从曝气池逸出气体中含氧量的百分率，%，可以按下式计算：

$$O_t = \frac{21(1 - E_A)}{79 + 21(1 - E_A)} \times 100\% \tag{7-103}$$

E_A —— 空气扩散装置的氧转移效率，小气泡扩散装置一般取 6%～12%，微孔曝气器一般取 15%～25%。

上述各项因素，受自然条件、环境条件和构筑物本身因素所限制，需要通过计算去修正，并降低其所造成的影响。

此外，可以通过设备选择、运行方式改变等人为因素，而使氧转移速率得以强化。如氧的转移速率与气泡的大小、液体的紊流程度和气泡与液体的接触时间有关。气泡粒径大小可通过选择扩散器来决定。气泡尺寸越小，则接触面 A 越大，将提高 K_{La} 值，有利于氧的转移；但气泡小却不利于紊流，对氧的转移也有不利的影响，紊流程度大，接触充分，K_{La} 值增高，氧转移速率也将有所提高，气泡与液体接触时间加长有助于氧的充分转移。

混合液中氧的浓度越低，氧转移的推动力越高，因此氧的转移率越大。

氧从气泡中转移到液体中，逐渐使气泡周围的液膜的氧含量饱和，这样，氧的转移速率又取决于液膜的更新速率。气泡的形成、上升、破裂和紊流都有助于气泡液膜的更新和氧的转移。

综上所述，气相中氧分压、液相中氧的浓度梯度、气液之间的接触面积和接触时间、水温、污水的性质、水流的紊流程度等因素都影响着氧的转移速率。

7.6.3　氧转移速率与供气量的计算

（1）氧转移速率的计算

在稳态条件下，氧的转移速率应等于活性污泥微生物的需氧速率（R_r）：

$$\frac{dC}{dt} = \alpha \cdot K_{La(20)} \cdot 1.024^{(T-20)} \cdot \left(\beta \cdot \rho \cdot C_{sm(T)} - C\right) = R_r \qquad (7\text{-}104)$$

生产厂家提供空气扩散装置的氧转移参数是在标准条件下测定的，所谓标准条件是指水温 20℃；大气压力为 $1.013 \times 10^5 \, P_a$；测定用水是脱氧清水，也称标准氧转移速率（R_0），即脱氧清水在 20℃ 和 1 标准大气压条件下测得的氧转移速率，一般以 R_0 表示（kgO_2/h）。

在标准条件下，转移到曝气池混合液的总氧量（R_0）为：

$$R_0 = \frac{dC}{dt} \cdot V = K_{La(20)} \cdot \left(C_{sm(20)} - C\right) \cdot V = K_{La(20)} \cdot C_{sm(20)} \cdot V \qquad (7\text{-}105)$$

式中，C —— 水中的溶解氧浓度，对于脱氧清水 $C=0$；

V —— 曝气池的体积，m^3。

而在实际条件下，转移到曝气池的总氧量（R）为：

$$R = \alpha \cdot K_{La(20)} \cdot 1.024^{(T-20)} \cdot \left(\beta \cdot \rho \cdot C_{sm(T)} - C\right) \cdot V = R_r V \qquad (7\text{-}106)$$

解上二式得：

$$\frac{R_0}{R} = \frac{C_{sm(20)}}{\alpha \cdot 1.024^{(T-20)} \cdot \left(\beta \cdot \rho \cdot C_{sm(T)} - C\right)} \qquad (7\text{-}107)$$

一般来说：$R_0/R = 1.33 \sim 1.61$，即实际工程所需空气量较标准条件下的所需空气量多 33%～61%。

将式（7-107）整理，得：

$$R_0 = \frac{R \cdot C_{\text{sm}(20)}}{\alpha \cdot 1.024^{(T-20)} \cdot \left(\beta \cdot \rho \cdot C_{\text{sm}(T)} - C \right)} \tag{7-108}$$

（2）氧转移效率与供气量的计算

① 氧转移效率（氧利用效率）

$$E_A = \frac{R_0}{O_c} \tag{7-109}$$

式中，E_A —— 氧转移效率，%；

O_c —— 供氧量，kgO_2/h；供氧量与供气量的关系可用下式表示：

$$O_c = G_s \times 21\% \times 1.331 = 0.28 G_s \tag{7-110}$$

21% —— 氧在空气中所占的百分比；

1.331 —— 20℃时氧的容重，kg/m^3；

G_s —— 供氧量，m^3/h。

② 供气量 G_s 计算

对于鼓风曝气系统，各种曝气装置的 E_A 值是制造厂家通过清水试验测出的，随产品向用户提供，因此，供气量可通过下式确定：

$$G_s = \frac{R_0}{0.28 E_A} \tag{7-111}$$

根据选择的鼓风机系统的台数，可以确定单台风机的风量，一般工作台数小于 3 台时，应有 1 台备用，工作台数为 4 台或大于 4 台时，应有 2 台备用，备用风机同时可用于高峰负荷时补充供气量，鼓风机宜有风量调节装置，以便根据实际工况调节供气量。

鼓风机的选型应根据使用的风压、单机风量、控制方式、噪声和维护管理等条件确定，输气管道中空气流速干管宜采用 10～15 m/s，竖管、小支管为 4～5 m/s，鼓风机与输气管道连接处宜设置柔性连接管，输气管道从鼓风机出口至充氧设备宜采用焊接钢管，在输气管道的低点应设置排出水分（或油分）的排泄口和清扫管道的排出口。进入生物反应池的空气管道顶部宜高出水面 0.5 m。

计算鼓风机的工作压力时，应根据扩散设备的淹没水深、扩散设备风压损失、风管的压力损失、管道中调节阀门等配件的局部压力损失等计算确定，鼓风机风压可按下式计算：

$$p = H + H_d + h_f \tag{7-112}$$

式中，p —— 鼓风机出口风压，kPa；

H —— 扩散设备的淹没深度，换算成压力单位 kPa，1 mH$_2$O 压力相当于 9.8 kPa；

h_d —— 扩散设备的风压损失，kPa，与充氧设备形式有关，一般取 3～5 kPa；

h_f —— 输气管道的总风压损失，kPa，包括沿程风压损失和局部风压损失，可以通过计算确定。

此外，在式（7-112）计算的结果基础上，根据鼓风曝气系统和设备具体情况，一般尚需考虑 2～3 kPa 的富余安全压力。

对于机械曝气系统，按式（7-108）求出的 R_0 值，又称为充氧能力，厂家也会向用户提供其设备的 R_0 值。

对于泵型叶轮机械曝气器，其充氧量和轴功率可按下列经验公式计算：

$$R_0 = 0.379 \cdot K_1 \cdot v^{2.8} \cdot D^{1.88} \tag{7-113}$$

$$N_{轴} = 0.080\,4 \cdot K_2 \cdot v^3 \cdot D^{2.8} \tag{7-114}$$

式中，R_0 —— 在标准状态下清水的充氧能力，kgO$_2$/h；

$N_{轴}$ —— 叶轮轴功率，kW；

V —— 叶轮周边线速度，m/s；

D —— 叶轮公称直径，m；

K_1 —— 池型结构对充氧量的修正系数；

K_2 —— 池型结构对轴功率的修正系数。

所需叶轮直径和轴功率可以通过公式（7-113）、式（7-114）求出（泵型叶轮），其他类型的叶轮充氧量则根据相应的公式或图表求出。

池形修正系数 K_1、K_2 见表 7-6。

表 7-6　池形修正系数 K_1、K_2 值

K	池形			
	圆形	正方形	长方形	曝气池
K_1	1	0.64	0.90	0.85～0.98
K_2	1	0.81	1.34	0.85～0.87

【例 7-2】某城镇污水处理厂，设计流量 Q=10 000 m^3/d，原水经一级处理后出水 BOD$_5$=150 mg/L，采用活性污泥法处理，要求处理水 BOD$_5$≤15 mg/L。采用中微孔曝气盘作为曝气装置。曝气池容积 V=3 000 m^3，X_r=2 000 mg/L，E_A=10%，

曝气池出口处溶解氧 C=2 mg/L，水温 T=25℃，曝气盘安装在水下 4.5 m 处。

有关参数为：a'=0.5，b'=0.1，α=0.85，β=0.95，ρ=1.0。

求：（1）采用鼓风曝气时，所需的供气量 G_s（m³/min）；

（2）采用表面机械曝气器时的充氧量 R_0（kgO₂/h）。

【解】

（1）鼓风曝气系统

1）计算需氧量

$$R = O_2 = a'Q(S_0 - S_e) + b'VX_v$$

代入各值

$$R = O_2 = \frac{0.5 \times 10\,000 \times (150-15)}{1\,000} + 0.1 \times \frac{3\,000 \times 2\,000}{1\,000}$$

$$= 1\,275\,\text{kgO}_2 / \text{d} = 53.1 \ \text{kgO}_2 / \text{h}$$

2）计算 20℃和 25℃时曝气池内饱和溶解氧浓度的平均值

① 求曝气装置出口处的压力 P_b：

$$P_b = P + 9.8 \times 10^3 \times H = 1.013 \times 10^5 + 9.8 \times 10^3 \times 4.5 = 1.454 \times 10^5\,\text{Pa}$$

② 求气泡逸出曝气池表面时，氧含量的百分比：

$$O_t = \frac{21(1-E_A)}{79 + 21(1-E_A) \times 100\%} = \frac{21(1-0.1)}{79 + 21(1-0.1) \times 100\%} = 19.3\%$$

③ 查表得 20℃和 25℃时的饱和溶解氧浓度分别为：C_s（20）=9.17 mg/L、C_s（25）=8.38 mg/L

代入式（7-101）有：

$$C_{sm(20)} = \frac{1}{2} \times 9.17 \times \left(\frac{1.454 \times 10^5}{1.013 \times 10^5} + \frac{19.3}{21} \right) = 10.79 \ \text{mg/L}$$

$$C_{sm(25)} = \frac{1}{2} \times 8.38 \times \left(\frac{1.454 \times 10^5}{1.013 \times 10^5} + \frac{19.3}{21} \right) = 9.86\,\text{mg/L}$$

3）计算标准供氧速率 R_0

$$R_0 = \frac{R \cdot C_{sm(20)}}{\alpha \cdot 1.024^{(T-20)} \cdot (\beta \cdot \rho \cdot C_{sm(T)} - C_L)}$$

$$= \frac{53.13 \times 10.79}{0.85 \times 1.024^{(25-20)} \times (0.95 \times 1.0 \times 9.86 - 2)} = 81.3 \ \mathrm{kgO_2/h}$$

4）计算供气量：

$$G_s = \frac{R_0}{0.28 E_A} = \frac{81.3}{0.28 \times 10\%} = 2903.6 \ \mathrm{m^3/h} = 48.4 \ \mathrm{m^3/min}$$

（2）机械曝气器算充气能力 R_0

$$R_0 = \frac{R \cdot C_{sm(20)}}{\alpha \cdot 1.024^{(T-20)} \cdot (\beta \cdot \rho \cdot C_{sm(T)} - C_L)}$$

$$= \frac{53.13 \times 9.17}{0.85 \times 1.024^{(25-20)} \times (0.95 \times 1.0 \times 8.38 - 2)} = 85.4 \ \mathrm{kgO_2/h}$$

7.6.4　曝气方法与设备

（1）曝气方法

在活性污泥法系统中，曝气的作用是向液相供给溶解氧，并起搅拌和混合作用。根据活性污泥法的基本理论，向废水供给溶解氧更有效地接触。

曝气池的构造不同，则采用不同的曝气方法，通常采用的曝气方法有鼓风曝气、机械曝气以及二者联合使用的混合曝气，某些情况下也采用射流曝气。射流曝气则是利用水射流泵将空气吸入，使空气与水充分混合并溶解的曝气方式。

1）鼓风曝气法（压缩空气曝气法）

鼓风曝气是将压缩空气通过管道系统送入池内的扩散设备，以气泡形式分散进入混合液。压缩空气曝气法通常用于长方形的池子，如图 7-46 所示，扩散空气的设备排放在池的一侧，这种布置可使水流在池中旋转前进，增加气泡和水的接触时间，为了帮助水流旋转，池侧两墙的墙顶和墙脚一般都外凸呈斜面，为了节约空气管道，相邻廊道的扩散设备常沿公共隔墙布置。

（a）曝气池　　　　　　　　　　　　　（b）微孔曝气盘

图 7-46　鼓风曝气系统

曝气池每个都由 1～4 个廊道组成，进水口一般设在水面以下，以避免污水进入曝气池后沿水面扩散，造成短流，影响处理效果，曝气池的出水设备可用溢流堰或出水孔，通过出水口的水流速度要小些（如小于 0.1～0.2 m/s）以避免污泥受到损坏。

在曝气池的半深处或距底 1/3 深处和池底设置放水管，前者备间歇运行时使用，后者备池子清洗放空用。

扩散空气的设备有竖管曝气设备、穿孔管射流装置和扩散板等数种。现在我国还普遍采用微孔曝气器，它既可节约能量而且氧的转移率较好，气泡分布均匀，形成均匀缓和的搅拌状态，不会因过度剪切而打碎生物絮体，有利于二沉池的沉淀和污泥的脱水，同时也可以避免由于大量曝气形成飞溅的泡沫花而引起的冻结和管理不便等各种问题。

2）机械曝气法

由于氧在水中的溶解度很小，采用鼓风曝气法时，压入曝气池的空气，大部分是用于维持活性污泥悬浮在水中，而只有一小部分氧溶于污水用于氧化有机物，所以为了节省动力费用，出现了机械曝气法，机械曝气一般是利用设在曝气法内叶轮的转动，剧烈地翻动水面使空气中的氧溶于水中，当把叶轮装在污水表面进行曝气时，常称"表面曝气"。

常用的表面曝气叶轮有平板叶轮、伞形叶轮和泵型叶轮几种。一般来说，泵形叶轮提水能力较强，如图 7-47（a）所示。但平板叶轮设备简单、加工容易，伞形叶轮的动力效率常高于平板叶轮，而充氧能力则稍低。

（a）泵形叶轮曝气器（竖轴式）　　　　（b）曝气转盘（卧轴式）

图 7-47　机械曝气系统

表面曝气叶轮的充氧是通过下述三部分来实现的。

① 由于叶轮的提水和输水使用，使曝气池内液体不断循环流动，更新气液接触面和不断吸氧。

② 叶轮旋转时在周缘造成水跃，使液体剧烈搅动而裹进空气。

③ 叶轮叶片后侧在转动时形成低压区，吸入空气。

表面曝气叶轮转速一般都较高、水流速度大，即使采用平底池子也不至于发生污泥下沉的情况。

对于较小的曝气池，机械曝气装置却能减少动力费用，并省去鼓风曝气所需要的空气管道系统和鼓风机等设备，机械曝气装置维护管理也比较方便，但是这种装置的转速高，所需动力随池子的加大而迅速增大，所以池子不宜太大，并且由于污水的曝气借助于机械搅拌动水面与空气接触而吸收氧气，所以解吸曝气常需要较大的表面积，此外，曝气池中如有大量泡沫产生，则可能严重影响叶轮的充氧能力，鼓风曝气供应空气的伸缩性较大，曝气效果也较好，一般用于较大的曝气池。

（2）曝气设备

曝气设备主要分为鼓风曝气和机械曝气两大类。

1）鼓风曝气

鼓风曝气系统是由进风空气过滤器、鼓风机、空气输配管系统和浸没于混合液下的扩散器组成。鼓风机供应一定的风量，风量要满足生化反应所需的氧量，并能保持混合液悬浮固体呈悬浮状态。风压则要满足克服管道系统和扩散器的摩阻损失以及扩散器上部的静水压的要求。鼓风机进口空气过滤器的目的是改善整个曝气系统的运行状态，防止灰尘进入扩散器内部造成阻塞。

扩散器是整个鼓风曝气系统的关键部件，它的作用是将空气分散成不同尺寸的气泡，气泡在扩散装置的出口处形成，气泡尺寸取决于扩散装置的形式，气泡越小，与周围混合液的接触面积越大。气泡在上升及随水流循环流动过程中，空气中的氧不断转移溶解于混合液中，最后在液面处破裂。

根据分散气泡的大小，扩散器又可分成几种类型：

① 微气泡扩散器

这类扩散设备形成的气泡直径在 100 μm 左右，气液接触面大，氧利用率高，其缺点是压力损失较大，易堵塞，对送入的空气必须进行过滤处理。微气泡扩散器制造材料一般分为两大类：一种为多孔性刚性材料，如刚玉、陶粒、粗瓷等掺以适当的如酚醛树脂一类的黏合剂，在高温下烧结定型而成，停止曝气时微孔易被沉积物堵塞。另一种材料为柔性橡胶膜制成，可形成管式（图 7-48）、圆盘式（图 7-49）等形状，膜上用激光均匀开有微孔，鼓风时，空气进入膜片与支撑管或支撑底座之间，使膜片微微鼓起，孔眼张开，空气从孔眼逸出，达到空气扩散的目的。供气停止，压力消失，在膜片的弹性作用下，孔眼自动闭合，并且由于水压的作用，膜片压实在底座之上，曝气池混合液不会倒流，孔眼不会堵塞。

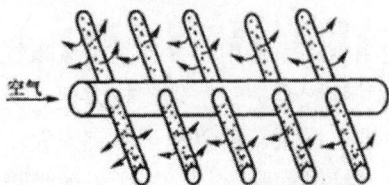

图 7-48　管式微孔扩散器

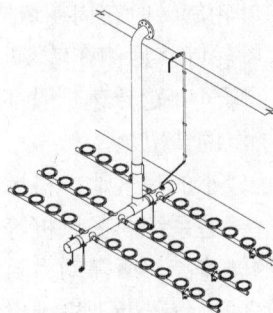

图 7-49　圆盘式微孔扩散器

为了便于维护管理，可以将微孔曝气管制成成组的可提升设备，需要维护时，随时可以将扩散器提出水面进行清理。

这类扩散设备的氧转移效率可达 30%，具体安装要求及性能参数可参照生产厂家提供的数据。

② 小气泡扩散器

小气泡扩散器是采用多孔材料（陶瓷、沙砾、塑料等）制成的扩散板或扩散管，其特点是气泡小（直径在 1.5 mm 以下），氧利用率高（在 11%左右），但阻力大，易阻塞。

③ 中气泡扩散器

中气泡扩散器常用穿孔管和莎纶管。穿孔管由管径介于 25～50 mm 的钢管或塑料管制成，在管壁两侧向下呈 45°角方向开有直径为 2～3 mm 的孔眼，孔眼间距 50～100 mm，两边错开排列，孔口的气体流速不小于 10 m/s，以防堵塞（图 7-50）。莎纶管以多孔金属管为骨架，管外缠绕莎纶绳。金属管上开了许多小孔，压缩空气从小孔逸出后，从绳缝中以气泡的形式挤入混合液。空气之所以能从绳缝中挤出，是由于莎纶富有弹性。其特点是氧利用率低，但空气压力损失较小。

④ 大气泡扩散器

大气泡扩散器采用15 mm 的支管直接伸入混合液曝气，气泡直径在15 mm 左右。其特点是气泡大（直径 3 mm 以上），分布不匀，氧利用率低，不易堵塞。因为氧利用率和动力效率较低，目前已经很少采用。

⑤ 剪切分散空气曝气器

除了上述几种扩散设备以外，还有一类曝气器不是将空气直接分散，而是利用水力或机械力的剪切作用，在空气从装置吹出之前，将大气泡切割成小气泡，如倒盆式扩散装置、固定螺旋扩散装置、射流式空气扩散器、水下空气扩散器等。

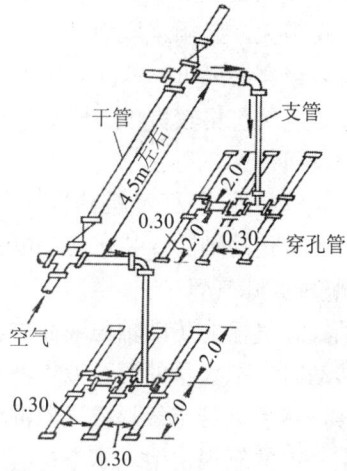

图 7-50　中气泡穿孔管

通常扩散器形成的气泡愈大，氧的传递速率愈低，然而它的优点是堵塞的可能性愈小，空气的净化要求也低，养护管理比较方便。微小气泡扩散器由于氧的传递速率高，反应时间短，曝气池的容积可以缩小。因而选择何种扩散器要因地制宜。

扩散器可以布满整个曝气池底或沿曝气池横断面的一侧布置，使混合液中的悬浮固体呈悬浮状态，沿一侧布置时可以在曝气池断面上形成旋流，增加气泡和混合液的接触时间，有利于氧的传递。

鼓风曝气用鼓风机供应所需空气量，常用的有罗茨鼓风机（图 7-51）和离心式鼓风机（图 7-52）。

图 7-51　罗茨鼓风机

图 7-52　离心式鼓风机

罗茨鼓风机造价便宜，但受单机风量影响，一般适用于中小型污水处理厂，且运行时噪声大，必须采取消音、隔音措施。离心式鼓风机又可分为单级高速离心风机和多级离心风机，单机风量大，风量调节方便，运行噪声小，工作效率高，但进口离心风机价格较贵，一般适用于大中型污水处理厂。

2）机械曝气

鼓风曝气是液下曝气，机械曝气则是通过安装于池面的表面曝气器来实现的。机械曝气器按传动轴的安装方向，可分竖轴式和卧轴式两类。

① 竖轴式曝气器

竖轴式曝气器的传动轴与液面垂直，装有叶轮，其基本充氧途径是：①当叶轮快速转动时，把大量的混合液以液幕、液滴抛向空中，在空中与大气接触进行氧的转移，然后夹带空气形成气液混合物回到曝气池中，由于气液接触界面大，从而使空气中的氧很快溶入水中；②随着曝气器的转动，在曝气叶轮的后侧形成负压区，卷吸部分空气；③曝气叶轮的转动具有提升、输送液体的作用，使混合液连续上下循环流动，气液接触界面不断更新，不断使空气中的氧向液体中转移，同时池底含氧最小的混合液向上环流和表面充氧区发生交换，从而提离了整个曝气池混合液的溶解氧含量（图 7-53）。因为混合液的流动状态同池型有密切的关系，故曝气的效率不仅取决于曝气器的性能，还与曝气池的池型有密切关系。

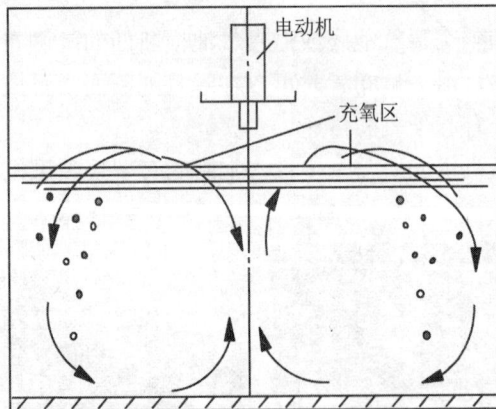

图 7-53 竖轴式曝气器

曝气叶轮的淹没深度一般在 10～100 mm，可以调节。淹没深度大时提升水量大，但所需功率亦会增大，叶轮转速一般为 20～100 r/min，因而电机需通过齿轮箱变速，同时可以进行二挡或三挡调速，以适应进水量和水质的变化。常用的这类曝气器叶轮有泵型、倒伞型和平板型，见图 7-54。

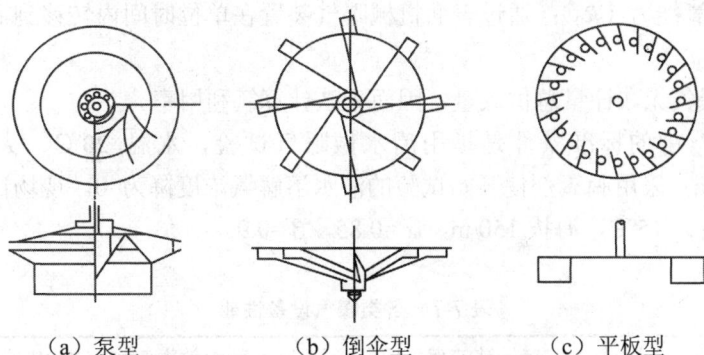

（a）泵型　　　　　　（b）倒伞型　　　　　　（c）平板型

图 7-54　竖轴式曝气器 —— 几种典型叶轮表曝器

② 卧轴式曝气器

卧轴式曝气器的转动轴与水面平行，主要用于氧化沟系统。在转动轴上安装开有鳞片孔的转碟，或在垂直于转轴的方向装有不锈钢丝（转刷）或塑料板条，电机驱动，转速在 50～70 r/min，淹没深度为转刷直径的 1/4～1/3。转动时，转碟或转刷把大量液滴抛向空中，并使液面剧烈波动，促进氧的溶解；同时推动混合液在池内流动，促进曝气器附近的混合液更新，便于溶解氧的扩散（图 7-55）。

（a）曝气转刷　　　　　　　　　　（b）曝气转盘（碟）

图 7-55　卧轴式曝气器

（3）曝气设备性能指标

用于比较各种曝气设备性能的主要指标有：

① 动力效率（E_p）：每消耗 1 kW·h 电转移到混合液中的氧量（kgO$_2$/kW·h）；

② 氧利用率（E_A）：又称氧转移效率，是指通过鼓风曝气系统转移到混合液中的氧量占总供氧量的百分比（%）；

③ 充氧能力（R_0）：通过表面机械曝气装置在单位时间内转移到混合液中的氧量（kgO_2/h）。

机械曝气无法计量总供氧量，因而无法计算氧利用率。

表 7-7 中的标准条件是指用清水做曝气试验，水温 20℃，大气压力为 $1.013×10^5Pa$，采用脱氧剂使开始试验的清水溶解氧浓度降为 0。现场试验用的是污水，水温为 15℃，海拔 150 m，α =0.85，β =0.9。

表 7-7　各类曝气设备性能

曝气设备类型	氧转移速率/ [mg/（L·h）]	动力效率/[kgO₂/（kW·h）]	
		标准条件	现场
小气泡	46～60	1.2～2.0	0.7～1.4
中气泡	20～30	1.0～1.6	0.6～1.0
大气泡	10～20	0.6～1.2	0.3～0.9
射流曝气器	40～120	1.2～2.4	0.7～1.4
低速表面曝气器	10～90	1.2～2.4	0.7～1.3
低速表面曝气加导管	60～90	1.2～2.4	0.7～1.4
高速浮动曝气机	—	1.2～2.4	0.7～1.3
转刷式曝气机	—	1.2～2.4	0.7～1.3

表中各类曝气设备的性能都不是一个绝对值，而是一个范围。这是由于同类设备中产品结构不同。同时在现场试验中，曝气池的形式和深度也影响其性能。

上面所提及的各类曝气设备除了要满足充氧要求外，还应满足如下最低的混合强度要求：采用鼓风曝气器时，按规范规定，处理 1 m³ 污水的曝气量不应小于 3 m³，如果曝气池水位较深，则可以按最低曝气强度（每单位池底面积、单位时间内的曝气量）1.2（中气泡曝气）～2.2（小气泡曝气）m³/（m²·h）控制；采用机械曝气器时，混合全池污水所需功率不宜小于 25 W/m³；氧化沟不宜小于 15 W/m³。

7.7　活性污泥法的工艺设计

活性污泥法处理系统由曝气池、曝气设备、污泥回流设备、二次沉淀池等组成。它的工艺设计主要是根据进水水质和出水的要求，确定活性污泥法工艺流程，选择曝气池的类型，计算曝气池的容积，确定污泥回流比，计算所需的供氧量，曝气设备选择和剩余活性污泥量计算等。

对于生活污水或性质与其相类似的工业废水，已经总结出一套较为成熟的设计数据，设计时可以直接采用。对于其他的工业废水，往往需要通过试验才能确定有关设计的一套数据。

通过实验提供的设计资料，主要包括下列各项：

①活性污泥初期吸附能力；

②污泥负荷与出水 BOD 的关系；

③污泥负荷与污泥沉降、浓缩性能的关系；

④污泥负荷与污泥增长率、需氧量的关系；

⑤混合液浓度与污泥回流比的关系；

⑥水温对处理效果的影响；

⑦有关补充营养（如氮磷）的资料；

⑧有毒物质的允许浓度，驯化的可能性；

⑨冲击负荷（包括毒物）的影响。

在进行工艺设计，特别在工程量大，投资额高的工艺设计时，往往需要进行方案比较，如流程、池型、池数和主要尺寸以及设备类型的确定，对投资影响较大，应慎重研究，以期最优化。

7.7.1　曝气池容积设计计算

曝气池的设计计算，正在由经验方法向更精确的理论方法过渡，由于污水水质的复杂性，有些情况需要通过试验来确定设计参数。但是，理论方法能深刻地揭示活性污泥法的本质，加深对它的认识和理解，这对做好设计是极为重要的。

对于分建式曝气池，其容积为曝气区容积。对于合建式曝气池，曝气区容积仅是其中一部分。计算曝气区容积较普遍采用的是，以有机负荷为计算指标的方法。

（1）有机物负荷法

有机物负荷通常有两种表示方法：活性污泥负荷（以下简称污泥负荷）和曝气池容积负荷（简称容积负荷）。

活性污泥负荷的方法，在原理上是基于对活性污泥法中微生物生长曲线的理解，认为微生物所处的生长阶段决定于基质的量（F）与微生物总量（M）的比例（即活性污泥负荷）。活性污泥负荷主要决定了活性污泥法系统中活性污泥的凝聚、沉降性能和系统的处理效率。对于一定进水浓度的污水（S_0），只有合理地选择混合液污泥浓度（X）和恰当的活性污泥负荷（F/M），才能达到一定的处理效率。

根据这样的概念，活性污泥负荷 N_s 可以用下式表示：

$$N_s = \frac{F(基质的总投加量)}{M(微生物总量)} = \frac{QS_0}{XV} \qquad (7\text{-}115)$$

因此，生物反应池的容积应为：

$$V = \frac{QS_0}{XN_s} \qquad (7\text{-}116)$$

但是，我国现行的《室外排水设计规范》（GB 50014—2006）中，其公式为：

$$V = \frac{Q(S_0 - S_e)}{XN_s} \qquad (7\text{-}117)$$

式中，V —— 曝气区容积，m^3；

Q —— 污水流量，m^3/d；

S_0 —— 进水有机物（BOD_5）浓度，mg/L；

S_e —— 出水有机物（BOD_5）浓度，mg/L；

N_s —— 污泥负荷，$kgBOD_5/(kgMLSS.d)$；

X —— 混合液悬浮固体（MLSS）浓度，mg/L。

按此公式，计算得到的生物反应池的容积 V 可以略为减小。

污泥负荷必须结合处理效果或出水 BOD 浓度 S_e 来考虑，在减速增长期，完全混合式曝气池的污泥负荷与出水 BOD 浓度之间关系如下：

$$N_s = \frac{QS_0}{XV} = \frac{(S_0 - S_e)f}{X_v \eta} = k_2 S_e \frac{f}{\eta} \qquad (7\text{-}118)$$

式中，k_2 —— 减速增长期速度常数见表 7-8；

f —— 混合液中 MLVSS/MLSS 的比值；

$\eta = \dfrac{S_0 - S_e}{S_0}$ —— 有机物去除率。

其他符号意义与式（7-117）相同。

桥本奖（日本）根据哈兹尔坦（Haseltine）对美国 46 个城市污水处理厂调查资料进行归纳分析，得出以下推流式曝气池系统经验公式：

$$N_s = 0.012\,95 S_e^{1.1918} \qquad (7\text{-}119)$$

表 7-8　完全混合系统的 k_2 值

污水性质	k_2 值
城市生活污水	0.016 8~0.028 1
橡胶废水	0.067 2
化学废水	0.001 44
脂肪精制废水	0.036
石油化工废水	0.006 72

计算曝气池容积时，要正确确定 N_s 和 X。

确定 N_s 时既要考虑处理效率和出水水质，同时亦应考虑污泥的沉降性能，要使 N_s 值对应的污泥指数 SVI 在正常运行范围内。一般欲得 90%以上的去除率，SVI 若在 80~150 范围内，污泥负荷应在 0.2~0.5 kgBOD/（kgMLSS·d）范围内。对于剩余污泥不便处置的小型污水厂，污泥负荷应低于 0.2 kgBOD/（kgMLSS·d），使污泥自身氧化。

如果对出水水质要求进入硝化阶段，污泥负荷还必须结合污泥龄考虑。例如，在 20℃时硝化菌的世代时间为 3 天，则与设计污泥负荷相应的污泥龄必须大于 3 日。

混合液污泥浓度（MLSS）是指曝气池的平均污泥浓度，例如生物吸附法的污泥浓度，应是吸附池和再生池两者污泥浓度的平均值。

设计时，采用较高的污泥浓度可缩小曝气区容积。但污泥浓度也不能过高，选用时还必须考虑如下因素。

1）供氧的经济与可能。因为非常高的污泥浓度会改变混合液的黏滞性，增加扩散阻力，使氧的利用率下降，因此在动力费用方面是不经济的。另外，需氧量是随污泥浓度提高而增加的，污泥浓度越高，供氧量越大。

2）活性污泥的凝聚沉淀性能。因为混合液中的污泥来自回流污泥，混合液污泥浓度（X）不可能高于回流污泥浓度（X_r）。X_r 与活性污泥的沉淀性能、浓缩时间有关。

$$X_r = \frac{106}{SVI} \cdot r \qquad (7\text{-}120)$$

式中，r —— 相关系数，一般取 1.2。

按照物料平衡可得混合液污泥浓度（X）和污泥回流比（R）及回流污泥浓度（X_r）之间关系为：

$$X = \frac{R}{1+R} X_r = \frac{R}{1+R} \times \frac{10^6}{SVI} r \qquad (7\text{-}121)$$

表 7-9 为国内外不同运行方式中常用的 X 值。

表 7-9 国内外不同运行方式中常用的 X 值　　　　单位：mg/L

	传统曝气	生物吸附曝气池	曝气池沉淀	延时曝气池
中国	2 000～3 000	4 000～6 000	4 000～6 000	2 000～4 000
美国	1 500～2 500	1 500～2 000	2 500～3 500	5 000～7 000
日本	1 500～2 000	4 000～6 000	—	5 000～8 000
英国	—	2 200～5 500	—	1 600～6 400

容积负荷是指单位容积曝气池在单位时间内所能接纳的 BOD_5 的量，即：

$$N_v = \frac{Q(S_0 - S_e)}{V} \qquad (7\text{-}122)$$

根据容积负荷可计算曝气池的体积 V，m^3：

$$V = \frac{QS_0}{N_v} \qquad (7\text{-}123)$$

式中，N_v —— 污泥容积负荷，$kgBOD_5/(m^3 \cdot d)$。

污泥负荷法应用方便，但需要一定的经验。对水质较为复杂的工业废水要通过试验来确定 X 和 N_s、N_v 值。

（2）污泥泥龄法

根据有机物的负荷确定曝气池的体积主要依据工程实践经验，随着人们对活性污泥法反应过程机理的了解不断深入，各国学者为了进一步揭示生化反应过程中物质运动规律，在生化反应动力学方面做了大量试验研究工作，得到了相关的生物反应动力学模式，并应用于工程设计和运行管理。对于活性污泥法处理系统，污泥泥龄是一个非常重要的参数，选择控制好一个合理可靠的污泥泥龄对活性污泥法系统的工程设计和运行管理非常重要。

根据 7.3 节的活性污泥法数学模型分析得知，出水水质、曝气池混合液污泥浓度、污泥回流比等都与污泥泥龄存在一定的数学关系，利用这些数学关系可以进行生物处理过程设计。

如根据劳-麦第二导出方程可以计算曝气池的容积。

$$V = \frac{YQ(S_0 - S_e)\theta_c}{X(1 + K_d\theta_c)} \qquad (7\text{-}124)$$

式中，V —— 曝气池容积，m^3；

　　Y —— 活性污泥的合成产率系数，$gVSS/gBOD_5$；

　　Q —— 平均进水流量，m^3/d；

S_0 —— 曝气池进水的平均 BOD_5 值，mg/L；

S_e —— 曝气池出水的平均 BOD_5 值，mg/L；

θ_c —— 生物固体平均停留时间，d；

X —— 曝气池混合液污泥浓度 MLVSS，mg/L；

K_d —— 衰减系数，或内源代谢系数，d^{-1}。

为了曝气池投产期驯化活性污泥，各类曝气池在设计时，都应在池深 1/2 处设中间排液管。

7.7.2　剩余污泥量计算

（1）按污泥泥龄计算

根据活性污泥系统污泥泥龄的定义，污泥泥龄提供了一个计算每天剩余污泥量的简易公式：

$$\Delta X = \frac{VX}{\theta_c} \tag{7-125}$$

式中，ΔX —— 每日排放的剩余污泥量，kgMLSS/d；

$\quad X$ —— 混合液悬浮固体（MLSS）浓度，mg/L；

$\quad V$ —— 曝气池容积，m^3；

$\quad \theta_c$ —— 污泥泥龄（生物固体平均停留时间），d。

（2）根据污泥产率系数或表观产率系数计算

产率系数是指降解一个单位质量的底物所增长的微生物的质量，根据 7.2 节的分析，活性污泥微生物每日在曝气池内的净增殖量为：

$$\Delta X_v = YQ(S_0 - S_e) - K_d V X_v \tag{7-126}$$

式中，ΔX_v —— 每日增长（排放）的挥发性污泥量（VSS），kg/d；

$\quad Q(S_0 - S_e)$ —— 每日有机物降解量，kg/d；

$\quad VX_v$ —— 曝气池内混合液挥发性悬浮固体总量（VSS），kg；

$\quad K_d$ —— 微生物自身氧化速率（衰减系数），d^{-1}；

$\quad Y$ —— 产率系数，即微生物每代谢1kgBOD_5所合成的MLVSS，kg。

用上面提到的产率系数 Y 计算的是微生物的总增长量，没有扣除生化反应过程中用于内源呼吸而消亡的微生物量，故 Y 有时也称合成产率系数或总产率系数。

产率系数的另一种表达为表观产率系数 Y_{obs}，用 Y_{obs} 计算的微生物量为净增长量，即已经扣除内源呼吸而消亡的微生物量，表观产率系数可在实际运转中观测到，故 Y_{obs} 又称表观产率系数或净产率系数。

用 Y_{obs} 计算剩余活性污泥量就显得简便快捷：

$$\Delta X = Y_{obs} Q(S_0 - S_e) \qquad\qquad (7\text{-}127)$$

式中符号意义同前。

使用上述剩余污泥量计算方法得到的是挥发性剩余污泥量，工程实践中需要的往往是总的悬浮固体量，这时需要分析进水悬浮固体中无机性成分进入剩余污泥中的量或根据 MLVSS/MLSS 的比值来计算总悬浮固体量。

7.7.3　曝气设备的计算与设计

（1）需氧量的计算

曝气池内活性污泥对有机物的氧化分解及微生物的正常代谢活动均需要氧气，需氧量的计算已在 7.2 节中详细介绍，具体计算方法如下所述。

① 根据有机物降解需氧率和内源代谢需氧率计算

在曝气池内，活性污泥对有机污染物的氧化分解和其本身的内源代谢都是耗氧过程。这两部分氧化过程所需要的氧量，一般用下列公式确定：

$$R_0 = O_2 = a'Q(S_0 - S_e) + b'VX_v \qquad\qquad (7\text{-}128)$$

式中，O_2 —— 曝气池混合液的需氧量，kgO_2/d；

　　　a' —— 代谢 1 $kgBOD_5$ 所需的氧量，$kgO_2/(kgBOD_5 \cdot d)$；

　　　b' —— 每 kgVSS 每天进行自身氧化所需的氧量，$kgO_2/(kgVSS \cdot d)$。

需氧量亦可按表 7-10 所列的经验数据估算。

表 7-10　污泥负荷与需氧量之间的关系

$N_s/[kgBOD_5/(kgMLSS \cdot d)]$	需氧量/[$kgO_2/kgBOD_5$]	最大需氧量与平均需氧量之比
0.1	1.6	1.5
0.15	1.38	1.6
0.20	1.22	1.7
0.30	1.00	1.9
0.40	0.88	2.0

② 微生物对有机物的氧化分解需氧量

对于含碳可生物降解物质的需氧量可根据处理污水的可生物降解 COD（bCOD）浓度和每天由系统排除的剩余污泥量来决定。如果 bCOD 被完全氧化分解为二氧化碳和水，需氧量等于 bCOD 浓度，但微生物只氧化 bCOD 的一部分以供给能量而将另一部分用于细胞生长。实际去除的 bCOD 部分需耗氧分解，部分直接合成细胞物质 VSS（合成微生物体，以氧当量表示）。因此，对于活性污泥法处理系统，所需要的氧量：

$$耗氧量=去除的 COD - 合成微生物 COD$$

$$O_2 = Q(bCOD_0 - bCOD_e) - 1.42\Delta X_v \tag{7-129}$$

式中，Q —— 处理污水流量，m^3/d；

$bCOD_0$ —— 系统进水可生物降解 COD 浓度，g/m^3；

$bCOD_e$ —— 系统出水可生物降解 COD 浓度，g/m^3；

ΔX_v —— 剩余污泥量（以 MLVSS 计算），g/d；

1.42 —— 污泥的氧当量系数，完全氧化 1 个单位的细胞（以 $C_5H_7NO_2$ 表示细胞分子式），需要 1.42 单位的氧。

因为 BOD_u 与 BOD_5 之间的关系为：$BOD_u/BOD_5=1.47$（$BOD_5=0.68 BOD_u$），因此，式（7-129）可以写为：

$$O_2 = 1.47Q(S_0 - S_e) - 1.42\Delta X_v \tag{7-130}$$

式中符号意义同前。

（2）供氧量的计算

① 氧转移量法

已在本章 7.6 节中氧转移速率与供气量的计算中详细介绍。

$$R_0 = \frac{R \cdot C_{sm(20)}}{\alpha \cdot 1.024^{(T-20)} \cdot (\beta \cdot \rho \cdot C_{sm(T)} - C_L)} \tag{7-131}$$

② 经验数据法

根据国内污水厂的运行经验，当曝气池水深为 2.5～3.5 m 时，去除 1 kgBOD$_5$ 供氧量分别为：穿孔管曝气时 80～140 m^3（空气）/kg（BOD$_5$），扩散板曝气时 40～70 m^3（空气）/kg（BOD$_5$）。

③ 空气利用率计算法

1 m^3 空气中有氧 209.4L。在 100 kPa 的压力和温度为 0℃及 20℃时，1 m^3 空气重量分别为 1 294 g 和 1 221 g，含氧量分别为 300 g 和 280 g。按去除 1 kg 的 BOD$_5$ 需氧 1 kg 计算，需空气量分别为 3.33 m^3 和 3.57 m^3。气泡曝气时氧的利用率一般 5%～10%（穿孔管取低值，扩散板取高值），故在氧利用率为 5%，去除 1 kg 的 BOD$_5$ 需供空气 72 m^3（20℃）；在氧利用率 10%时，供空气量为 36 m^3（20℃）。

【例 7-3】某漂染废水处理站，有两座完全混合式曝气池，每座容积 350 m^3，污泥浓度 4 000 mg/L。处理废水量为 5 000 m^3/d，最大时变化系数为 1.3。进水平

均 BOD_5 为 250 mg/L，水温 30℃，要求 BOD_5 去除 90%。求需氧量与供氧量。

有关参数为：$a'=0.6$，$b'=0.07$，$\alpha=0.5$，$\beta=0.85$，$\rho=1.0$。

【解】

（1）需氧量根据式（7-128）计算

要去除的 BOD_5 量为：

$$QS_r = Q(S_0 - S_e) = 5\ 000 \times 0.25 \times 0.9 = 1\ 125\ kg\ BOD_5/d$$

则每座池子去除的 BOD_5 量为 562.5 kg。

每座池子平均需氧量为：

$$O_2 = a'QS_r + b'VX_v$$

$$= \frac{0.6 \times 562.5 + 0.07 \times 4\ 000 \times 350 \times 10^{-3}}{24} = 18.15\ kgO_2/h$$

（2）供氧量

按最大供氧量计算，按平均供氧量复核。由于 $C_{s(20)} = 9.2$ mg/L，$\beta \cdot \rho \cdot C_{s(30)} = 0.85 \times 1 \times 7.6 = 6.46$ mg/L，曝气池中溶解氧在平均流量时保持 2 mg/L，最大流量时不低于 1.0 mg/L。

根据式（7-131），可得选用设备最大供氧量 R_0 为：

$$R_0 = \frac{R \cdot C_{sm(20)}}{\alpha \cdot 1.024^{(T-20)} \cdot (\beta \cdot \rho \cdot C_{sm(T)} - C_L)} = \frac{22.36 \times 9.2}{0.5 \times 1.024^{(30-20)} \times (6.46 - 1.0)} = 59.4\ kgO_2/h$$

在平均时曝气池内溶解氧为：

$$C_L = C_{sw(\theta)} - \frac{O_2 \cdot C_{sm(20)}}{\alpha \cdot 1.024^{(T-20)} \cdot R_0} = 6.46 - \frac{18.15 \times 9.2}{0.5 \times 1.024^{(30-20)} \cdot 59.4} = 2.03\ mg/L > 2\ mg/L$$

满足要求。

（3）曝气设备的设计

曝气设备的设计内容，当采用鼓风曝气法时为：

① 扩散装置的选择和它的布置；

② 空气管道的布置和管径的确定；

③ 确定鼓风机的规格和台数。

当采用机械曝气法时，要确定曝气机械和相应的规格（如叶轮直径、转速、功率）。

1）空气管道的计算

从鼓风机房的鼓风机将压缩空气输送至曝气池，需要不同长度和不同管径的空气管，空气管的经济流速可采用 10～15 m/s，通向扩散装置支管的经济流速可取 4～5 m/s。根据上述经济流速和通过的空气流量，即可按空气管路计算图表确定空气管管径（附录 4（a））。

空气通过空气管道和扩散装置时，压力损失一般控制在 1.5 m 以内，其中空气管道总损失控制在 0.5 m 以内，扩散装置在使用过程中容易堵塞，故在设计中一般规定空气通过扩散装置阻力损失为 0.7～1.0 m，对于竖管或穿孔管可以酌情减少。计算时，可根据流量和流速选定管径，然后核算压力损失，调整管径。

空气管道内压力损失为沿程阻力损失（h_1）和局部阻力损失（h_2）之和。管道的沿程阻力损失（摩擦损失）可根据附录 4（b）查得，管道的局部阻力损失可根据式（7-132）将各配件换算成管道的当量长度，再从附录 4（a）查得。

$$L_0 = 55.5KD^{1.2} \tag{7-132}$$

式中，L_0 —— 管道的当量长度，m；

D —— 管径，m；

K —— 长度折算系数（表 7-11）。

表 7-11 长度折算系数表

配件	长度折算系数
三通：气体转弯	1.33
三通：直径异口径	0.32～0.67
三通：直接等口径	0.23
弯头	0.4～0.7
入小头	0.1～0.2
球阀	2.0
角阀	0.9
闸阀	0.25

【例 7-4】已知曝气池的供气量 G_s＝5 040 m³/h，鼓风机房至曝气池干管总长 44 m，管段上有弯头 5 个，闸阀 2 个，计算输气干管的直径和压力损失。

【解】干管上无支管，故采用同一直径。查附录 4（a），通过 G_s＝5 040 m³/h 和 v＝15 m/s，两点作一直线，交管径线于一点，得管径为 350 mm。配件折算长度为：

$$L_0 = 55.5KD^{1.2} = 55.5 \times (5 \times 0.6 + 2 \times 0.25) \times 0.35^{1.2} = 194 \times 0.284 = 55.2 \text{ m}$$

故干管计算长度为：44+55.2＝99.2 m。

计算水温为 30℃，管内空气压力为 60 kPa，空气量 84 m³/min，管径 350 mm 时摩擦损失 h。查附录 4（b），得 $h=5.3$ kPa/1 km。故管道压力损失：

$$H_{损} = Lh = 99.2 \times 5.3 \times 10^{-3} = 0.526 \text{ kPa}$$

支管的计算可仿干管的计算步骤进行。

一般希望管道及扩散设备的总压力损失不大于 15 kPa，其中管道损失控制在 5 kPa 内，其余为扩散设备的压力损失。

2）鼓风曝气设备

鼓风曝气用鼓风机供应压缩空气，常用罗茨鼓风机和离心式鼓风机。罗茨鼓风机适用于中小型污水处理厂，但噪声大，必须采取消音、隔音措施。离心式鼓风机噪声小，且效率高，适用于大中型污水处理厂，但产品规格和使用经验尚不多。

曝气设备采用鼓风机类型较多，在选择鼓风机时，以空气量和风压为依据，并且要有一定的储备能力，以保证空气供应的可靠性和运转上的灵活性。一般来说，鼓风机房至少需配 2 台鼓风机，其中一台为备用。为了适应负荷的变化使运行具有灵活性，工作鼓风机台数不应少于两台，因此总台应为 3 台。空气量可根据需氧量等公式进行计算，然后确定最大的空气供应量，风压可按式（7-133）估算。

$$P = (1.5 + H) \times 9.8 \tag{7-133}$$

式中，P —— 风压，kPa；

H —— 扩散装置距水面深度，m；

1.5 —— 估算的管路压力损失及扩散设备压力损失之和，m。

3）机械曝气设备

关于机械曝气设备的设计，主要是选择叶轮的形式和确定叶轮的直径。设计内容包括选择叶轮形式、确定叶轮直径和构造尺寸、确定安装尺寸、选择传动机构。叶轮形式的选择可根据叶轮的充氧能力、动力效率以及加工条件等考虑。一般而言，泵型叶轮的充氧能力及充氧动力效率和平板叶轮差不多，但加工困难。泵型叶轮提升能力较大；伞型叶轮的动力效率一般高于平板叶轮，而充氧能力则稍低，适用于延时曝气。

叶轮直径的确定主要取决于曝气池混合液的需氧量，使所选择的叶轮充氧量等于曝气池混合液的需氧量。此外，还应考虑叶轮直径与曝气筒直径的比例关系，因为叶轮太大，水流剪切力过大而破坏污泥絮体；太小则充氧不足。一般认为平板叶轮或伞型叶轮直径与曝气筒直径之比可采用 1/5～1/3 左右，泵型叶轮以 1/7～1/4 为宜。通常先确定叶轮直径，再按比例定曝气筒直径。此外，叶轮直径与水深比可采用 1/4～2/5，否则，池子过深，池底部分水不容易翻到上面来，影响充氧和泥水混合，易形成局部死水区。

7.7.4　污泥回流设备的设计

分建式曝气池，活性污泥从二次沉淀池回流到曝气池时需要设置污泥回流设备。污泥回流设备包括提升设备和污泥输送管渠系统，污泥提升设备常用叶片泵或空气提升器。

在设计污泥回流设备之前，需要确定污泥回流量 Q_r，回流污泥量的大小，直接影响曝气池污泥浓度和二次沉淀池的沉降性能，所以应恰当选择。因 $Q_r=RQ$，根据曝气池中活性污泥悬浮固体的平衡关系，可得污泥回流比 R 为：

$$R = \frac{X}{X_r - X} \tag{7-134}$$

式中，R —— 污泥回流比；

$\quad\quad Q_r$ —— 回流污泥流量，m^3/h；

$\quad\quad X_r$ —— 回流污泥浓度，mg/L。

回流比 R 取决于混合液污泥浓度（X）和回流污泥浓度（X_r），而 X_r 又与 SVI 值有关。回流污泥来自二次沉淀池，二次沉淀的污泥浓度与污泥的沉淀性能，以及其在二次沉淀池中的浓缩时间有关。一般混合液在量筒中沉淀 30 min 后形成的污泥，基本上可以代表混合液在二次沉淀池中沉淀时形成的污泥，因此回流污泥浓度为：

$$X_r = \frac{10^6}{SVI} \cdot r \tag{7-135}$$

式中，r —— 污泥在二次沉淀池中与停留时间、池深、污泥厚度等因素有关的系
$\quad\quad\quad$ 数，一般取 1.2。

由此得曝气池混合液悬浮固体浓度定义为：

$$X = \frac{R}{1+R} \cdot X_r = \frac{R}{1+R} \times \frac{10^6}{SVI} \cdot r \tag{7-136}$$

污泥回流设备应与剩余污泥排放设备结合起来考虑。回流设备常采用空气提升器或污泥泵。前者效率不如后者，但结构简单，便于管理，而且消耗的空气对补充活性污泥中的溶解氧有好处。在鼓风曝气时，可考虑采用。

空气提升器常设在二次沉淀池排泥沟渠和曝气池回流管道之间。图 7-56 为某污水处理厂空气提升器示意图，h_1 为淹没深度，h_2 为提升高度。一般 $\dfrac{h_1}{h_1+h_2} \geqslant 0.5$，井中设污泥提升管（$d$ =150～200 mm），管底深入污泥面一定深度。压缩空气管伸入提升管下口。空气提升器所需空气量，一般取回流污泥量的 3～5 倍。需要在

小的回流比情况下工作时，可调节进气阀门。

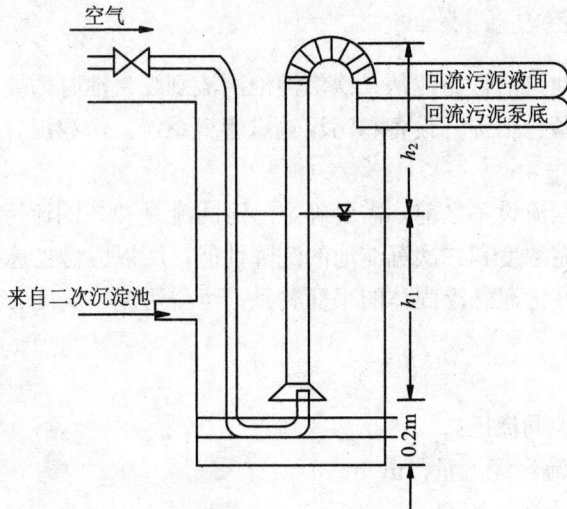

空气

回流污泥液面
回流污泥泵底

h_2

来自二次沉淀池

h_1

0.2m

图 7-56　空气提升器

7.7.5　二次沉淀池的设计

二次沉淀池（简称二沉池）是整个活性污泥法系统中非常重要的组成部分。整个系统的处理效能与二沉池的设计和运行密切相关，在功能上要同时满足澄清（固液分离）和污泥浓缩（提高回流污泥的含固率）两方面的要求，它的工作效果将直接影响系统的出水水质和回流污泥浓度。从利用悬浮固体与污水的密度差以达到固液分离的原理来看，二沉池与一般的沉淀池并无两样；但是，二沉池的功能要求不同，沉淀的类型不同。因此，二沉池的设计原理和构造上都与一般的沉淀池有所区别。

（1）二沉池的构造

二沉池的构造与污水处理厂的初沉池类似，可以采用平流式、竖流式和辐流式。竖流式沉淀池由于能获得较大的污泥浓度，并有占地少以及排泥方便等优点，因而应用较广。流量较大时，可采用辐流式沉淀池。圆形辐流式沉淀池多采用机械排泥，方形辐流式沉淀池常用多斗静压排泥。

但在构造上要注意以下特点：

① 二沉池的进水部分要仔细考虑，应使布水均匀并造成有利于絮凝的条件，使污泥絮体结大。

② 二沉池中污泥絮体较轻，容易被出水挟走，因此要限制出流堰处的流速，

可在池面设置更多的出水堰槽，使单位堰长的出水量符合规范要求，一般二沉池出水堰最大负荷不宜大于 1.7 L/（s·m）。

③ 污泥斗的容积，要考虑污泥浓缩的要求。在二沉池内，活性污泥中的溶解氧只有消耗，没有补充，容易耗尽。缺氧时间过长可能影响活性污泥中微生物的活力，并可能因反硝化而使污泥上浮，故浓缩时间一般不超过 2 h。所以较常采用的沉淀时间为 1.5～2.0 h，水力表面负荷为 1.1～1.8 m/h，污泥浓度高时用低值。采用污泥斗排泥时，污泥斗斜壁与水平面夹角，方斗宜大于 60°，圆斗宜大于 55°。二沉池静压排泥的净水头，活性污泥法处理系统不应小于 0.9 m，生物接触氧化法不应小于 1.2 m。排泥管直径宜大于 200 mm。

④ 二沉池应设置浮渣的收集、撇除、输送和处置装置。

由于曝气池混合液的沉淀属于成层沉淀，在沉淀池中还存在异重流现象，沉淀情况显然不同于初沉池，实际的过水断面要远小于理论计算的过水断面，故其最大允许水平流速一般仅为初沉池的一半。因此同其设计原理一样，其构造也是一个研究课题。

有时为了提高二沉池的负荷，国内有污水处理厂采用在澄清区内加设斜板的方法。这在理论上和实践上都不够妥当。从提高二沉池的澄清能力来看，斜板可以提高沉淀效能的原理主要适用于自由沉淀，但在二沉池中，沉淀形式主要属于成层沉淀而非自由沉淀。当然，在二沉池中设置斜板后，实践上可以适当提高池子的澄清能力，这是由于斜板的设置可以改善布水的有效性和提高斜板间的弗劳德数，而不属于浅池理论的原理。而且加设斜板既增加了二沉池的基建投资，且由于斜板上容易积存污泥，会造成运行管理上的麻烦。要提高二沉池的澄清能力，更有效的方法应是合理设计进水口。

（2）二沉池的设计计算

二沉池设计的主要内容：①选择池型；②计算需要的沉淀池面积、有效水深和污泥区容积。池型选择可根据各种沉淀池的特点结合污水处理厂的规模、处理的对象、地质条件等情况综合确定。

计算沉淀池的面积有表面负荷法和固体通量法。

1）表面负荷法

采用表面负荷法设计计算二沉池与一般沉淀池相同，但由于水质和功能不同，采用的设计参数也有差异。

① 沉淀池表面面积

沉淀池面积计算公式：

$$A = \frac{Q}{q} \tag{7-137}$$

式中，A —— 澄清区表面积，m^2；

Q —— 污水设计流量，用最大时流量，m^3/h；

q —— 表面水力负荷，$m^3/(m^2 \cdot h)$ 或 m/h。

计算沉淀池面积时，设计流量采用污水的最大时设计流量，而不包括回流污泥量，这是因为混合液进入沉淀池后基本上分为两路，一路流过澄清区从出水堰槽流出池外，另一路通过污泥区从排泥管排出。所以采用最大时污水设计流量可以满足澄清区面积计算要求。但是二沉池进水管、配水区、中心管、中心导流筒等的设计应包括回流污泥量在内。

表面负荷 q 的取值应等于或小于活性污泥的成层沉淀速率 u，通常 u 的变化范围在 $0.2 \sim 0.5$ mm/s，混合液浓度对 u 值有较大影响，当 MLSS 较高时，应采用较低的 u 值。

② 二沉池有效水深

尽管从理论上说澄清区的水深并不影响沉淀效率，但是水深影响流态，对沉淀效率有一定影响，特别是活性污泥法二沉池中存在异重流现象，主流会潜在水下，池水深度更应注意，所以澄清区需要保持一定的深度以维持水流稳定。水深 H 一般根据沉淀时间 t 计算，沉淀池水力停留时间 t 一般取 $1.5 \sim 4$ h，对应的沉淀池有效水深在 $2.0 \sim 4.0$ m。

$$H = \frac{Q \cdot t}{A} = q \cdot t \qquad (7\text{-}138)$$

式中，t —— 水力停留时间，h，其他符号意义同前。

③ 二沉池污泥区容积

为了减少污泥回流量，同时减轻后续污泥处理的水力负荷，要求二沉池排泥的污泥浓度尽量提高，这就需要二沉池污泥区应保持一定的容积，以保证污泥有一定的浓缩时间；但污泥区容积又不能过大，以避免污泥在污泥区停留时间过长，因缺氧而失去活性，甚至反硝化或腐化上浮。一般规定污泥区贮泥时间为 2 h。

污泥区与澄清区之间应留有一定的缓冲层高度，非机械排泥时宜为 0.5 m，机械排泥时应根据刮泥板高度确定，同时宜高出刮泥板高度 0.3 m，沉淀池的设计应尽量避免在局部地方形成污泥死区。

二沉池污泥区容积可用下式计算：

$$V_s = RQt_s \qquad (7\text{-}139)$$

式中，V_s —— 污泥斗容积，m^3；

R —— 最大污泥回流比；

t_s —— 污泥在二沉池中的浓缩时间，h。

对于合建式的曝气沉淀池，一般无须计算污泥区的容积，因为它的污泥区容积实际上取决于池子的构造设计，当池子的深度和沉淀区的面积决定之后，污泥区的容积也就决定了。

2）固体通量法

固体通量法也是确定二沉池浓缩面积的基本理论基础，但是因为目前二沉池采用的表面水力负荷都较低，计算的沉淀池表面积可以满足固体通量核算要求，而且固体通量法在理论上与污泥浓缩过程更为贴切，用于浓缩池的设计计算更实际，所以关于固体通量的概念和应用将在污泥处理章节介绍。

二沉池常用设计数据见表 7-12。

表 7-12　二沉池常用设计数据

二沉池类型	表面水力负荷/[m³/（m²·h）]	沉淀时间/h	污泥含水率/%	固体通量负荷/[kg/（m²·d）]
活性污泥法后	0.6～1.5	1.5～4.0	99.2～99.6	≤150
生物膜法后	1.0～2.0	1.5～4.0	96～98	≤150

与活性污泥法数学模型一样，二沉池也开发了不少数学模型。其中比较实用的是一维分层动态模型。将活性污泥法数学模型和二沉池数学模型联结构成一个系统，形成一个完整的活性污泥法应用软件，市场上已有产品销售，并在研究和工程实践中得到应用。

【例 7-5】某城市计划新建一以活性污泥法二级处理为主体的污水处理厂，日污水量为 10 000 m³，进入曝气池的 BOD_5 为 300 mg/L，时变化系数为 1.6，要求处理后出水的 BOD_5 为 20 mg/L，试设计计算曝气池的主要尺寸和曝气系统。

【解】

（1）确定污泥负荷率

由于进入污水处理厂的污水为城市污水，从表 7-8 选定 $k_2=0.018\,5$，处理效率，取 $f=0.75$。

$$N_s = k_2 S_e \frac{f}{h} = 0.018\,5 \times 20 \times \frac{0.75}{0.933}$$
$$= 0.3 (kgBOD_5/kgSS \cdot d)$$

（2）确定污泥浓度

根据 N_s 值相应的 SVI=100，可得曝气池污泥浓度为：

$$X = 4\,000\ mg/L$$

（3）确定曝气池容积

$$V = \frac{QS_0}{N_s X} = \frac{10\,000 \times 300}{0.3 \times 4\,000} = 2\,500 \text{ m}^3$$

（4）确定曝气池主要尺寸

取池深 $H = 2.7$ m，设两组曝气池，每组池面积为：

$$A_1 = \frac{V}{nH} = \frac{2\,500}{2 \times 2.7} = 463 \text{ m}^2$$

取池宽 $B = 4.5$ m，$B/H = 4.5/2.7 = 1.66$（在 1～2 符合要求）。

则池长 $L = \frac{A_1}{B} = \frac{463}{4.5} = 1.03$ m

$L/B = 103/4.5 = 23 > 10$ 符合要求。

设曝气池为三廊道式，每廊道长为：

$$l = \frac{L}{8} = \frac{103}{3} = 35 \text{ m}$$

取超高为 0.5 m，故总高 $H = 2.7 + 0.5 = 3.2$ m。

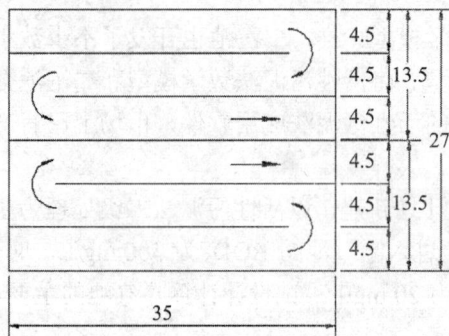

图 7-57　曝气池平面尺寸

（5）进水方式

为使曝气池在运行中具有灵活性，故进水方式可设计成：既可以集中从池首进水，按传统活性污泥法运行；又可沿配水槽分散多点进水，按阶段曝气法运行；还可沿着配水槽集中池中部某点进水，按生物吸附法运行。

（6）曝气系统

1）平均需氧量按公式计算

取 $a' = 0.53$，$b' = 0.11$。

$$O_2 = a'QS_r + b'VX$$

$$= 0.53 \times \frac{10\,000 \times (300 - 20)}{1\,000} + 0.11 \times \frac{4\,000 \times 0.75 \times 2\,500}{1\,000}$$

$$= 2\,310(\text{kgO}_2/\text{d}) = 96.2\ \text{kgO}_2/\text{h}$$

每日去除的 $\text{BOD}_5 = \dfrac{QS_r}{1\,000} = \dfrac{10\,000 \times (300 - 20)}{1\,000} = 2\,800\ \text{kg/d}$

去除每千克 BOD_5 的需氧量 $= \dfrac{2\,310}{2\,800} = 0.83\ (\text{kgO}_2/\text{kgBOD}_5)$

2）最大需氧量

在不利条件下运转，最大需氧量为平均需氧量的 1.5 倍，则

$$O_{2\max} = 1.5O_2 = 1.5 \times 96.2 = 144\ \text{kgO}_2/\text{h}$$

3）供气量

采用穿孔管，距池底 0.2 m，故淹没深为 2.5 m，查附录 1：计算温度定为 20℃，水温 20℃时溶解氧饱和度为 $C_{a(20)} = 9.2\ \text{mg/L}$，$C_{b(30)} = 7.6\ \text{mg/L}$。

穿孔管出口处绝对压力 $P_b = 1.033 + 0.25 = 1.283\ \text{kg/cm}^3$。

空气离开曝气池时氧的百分比为：

$$O_t = \frac{21(1 - E_A)}{79 + 21(1 - E_A)} \times 100\% = \frac{21(1 - 0.06)}{79 + 21(1 - 0.06)} \times 100\% = 20\%$$

式中，E_A —— 穿孔管氧转移效率，取 $E_A = 6\%$。

曝气池中平均溶解氧的饱和度为（按最不利条件考虑）：

$$C_{\text{sm}(30)} = C_b \left(\frac{P_b}{2.066} + \frac{O_t}{42} \right) = 7.6 \times \left(\frac{1.283}{2.066} + \frac{20}{40} \right)$$

$$= 8.33\ \text{mg/L}$$

通过实验，污水与清水氧总转移系数 K_{L_0} 之比 $\alpha = 0.8$，污水与清水饱和溶解氧（C_{Lm}/C_1）之比为 $\beta = 0.9$。

所以，曝气池中平均需氧量为：

$$O_2 = \frac{O_2 C_{\text{sm}(20)}}{\alpha[\beta C_{\text{cm}(30)} - C_1] \times 1.024^{(T-20)}}$$

$$= \frac{96.2 \times 9.2}{0.8 \times (0.9 \times 8.33 - 1.5) \times 1.219} = \frac{96.2 \times 9.2}{5.85} = 152\ \text{kg/h}$$

相应最大时的需氧量为 $152 \times 1.5 = 228$ kg/h

曝气池的平均供气量（G_s）为：

$$G_s = \frac{O_2}{0.8E_A} \times 100 = \frac{152 \times 100}{0.8 \times 6} = 8\ 444 \ \text{m}^3/\text{h}$$

去除每千克 BOD_5 的供气量 $= \dfrac{G_s}{Q(L_a - L_e)}$

$$= \frac{8\ 444}{10\ 000 \times (0.3 - 0.02)/24}$$

$$= 72 \ (\text{m}^3 \text{空气}/\text{kgBOD}_5)$$

（上述数据在经验范围内）

每立方米污水的供气量 $= \dfrac{G_s}{Q} = \dfrac{8\ 444}{10\ 000/24} = 20 \ \text{m}^3 \text{空气}/\text{m}^3 \text{污水}$

曝气池最大需氧量的供气量为：

$$G_{s(max)} = 1.5G_a = 1.5 \times 8\ 444 = 12\ 666 \ \text{m}^3/\text{h}$$

4）空气管的计算

按照图 7-58 所示尺寸，两个相邻廊道设置一条配气干管，共设三条，每条干管设 16 对竖管共计 96 根竖管，每根竖管最大供气量=12 666/96=132（m^3/h）。

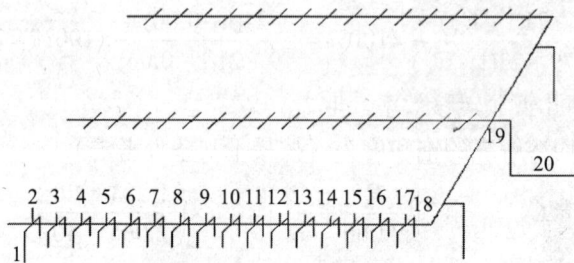

图 7-58　空气管路计算草图

5）鼓风机的选择

鼓风机所需压力 P=2.5+1.0=3.5 mH_2O 即 3 500 mmH_2O，鼓风机所需供气量：

最大：$G_{s(max)} = 12\ 666 \ \text{m}^3/\text{h}$

平均：$G_s = 8\ 444 \ \text{m}^3/\text{h}$

最小： $G_{s(min)} = 0.5G_a = 4\,222\ \text{m}^3/\text{h}$

根据所需的压力和空气量采用下列规格的鼓风机。

LG60 两台：风压 34 321Pa，风量 60 m³/min；

LG80 两台：风压 34 321Pa，风量 80 m³/min；

其中一台备用，高负荷时三台工作，低负荷时 1～2 台工作。

7.8 活性污泥法系统的运行管理

7.8.1 活性污泥的培养与驯化

（1）活性污泥的培养

对城市污水或与之类似的工业废水，由于营养和菌种都已具备，可将其初步沉淀，调整 BOD_5 至 200～300 mg/L 后，在曝气池内进行连续曝气，一般在 15～20℃下经一周左右就会出现活性污泥絮体，要及时适当地换水和排放剩余污泥，以补充营养和排除代谢产物。换水的方法分间断换水和连续换水。

1）间断换水 混合液在曝气到开始出现活性污泥絮体后，即停止曝气，静止沉淀 1～1.5 h，排放约占总体积 60%～70% 的上清液，再补充生活污水或粪便水，继续曝气。当沉降比大于 30% 时，说明池中混合液污泥浓度已满足要求。第一次换水后，应每天换水一次，这样重复操作 7～10 d，活性污泥培养便可达到成熟。此时，污泥具有良好的凝聚和沉降性能，含有大量的菌胶团和纤毛虫类原生动物，并可使 BOD_5 去除率达 95% 左右。

2）连续换水 当池容积大，采用间断换水有困难时，可改用连续换水。即当池中出现活性污泥絮体后，可连续地向池内投加生活污水，并连续地出水和回流，其投加量可控制在池内每天换水一次的程度。回流污泥量可采用进水量的 50%。当水温在 15～20℃时，污泥经两周左右即可培养成熟。

（2）活性污泥的驯化

如果工业废水的性质与生活污水相差很大时，用生活污水培养的活性污泥应用工业废水进行驯化。驯化的方法是混合液中逐渐增加工业废水的比例，直到达到满负荷。

为了缩短培养和驯化时间，可将两个阶段合并起来进行。就是在培养过程中，不断地加入少量的工业废水，使微生物在培养过程中逐渐适应新的环境。

7.8.2　活性污泥运行中常见的问题

（1）污泥膨胀

二次沉淀池或加速曝气池的沉淀区，有时出现污泥的膨胀与上浮现象。这时，污泥结构松散，沉降性差，造成污泥上浮而随水流失。这样不仅影响出水水质，而且由于污泥大量流失，使曝气池中混合液浓度不断降低，严重时甚至破坏整个生化处理过程。

广义地把活性污泥质量变轻、体积膨大、凝聚性和沉降性恶化，在二沉池中不能正常沉淀下来，处理水混浊的现象总称为活性污泥的膨胀。就字面看，活性污泥的膨胀是指污泥体积增大而密度下降的现象。描述污泥膨胀程度的指标有30 min 沉降比、污泥体积指数和污泥密度指数。

污泥膨胀的原因很多，除了理化、生物及生化方面的原因外，还有运行管理和构筑物结构形式等方面的因素。污泥膨胀可大致区分为丝状体膨胀和非丝状体膨胀两种。大多数污泥膨胀是由于丝状体膨胀，这是由于丝状微生物大量繁殖，菌胶团的繁殖生长受到抑制的结果。丝状体对活性污泥絮体起骨架作用，如果没有足够的丝状体，形成的绒絮不牢固，在曝气池紊动水流的冲击下，容易被破碎成细小的针点体。这时，污泥沉降快，SVI 低，但出水混浊，这叫作非丝状体膨胀。

当丝状体过多，长出一般絮体的边界而伸入混合液时，其架桥作用妨碍了絮体间的密切接触，致使沉降较慢，密实性差和 SVI 高，但这时的上清液可能很清。

当丝状体存在的数目足以形成适宜的絮体骨架而无显著分枝伸入溶液时，絮体大而浓密、沉降性好、SVI 低、上清液清净，这叫做非膨胀污泥。

以沉淀过的生活污水为料液的试验表明，丝状体长度小于 $10^7 \mu m/mL$ 者，为非膨胀污泥；反之为膨胀污泥。

导致丝状体大量繁殖的原因有以下几种。

1）溶解氧浓度　曝气池内溶解氧在 0.7～2.0 mg/L 范围内，虽然都可能出现丝状微生物，但在低溶解氧条件下却能生长良好，甚至能在厌氧条件下残存而不受影响。所以城市污水处理厂的曝气池溶解氧最低应保持在 2 mg/L 左右。

2）冲击负荷　如果曝气池内有机物超过正常负荷，污泥膨胀程度提高，使絮体内部溶解氧消耗提高，在菌胶团内部产生了适宜丝状体生长的低溶解氧条件，从而促使丝状微生物的分支超出絮体，伸入溶液。丝状体的分枝为细菌的聚合和较大絮体的形成提供了延伸的骨架，加剧了氧的渗透困难，从而又导致了内部丝状体的发展。

3）进水化学条件的变化　其一是营养条件变化，一般细菌在营养为

BOD_5：N：P＝100：5：1 的条件下生长，但若磷含量不足，C/N 升高，这种营养情况适宜丝状菌生活。其二是硫化物的影响，过多的化粪池的腐化水及粪便废水进入活性污泥设备，会造成污泥膨胀；含硫化物的造纸废水，也会产生同样的问题。一般是加 5～10 mL/L 氯加以控制，或者用预曝气的方法将硫化物氧化成硫酸盐。其三是碳水化合物过多会造成膨胀。其四是有毒重金属的冲击负荷可抑制丝状菌，但不能使丝状菌消失并产生针点絮体，造成出水悬浮物提高和SVI 降低；还有 pH 和水温的影响，丝状菌宜在高温下生繁殖，而菌胶团则要求温度适中；丝状菌宜在酸性环境（pH=4.5～6.5）中生长，菌胶团宜在 pH=6～8的环境中生长。

解决污泥膨胀的办法因产生原因而异，概括起来就是预防和抑制。预防就要加强管理，及时监测水质、曝气池污泥沉降比、污泥指数、溶解氧等，发现异常情况，及时采取措施。污泥发生膨胀后，要针对发生膨胀的原因，采取相应的制止措施：当进水浓度大和出水水质差时，应加强曝气提高供氧量，最好保持曝气池溶解氧在 2 mg/L 以上；加大排泥量，提高进水浓度，促进微生物新陈代谢过程，以新污泥置换老污泥；曝气池中含碳高而且碳氮比失调时，投加含氮化合物；加氯可以起凝聚和杀菌双重作用，在回流污泥中投加漂白粉或液氯可抑制丝状菌生长（加氯量按干污泥的 0.3%～0.4%估计），也可调整 pH。

（2）控制污泥膨胀的选择池工艺

在第四版《Wastewater Engineering》（Metcalf & Eddy, Inc.）中，对选择池工艺已做了较为详细的阐述。

在对丝状菌繁殖的研究中清楚地发现：活性污泥曝气池的低 DO、低 F/M 和完全混合运行条件对丝状菌繁殖有直接影响。丝状菌动力学特性之一是在低基质浓度和低 DO 条件下，丝状菌是强有力的竞争者。因此，低负荷完全混合活性污泥系统或低 DO（DO＜0.5 mg/L）的运行条件下提供了更适合于丝状菌繁殖的环境条件，而不利于菌胶团细菌繁殖。在此理论基础上，由捷克科学家提出了生物选择池工艺，解决了多年来未曾解决的污泥膨胀问题。选择池接受进水和回流污泥，仅混合不曝气。设置选择池的目的如下。

①　降解进水的 BOD；

②　让挥发性有机酸之类的溶解性有机物快速转化为 PHB，即设置选择池的目的是使生物絮体快速地吸取 BOD。而当活性污泥进入曝气池时，逐渐氧化储存的聚合物，而丝状菌不会形成储存物，逐渐排出系统。

选择池的参考负荷有学者建议取 30～40 $gBOD_5$/（gMLVSS·d）。

在 20 世纪 70 年代以前，丝状菌膨胀曾被认为是活性污泥处理不可避免的结果，但 Chudoba 等（1973）在阶段曝气对比完全混合活性污泥反应池的研究中，形成一种概念，认为反应池布置设计，现在称为选择池，能用来控制丝状菌污泥膨胀并改善污泥的沉淀性能。Rensink（1974）也曾介绍过反应池布局与膨胀控制的关系。

选择池是这样一种概念，即使用一种专门的生物反应池设计，它有利于絮状细菌生长而不利于丝状菌生长，使得活性污泥具有较好的沉降和浓缩性能。在选择池中，高基质浓度有利于非丝状菌生长（图 7-59）。选择池是一个小池子（20～60 min 停留时间）或者是串联的几个池子，进水与回流活性污泥在好氧、缺氧和厌氧条件下混合。图 7-60 为各种类型的选择池。选择反应池设置在活性污泥曝气池之前，可以设计成完全混合单独的池子（图 7-60），或在推流式系统中为一独立的格间。SBR 工作也具有选择池的概念。选择池的目标是絮体细菌能取得大多数的可生物降解 COD。因为颗粒性可降解的 COD 分解很慢且会存留在曝气池中，可生物降解的 COD 必须被利用掉以利于絮体细菌繁殖。

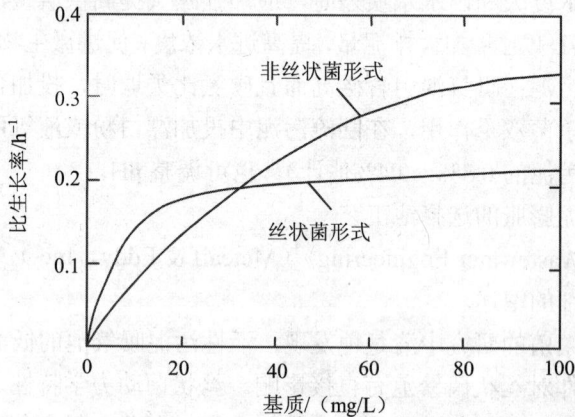

图 7-59 以基质浓度为函数的丝状菌和非丝状菌的典型生长曲线

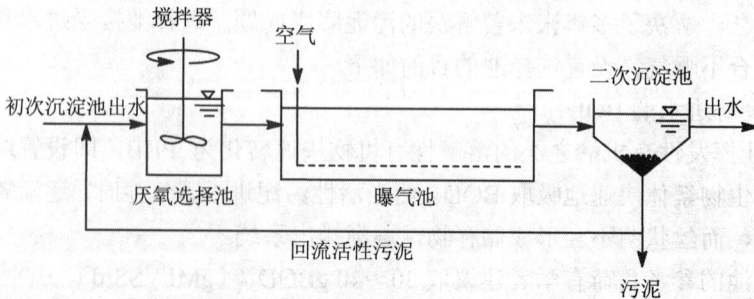

（a）

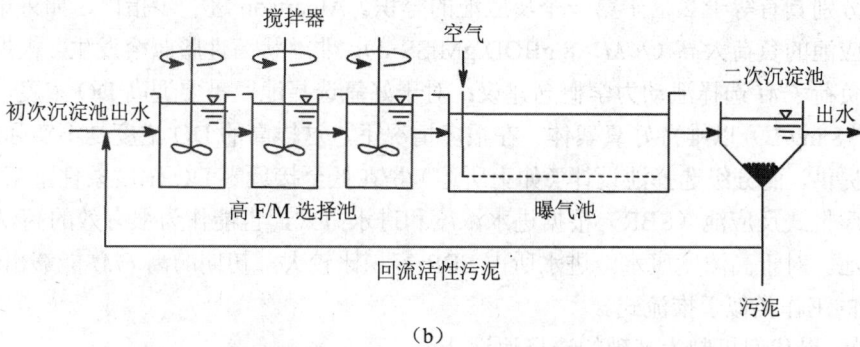

（b）

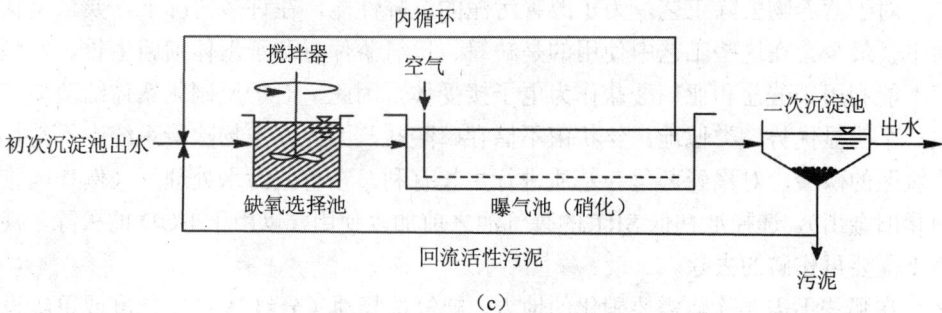

（c）

图 7-60 典型的选择池布置

反应池设计的基础是动力学或代谢机理（Albertson，1987；Jenkins 等，1993；Wanner，1994）。以动力学为基础的选择池设计称为高 F/M 选择池，而以代谢基础设计的称为缺氧或厌氧选择池。

① 以动力学为基础的选择池设计

以生物动力学机理为基础的选择池设计，所提供的基质浓度足以造成絮体细菌快速的使用基质。丝状菌只对低基质浓度更为有效，而在高溶解性基质浓度时絮体细菌表现出更高的生长速度。串联反应池在较短时间 t（以 min 计）提供高溶解性基质浓度，而相反在曝气池中进水的停留时间 t 则是以 h 计。三个串联的反应池根据进水流量及 COD 浓度，下列 COD 的 F/M 负荷推荐如下（Jenkin 等人，1993）：

第一个反应池，12 gCOD/（g MLSS·d）；

第二个反应池，6 g COD/（g MLSS·d）；

第三个反应池，3 g COD/（g MLSS·d）。

Albertson（1987）推荐一种类似的办法，根据 BOD 的 F/M 负荷，第一个反应池 BOD 的 F/M 负荷为 3～5 gBOD/（gMLSS·d），而第二个反应池和第三个反应池分别具有等于 2 倍于第一个反应池的容积。Albertson 进一步指出，如果第一个反应池的负荷太高（$F/M>8$ gBOD/gMlSS·d），非丝状菌性膨胀会发生。根据高污泥负荷 F/M 选择池动力学概念建议：对于好氧选择池，需要调高 DO 浓度（大于 6～8 mg/L）以维持好氧絮体。在很多情况下，这样高的 DO 浓度是不实际的，不予提供，而分级选择池设计（如上所述）是在低至接近零 DO 浓度条件下工作。

序批式反应池（SBR）根据进水浓度和进水方式，也能作为很有效的高 F/M 选择池。对于高浓度废水，进水所占 SBR 容积比较大，初期的高 F/M 能够出现。SBR 的工作类似于推流式。

② 以代谢机制为基础的选择池设计

对于营养物去除工艺，为了改善污泥的沉降性能，在许多情况下，要求丝状菌生长最少。在这些工艺中使用的是缺氧、厌氧条件有利于絮体细菌生长。丝状菌不能利用硝酸盐和亚硝酸盐作为电子接受体，因此，对于反硝化絮体细菌便产生一个明显优势。类似地，丝状菌不储存磷酸盐，因此在生物除磷系统中不消耗厌氧区的磷酸，对聚磷菌争夺基质进行生长有利。在有些污水处理厂（例如西雅图和旧金山），选择池在低 SRT 的曝气池之前加以使用，以用于 BOD 的去除，甚至不需要再作磷的去除。

在那些不需要除磷需要硝化的地方，缺氧选择池（分级高 F/M 梯度或单级设计）已加以使用。对于高 F/M 的缺氧或厌氧选择池，混合液的 SVI 范围是 65～90 mL/g，而单池缺氧选择池，通常得到的 SVI 值是 100～120 mL/g。

在活性污泥法（包括氧化沟）设计中，选择池的设计是比较普遍的，选择池反应池容积小、投资少，还带来诸多优势：首先改善了污泥的沉淀性能，增加了活性污泥法的处理能力，有可能得到较高的 MLSS 浓度，这样二沉池的水力负荷也得以提高。

（3）污泥上浮

有时候尽管污泥的沉淀性能很好，但在沉淀时间短的情况下也会观察到污泥上升且浮于池面。这种情况发生通常的原因是由于反硝化的结果，废水中的亚硝酸盐和硝酸盐会转变为氮气。污泥层中形成的氮气会捕捉污泥。如果形成氮气足够，则会使得污泥上浮池面。通过观察，如果有小气泡附着在固体上和有更多的浮泥浮在二沉池池面，便能将污泥上浮和膨胀污泥区分开来。

1）污泥脱氮上浮。在曝气池负荷小而供氧量过大时，出水中溶解氧可能很高，使废水中氨氮被硝化菌转化为硝酸盐，此过程称为硝化。这种混合液若在二沉池中经历较长时间的缺氧状态（DO 在 0.5 mg/L 以下），则反硝化菌会使硝酸盐转化成氨和氮气，此过程称为反硝化。反硝化过程中形成的氨重新溶于水，只有氮以气体形式存在于水中。当活性污泥上氮气吸附过多时，由于比重降低，污泥就随气体浮上水面。

防止污泥脱氮上浮的办法有：减少曝气，防止硝化出现；及时排泥，增加回流量，减少污泥在沉淀池中的停留时间；减少曝气池进水量，以减少二沉池中的污泥量。

2）污泥腐化上浮。在沉淀池内污泥由于缺氧而腐化（污泥产生厌氧分解）。产生大量甲烷及二氧化碳气体附着在污泥体上，使污泥比重变小而上浮，上浮的污泥发黑发臭。

造成污泥腐化的原因有：二沉池内污泥停留时间过长；局部区域污泥堵塞。解决腐化的措施是加大曝气量，以提高出水溶解氧含量；疏通堵塞，及时排泥。

此外，曝气池结构尺寸不合理，也能引起污泥上浮，主要是污泥回流缝太大，使大量微气泡从缝隙中窜出，携带污泥上浮；还有导流区断面太小，气水分离较差，影响污泥沉淀。

（4）污泥的致密与减少

污泥体积指数减少会使污泥失去活性。在运行中，虽不及前一问题重要，但也应引起足够重视。

引起污泥致密、活性降低的原因有：进水中无机悬浮物突然增多；环境条件恶化，有机物转化率降低；有机物浓度减小。

造成污泥减少的原因有：有机物营养减少；曝气时间过长；回流比小而剩余污泥排放量大；污泥上浮而造成污泥流失等。

解决上述问题的方法有：投加营养料；缩短曝气时间或减少曝气量；调整回流比和污泥排放量；防止污泥上浮，提高沉淀效果。

（5）泡沫问题

有两类细菌和活性污泥法工艺形成大量泡沫有关，这两类细菌分别是：诺卡氏菌属（Nocardia），微毛小细胞（Microthrix parvicella），这些生物有疏水的细胞表面且黏附空气泡使其气泡稳定形成泡沫。在混合液上面的泡沫能找到这些微生物，且浓度很高。在显微镜下观察能证实是这两类生物，诺卡氏菌属有丝状结构，且菌丝短包裹在絮体内，而微毛小细胞则有从絮体延伸出来的细长菌丝。

鼓风曝气和机械曝气都会产生泡沫，但鼓风曝气随鼓风量的增加产生的泡沫更为明显。活性污泥法诺卡氏菌泡沫也能在接受排出活性污泥的厌氧池和好氧消化池中产生。诺卡氏菌在曝气池和二沉池表面是常见的。曝气池装设挡板有利于诺卡氏菌生长和泡沫的收集。

当废水中含有合成洗涤剂及其他起泡物质时，在曝气池表面也会形成大量泡沫，严重时泡沫层可高达1m多。

泡沫的危害表现为：表面机械曝气时，隔绝空气与水接触，减小以致破坏叶轮的充氧能力；在泡沫表面吸附大量活性污泥固体时，影响二沉池沉淀效率，恶化出水水质；有风时随风飘散，影响环境卫生。

抑制泡沫的措施有：在曝气池上安装喷洒管网，用压力水（处理后的废水或自来水）喷洒，打破泡沫；定时投加除沫剂（如机油、煤油等）以破除泡沫；在诺卡氏菌泡沫表面喷洒氯，选择池的使用可能有助于对诺卡氏菌泡沫的限制，诺卡氏菌的存在和废水中的脂肪以及食用油诺卡氏-微毛小细菌细胞有关，通过除油减少废水中来自餐厅、火车站、屠宰场的油脂进入收集系统，能有助于控制诺卡氏菌泡沫问题。油类物质投加量控制在 0.5～1.5 mg/L 范围内，油类也是一种污染物质，投量过多会造成二次污染，且对微生物的活性也有影响。

7.8.3　活性污泥法运行中需要测定的主要项目

（1）反映污泥情况的项目

① 污泥沉降比，最好 2～4 h 测定一次，一般而言，以 SV＜30% 为好；

② 污泥指数，在标准活性污泥法里，以 SVI 为 50～150 为理想，达到 200 以上则认为污泥可能膨胀；

③ 曝气池混合液悬浮固体浓度 MLSS 或 MLVSS，标准活性污泥法中，通常 MLSS 为 1 500～2 000 mg/L。

④ 生物相的显微镜观察，好的活性污泥在显微镜下看不到或很少看到分散在水中的细菌，看到的是一团团结构紧密的污泥块；不太好的活性污泥，在显微镜下可以看到丝状菌，亦可看到一团团污泥块；很差的活性污泥，则丝状菌很多；鞭毛虫和游动型纤毛虫只能在有大量细菌时才出现；固着型纤毛虫（如钟虫），存在于有机物很少、BOD_5 在 5～10 mg/L 的废水中；轮虫在水质十分稳定、溶解氧充分时才出现。

常规显微镜观察提供了有关微生物群体在活性污泥过程中状况的有价值的检测资料。搜集到具体资料包括：絮体粒径和密度的变化、絮体中丝状菌生长的状况、诺卡氏菌的存在以及较高的生命形式的类型和丰盛程度，如原生动物和轮虫。这些特性的变化可能为废水特性的变化或操作问题提供指示。图 7-61 为微生物的优势程度对 F/M 和 SRT 的指示变化实例。原生动物群落的减少可能指示 DO 的不足、在较低的 SRT 条件下运行，或是废水中有抑制性物质。及早发现丝状菌或诺卡氏菌的繁殖，会争取到时间采取改正措施，尽量减少由于这些细菌的过度生长可能造成的问题。随后可能进行一些步骤去查明丝状菌的具体类型，这将有助于弄清一种操作条件或是设计条件有利于这些菌的繁殖（Jenkins 等，1993）。

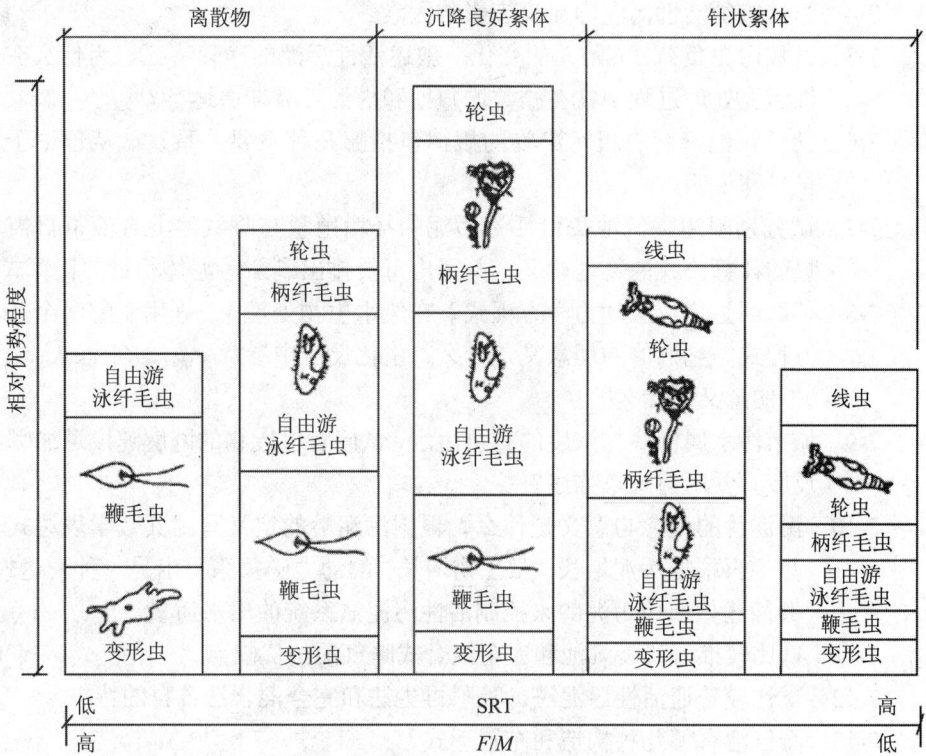

图 7-61 微生物的相对优势程度与 F/M 和 SRT 的关系

（部分摘自 WEF，1996）

（2）反映污泥营养的项目

属于污泥营养的测定项目有：BOD_5；出水氨氮（至少 1 mg/L）；出水磷（至少 1 mg/L）；溶解氧（不低于 1～2 mg/L）；二沉池出水 DO（不低于 0.5 mg/L）。

（3）反映污泥环境条件及处理效果的项目

水温、pH、生化需氧量、化学需氧量、有毒物质等。

【习题与思考题】

7-1 活性污泥法的基本概念和基本流程是什么？

7-2 活性污泥法必须具备哪几个条件？良好的活性污泥必须具备哪些性能？

7-3 活性污泥法处理有机废水的工艺过程中，观察原生动物的变化对判断水质变化方面具有什么意义？

7-4 总结归纳活性污泥净化反应影响因素。

7-5 试按污泥负荷（F/M）的变化，叙述活性污泥的净化特征。为什么在活性污泥处理过程中常在减数增殖期和内源呼吸期内运行？

7-6 活性污泥降解有机污染物的规律包括哪几种主要关系？试从理论予以推导和说明。

7-7 试分别阐述曝气池每日活性污泥的净增殖量与曝气池混合液每日需氧量的计算公式的物理意义。并写出每日排出剩余污泥体积量的计算式。

7-8 什么叫生化反应动力学方程式？在废水生物处理中，采用了哪两个基本方程式？它们的物理意义是什么？生化反应中参数 V_{max}、K、Y、K_d、a'、b' 的意义是什么？

7-9 城市污水属低底物浓度的有机污水，试问有机废物的降解速度遵循哪级反应？并用何式来描述？

7-10 污泥龄的概念与意义是什么？根据污泥龄的定义写出其数学表达式，然后再根据污泥增长（微生物增长）的动力学关系写出另一种表达式，并简述如何用污泥龄来控制活性污泥法系统的出水质量。

7-11 试比较推流式曝气池和完全混合式曝气池的优缺点。

7-12 试比较普通活性污泥法、吸附再生法和完全混合法各自的特点。

7-13 曝气池有哪几种构造和布置形式？

7-14 曝气设备的作用和分类如何，如何测定曝气设备的性能？

7-15 试论述鼓风曝气系统的设计、计算步骤和注意事项。

7-16 取活性污泥曝气池混合液 500 mL，盛于 500 mL 的量筒内，半小时后的沉淀污泥量为 150 mL，试计算活性污泥的沉降比，曝气池中的污泥浓度为 3 000 mg/L，求污泥指数，根据计算结果，判断该曝气池运行是否正常？

7-17 某石油加工废水进水流量 100 m³/h，曝气池进水 BOD_5 为 300 mg/L，出水 BOD_5 为 30 mg/L，混合液污泥浓度 4 g/L，曝气池曝气区有效容积为 330 m³。求该处理站的活性污泥负荷和曝气池容积负荷？

7-18 普通活性污泥法系统处理废水量为 11 400 m³/d，BOD_5 为 180 mg/L，曝气池容积为 3 400 m³。运行条件为：出水 SS 为 20 mg/L（出水所含的未沉淀的 MLSS 称为 SS），曝气池内维持 MLSS 浓度为 2 500 mg/L，活性污泥废弃量为 155 m³/d，其中 MLSS 浓度为 8 000 mg/L，根据这些数据计算曝气时间、BOD_5 容积负荷、F/M 和污泥龄。

7-19 某污水处理厂，设计流量 Q =500 000 m³，原废水的 BOD_5 浓度为 240 mg/L，初沉池对 BOD_5 的去除率为 25%，处理工艺为活性污泥法，

要求处理出水的 BOD_5 为 15 mg/L，曝气池容积 $V = 150\ 000\ m^3$，曝气池中 MLSS 浓度为 3 000 mg/L，VSS/SS=0.75，回流污泥中的 MLSS 浓度为 10 000 mg/L。

有关参数：a =0.6 kgVSS/kgBOD$_5$，b =0.08 d^{-1}。

试求：

（1）曝气池的水力停留时间 d；

（2）曝气池的 F/M 值、容积去除负荷及污泥去除负荷；

（3）剩余污泥的产量及体积；

（4）污泥龄；

（5）所需要的氧量。

7-20 某城镇污水处理厂，设计流量 Q =10 000 m^3/d，一级处理出水 BOD_5= 150 mg/L，采用活性污泥法处理，处理水 $BOD_5 \leqslant 15$ mg/L。采用中微孔曝气盘作为曝气装置。曝气池容积 $V = 3\ 000\ m^3$，$X_r = 2\ 000$ mg/L，E_A=10%，曝气池出口处溶解氧 C_1=2 mg/L，水温 $T = 25℃$，空气扩散装置安装在水下 4.5 m 处。有关参数为：a'=0.5，b'= 0.1，α =0.85，β =0.95，ρ =1.0，查表可知 C_s（20℃）= 9.17 mg/L，C_s（25℃）=8.4 mg/L。

试求：

（1）采用鼓风曝气时，所需的供气量 G_s（m^3/min）；

（2）采用表面机械曝气器时的充氧量 R_0（kgO$_2$/h）。

7-21 某曝气池中活性污泥浓度为 3 000 mg/L，二沉池的排泥浓度为 8 000 mg/L。求回流比。

7-22 活性污泥曝气池的 MLSS＝3 g/L，混合液在 1 000 mL 量筒中经 30 min 沉淀的污泥容积为 200 mL，计算污泥沉降比，污泥指数、所需的回流比及回流污泥浓度。

7-23 绘图说明间歇式活性污泥法（简称 SBR 法）的运行过程及其优缺点。

7-24 绘图并简要说明 AB 法废水处理工艺的特点。

7-25 二次沉淀池的功能和构造与一般沉淀池相比有什么不同？在二次沉淀池中设置斜板或斜管为什么不能取得理想的效果？

7-26 论述活性污泥处理系统运行中可能出现的异常现象及其应采取的相应措施。

7-27 论述活性污泥法中丝状菌污泥膨胀的概念、危害和评价指标。

7-28 试用选择性理论解释为什么完全混合式活性污泥法比推流式更易出现由丝状菌引起的污泥膨胀？

第 8 章　生物膜法

生物膜法和活性污泥法一样，同属于好氧生物处理方法。但活性污泥法是依靠曝气池中悬浮流动着的活性污泥来净化有机物的，而生物膜法是依靠固着于固体介质表面的微生物来净化有机物的。

生物膜法是一大类生物处理法的统称，共同的特点是微生物附着在介质"滤料"表面上，形成生物膜，污水同生物膜接触后，溶解的有机污染物被微生物吸附转化为 H_2O、CO_2、NH_3 和微生物细胞物质，污水得到净化，所需氧气一般直接来自大气。污水如含有较多的悬浮固体，应先用沉淀池去除大部分悬浮固体后再进入生物膜法处理构筑物，以免引起堵塞，并减轻其负荷。

生物膜法主要用于从污水中去除溶解性有机污染物，是一种被广泛采用的生物处理方法。生物膜法的主要优点是对水质、水量变化的适应性较强，污染物去除效果好，是一种被广泛采用的生物处理方法，可单独应用，也可与其他污水处理工艺组合应用。按照生物膜形成的方式，生物膜法可分为生物滤池、生物转盘、生物接触氧化池、曝气生物滤池及生物流化床等。

8.1　基本原理

8.1.1　生物膜的形成及特点

在净化构筑物中，填充着数量相当多的挂膜介质，当有机废水均匀地淋洒在介质表面上时，便沿介质表面向下渗流，在充分供氧的条件下，接种的或原存在于废水中的微生物就在介质表面增殖。这些微生物吸附废水中的有机物，迅速进行降解有机物的生命活动，逐渐在介质表面形成黏液状的生长有极多微生物的膜，即称为生物膜。

污水处理生物膜法中，生物膜是指以附着在惰性载体表面生长的，以微生物为主，包含微生物及其产生的胞外多聚物和吸附在微生物表面的无机物及有机物等组成，并具有较强的吸附和生物降解性能的结构。提供微生物附着生长的惰性载体称为滤料或填料。生物膜在载体表面分布的均匀性、生物膜的厚度随着污水中营养底物浓度、时间和空间的改变而发生变化。

随着微生物的不断繁殖增长，以及废水中悬浮物和微生物的不断沉积，使生物膜的厚度不断增加，其结果是使生物膜的结构发生变化。膜的表面和废水接触，由于吸取营养和溶解氧比较容易，微生物生长繁殖迅速，形成了由好氧微生物和兼性微生物组成的好氧层（1～2 mm）。在其内部和介质接触的部分，由于营养料和溶解氧的供应条件差，微生物生长繁殖受到限制，好氧微生物难以生活，兼性微生物转化为厌氧代谢方式，某些厌氧微生物恢复了活性，从而形成了由厌氧微生物和兼性微生物组成的厌氧层。厌氧层是在生物膜达到一定厚度时才出现的，随着生物膜的增厚和外伸，厌氧层也随着变厚。

在负荷低的净化构筑物内，由于有机物氧化分解比较完全，生物膜的增长速度较慢，好氧层和厌氧层的界限并不明显。但在高负荷的净化构筑物内，生物膜增长迅速，好氧层和厌氧层的分界比较明显。

在处理过程中，生物膜总是不断地增长、更新、脱落。造成生物膜不断脱落的原因有：水力冲刷、由于膜增厚造成重量的增大、原生动物的松动、厌氧层和介质的黏结力较弱等。其中以水力冲刷最为重要。从处理要求看，生物膜的更新脱落是完全必要的。

生物膜是由细菌、真菌、藻类、原生动物、后生动物以及一些肉眼可见的蠕虫、昆虫的幼虫组成。生物膜是生物处理的基础，必须保持足够的数量。一般认为，生物膜厚度介于2～3 mm 时较为理想。生物膜太厚，会影响通风，甚至造成堵塞。厌氧层一旦产生，会使处理水质下降，而且厌氧代谢产物会恶化环境卫生。

8.1.2 生物膜法净化机理

从图 8-1 可以看出，由于生物膜的吸附作用，在其表面有一层很薄的水层，称为附着水层。附着水层内的有机物大多已被氧化，其浓度比滤池进水的有机物浓度低得多。因此，进入池内的废水沿膜面流动时，由于浓度差的作用，有机物会从废水中转移到附着水层中去，进而被生物膜所吸附。同时，空气中的氧在溶于废水中，继而进入生物膜。在此条件下，微生物对有机物进行氧化分解和同化合成，产生的二氧化碳和其他代谢产物一部分溶入附着水层，一部分析出到空气中去，如此循环往复，使废水中的有机物不断减少，从而得到净化。有机物代谢过程的产物沿着相反方向从生物膜经过附着水层排到流动水或空气中去。

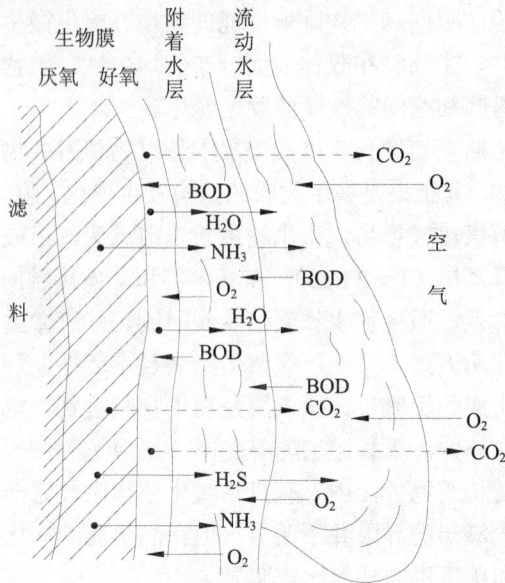

图 8-1　生物膜结构及其工作示意

在向生物膜细菌供氧的过程中，由于存在着气-液膜阻抗，因而速度甚慢。所以，随着生物膜的厚度的增大，废水中的氧将迅速地被表层的生物膜所耗尽，致使其深层因氧不足而发生厌氧分解，积蓄了 H_2S、NH_3、有机酸等代谢产物。但供氧充足时，厌氧层的厚度是有限度的，此时产生的有机酸类能被异氧菌及时地氧化成 CO_2 和 H_2O，而 NH_3 和 H_2S 被自养菌氧化成 NO_2^-、NO_3^- 和 SO_4^{2-} 等，维持着生物膜的活性。若供氧不足，从总体上讲，厌氧菌将起主导作用，不仅丧失好氧生物分解的功能，而且将使生物膜发生非正常的脱落。

生物膜呈蓬松的絮状结构，微孔多，表面积大，具有很强的吸附能力。生物膜微生物吸附和沉积于膜上的有机物为营养料。增殖的生物膜脱落后进入废水，在二次沉淀池中被截留下来，成为污泥。如果有机物负荷比较高，生物膜对吸附的有机物来不及氧化分解时，能形成不稳定的污泥，这类污泥需要进行再处理，其处理水的 NO_3^- 可在 2 mg/L 左右，BOD_5 去除率为 60%～90%。若负荷低，废水经过处理后，BOD_5 可以降到 25 mg/L 以下，硝酸盐（NO_3^-）含量在 10 mg/L 以上。

8.1.3　影响生物膜法污水处理效果的主要因素

影响生物膜法处理效果的因素很多，在各种影响因素中，主要的有：进水底物的组分和浓度、营养物质、有机负荷及水力负荷、溶解氧、生物膜量、pH、温度和有毒物质等。

（1）进水底物的组分和浓度

污水中污染物组分、含量及其变化规律是影响生物膜法工艺运行效果的重要因素。若处理过程以去除有机污染物为主，则底物主要是可生物降解有机物。在以去除氮为目的硝化反应工艺过程中，则底物是微生物利用的氨氮。底物浓度的改变会导致生物膜的特性和剩余污泥量的变化，直接影响到处理水的水质。季节性水质变化、工业废水的冲击负荷等都会导致污水进水底物浓度、流量及组成的变化，虽然生物膜法具有较强的抗冲击负荷的能力，但亦会因此造成处理效果的改变。

（2）营养物质

生物膜中的微生物需不断地从外界环境中汲取营养物质，获得能量以合成新的细胞物质。与好氧微生物一般要求一致，生物膜法对营养物质要求的比例为 $BOD_5 : N : P = 100 : 5 : 1$。因此，在生物膜法中，污水所含的营养组分应符合上述比例才有可能使生物膜正常发育。在生活污水中，含有各种微生物所需要的营养元素（如碳、氮、磷、硫、钾、钠等），一般不需要额外投加碳源、氮源或者磷源，故生物膜法处理生活污水的效果良好。在工业废水中，营养元素往往不齐全，营养组分也不符合上述的比例，有时候需要额外添加营养物成。例如，对含有大量淀粉、纤维素、糖和有机酸等有机物的工业废水而言，碳源过于丰富，故需投加一定的氮和磷。有时候需对工业废水进行必要的预处理以去除对微生物有害的物质，然后将其与生活污水混合，以补充氮、磷营养源和其他营养元素。

（3）有机负荷及水力负荷

生物膜法与活性污泥法一样，是在一定的负荷条件下运行的。负荷是影响生物膜法处理能力的首要因素，是集中反映生物滤池膜法工作性能的参数。例如，生物滤池的负荷分有机负荷和水力负荷两种，前者通常以污水中有机物的量（BOD_5）来计算，单位为 kg BOD_5/[m³（滤床）·d]，后者是以污水量来计算的负荷，单位为 m³（污水）/[m²（滤床）·d]，相当于 m/d，故又可称滤率。有机负荷和滤床性质关系极大，如采用比表面积大、孔隙率高的滤料，加上供氧良好，则负荷可提高。对于有机负荷高的生物滤池，生物膜增长较快，需增加水力冲刷的强度，以利于生物膜增厚后能适时脱落。因而，此时，应采用较高的水力负荷。合适的水力负荷是保证生物滤池不堵塞的关键因素，提高有机负荷，出水水质相应有所下降。生物膜法设计负荷值的大小取决于污水性质和所用的滤料品种。表8-1是几种生物膜法工艺的负荷比较。

表 8-1　几种生物膜法工艺的负荷

生物膜法类型	有机负荷/ [kg BOD₅/ （m³·d）]	水力负荷/ [m³/ （m²·d）]	BOD₅ 处理效率/%
普通低负荷生物滤池	0.1～0.3	1～5	85～90
普通高负荷生物滤池	0.5～1.5	9～40	80～90
塔式生物滤池	1.0～2.5	90～150	80～90
生物接触氧化池	2.5～4.0	100～160	85～90
生物转盘	0.02～0.03 kgBOD₅/ （m²·d）	0.1～0.2	85～90

（4）溶解氧

对于好氧生物膜来说，必须有足够的溶解氧供给好氧微生物利用。如果供氧不足，好氧微生物的活性受到影响，新陈代谢能力降低，对溶解氧要求较低的微生物将滋生繁殖，正常的生化反应过程将会受到抑制，处理效果下降。严重时还会使厌氧微生物大量繁殖，好氧微生物受到抑制而大量死亡，从而导致生物膜的恶化和变质。但供氧过高，不仅造成能源浪费，微生物也会因代谢活动增强，营养供应不足而使生物膜自身发生氧化（老化）处理效果降低。

（5）生物膜量

衡量生物膜量的指标主要有生物膜厚度与密度，生物膜密度是指单位体积湿生物膜被烘干后的质量。生物膜的厚度与密度由生物膜所处的环境条件决定。膜的密度与污水中有机物浓度成正比，有机物浓度越高，有机物能扩散的深度越大，生物膜厚度也越大。水流搅动强度也是一个重要的因素，搅动强度高，水力剪切力大，促进膜的更新作用强。

（6）pH

虽然生物膜反应器具有较强的耐冲击负荷能力，但 pH 变化幅度过大，也会明显影响处理效率，甚至对微生物造成毒性而使反应器失效。这是因为 pH 的改变可能会引起细胞膜电荷的变化，进而影响微生物对营养物质的吸收和微生物代谢过程中酶的活性。当 pH 变化过大时，可以考虑在生物膜反应器前设置调节池或中和池来均衡水质。

（7）温度

水温也是生物膜法中影响微生物生长及生物化学反应的重要因素。例如，生物滤池的滤床温度在一定程度上会受到环境温度的影响，但主要还是取决于污水温度。滤床内温度过高不利于微生物的生长，当水温达到 40℃时，生物膜将出现坏死和脱落现象。若温度过低，则影响微生物的活力，物质转化速率下降。一般而言，生物滤床内部温度最低不应小于 5℃。在严寒地区，生物滤池应建于有保温措施的室内。

（8）有毒物质

有毒物质如酸、碱、重金属盐、有毒有机物等会对生物膜产生抑制甚至杀害作用，使微生物失去活性，发生膜大量脱落现象。尽管生物膜中的微生物具有被逐步驯化和适应的能力，但如果高毒物负荷持续较长时间，会使毒性物质完全穿透生物膜，生物膜代谢能力必然会受到较大的影响。

8.1.4　生物膜法的主要特征

与传统活性污泥法相比，生物膜法处理污水技术因为操作方便、剩余污泥少、抗冲击负荷等特点，适合于中小型污水处理厂工程，在工艺上有如下几方面特征。

（1）微生物相方面的特征

1）微生物种类丰富，生物的食物链长

相对于活性污泥法，生物膜载体（滤料、填料）为微生物提供了固定生长的条件，以及较低的水流、气流搅拌冲击，利于微生物的生长增殖。因此，生物膜反应器为微生物的繁衍、增殖及生长栖息创造了更为适宜的生长环境，除大量细菌以及真菌生长外，线虫类、轮虫类及寡毛虫类等出现的频率也较高，还可能出现大量丝状菌，不仅不会发生污泥膨胀，还有利于提高处理效果。

另外，生物膜上能够栖息高营养水平的生物，在捕食性纤毛虫、轮虫类、线虫类之上，还栖息着寡毛虫和昆虫，在生物膜上形成长于活性污泥的食物链。较多种类的微生物，较大的生物量，较长的食物链，有利于提高处理效果和单位体积的处理负荷，也有利于处理系统内剩余污泥量的减少。

2）存活世代时间较长的微生物，有利于不同功能的优势菌群分段运行

由于生物膜附着生长在固体载体上，其生物固体平均停留时间（污泥泥龄）较长，在生物膜上能够生长世代时间较长、增殖速率慢的微生物，如硝化菌、某些特殊污染物降解专属菌等，为生物处理分段运行及分段运行作用的提高创造了更为适宜的条件。

生物膜处理法多分段进行，每段繁衍与进入本段污水水质相适应的微生物，并形成优势菌群，有利于提高微生物对污染物的生物降解效率。硝化菌和亚硝化菌也可以繁殖生长，因此生物膜法具有一定的硝化功能，采取适当的运行方式，也具有反硝化脱氮的功能。分段进行也可去除难降解污染物。

（2）处理工艺方面的特征

1）对水质、水量变动有较强的适应性

生物膜反应器内有较多的生物量，较长的食物链，使得各种工艺对水质、水量的变化都具有较强的适应性，耐冲击负荷能力较强，对毒性物质也有较好的抵

抗性。一段时间中断进水或遭到冲击负荷破坏，处理功能不会受到致命的影响，恢复起来也较快。因此，生物膜法更适合于工业废水及其他水质水量波动较大的中小规模污水处理。

2）适合低浓度污水的处理

在处理水污染物浓度较低的情况下，载体上的生物膜及微生物能保持与水质一致的数量和种类，不会发生在活性污泥法处理系统中，污水浓度过低会影响活性污泥絮凝体的形成和增长的现象。生物膜处理法对低浓度污水，能够取得良好的处理效果，正常运行时可使 BOD_5 为 20～30 mg/L（污水），出水 BOD_5 值降至 10 mg/L 以下。所以，生物膜法更适用于低浓度污水处理和要求优质出水的场合。

3）剩余污泥产量少

生物膜中较长的食物链，使剩余污泥量明显减少。特别在生物膜较厚时，厌氧层的厌氧菌能够降解好氧过程合成的剩余污泥，使剩余污泥量进一步减少，污泥处理费用随之降低。通常，生物膜上脱落下来的污泥，相对密度较大，污泥颗粒个体也较大，沉降性能较好，易于固液分离。

4）运行管理方便

生物膜法中的微生物是附着生长，一般无须污泥回流，也不需要经常调整反应器内污泥量和剩余污泥排放量，且生物膜法没有丝状菌膨胀的潜在威胁，易于运行维护与管理。另外，生物转盘、生物滤池等工艺，动力消耗较低，单位污染物去除耗电量较少。

生物膜法的缺点在于滤料增加了工程建设投资，特别是处理规模较大的工程，滤料投资所占比例较大，还包括滤料的周期性更新费用。生物膜法工艺设计和运行不当可能发生滤料破损、堵塞等现象。

8.2　生物滤池

生物滤池（Biofilter）是生物膜法废水处理技术中最早开创的废水生物处理构筑物。它是以土壤自净原理为基础而发展起来的。生物滤池开创于英国，20 世纪初期开始用于城市污水处理实际，并在欧洲一些国家得到广泛应用。进入生物滤池处理的废水，应经过预处理，去除废水中悬浮物等能够堵塞滤料的污染物，并使水质净化。

早期的普通生物滤池水力负荷和有机负荷都很低，虽净化效果好，但占地面积大，易于堵塞。后来开发出采用处理水回流，水力负荷和有机负荷都较高的高负荷生物滤池；以及污水、生物膜和空气三者充分接触，水流紊动剧烈，通风条件改善的塔式生物滤池。近年来发展起来的曝气生物滤池已成为一种独立的生物膜法污水处理工艺。图 8-2（a）、（b）是不同布水方式的生物滤池实例。

（a）采用回转式布水的生物滤池　　　　　　（b）采用固定喷嘴布水的生物滤池

图 8-2　不同布水方式的生物滤池实例

8.2.1　生物滤池的工作原理

生物滤池如图 8-3 所示。污水通过布水设备连续地、均匀地喷洒到滤床表面上，在重力作用下，污水以水滴的形式向下渗沥，或以波状薄膜的形式向下渗流。最后，污水到达排水系统，流出滤池。污水流过滤床时，有一部分污水、污染物和细菌附着在滤料表面上，微生物便在滤料表面大量繁殖，不久，形成一层充满微生物的黏膜，称为生物膜。这个起始阶段通常叫"挂膜"，是生物滤池的成熟期。

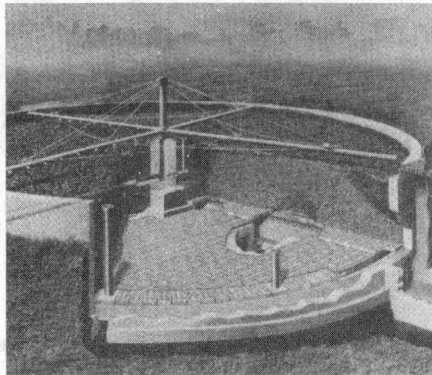

图 8-3　生物滤池

污水流过成熟滤床时，污水中的有机污染物被生物膜中的微生物吸附、降解，从而得到净化。生物膜表层生长的是好氧和兼性微生物，其厚度约 2 mm。在这里，有机污染物经微生物好氧代谢而降解，终点产物是 H_2O、CO_2 等。由于氧在生物膜大多数已耗尽，生物膜内层的微生物处于厌氧状态，在这里，进行的是有机物的厌氧代谢，终点产物为有机酸、乙醇、醛、NH_3 和 H_2S 等。由于微生物的不断繁殖，生物膜逐渐增厚，超过一定厚度后，吸附的有机物在传递到生物膜内层的微生物以前，已被代谢掉。此时，内层微生物因得不到充分的营养而进入内源代谢，失去其黏附在滤料上的性能，脱落下来随水流出滤池，滤料表面再重新长出新的生物膜。生物膜脱落的速度与有机负荷、水力负荷有关。

在低负荷生物滤池中，造成生物膜脱落的原因可能更复杂些，昆虫及其幼虫的活动可能促进生物膜脱落。在高负荷滤池中，因滤率高，靠着水力冲刷使生物膜不断脱落和被冲走。生物膜的厚度与滤率的大小有关。

有机物的转化深度随滤池的性能而异，对于低负荷滤池，有机物被深度转化，出水中硝酸盐含量较高。残膜呈深棕色，有些类似腐殖质，沉淀性能较好；对高负荷滤池，只有在负荷率较低时，出水才含有较低浓度的硝酸盐，残膜易腐化。

8.2.2　生物滤池的构造

由滤床、池体、布水装置和排水系统组成，其构造如图 8-4 所示。

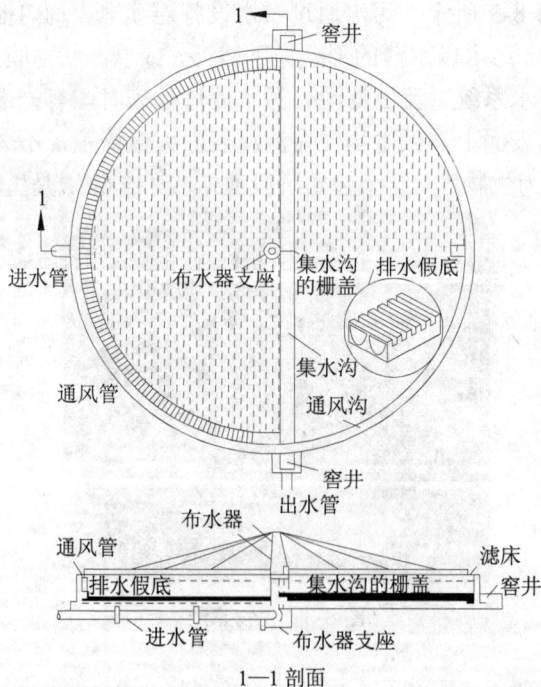

图 8-4　采用旋转布水器的普通生物滤池

（1）滤床及池体

滤床是生物滤池的主要组成部分，污水通过滤床，污染物被去除，得到净化。滤床包括滤料、池壁、池底，其中滤料最为重要。

1）滤料

滤料是微生物生长栖息的场所，理想的滤料应具备下述特性：

①能为微生物附着提供大量的表面积；②使污水以液膜状态流过生物膜；③有足够的孔隙率，保证通风（即保证氧的供给）和使脱落的生物膜能随水流出滤池；④不被微生物分解，也不抑制微生物生长，有良好的生物化学稳定性；⑤有一定机械强度；⑥价格低廉。

早期主要以拳状碎石为滤料，此外，碎钢渣、焦炭等也可作为滤料，其粒径在 3～8 cm，孔隙率在 45%～50%，比表面积（可附着面积）在 65～100 m^2/m^3。从理论上讲，这类滤料粒径越小，滤床的可附着面积越大，则生物膜的面积将越大，滤床的工作能力也越大。但粒径越小，空隙就越小，滤床愈易被生物膜堵塞，滤床的通风也越差，可见滤料的粒径不宜太小。通常采用的滤料粒径如下：普通生物滤池为 25～50 mm；高负荷生物滤池为 50～60 mm。此外，在滤池底部集水孔板以上设垫料层高 20～30 cm，粒径为 100～150 mm。无论何种滤料，都应进行筛分，不合格的不应超过 5%，滤料表面应粗糙，以便于挂膜。

20 世纪 60 年代中期，塑料工业快速发展之后，塑料滤料开始被广泛采用。塑料球滤料几乎能满足滤料的全部要求，表面积可达 100～200 m^2/m^3，孔隙率高达 80%～95%，空气流通好，所以在布水均匀时可承受高负荷。塑料板和纸板是新型高效能滤料，形状有波纹状、蜂窝状、管状等数种（图 8-5、图 8-6）。

国内目前采用的玻璃钢蜂窝状块状滤料，孔心间距在 20 mm 左右，孔隙率95%左右，比表面积在 200 m^2/m^3 左右。

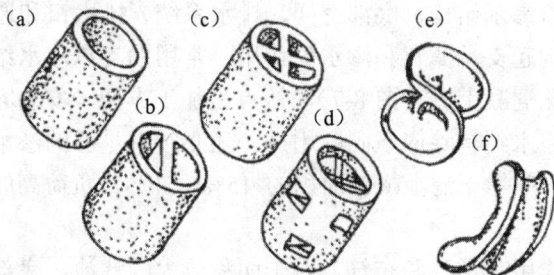

图 8-5　环状塑料滤料

（a）拉什环；（b）内有隔墙的短管；（c）内有十字隔墙的短管；

（d）巴勒环；（e）别拉形鞍；（f）"殷达洛克斯"鞍

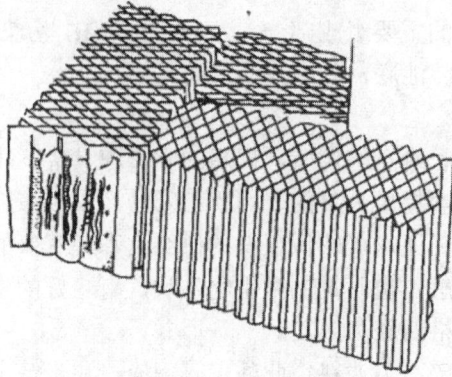

图 8-6 成型块状塑料滤料

滤床高度同滤料的密度有密切关系。石质拳状滤料组成的滤床高度一般在 1～2.5 m。一方面由于孔隙率低，滤床过高会影响通风；另一方面由于质量太大（每立方米石质滤料达 1.1～1.4 t），过高将影响排水系统和滤池基础的结构。而塑料滤料每立方米仅为 100 kg 左右，孔隙率则高达 93%～95%，滤床高度不但可以提高而且可以采用双层或多层构造。国外采用的双层滤床，高 7 m 左右；国内常采用多层的"塔式"结构，高度常在 10 m 以上。

2）池壁

滤床四周为生物滤池池壁，起围挡滤料保护布水的作用。其通常用砖、毛石、混凝土或预制板砌块等筑成。塔式滤池多采用钢架与塑料面板的池壁。池壁应高于滤料表面层 0.5～0.9 m，以防风力干扰，保证布水均匀。

3）池底

池底包括支承渗水结构、底部空间、排水系统、排水口和通风口。

支承渗水结构起支承滤料和渗水的作用。常用的支承渗水结构是架在混凝土梁或砖垫上的穿孔混凝土板（图 8-7），特点是加工方便、安装容易、堆放滤料时不易错位。支承渗水结构除应坚固耐用外，还必须有足够的渗水和通风面积。一般认为，这个面积应等于滤池横截面积的 15%～20%，负荷高的滤池，开孔面积应适当大些。

底部空间的作用是通气和布气。对于面积较大的滤池，底部空间应适当加高一些，以增大通风量，并使气流均匀地进入滤料层。

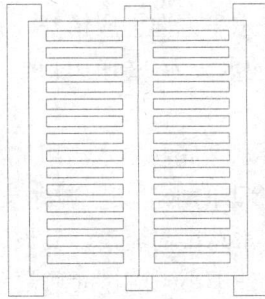

图 8-7 混凝板式滤池支承渗水结构

（2）布水设备

布水设备的作用是在规定的表面负荷下，将废水均匀分配到整个滤池表面。只有布水均匀，才能充分发挥全部滤料的净化作用。

布水设备有固定式和可动式两种。固定式布水装置间断布水，所以布水不均匀，配水的水头要高，配水池也较高（配水面高 0.9～2.1 m），故目前应用较少。

常用的可动式布水装置是旋转布水器（图 8-8），它由进水竖管和可旋转的布水横管组成。竖管是固定不动的，它通过轴承和外部配水短管相连。横管上开有布水小孔，可用电力驱动和水力驱动而旋转。目前应用最多的是水力驱动，它是在布水横管的一侧水平开设布水小孔，当废水以一定的速度从小孔喷出时，在未开孔的管壁上产生反向压力，迫使布水横管绕中心竖管反向转动。

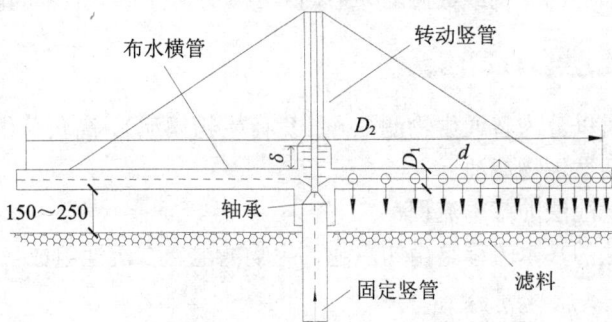

图 8-8 旋转布水器构造示意

布水器的横管可为 2 根（小池）或 4 根（大池），多者可达 8 根，对称布置。当池子很大时，为了满足布水的最大需要，也可在横管上再设分叉支管。布水小孔的直径 10～15 mm。由于喷洒面积随着与水池中心距离的增大而增大，因而孔间距应随着与池中心距离的增大而减小，以满足布水量的要求。为了布水均匀，相邻两根横管上的小孔位置在水平方向上应错开。布水横管距滤料表面的高度为 0.15～0.25 m，喷水旋转所需的水头为 2.5～10 kPa。

（3）排水系统

池底排水系统由池底、排水假底和集水沟组成，见图 8-9。池子底面应有一定的坡度（0.01～0.03），使渗下的水汇集于排水支沟；排水支沟的坡度可采用 0.005～0.02。最后，污水经排水总渠而流走，其坡度可采用 0.003～0.005。设计排水渠道时，最重要的是要保证不小于流速（通常采用 0.6 m/s）。

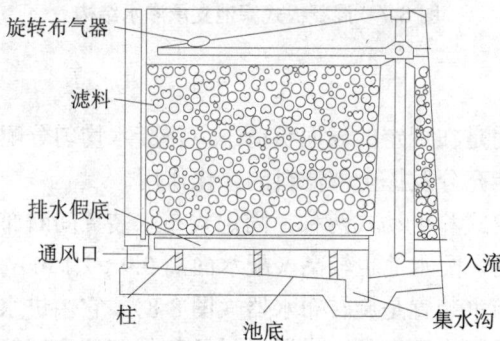

图 8-9　生物滤池池底排水系统示意

排水渠穿过池壁的地方，应设排水和通风孔洞，通风面积应不小于过水断面。排水口可设于池壁的一侧或数侧，但通风口必须均匀分布于池壁的两对边或四周。

8.2.3　生物滤池法的工艺流程

生物滤池可以分为普通生物滤池（低负荷生物滤池）、高负荷生物滤池、塔式生物滤池以及活性生物滤池。

（1）生物滤池法的基本流程

生物滤池法的基本流程是由初沉池、生物滤池、二沉池组成（图 8-10）。

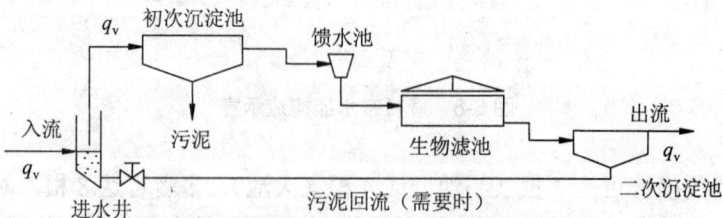

图 8-10　生物滤池法的基本流程

进入生物滤池的污水，必须通过预处理，去除悬浮物、油脂等会堵塞滤料的物质，并使水质均化稳定。一般在生物滤池前设初沉池，但也可以根据污水水质而采取其他方式进行预处理，达到同样的效果。生物滤池后面的二沉池，用以截留滤池中脱落的生物膜，以保证出水水质。

（2）高负荷生物滤池

低负荷生物滤池又称普通生物滤池，在处理城市污水方面，普通生物滤池有长期运行的经验。普通生物滤池的优点是处理效果好，BOD_5去除率可达90%以上，出水BOD_5可下降到25 mg/L以下，硝酸盐含量在10 mg/L左右，出水水质稳定。缺点是占地面积大，易于堵塞，灰蝇很多，影响环境卫生。后来，人们通过采用新型滤料，革新流程，提出多种形式的高负荷生物滤池，负荷比普通生物滤池提高数倍，池子体积大大缩小。回流式生物滤池、塔式生物滤池也属于这样类型的滤池。它们的运行比较灵活，可以通过调整负荷和流程，得到不同的处理效率（65%～90%）。负荷高时，有机物转化较不彻底，排出的生物膜容易腐化。

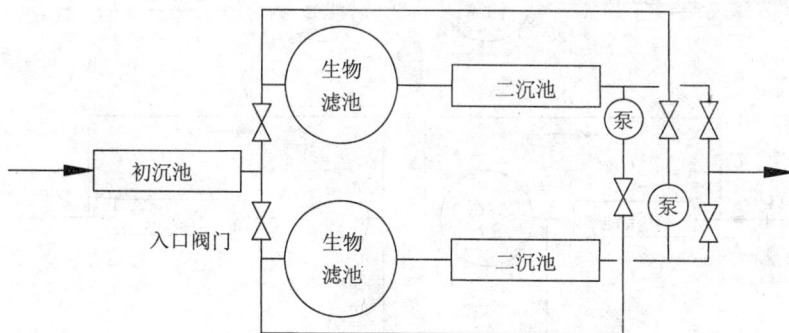

图 8-11 交替式二级生物滤池流程

图8-11是交替式二级生物滤池法的流程。运行时，滤池是串联工作的，污水经初沉池后进入一级生物滤池，出水经相应的中间沉淀池去除残膜后用泵送入二级生物滤池，二级生物滤池的出水经过沉淀后排出污水处理厂。工作一段时间后，一级生物滤池因表层生物膜的累积，即将出现堵塞，改作二级生物滤池，而原来的二级生物滤池则改作一级生物滤池。运行中每个生物滤池交替作为一级和二级滤池使用。这种方法在英国曾广泛采用。交替式二级生物滤池法流程比并联流程负荷可提高2～3倍。

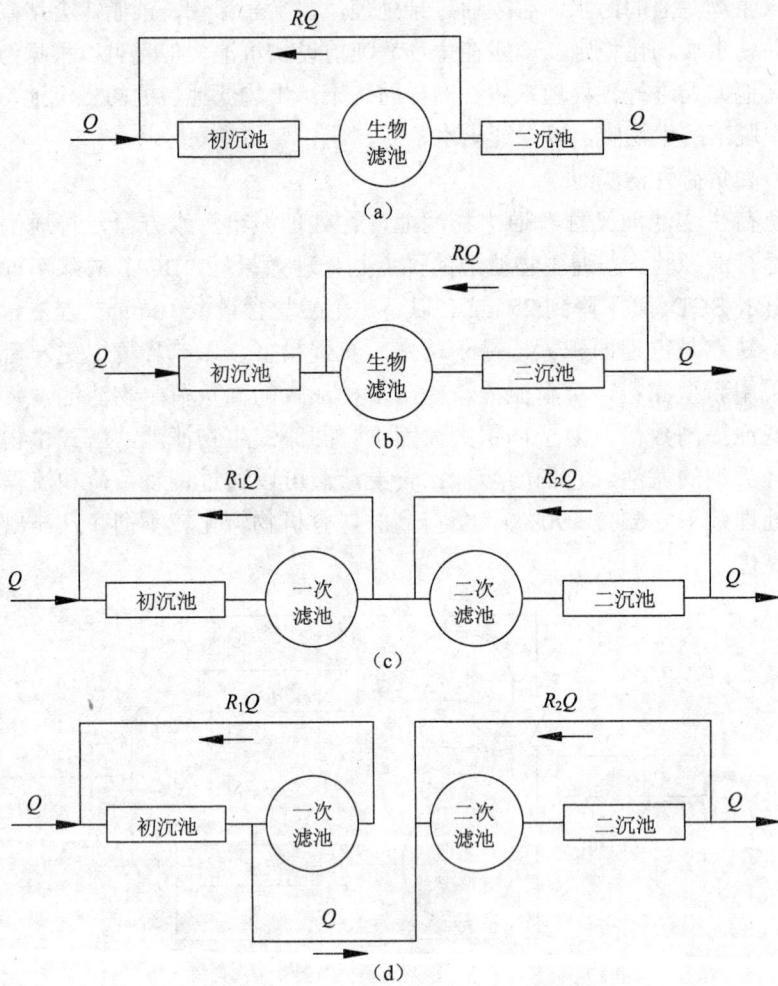

图 8-12　回流生物滤池法流程

注：Q 为污水流量，R 为回流比。

图 8-12 所示是几种常用的回流式生物滤池法的流程。当条件（水质、负荷、总回流量与进水量之比）相同时，它们的处理效率不同。图中次序基本上是按效率从较低到较高排列的，符号 Q 代表污水量，R 代表回流比。当污水浓度不太高时，回流系统可采用图 8-12（a）、（b）流程，回流比可以通过回流管线上的闸阀调节，当入流水量小于平均流量时，增大回流量；当入流水量大时，减少或停止回流。图 8-12（c）、（d）是二级生物滤池，系统中有两个生物滤池。这种流程用于处理高浓度污水或出水水质要求较高的场合。

生物滤池的一个主要优点是运行简单，因此，适用于小城镇和边远地区。一般认为，它对入流水质、水量变化的承受能力较强，脱落的生物膜密实，较容易在二沉池中被分离。

（3）塔式生物滤池

塔式生物滤池是在普通生物滤池的基础上发展起来的，如图 8-13 所示。塔式生物滤池的污水净化机理与普通生物滤池一样，但是与普通生物滤池相比具有负荷高（比普通生物滤池高 2～10 倍）、生物相分层明显、滤床堵塞可能性减小、占地小等特点。工程设计中，塔式生物滤池直径宜为 1～3.5 m，直径与高度之比宜为 1：6～1：8，塔式生物滤池的填料应采用轻质材料。塔式生物滤池填料应分层，每层高度不宜大于 2 m，填料层厚度宜根据试验资料确定，一般宜为 8～12 m。

图 8-13（b）所示的是分两级进水的塔式生物滤池，把每层滤床作为独立单元时，可看作是一种带并联性质的串联布置。同单级进水塔式生物滤池相比，这种方法有可能进一步提高负荷。

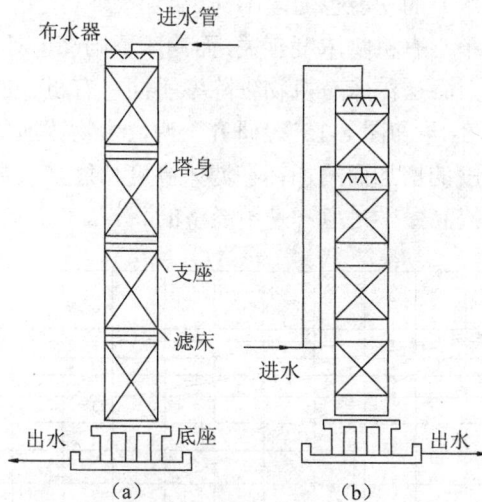

图 8-13 塔式生物滤池

（4）影响生物滤池性能的主要因素

1）滤池高度

滤床的上层和下层相比，生物膜量、微生物种类和去除有机物的速率均不相同。滤床上层，污水中有机物浓度较高，微生物繁殖速率高，种属较低级，以细菌为主，生物膜量较多，有机物去除速率较高。随着滤床深度增加，微生物从低级趋向高级，种类逐渐增多，生物膜量从多到少（表 8-2）。滤床中的这一递变现象，类似污染河流在自净过程中的生物递变。

表 8-2　滤床高度与处理效率之间的关系及滤床不同深度处的生物膜状况

取样点离滤床表面深度/m	有害物质去除率/%				生物膜	
	丙烯酯（156①）	异丙醇（35.4）	SCN⁻（18.0）	COD（955）	膜量/（kg/m³）	吸入量/（μL/h）
2	82.6	31	6	60	3.0	84
5	99.2	60	10	66	1.1	63
8.5	99.3	70	24	73	0.8	41
12	99.4	91	46	79	0.7	27

注：①滤料进水有害物质的浓度，mg/L。

　　因为微生物的生长和繁殖同环境因素息息相关，所以当滤床各层的进水水质互不相同时，各层生物膜的微生物就不相同，处理污水（特别是含多种性质相异的有害物质的工业废水）的功能也随之不同。

　　由于生化反应速率与有机物浓度有关，而滤床不同深度处的有机物浓度不同，自上而下递减。因此，各层滤床有机物去除率不同，有机物的去除率沿池深方向呈指数形式下降（图 8-14 和图 8-15）。研究表明，生物滤池的处理效率，在一定条件下是随着滤床高度的增加而增加，在滤床高度超过某一数值（随具体条件而定）后，处理效率的提高微不足道，是不经济的。

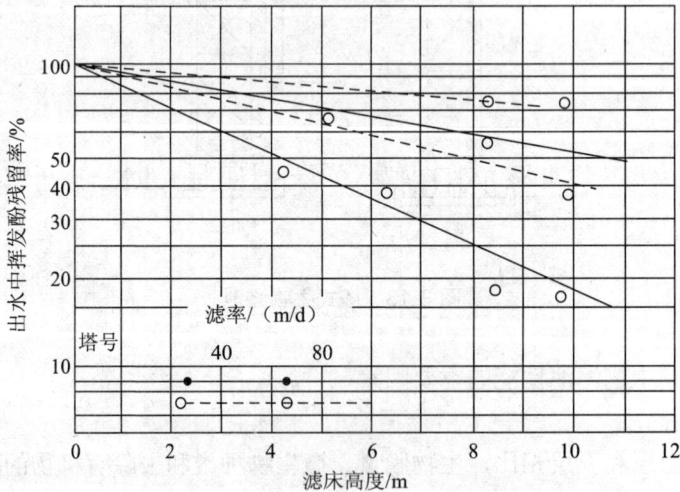

图 8-14　滤床高度和出水中挥发酚残留率关系

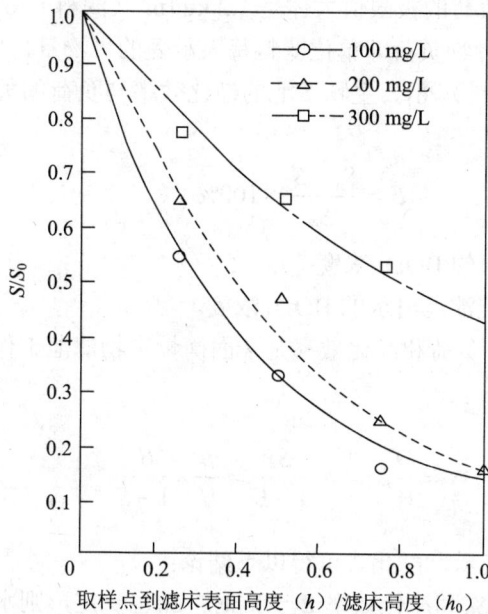

图 8-15 滤床高度对有机污染物去除的影响

2）负荷

生物滤池的负荷是一个集中反映生物滤池工作性能的参数，同滤床的高度一样，负荷直接影响生物滤池的工作。

生物滤池的负荷有水力负荷和 BOD 负荷两种。此外，在处理工业废水时，还应考虑毒物负荷。

① 水力负荷　水力负荷即单位面积的滤池或者单位体积的滤料每天处理的废水量。前者叫水力表面负荷，以 q_F 表示，单位是 m^3（废水）/[m^2（滤池）·d]；后者叫水力体积负荷，以 q_V 表示，单位是 m^3（废水）/[m^3（滤料）·d]。水力表面负荷又称平均滤率（m/d）。

显然，表面负荷与体积负荷之比值为滤料层的高度 H（m），即 $q_F : q_V = H$。一般而言，水力负荷是根据洒水强度和 BOD 负荷确定的。

为了使滤池能有效地处理废水，希望布在滤池上的水将滤料包起来流下，为此，q 不能太小；此外，q 太小了，不能保证生物膜的冲刷作用。如果 q 太大，则流量大，停留时间短，净化效果差。

② BOD 负荷　BOD 负荷即单位时间供给单位体积滤料的 BOD 量，以 N 表示，单位是 kg（BOD_5）/[m^3（滤料）·d]。

为了达到处理的目的，BOD 负荷不能超过生物膜的分解能力。据日本城市污水试验结果，BOD 负荷的极限值大体是 1.2 kg/[m³（滤料）·d]。

③ 毒物负荷　毒物负荷即单位滤料每天承受的毒物量，以 N_1 表示，单位为 kg（毒物）/[m³（滤料）·d]. 生物滤池的净化效率与负荷的关系甚为密切。净化效率 E 用下式表示：

$$E = \frac{S_0 - S_e}{S_0} \times 100\% \qquad (8-1)$$

式中，S_0 —— 原废水的 BOD_5 浓度；

$\qquad S_e$ —— 二次沉淀池出水的 BOD_5 浓度。

水力负荷、BOD 负荷和净化效率是全面衡量生物滤池工作性能的 3 个重要指标。它们之间的关系是：

$$N = \frac{Q}{V} S_0 = q_v \frac{S_e}{1 - E} = \frac{q_F}{H} \times \frac{S_e}{1 - E} \qquad (8-2)$$

式中 E 以分数表示，由此式可得以下结论：

① 当进水浓度 S_0 和净化效率 E 一定时，S_0 也一定，则水力体积负荷（q_v）与 BOD 负荷（N）成正比。BOD 负荷由滤料造成的表面积、孔隙率、通风能力以及温度等一系列因素所决定。滤料允许承受的 BOD 负荷愈大，单位体积滤料所能处理的废水量也愈多。

② 当出水浓度 S_e 和体积负荷 q_v 一定时，净化效率 E 与 BOD 负荷 N 有关。由此可知，BOD 负荷是生物滤池中起决定性的工作指标。滤料允许承受的 BOD 负荷高时，既能增大处理水量，又能提高净化效率。

3）回流

利用污水处理厂的出水，或生物滤池出水稀释进水的做法称回流。

采用回流的优点是：①增大水力负荷、促进生物膜的脱落、防止堵塞；②废水被稀释，降低了基质浓度；③可向生物滤池连续接种，促进生物膜的生长；④提高进水的溶解氧；⑤由于进水量增加，有可能采用水力旋转布水器；⑥防止滤池滋生蚊蝇。但它的缺点是：缩短废水在滤池中的停留时间；洒水量大，将降低生物膜吸附有机物的速度；回流水中难降解的物质会产生积累，以及冬天使池中水温降低等。

回流以回流系数（回流比）表示，即回流的处理水量与进入滤池进行处理的原废水之比。其表达式为：

$$n = \frac{Q_P}{Q} \qquad (8-3)$$

式中，n —— 回流系数；

　　Q_p —— 回流的处理水水量，m^3；

　　Q —— 原废水水量，m^3。

单级回流的回流比 r 按以下平衡式计算：

$$S_0Q + S_erQ = S'(Q + rQ) \tag{8-4}$$

式中，Q 和 rQ —— 废水量和回流量；

　　S_0 和 S_e —— 入流和出流废水 BOD_5 浓度；

　　S' —— 混合水 BOD_5 浓度。

据城市污水运行经验，以 $S_e = S'/3$ 为宜，故得：

$$r = \frac{1}{2} \times \frac{S_0}{S_e} - 1.5 \tag{8-5}$$

若去除率为 90%，则 $S_0/S_e = 10$，所以，回流比为 3.5。

回流滤池的回流比与进水浓度有关，可参考表 8-3。

表 8-3　回流滤池的回流比与进水浓度之间的关系

进水 BOD_5/（mg/L）	<150	150~300	300~450	450~600	600~750	750~900
一级回流比	0.75	1.50	2.25	3.00	3.75	4.50
二级（各级）回流比	0.5	1.0	1.5	2.0	2.5	3.0

4）供氧

计算生物滤池的耗氧量和供氧量时，要考虑以下几方面。

① 生物膜量　普通生物滤池的生物膜污泥量为 4.5~7 kg/m^3（滤料），高负荷生物滤池为 3.3~6.5 kg/m^3（滤料）。好氧层的厚度约 2 mm，2 mm 以上的内层为厌氧层。

② 生物膜的耗氧量　生物滤池耗氧量 mO_2 可按下式估算：

$$m_{O_2} = a'BOD_r + b'P_f \tag{8-6}$$

式中，BOD_r —— 每立方米滤料每天去除的 BOD_5 量，$kg/(m^3 \cdot d)$；

　　a' —— 系数，表示每千克 BOD_5 完全降解所需要的氧量，一般城市污水及多数有机废水的 a' 值在 1.46 左右；

　　b' —— 单位重量活性生物膜的自身氧化需氧量系数，其值为 0.18 $kg/kg(P_f) \cdot d$；

　　P_f —— 单位体积滤料上的活性生物膜量，kg/m^3。

③ 生物滤池的供氧量　生物滤池通常采用自然通风方式供氧，特殊情况下也

可以采用机械通风方式供氧。通风除了供氧外，还起着及时排除挥发性物质和气体代谢产物的作用。

自然通风是依靠池内外空气柱的重量差所造成的环流而进行的。池内外空气柱的重量差愈大（亦即温度差愈大）滤池的气流阻力愈小（亦即滤料粒径大、孔隙率大），通气量也就愈大。池内的气温和水温有密切关系，一般接近于水温。很多废水的温度比较稳定，在一年内变化幅度不大。池外气温不单在一年内随季节的转换而有很大的变化，而且在一日内也有较大的变化。所以，生物滤池的通风量随时都在变化着。当池内温度大于池外温度时，池内的气流是由下朝上；反之，气流方向由上朝下；当池内外气温比较接近时，通风量近于零。废水中的溶解氧是来自流动的空气，气流速度愈大，氧的溶解速度也愈大，供氧条件也愈好。当气流速度接近于零时，溶解氧仅靠静止空气中氧分子的扩散作用而取得，由于氧的浓度梯度逐渐减小，其溶解速度也愈来愈小，以致满足不了对氧的需求。

入流废水有机物浓度较高时，供氧条件可能成为影响生物滤池工作的主要因素。当有机物浓度 COD 大于 400～500 mg/L 时，生物滤池供氧不足，生物好氧层厚度较小，故一般认为进水 COD 应小于 400 mg/L，否则宜采用回流方法降低有机物浓度以保证供氧充足。

滤池内外的温度差（$\Delta\theta$）与空气流动速度（v）的经验关系为：

$$v = 0.075\Delta\theta - 0.15 \text{ m/min} \tag{8-7}$$

还有一种需氧量与供氧量的粗略估算，认为氧化 1 kg 的 BOD_5，耗氧 1 kg，由此可得需气量 q（m^3/m^3 废水）：

$$q = \frac{S_0 - S_e}{209.9\gamma n} \tag{8-8}$$

式中，S_0 —— 生物滤池进水 BOD_{20} 浓度，mg/L；

S_e —— 二次沉淀池出水 BOD_{20} 浓度，mg/L；

γ —— 氧的容重，在标准大气压下为 1.429 g/L；

n —— 生物滤池的氧利用率，一般生活污水取 5%～8%，即 $n=0.05$～0.08；

209.9 —— 空气含氧率。

【例】普通生物滤池的水力面积负荷 q_F=5 m^3/（$m^2\cdot d$），进水 BOD 浓度 S_0=220 mg/L，二沉池出水 BOD 浓度 S_e=20 mg/L，滤池氧的利用率 n＝7%，设生物滤池直径为 10 m，深度为 2 m，求需要的空气量。

【解】（1）按方法 1，根据已知条件，水力体积负荷为：$q_V=q_F/H$=5/2=2.5 m^3（废水）/[m^3（滤料）·d]。又根据测定，滤池表层生物膜量为 3.2 kg/m^3（滤料），深层滤料生物膜量为 0.8 kg/m³（滤料），则滤料层生物膜平均含量为：（3.2+0.8)/2=2 kg/m³（滤料），所以单位体积滤料每日需氧量可按公式（8-6）求得：

$$m_{O_2} = 1.46(0.22 - 0.02) \times 2.5 + 0.18 \times 2$$
$$= 0.73 + 0.36 = 1.09 \, kg/[m^3(滤料) \cdot d]$$

供氧量为：

$$1.09 \div 7\% = 15.57 \, kg/[m^3(滤料) \cdot d]$$

设温度为 10℃，在此温度下每立方米空气的重量为 1.25 kg/m³，则每立方米空气中氧的重量为：1.25×0.21=0.26 kg，所以需供给空气量为：

$$15.57/0.26=59.9 \, m^3（空气）/m^3（滤料）\cdot d$$

（2）按方法 2，由于 10℃时每立方米氧的重量为：

$$\frac{1.429}{1 + 0.003\,6 \times 10} = 1.38 \, kg$$

由公式（8-8），供给每立方米废水的空气量为：

$$q = \frac{(220 - 20)}{209.9 \times 1.38 \times 7\%} = \frac{200}{20.27} = 9.86 \, m^3$$

供给单位体积滤料的空气量为：

$$qq_v = 9.86 \times 2.5 = 24.65 \, m^3$$

两种计算方法相比较可知，用方法 2 估算的需要供给的空气量小得多，其原因是后者未考虑生物滤池硝化阶段及污泥分解所消耗的氧量。

但是，如果Δθ=4℃，则空气流通速度为 0.15 m/min=216 m/d，即每平方米滤池每日通过空气量为 216 m³。通过每立方米滤料的空气量为 216/2=108 m³/（m³·d）。说明无论哪一种方法计算的需气量，用自然通风供氧，在Δθ≥4℃时，都远远能满足要求。

8.2.4　生物滤池的设计计算

生物滤池处理系统包括生物滤池和二沉池，有时还包括初沉池和回流泵。生物滤池的设计一般包括：①滤池类型和流程选择；②滤池尺寸和个数的确定；③布水系统计算。

国内生物滤池的设计计算，还处在以经验法为主的阶段。由于污水水质的复杂性，往往要通过试验来确定设计参数，或借鉴经验数据进行设计。

（1）滤池类型的选择

目前，大多采用高负荷生物滤池，低负荷生物滤池仅在污水量小、地区比较偏僻、石料不贵的场合选用。高负荷生物滤池主要有两种类型：回流式和塔式（多层式）生物滤池。滤池类型的选择，需要对占地面积、基建费用和运行费用等关键指标进行分析，通过方案比较，才能得出合理的结论。

（2）流程的选择

在确定流程时，通常要解决的问题是：①是否设初沉池；②采用几级滤池；③是否采用回流，回流方式和回流比的确定。

当废水含悬浮物较多，采用拳状滤料时，需有初沉池，以避免生物滤池阻塞。处理城市污水时，一般都设置初沉池。

下述三种情况应考虑用二沉池出水回流：①入流有机物浓度较高，可能引起供氧不足时，有研究提出生物滤池的入流 COD 应小于 400 mg/L；②水量很小，无法维持最小经验值以下的水力负荷时；③污水中某种污染物在高浓度时可能抑制微生物生长的情况。

（3）滤池尺寸和个数的确定

生物滤池的工艺设计内容是确定滤床总体积、滤床高度、滤池个数、单个滤池的面积，以及滤池其他尺寸。

1）滤床总体积（V）

一般用容积负荷（N_v）计算滤池滤床的总体积，负荷可以经过试验取得，或采用经验数据。对于城镇污水处理，《室外排水设计规范》（GB 50014—2006）提出了采用碎石类填料时，采用的负荷见表 8-4。

表 8-4　城镇污水处理生物滤池负荷取值

类别	低负荷生物滤池	高负荷生物滤池	塔式生物滤池
N_v / [kgBOD$_5$/(m^3·d)]	0.15～0.3	≥1.8	1.0～3.0
q / [m^3/(m^2·d)]	1～3	10～36	80～200

注：表中为低负荷和高负荷生物滤池采用碎石类填料，塔式生物滤池采用塑料等轻质填料时滤池负荷的建议值。

滤床总体积计算公式如下：

$$V = \frac{QS_0}{N_v} \times 10^{-6} \tag{8-9}$$

式中，V —— 滤床总体积，m^3；

S_0 —— 污水进滤池前的 BOD_5，mg/L；

Q —— 污水日平均流量，m^3/d，采用回流式生物滤池时，此项应为 $Q(1+R)$，回流比 R 可根据经验确定；

N_v —— 容积负荷，$kgBOD_5/(m^3 \cdot d)$。

滤床计算时，应注意下述几个问题：

①计算时采用的负荷应与设计处理效率相应。通常，负荷是影响处理效率的主要因素，两者常相提并论。

②影响处理效率的因素很多，除负荷之外，主要还有污水的浓度、水质、温度、滤料特性和滤床高度。对于回流滤池，则还有回流比。因此，同类生物滤池，即使负荷相同，处理效率也可以有差别。

③没有经验可以引用的工业废水，应经过试验，确定其设计的负荷。试验生物滤池的滤料和滤床高度应与设计相一致。

2）滤床高度

滤床高度一般根据经验或试验结果确定。对于没有类似水质和处理要求的经验可以参照时，可以通过试验，按照本节介绍的滤床高度动力学计算方法确定。

对于城市污水处理，生物滤池采用碎石类填料时，低负荷生物滤池一般下层填料粒径宜为 60～100 mm，厚 0.2 m，上层填料粒径为 30～50 mm，厚 1.3～1.8 m；高负荷生物滤池一般下层填料粒径宜为 70～100 mm，厚 0.2 m；上层填料粒径为 40～70 mm，厚度不宜大于 1.8 m。塔式生物滤池的填料应采用轻质材料，滤层厚度根据试验资料确定，一般为 8～12 m，填料分层布置，每层高度不大于 2 m，便于安装和养护。

3）滤池池面积和个数

滤床总体积（V）和高度（H）确定之后，由 $V=HF$ 的关系式，即可算出滤床的总面积 $F=V/H$（m^2）。但需要核算水力负荷，看它是否合理，规范建议的水力负荷见表 8-4。回流生物滤池池深（高度）较浅时，水力负荷一般不超过 30 $m^3/(m^2 \cdot d)$。其水力负荷的确定与进水 BOD_5 有关，如表 8-5 所示。

表 8-5 回流式生物滤池的水力负荷

进水 $BOD_5/$（mg/L）	120	150	200
水力负荷/[$m^3/(m^2 \cdot d)$]	25	20	15

与其他处理构筑物一样，生物滤池的个数一般情况下应大于 2 个，并联运行。当处理规模很小，滤池总面积不大时，也可采用 1 个滤池。根据滤池的总面积和

滤池个数，即可算得单个滤池的面积，确定滤池直径（或边长）。

4）其他构造要求

滤池通风好坏是影响处理效率的重要因素，生物滤池底部空间的高度不应小于 0.6 m，并沿滤池池壁四周下部设自然通风孔，总面积大于滤池表面积的 1%。另外，生物滤池的池底有 1%～2% 的坡度，流向集水沟，集水沟再以 0.5%～2% 的坡度坡向总排水沟，并有冲洗底部排水渠的措施。

（4）布水系统的计算

最常采用的布水设备是旋转布水器（见图 8-8），它的设计计算内容包括：确定工作水头、布水横管根数和直径、布水管上的孔口数和在布水横管上的位置和布水器的转速。

1）工作水头

旋转布水器所需工作水头，就是布水横管始端所需水压，一般为 0.6～1.5 m。工作水头 H（m）按下式近似计算：

$$H = h_1 + h_1 - h_3 \tag{8-10}$$

式中，h_1 —— 废水由横管始端到最外一个喷水小孔间的沿程水头损失，m；

h_2 —— 废水通过布水小孔的局部水头损失，m；

h_3 —— 布水横管中的流速恢复水头，m，亦即废水通过横管时，由于沿程出流，流速愈来愈小，由此而造成的压力恢复值。

在试验的基础上，得工作水头的计算公式如下：

$$H = q^2 \left(\frac{294D'}{1\,000K^2} + \frac{256 \times 10^6}{m^2 d^4} - \frac{81 \times 10^6}{D^4} \right) \tag{8-11}$$

式中，q —— 每条布水横管的废水流量，L/s；

D' —— 旋转布水器的洒水直径，mm，可近似等于滤池直径；

K —— 流量模数，L/s，K 值见表 8-6；

M —— 每一条布水横管上的小孔数；

d —— 喷水小孔的直径，mm，一般采用 $d = 10～15$ mm；

D —— 布水横管的直径，mm。

由于孔口可能堵塞，实际采用的工作水头应比式（8-11）计算值增加 50%～100%。

工作水泵的扬程等于下列几部分之和：吸水井最低水位到布水横管的高差；吸水管和输水管的水头损失；布水横管的水头损失。

表 8-6 流量模数 K

D /mm	50	63	75	100	125	150	175	200	250
K / (L/s)	6	11.5	19	43	86.5	134	209	300	560

2）布水横管根数与直径

布水横管的根数决定于池子和滤率的大小，布水量大时用 4 根，一般用 2 根。布水横管的直径（D_1，单位为 mm）计算公式如下：

$$D_1 = 2\,000\sqrt{\frac{Q'}{\pi \times v}} \tag{8-12}$$

$$Q' = \frac{(1+R)Q}{n} \tag{8-13}$$

式中，Q' —— 每根布水横的最大设计流量，m^3/s；

　　v —— 横管进水端流速，m/s；

　　R —— 回流比；

　　Q —— 每个滤池处理的水量，m^3/s；

　　n —— 横管数。

3）孔口数和在布水横管的位置

假定每个出水孔口喷洒的面积基本相同，孔口数（m）的计算公式为：

$$m = \frac{1}{1-\left(1-\dfrac{4d}{D_2}\right)^2} \tag{8-14}$$

式中，d —— 孔口直径，一般为 10～15 mm，孔口流速 2 m/s 左右或更大些；

　　D_2 —— 旋转布水器直径，mm，比滤池内径小 200 mm。

第 i 个孔口中心距滤池中心的距离（r_i）为：

$$r_i = \frac{D_2}{2}\sqrt{\frac{i}{m}} \tag{8-15}$$

式中，i —— 从池中心算起，任一孔口在布水横管上的排列顺序序号。

4）布水器的转速

布水横管的转速与滤率、横管根数有关，如表 8-7 所示。也可近似地用下式计算：

$$n = \frac{34.78 \times 10^6}{md^2 D_2}Q' \tag{8-16}$$

表 8-7 回流式滤池的布水器转速

滤率/（m/d）	转速/（r/min）（4 根横管）	转速/（r/min）（2 根横管）
15	1	2
20	2	3
25	2	4

布水横管可以采用金属管或高分子材料管，其管底离滤床表面的距离，一般为 150～250 mm，以避免风力的影响。

8.2.5 生物滤池的运行

（1）生物滤池运行的初始阶段（挂膜与驯化阶段）

生物滤池正式运行前，有一个培养生物膜的挂膜阶段。在这个阶段，洁净的无膜滤床逐渐长了生物膜，处理效率和出水水质不断提高。当温度适宜时，挂膜阶段历时约一周。

处理含有毒物质的工业废水时，在滤池正常运行前，要有一个让微生物适应新环境、迅速繁殖壮大的阶段，称为"驯化-挂膜"阶段。"驯化-挂膜"有两种方式，一种是从其他工厂废水站或城市污水厂取来活性污泥或生物膜碎屑（均取自二次沉淀池），进行驯化、挂膜。可把取来的数量充足的污泥同工业废水、清水和养料按适当比例混合，喷灌生物滤池，出水进入二沉池，再用二次沉淀池的污泥和部分出水同工业废水和养料混合，喷灌生物滤池。在滤床明显出现生物膜迹象后，以二次沉淀池出水水质为参考，在循环中逐步调整工业废水和出水的比例，直到不用出水和回流污泥。这时，驯化-挂膜结束，运行进入正常状态。这种方式特别适用于试验性装置，但是，对大型生物滤池，由于需要的活性污泥量太多，这种方式是不现实的。另一种方式是先用生活污水、城市污水、河水进行运行和挂膜，然后逐渐增加工业废水进行驯化。

（2）日常运行管理

生物滤池运转正常后，关键的是要尽量保持微生物生长的良好环境，包括控制进入滤池的水量水质，保证微生物必要的营养料，防止过多的悬浮物堵塞滤池和过多的有机物使生物滤池超负荷，以及保证滤池的均匀布水，保证滤池良好的通风，防止冬季滤池内温度降低过多等。

布水系统和排水系统要经常清洗，保持畅通。当生物滤池超负荷，废水处理不充分或生物膜工作不正常时，容易发生滤池堵塞的现象。此时必须及时把表层约 0.15 m 的滤料耙松，或用高压水冲洗，使堵塞滤料的生物膜排出池外。在温暖的季节里，可以让生物滤池停止工作 5～10 d，使滤料晒干，滤膜脱落，这不仅可以清除堵塞，而且对提高生物滤池的工作效率很有好处。也可以在处理前的废水中加少量氯或漂白粉，以破坏滤料中由细菌和真菌形成的薄膜，还能减少废水的臭气。

灰蝇对滤池周围的环境卫生有不良的影响，可以用投药的办法杀死灰蝇，也可以有意识地让生物滤池处于淹没状态，以达到消灭灰蝇的目的。当滤池水力负荷很高时，灰蝇一般不生长。

在生物滤池的运转过程中，必须经常进行微生物观察，以便深入地了解生物滤池的工作情况。一般当固着型纤毛虫（如钟虫、益纤虫、累枝虫等）数量较多时，滤池管理情况是良好的。相反，如游泳型纤毛虫增多，则说明滤池工作有超负荷和不稳定的现象。

8.3 生物转盘法

生物转盘（Biological Rotation Tank）是生物膜法废水处理工艺中的一种，有效地用于城市污水和各种有机性工业废水的处理，自 1954 年德国建立第一座生物转盘污水厂后，在欧洲已有上千座，发展迅速。我国于 20 世纪 70 年代开始进行研究，在印染、造纸、皮革和石油化工等行业的工业废水处理中得到应用，效果较好。

8.3.1 生物转盘的工作原理与特征

（1）生物转盘的工作原理

生物转盘去除污水中有机污染物的机理，与生物滤池基本相同，但构造形式与生物滤池很不相同，见图 8-16。

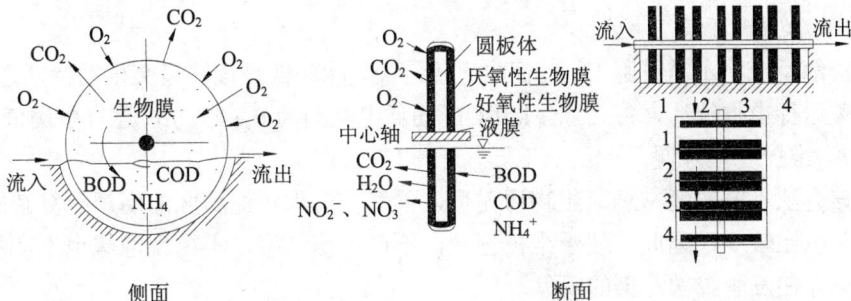

图 8-16 生物转盘工作情况示意

当圆盘浸没于污水中时，污水中的有机物被盘片上的生物膜吸附，当圆盘离开污水时，盘片表面形成薄薄一层水膜。水膜从空气中吸收氧气，同时生物膜分解被吸附的有机物。这样，圆盘每转动一圈，即进行一次"吸附—吸氧—氧化分解"过程。圆盘不断转动，污水得到净化，同时盘片上的生物膜不断生长、增厚。老化的生物膜靠圆盘旋转时产生的剪切力脱落下来，生物膜得到更新。

（2）生物转盘工艺的特征

1）微生物浓度高

特别是最初几级的生物转盘，据一些实际运行的生物转盘的测定统计，转盘上生物膜量如折算成曝气池的 MLVSS，可达 40 000～60 000 mg/L，F/M 为 0.05～0.1，这是生物转盘高效率主要原因之一。

2）生物相分级

在每级转盘生长着适应于流入该级污水性质的生物相，这种现象对微生物的生长繁育，有机污染物降解非常有利。

3）污泥龄长

在转盘上能够增殖世代时间长的微生物，如硝化菌等，因此，生物转盘具有硝化、反硝化的功能。采用适当措施，生物转盘还可以用以除磷，由于无须污泥回流，可向最后几级接触反应槽或直接向二次沉淀池投加混凝剂去除水中的磷。

4）对 BOD 适应范围广

对 BOD 值达 10 000 mg/L 以上的超高浓度有机污水到 10 mg/L 以下的超低浓度污水都可以用生物转盘进行处理，并能够得到较好的处理效果。因此，该法是耐冲击负荷的。

5）产生的污泥量较少

在生物膜上的微生物的食物链较长，故其产泥量约为活性污泥处理系统的1/2，在水温为 5～20℃的范围内，去除率为 90%的条件下，去除 1 kgBOD 的产泥量约为 0.25 kg。

6）动力消耗低

接触反应槽不需要曝气，污泥也无需回流，能耗低是该法最突出的特征之一，据有关运行单位统计，每去除 1 kgBOD 的耗电量约为 0.7 kW·h，运行费用低。

7）维护管理方便

该方法不需要经常调节生物污泥量，不存在产生污泥膨胀的麻烦，复杂的机械设备也比较少，因此，便于维护管理，不产生滤池蝇，不出现泡沫也不产生噪声，不存在发生二次污染的现象。

8.3.2　生物转盘的构造

生物转盘是由盘片、接触反应槽、转轴及驱动装置等组成。

生物转盘的主体是垂直固定在中心轴上的一组圆形盘片和一个同其配合的半圆形水槽（图 8-17）。微生物生长并形成一层生物膜附着在盘片表面，40%～45%的盘面（转轴以下的部分）浸没在污水中，上半部分敞露在大气中。工作时，污水流过水槽，电动机带动转盘，生物膜与大气和污水轮替接触，浸没时吸附污水中的有机物，敞露时吸收大气中的氧气。转盘的转动，带进空气，并引起水槽内污水紊动，使槽内污水的溶解氧均匀分布。生物膜的厚度为 0.5～2.0 mm，随着膜的增厚，内层的微生物呈厌氧状态，当其失去活性时则使生物膜自盘面脱落，并随同出水流至二沉池。

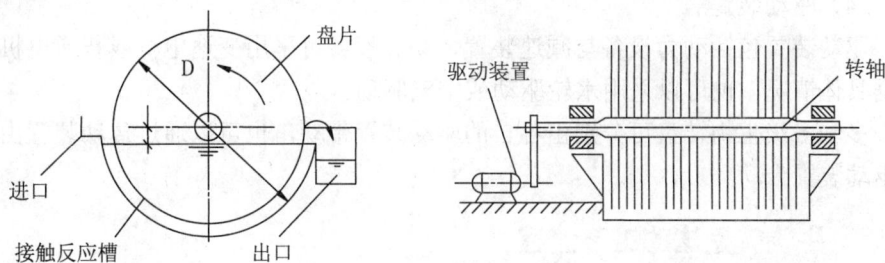

图 8-17　生物转盘示意

（1）盘片

生物转盘的盘体材料应质轻、高强度、耐腐蚀、抗老化、易挂膜、比表面积大以及方便安装、养护和运输。目前多采用聚乙烯硬质塑料或玻璃钢制作盘片，一般是由直管蜂窝填料或波纹板填料等组成。盘片直径一般是 2～3 m，最大为 5 m。盘片净距，进水端宜为 25～35 mm，出水端宜为 10～20 mm。轴长通常小于 7.6 m。当系统要求的盘片总面积较大时，可分组安装，一组称一级，串联运行。转盘分级布置使其运行较灵活，可以提高处理效率。

（2）接触反应槽

接触反应槽一般做成与盘体外形相吻合的半圆形，以避免水流短路和污泥沉积。接触反应槽壁与盘体边缘净距取值 20～50 mm，其底部可做成矩形与梯形。

接触反应槽一般建于地面上，但也可以建于地面下，既可用钢板焊制（但需做好防腐处理）和塑料板制成，也可以用钢筋混凝土浇筑，或用预制混凝土构件在现场装配。

接触反应槽的容积按水位位于盘体直径的 40%处考虑。

在接触反应槽底部应设排泥管、放空管和相应的闸门。出水形式多采用齿形溢流堰，堰宽应通过计算确定，堰口高度以设计成为可调式为宜。

（3）转轴

转轴中心高度应高出水位 150 mm 以上，长度一般取值 0.7～7.0 m。轴不宜过长否则加工不便，易于挠曲变形，更换盘体工作量大。盘体荷载可以均布作用在转轴上，此时对盘体与轴的加工精度要求高，如将盘体分两点集中荷载作用在轴承支座附近，则降低了弯矩，转轴直径可以缩小，加工要求可以放宽。

盘体与转轴的固定，一般在每级盘体两端为钢法兰盘，两法兰盘之间的盘体通过拉杆传动，法兰盘与转轴可用销钉或丝扣管箍固定。每根转轴带动的盘体面积一般介于 500～15 000 m^2，在日本已有一根转轴带动 19 000 m^2 的生物转盘。

（4）驱动装置

驱动装置包括动力设备与减速装置，动力设备可采用变速电机或普通电机。根据具体情况，也可以采用水轮驱动或空气驱动。

多轴多级生物转盘可分别由各自的驱动装置带动，也可以通过传动装置由一台驱动装置带动。

8.3.3　生物转盘法的工艺流程

生物转盘法的基本流程如图 8-18 所示。实践表明，处理同一种污水，如盘片面积不变，将转盘分为多级串联运行能显著提高处理水水质和水中溶解氧的含量。通过对生物转盘上生物相的观察表明，第一级盘片上的生物膜最厚，随着污水中有机物的逐渐减少，后几级盘片上的生物膜逐级变薄。处理城市污水时，第一、第二级盘片上占优势的微生物是菌胶团和细菌，第三、第四级盘片上则主要是细菌和原生动物。

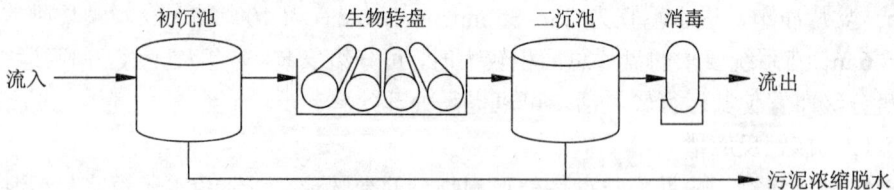

图 8-18　生物转盘法工艺流程

根据转盘和盘片的布置形式，生物转盘可分为单轴单级式（图 8-19）、单轴多级式（图 8-20）和多轴多级式（图 8-21），级数多少主要取决于污水水量与水质、处理水应达到的处理程度和现场条件等因素。对城市污水多采用 4 级转盘进行处理。

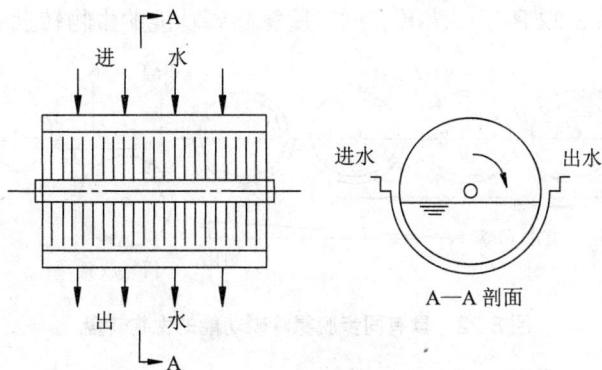

图 8-19 单轴单级式生物转盘

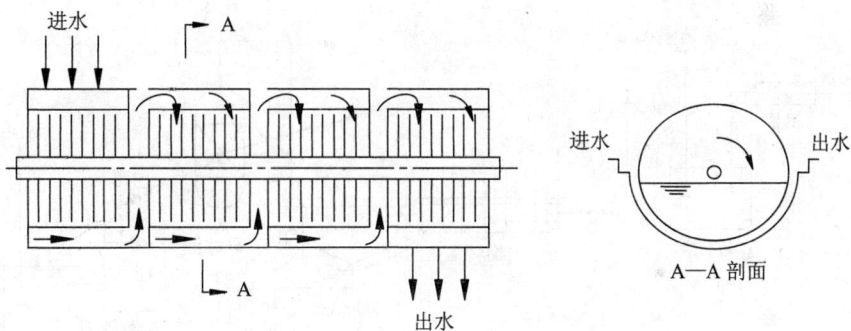

图 8-20 单轴多级式（四级）生物转盘

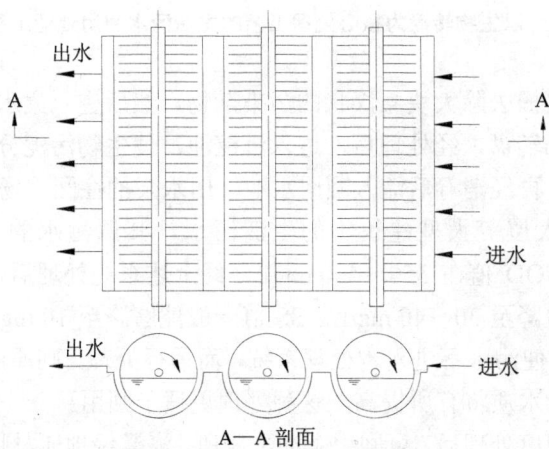

图 8-21 多轴多级式生物转盘

生物转盘具有脱氮功能，也能用于除磷，为此，必须在其处理系统中增建某些补充设备，图 8-22 所示即为具有同步脱氮除磷功能的生物转盘工艺流程。

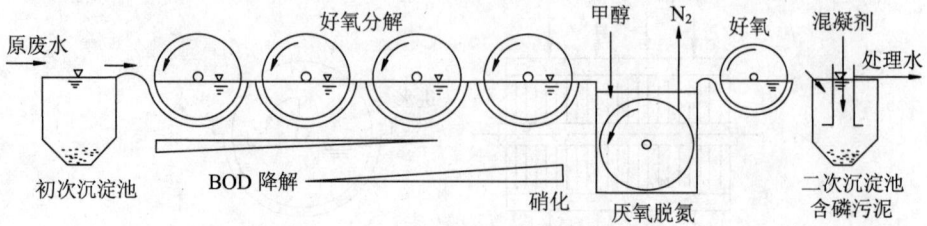

图 8-22　具有同步脱氮除磷功能的生物转盘

生物转盘适宜用于生活小区、大厦的生活污水再用的处理系统。图 8-23 所示为以生物转盘为核心处理工艺的生活污水回用处理工艺系统。

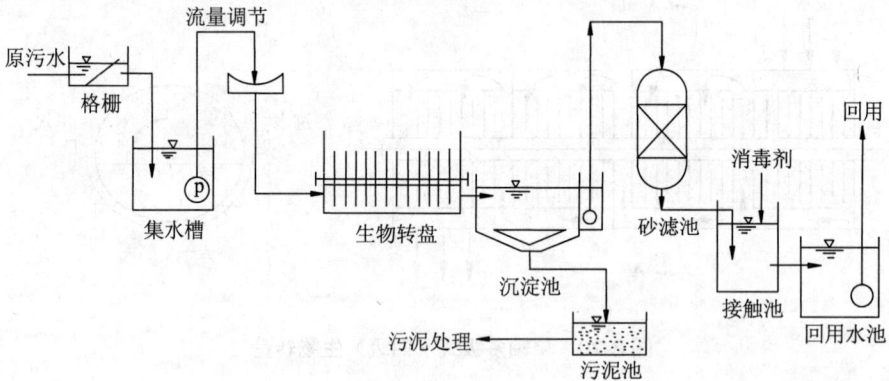

图 8-23　以生物转盘为核心处理工艺的生活污水回用处理工艺系统

污水先通过格栅去除大块悬浮状的污染杂物，然后进入集水槽，用水泵定量地将污水送往生物转盘，经处理后，进入沉淀池，使生物污泥分离，再通过砂滤池进行深度处理，再经消毒后流入回用水池，用水泵抽往回用场地。

生活小区及大厦等大型建筑物的生活污水，其原污水的 BOD 值一般在 200 mg/L 以下，COD 值在 350～400 mg/L，经上述系统处理后，BOD 值可降至 15 mg/L，COD 值降至 30～40 mg/L。SS 值一般能够降至 10 mg/L 以下，透明度将显著提高。如粪便污水不进入本处理系统，而另行处理，则原污水的各项指标，能够降低，处理水水质将有所提高，这种处理更适于回用。

生活污水经深度处理后，可回用于冲洗厕所，浇灌绿地园林以及景观用水等，不得与人们直接接触。

8.3.4 生物转盘的设计计算

生物转盘目前尚无成熟的计算方法，一般以 BOD 负荷或水力负荷进行估算，以停留时间进行校核。在确定 BOD 负荷或水力负荷值后，即可按下列各项公式计算生物转盘反应器的各部位的具体尺寸。

（1）转盘总面积（A，单位为 m^2）

$$A = \frac{QS_0}{N_A} \tag{8-17}$$

式中，Q —— 处理水量，m^3/d；

S_0 —— 进水 BOD_5，mg/L；

N_A —— 生物转盘的 BOD_5 面积负荷，$g/(m^2 \cdot d)$。

（2）转盘盘片数（m）

$$m = \frac{4A}{2\pi D^2} = 0.64 \frac{A}{D^2} \tag{8-18}$$

式中，D —— 圆形转盘直径，m。

（3）污水处理槽有效长度（L）

$$L = m(a+b)K \tag{8-19}$$

式中，a —— 盘片净间距，一般进水端为 $25 \sim 35\ mm$，出水端为 $10 \sim 20\ mm$；

b —— 盘片厚度，视材料强度确定，一般取值 $0.001 \sim 0.013\ m$；

m —— 盘片数；

K —— 考虑废水沿生物转盘各级（段）流动沟道所占的长度，取值 1.2。

（4）接触反应槽有效容积（V）

此值与槽的形式有关，当采用半圆形接触反应槽时，其总有效容积 V 为：

$$V_1 = (0.294 \sim 0.335)(D + 2\delta) \cdot L \tag{8-20}$$

净有效容积（V_1）

$$V_1 = (0.294 \sim 0.335)(D + 2\delta) \cdot (L - mb) \tag{8-21}$$

式中，r —— 中心轴与槽内水面的距离，m；

δ —— 盘片边缘与接触槽内壁的间距，mm，不小于 $150\ mm$，一般取 δ 为 $200 \sim 400\ mm$。

当 r/D=0.1 时，系数取 0.294；r/D=0.06 时，系数取 0.335。

（5）转盘的转速（n，单位为 r/min）

$$n = \frac{6.37}{D}\left(0.9 - \frac{1}{N_q}\right) \tag{8-22}$$

式中，N_q —— 水力负荷，$m^3/m^2 \cdot d$。

转盘的传动装置最好采用无级变速器，以便在运行时有调节的余地。但是随着转速的增加，动力消耗也提高，而且增加转轴的受力，因而转速不宜太高。实践表明，生物转盘转速一般为 2.0～4.0 r/min，盘体外缘线速度为 15～19 m/min。

（6）停留时间（t）

$$t = \frac{24V_1}{Q} \tag{8-23}$$

一般 t 不宜小于 0.2 h。

8.3.5 生物转盘法的应用和研究进展

（1）生物转盘法的应用

以往生物转盘主要用于水量较小的污水处理工程，近年来的实践表明，生物转盘也可用于一定规模的污水处理厂。生物转盘可用作完全处理、不完全处理和工业废水的预处理。

生物转盘的主要优点是动力消耗低、抗冲击负荷能力强、无需回流污泥、管理运行方便。缺点是占地面积大、散发臭气，在寒冷的地区需作保温处理。

（2）生物转盘法的研究发展

为降低生物转盘法的动力消耗、节省工程投资和提高处理设施的效率，近年来生物转盘有了一些新的发展，主要有空气驱动式生物转盘、与沉淀池合建的生物转盘、与曝气池组合的生物转盘和藻类转盘等。

空气驱动式生物转盘（图 8-24）是在盘片外缘周围设空气罩，在转盘下侧设曝气管，管上装有空气扩散器，空气从扩散器吹向空气罩，产生浮力，使转盘转动。

与平流式沉淀池合建的生物转盘（图 8-25）是把平流沉淀池做成两层，上层设置生物转盘，下层是沉淀区。生物转盘用于初沉池时可起生物处理作用，用于二沉池可进一步改善出水水质。

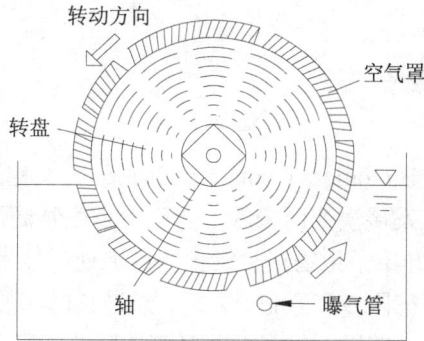

图 8-24 空气驱动式生物转盘

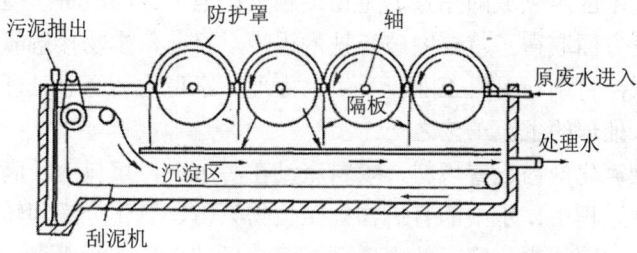

图 8-25 与平流式沉淀池合建的生物转盘

与曝气池组合的生物转盘（图 8-26）是在活性污泥法曝气池中设生物转盘，以提高原有设备的处理效果和处理能力。

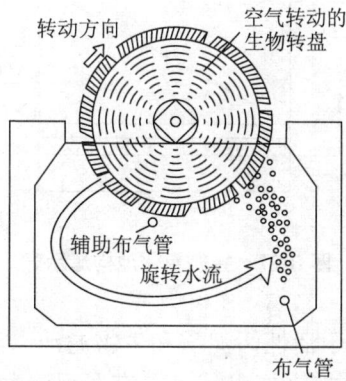

图 8-26 与曝气池组合的生物转盘

8.4 生物接触氧化法

生物接触氧化法（Biological Contact Oxidation）又称浸没式曝气生物滤池，是在生物滤池的基础上发展演变而来的，实际上是生物滤池和曝气池的综合体。

早在 19 世纪末就开始了生物接触氧化法污水处理技术的试验研究，1912 年克洛斯（Closs）获得了德国专利登记。之后，经过长时期的技术改进和工艺完善，生物接触氧化法在欧洲、美国、日本及苏联等地区获得了广泛应用。我国从 1975 年开始了生物接触氧化法污水处理的试验工作，1977 年之后，国内在生物接触氧化法方面的试验研究和工程实践方面都达到了一个新的水平，尤其在生物接触氧化污水处理技术应用领域的拓宽、生物接触氧化池形式的改进、生物接触氧化填料的研究开发方面取得了重要突破和技术进步。目前，生物接触氧化法在国内的污水处理领域，特别在有机工业废水生物处理、小型生活污水处理中得到广泛应用，成为污水处理的主流工艺之一。

生物接触氧化池内设置填料，填料淹没在污水中，填料上长满生物膜，污水与生物膜接触过程中，水中的有机物被微生物吸附、氧化分解和转化为新的生物膜。从填料上脱落的生物膜，随水流到二沉池后被去除，污水得到净化。空气通过设在池底的布气装置进入水流，随气泡上升时向微生物提供氧气，见图 8-27。

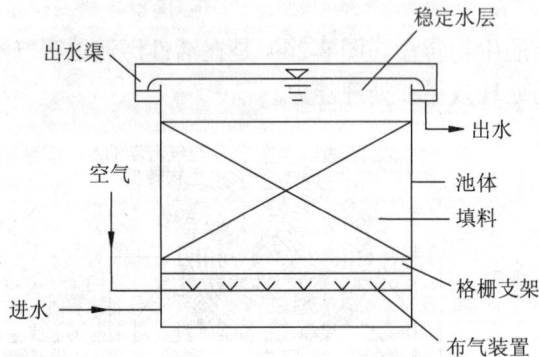

图 8-27 接触氧化池构造示意

生物接触氧化法是介于活性污泥法和生物滤池二者之间的污水生物处理技术，兼有活性污泥法和生物膜法的特点，具有下列技术特点：

（1）容积负荷高，处理时间短，节省占地面积。

生物接触氧化法的容积负荷：当污水 BOD_5 为 100～150 mg/L 时，容积负荷最高可达 3～6 kgBOD$_5$/（m^{3}填料·d）；而且当污水浓度较低，进水 BOD$_5$ 为 30～60 mg/L 时，容积负荷可维持 1～2.5 kgBOD$_5$/（m^{3}填料·d）。污水在池内停留时间短，只需 0.5～1.5 h，与普通活性污泥法相比，时间缩短 2/3 以上。因此，同样大小体积的设备，处理能力提高几倍，使污水处理工艺向高效和节约用地的方向发展。

（2）生物活性高

在生物接触氧化法中，一般曝气管设在填料下面，不仅供氧充分，而且对生物膜起到搅动作用，加速了生物膜的更新，使生物膜活性提高。同时由于曝气产生污水紊动，使固定在填料上的生物膜可以连续、均匀地与污水相接触，提高了生物代谢速度。

（3）污泥产量低

与活性污泥法相比，接触氧化法的容积负荷高，但污泥产量反而有降低，不需污泥回流。国内外实践证明，接触氧化法的污泥量远低于活性污泥法。生物接触氧化法由微生物附着在填料上形成生物膜，生物膜的脱落和增长可以自动保持平衡，所以不需要污泥回流，给管理带来方便。

（4）动力消耗低

采用生物接触氧化法处理污水，一般能节省动力 30%。这主要是由于在接触氧化池内有填料存在，起到切割气泡、增加紊动作用，增大了氧的传递系数，省去污泥回流，也使电耗下降。

（5）出水水质好而稳定

进水短期内突然变化时，对出水水质影响很小，在毒物和 pH 的冲击下，生物膜受的影响小，而且恢复快。接触氧化法处理城市污水时，出水 BOD$_5$ 可达 5～12 mg/L，SS 为 20 mg/L 左右，出水可回用于工业生产。

（6）挂膜方便，可间歇运行

生物接触氧化法处理生活污水时不需要专门培养菌种，连续运转 4～5 d，生物膜就可成熟。对含菌种少的工业废水，挂膜时接入菌种，运行 10 余天生物膜就可以成熟，所以挂膜也很方便。即使接触氧化池停池一段时间后，下次重新启动，立即就可以投入正常使用。

（7）不存在污泥膨胀问题

在活性污泥法中容易产生膨胀的菌种，如丝状菌。接触氧化法中不仅不产生膨胀，而且能充分发挥其分解、氧化能力高的优点。接触氧化池内填料固定在水中，附着在填料上的丝状菌有较强的分解有机物的能力，具有立体结构，但沉降性能差，在曝气池中易随出水流出，因此不易产生污泥膨胀问题。

8.4.1 生物接触氧化池的构造

接触氧化池的构造主要有池体、填料和进水布气装置等，见图 8-27。

（1）池体

池体在平面上多呈圆形、矩形或方形，采用钢结构或钢筋混凝土结构，用于设置填料、布水布气装置和支撑填料的支架。从填料上脱落的生物膜会有一部分沉积在池底，必要时，池底部可设置排泥和放空设施。

（2）填料

生物接触氧化池填料要求对微生物无毒害、易挂膜、质轻、高强度、抗老化、比表面积大和孔隙率高。目前常采用的填料主要有聚氯乙烯塑料、聚丙烯塑料、环氧玻璃钢等做成的蜂窝状和波纹板状填料，纤维组合填料，立体弹性填料等（图 8-28）。

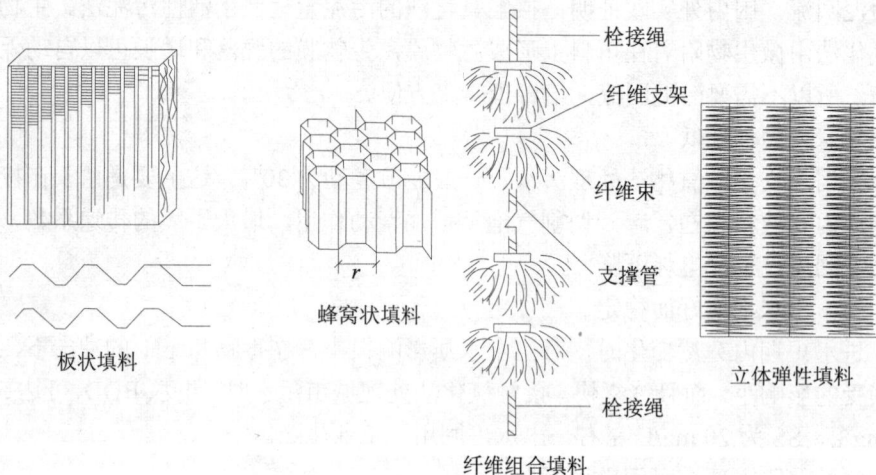

图 8-28　几种常用的生物接触氧化填料

纤维状填料是用尼龙、维纶、腈纶、涤纶等化学纤维编结成束，呈绳状连接。用尼龙绳直接固定纤维束的软性填料，易发生纤维填料结团（俗称起球）问题，现在已较少采用。实践表明，采用圆形塑料盘作为纤维填料支架，将纤维固定在支架四周，可以有效解决纤维填料结团问题，同时保持纤维填料比表面积大，来源广，价格较低的优势，得到较为广泛的应用。为安装检修方便，填料常以料框组装，带框放入池中，或在池中设置固定支架，用于固定填料。

近年国内开发的空心塑料体（聚乙烯、聚丙烯等材料，球状或柱状），如图 8-29 所示，其相对密度近于 1（并可按工艺要求，在加工制造时调整相对密度），称悬浮填料运行时，由于悬浮填料在池内均匀分布，并不断切割气泡，可使氧利用率、动力效率得到提高。

图 8-29 悬浮填料

生物接触氧化池中的填料可采用全池布置，底部进水，整个池底安装布气装置，全池曝气，如图 8-27 所示。两侧布置，底部进水，布气管布置在池子中心，中心曝气，如图 8-30 所示。或单侧布置，上部进水，侧面曝气，如图 8-31 所示。填料全池布置、全池曝气的形式，由于曝气均匀，填料不易堵塞，氧化池容积利用率高等优势，是目前生物接触氧化法采用的主要形式。但不管哪种形式，曝气池的填料应分层安装。

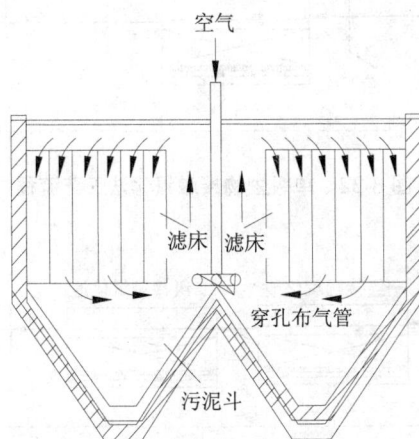

图 8-30 中心曝气的生物接触氧化池

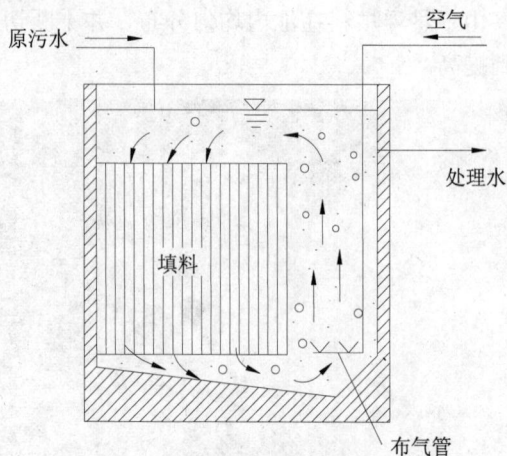

图 8-31 侧面曝气的生物接触氧化池

8.4.2 生物接触氧化法的工艺流程

生物接触氧化池应根据进水水质和处理程度确定采用单级式、二级式或多级式，图 8-32、图 8-33、图 8-34 是生物接触氧化法的几种基本流程。

在一级处理流程中，原污水经预处理（主要为初沉池）后进入接触氧化池，出水经过二沉池分离脱落的生物膜，实现泥水分离。

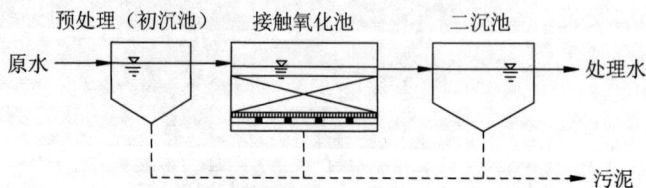

图 8-32 单级生物接触氧化法工艺流程

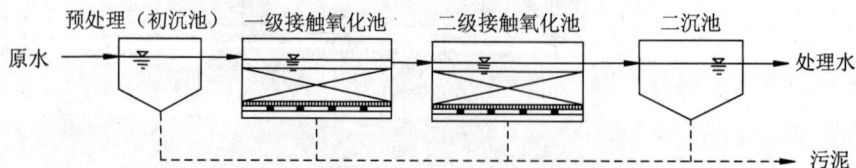

图 8-33 二级生物接触氧化法工艺流程

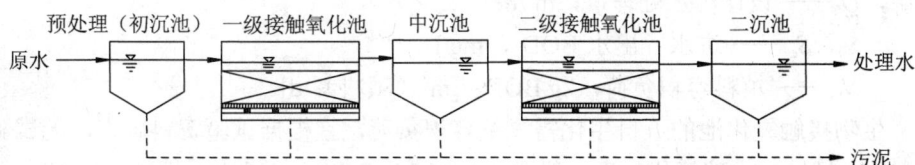

图 8-34 二级生物接触氧化法工艺流程（设中沉池）

8.4.3 生物接触氧化法的工艺控制条件

（1）pH

生物接触氧化法对 pH 有一定的适应能力，但 pH 超过 9 时，其处理效果明显下降。因此，接触氧化法进水的 pH 宜控制在 6.5～8.8。

（2）水温

温度过高或过低都会抑制微生物的生长。因此，其进水温度应控制在 10～35℃。

（3）BOD 负荷

BOD 负荷与被处理废水的污染物及处理出水水质有密切关系。通常，易降解废水的 BOD 负荷较高，对城市污水，一般取 1.0～1.8 kgBOD$_5$/（m^3·d）。

（4）接触时间

相同的进水水质条件下，接触时间越长，出水的 BOD$_5$ 值越低，处理效果越好；反之，则相反。此外，接触时间与采用的处理工艺流程也有很大关系。

（5）供气量

在生物接触氧化法中，生物膜消耗溶解氧的总量因 BOD$_5$ 的负荷而异，一般在 1～3 mg/L。工程上有时间根据试验结果以水气比（处理水量与供气量之比）来确定供气量，如城市废水为 1:（3～5）。

8.4.4 生物接触氧化法的设计计算

生物接触氧化池工艺设计的主要内容是计算填料的有效容积和池子的尺寸，计算空气量和空气管道系统。目前一般是在用有机负荷计算填料容积的基础上，按照构造要求确定池子具体尺寸、池数以及池的分级。对于工业废水，最好通过试验确定有机负荷，也可审慎地采用经验数据。

（1）生物接触氧化池的有效容积（即填料体积）（V）

$$V = \frac{Q(S_0 - S_e)}{N_v}$$

（8-24）

式中，Q —— 设计污水处理量，m^3/d；

　　S_0，S_e —— 进水、出水 BOD_5，mg/L；

　　N_v —— 填料容积负荷，$kg\,BOD_5/[m^3（填料）\cdot d]$。

生物接触氧化池的五日生化需氧量容积负荷，宜根据试验资料确定，无试验资料时，城镇污水碳氧化处理一般取 $2.0\sim5.0\ kgBOD_5/（m^3\cdot d)$，碳氧化/硝化一般取 $0.2\sim2.0\ kgBOD_5/（m^3\cdot d)$。

（2）生物接触氧化池的总面积（A）和池数（N）

$$A = \frac{V}{h_0} \tag{8-25}$$

$$N = \frac{A}{A_1} \tag{8-26}$$

式中，h_0 —— 填料高度，一般采用 3.0 m；

　　A_1 —— 每座池子的面积，m^2。

（3）池深（h）

$$h = h_0 + h_1 + h_2 + h_3 \tag{8-27}$$

式中，h_1 —— 超高，一般采用 0.5~0.6 m；

　　h_2 —— 填料层上水深，一般采用 0.4～0.5 m；

　　h_3 —— 填料至池底的高度，一般采用 0.5 m。

生物接触氧化池池数一般不少于 2 个，并联运行，每池由二级或二级以上的氧化池组成。

（4）有效停留时间（t）

$$t = \frac{V}{Q} \tag{8-28}$$

（5）供气量（D）和空气管道系统计算

$$D = D_0 Q \tag{8-29}$$

式中，D_0 —— 1 m^3 污水需气量，m^3/m^3，根据水质特性、试验资料或参考类似工程运行经验数据确定。

生物接触氧化法的供气量，要同时满足微生物降解污染物的需氧量和氧化池的混合搅拌强度。满足微生物需氧所需的空气量，可参照活性污泥法计算。为保持氧化池内一定的搅拌强度，满足营养物质、溶解氧和生物膜之间的充分接触，以及老化生物膜的冲刷脱落要求 D_0 值宜大于 10，一般取 15～20。

空气管道系统的计算方法与活性污泥法曝气池的空气管道系统计算方法基本

相同。

8.5　生物流化床

生物流化床（Biological Fluid Bed）是以砂、活性炭、焦炭一类的较小的惰性颗粒为载体充填在床内，载体表面被生物膜覆着，污水以一定流速从下向上流动，使载体颗粒处于流化状态。20 世纪 70 年代开始应用于污水处理的一种高效生物处理技术。载体颗粒小、比表面积大，生物膜的活性较高，载体颗粒处于流化状态，强化了传质过程，又由于载体不停地在流动，还能够有效地防止堵塞现象。因此，生物流化床受到污水生物处理领域专家们的重视。

8.5.1　流态化的基本原理

流态化技术开发于 20 世纪 30 年代，随着工业生产的发展和科学技术的进步，流态化技术也得到了发展和应用。流态化技术广泛地应用于冶金和化学工业的焙烧、干燥、吸附、气化等多种生产过程，并取得良好的效果。在 20 世纪 70 年代，废水生物处理领域将这一技术引进，使其成为生物膜法废水处理技术中的一种反应器。

（1）流态化的基本概念

流态化是一种通过一定的技术措施，使在液体或气体中的微小固体颗粒形成为类似于流体状态的操作。对此，通过对图 8-35 所示的实验加以说明。

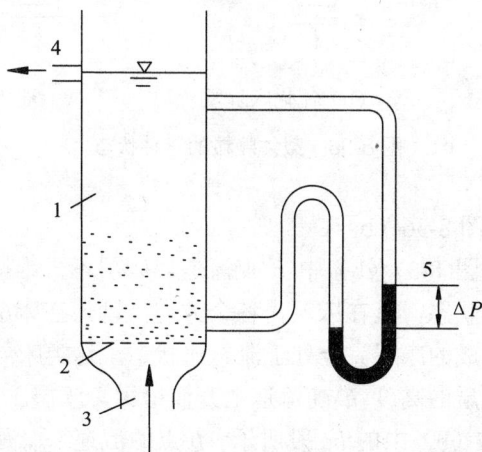

图 8-35　生物流化床示意

图 8-35 所示为一个具有垂直器壁的圆柱形流化床 1，在流化床的底部设有多孔布水底板 2，在布水底板上堆放颗粒载体（如砂、活性炭），液体从床底的进水管 3 进入，经过布水底板均匀地向上流动，并通过固体床层由顶部出水管 4 流出。流化床上装有压差计 5，用以测量液体流经床层的压力降。当液体流过床层时，随着流体流速的不同，床层会出现下述三种不同的状态。

1）固定床阶段[图 8-36（a）]

当液体流速很慢时，液体从填料颗粒间的间隙穿过，填料颗粒保持静止不动的状态。液体流速逐渐提高，固体填料颗粒开始松动，所在位置也略有调整，但仍保持互相接触的状态，填料的高度也没有变化，这种状态的床层称之为固定床。

在这一阶段，液体通过床层的压力降 ΔP 随空塔速度 v 的上升而增加，呈幂函数关系，在双对数坐标图纸上呈直线关系，即图 8-37（b）中的 ab 段。

当液体流速增大到压力降 ΔP 大致等于单位面积床层质量时[图 8-37（b）中的 b 点]，固体颗粒间的相对位置略有变化，床层开始膨胀，固体颗粒仍保持接触且不流态化。

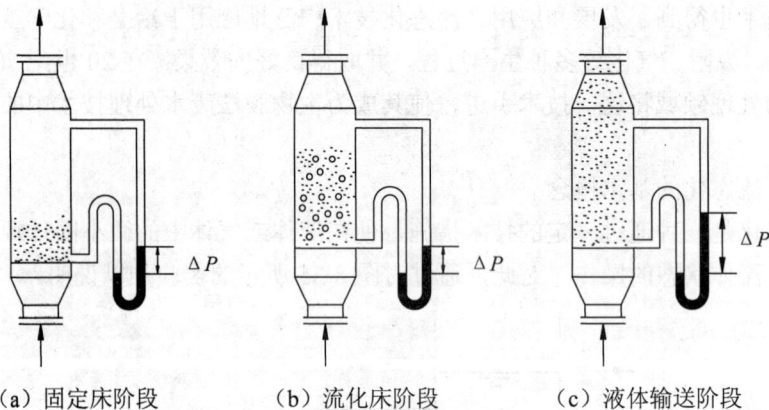

（a）固定床阶段　　　　（b）流化床阶段　　　　（c）液体输送阶段

图 8-36　载体颗粒的三种状态

2）流化床阶段[图 8-36（b）]

当液体流速大于图 8-37（b）中 b 点流速，床层不再维持固定床状态，颗粒被液体托起而呈悬浮状态，且在床层内各个方向流动，在床层上部有一个水平界面，此时由颗粒所形成的床层完全处于流态化状态，这类床层称流化床。

在这阶段，流化层的高度 h 随流速上升而增大，床层压力降 ΔP 则基本不随流速改变，如图 8-37（b）中的 bc 段所示。b 点的流速 v_{min} 是达到流态化的起始速度，称临界流态化速度。临界速度值随颗粒的大小、密度和液体的物理性质而异。

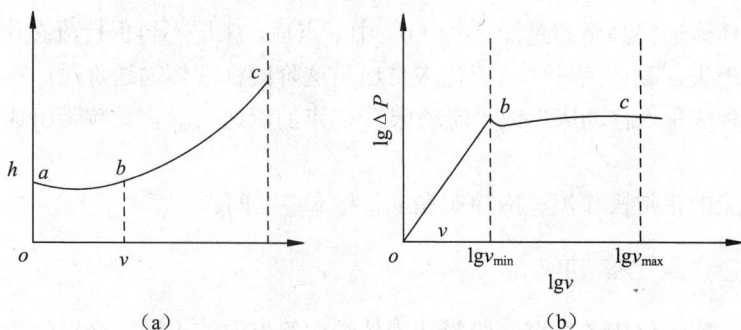

图 8-37　h、ΔP 与 v 的关系

由于生物流化床中的载体颗粒表面有一层微生物膜，因此其流化特性与普通的流化床不同。流化床床层的膨胀程度可以用膨胀率 K 或膨胀比 R 表示：

$$K = \left(\frac{V_e}{V} - 1\right) \times 100\% \qquad (8\text{-}30)$$

式中，V，V_e —— 固定床层和流化床层体积。

$$R = \frac{h_e}{h} \qquad (8\text{-}31)$$

式中，h，h_e —— 固定床层和流化床层高度。

在生物流化床中，相同的流速下，膨胀率随着生物膜厚度的增加而增大，如图 8-38 所示。一般 K 采用 50%～200%。

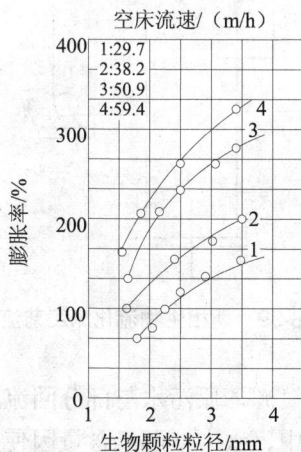

图 8-38　生物颗粒粒径与膨胀率的关系（载体颗粒粒径为 0.84～1.00 mm）

3）液体输送阶段[图 8-36（c）]

当液体流速提高至超过图 8-37（b）中 c 点后，床层不再保持流态化，床层上部的界面消失，载体随液体从流化床带出，这阶段称液体输送阶段。在水处理工艺中，这种床称"移动床"或"流动床"。c 点的流速 v_{max} 称颗粒带出速度或最大流化速度。

流化床的正常操作流速应控制在 v_{min} 与 v_{max} 之间。

8.5.2 生物流化床的类型

根据生物流化床的供氧、脱膜和床体结构等方面的不同，好氧生物流化床主要有下述两种类型：

（1）两相生物流化床

这种生物流化床的主要特征是使填料流态化的动力是原废水，而原废水在进入流化床之前首先在专用设备内实施充氧，这样，在流化床内流动的只有污水（液相）与载体（固相）两相。在流化床体外设脱膜装置，为处理水充氧并脱除载体表面的生物膜。基本工艺流程如图 8-39 所示。

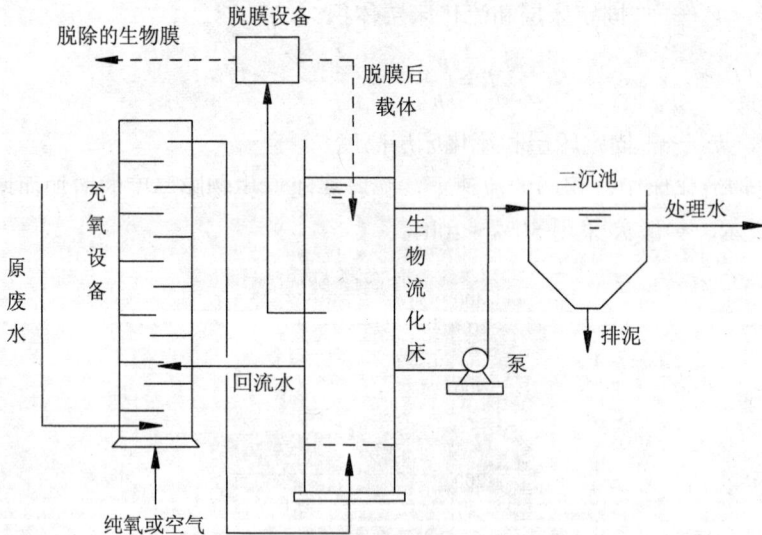

图 8-39　两相生物流化床工艺流程

该工艺以纯氧或空气为氧源，原污水与部分回流水在专设的充氧设备中与氧或空气相接触，氧转移至水中，水中溶解氧含量因使用的氧源和充氧设备不同而异。加以纯氧的氧源，而且配以压力充氧设备时，水中溶解氧含量可高达 30 mg/L 以上。如采用一般的曝气方式充氧，污水中溶解氧含量较低，一般大致在 8～

10 mg/L。

经过充氧后的污水与回流水混合后，从底部通过布水装置进入生物流化床，缓慢而又均匀地沿床体横断面上升，一方面推动载体使其处于流化状态，另一方面又广泛、连续地与载体上的生物膜相接触。处理后的污水从上部流出床外，进入二次沉淀池，分离脱落的生物膜，处理水得到澄清。

载体上的老化生物膜应及时脱除，为此，在流程中另设脱膜装置，脱膜装置间歇工作，脱除老化生物膜的载体再次返回流化床，脱除下来的生物膜作为剩余污泥排出系统外。

生物流化床内的载体，全为生物膜所包覆，生物高度密集，耗氧速度很高，往往对污水的一次充氧不足以保证对氧的需要。此外，单纯依靠原污水的流量不足以使载体流化，因此要使部分处理水循环回流。

如图 8-40 所示为常用于两相生物流化床的几种布水装置。均匀布水对生物流化床能够发挥正常的净化功能是至为重要的环节，特别是对两相生物流化床更为重要。布水不均，可能导致部分载体沉积而不形成流动，使流化床的工作受到破坏。布水装置又是填料的承托层，在停水时，要求载体不流失，并易于再次启动。

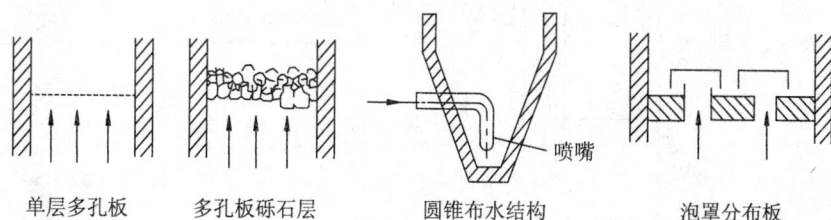

单层多孔板　　多孔板砾石层　　圆锥布水结构　　喷嘴　　泡罩分布板

图 8-40　两相生物流化床的几种布水装置

及时脱除老化的生物膜，使生物膜经常保持一定的活性，是生物流化床维持正常净化功能的重要环节。三相生物流化床，一般不需另行设置脱膜装置。脱膜装置主要用于两相流化床，可单独另行设立，也可以设在流化床的上部。

图 8-41 所示为叶轮脱膜装置。设于流化床上部，它利用叶轮的旋转所产生的剪切作用使生物膜与载体分离，脱落的生物膜从沉淀分离室的排泥管排出，载体则沉降并返回流化床体。

（2）三相生物流化床

三相生物流化床是气、液、固三相直接在流化床体内进行生化反应，不另设充氧设备和脱膜设备，载体表面的生物膜依靠气体的搅动作用，使颗粒之间激烈摩擦而脱落。其工艺流程如图 8-42 所示。

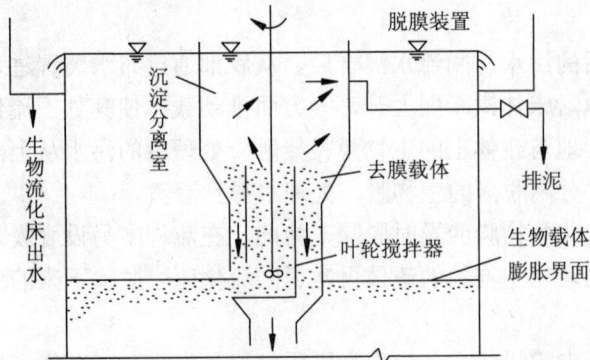

图 8-41　叶轮脱膜装置

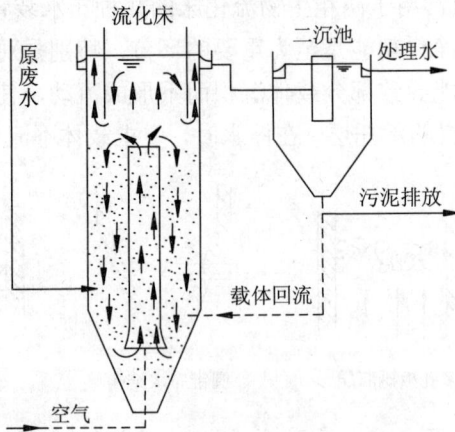

图 8-42　三相生物流化床工艺流程

　　三相生物流化床的设计应注意防止气泡在床内合并成大气泡影响充氧效率。充氧方式有鼓风曝气充氧和射流曝气充氧等形式。由于有时可能有少量载体被带出床体，因此在流程中通常有载体（含污泥）回流。三相生物流化床设备较简单，操作亦较容易，此外，能耗也较两相生物流化床低，因此对三相生物流化床的研究较多。

　　生物流化床除用于好氧生物处理外，尚可用于生物脱氮和厌氧生物处理。

8.5.3　生物流化床的优缺点

（1）生物流化床的主要优点

1）容积负荷高，抗冲击负荷能力强

由于生物流化床是采用小粒径固体颗粒作为载体，且载体在床内呈流态化，因此其每单位体积表面积比其他生物膜法大很多。这就使其单位床体的生物量很高（10～14 g/L），加上传质速率快，污水一进入床内，很快地被混合和稀释，因此生物流化床的抗冲击负荷能力较强，容积负荷也较其他生物处理法高。

2）微生物活性高

由于生物颗粒在床体内不断相互碰撞和摩擦，其生物膜厚度较薄，一般在0.2 mm 以下，且较均匀。据研究，对于同类污水，在相同处理条件下，其生物膜的呼吸率约为活性污泥的两倍，可见其反应速率快，微生物的活性较强。这也是生物流化床负荷较高的原因之一。

3）传质效果好

由于载体颗粒在床体内处于剧烈运动状态，气-固-液界面不断更新，因此传质效果好，有利于微生物对污染物的吸附和降解，加快了生化反应速率。

（2）生物流化床的主要缺点

其主要缺点是设备的磨损较固定床严重，载体颗粒在湍流过程中会被磨损变小。此外，设计时还存在着生产方面的问题，如防堵塞、曝气方法、进水配水系统的选用和生物颗粒流失等。因此，目前我国污水处理中应用较少，上述问题的解决，有可能使生物流化床获得较广泛的工程规模应用。

8.6　曝气生物滤池

曝气生物滤池（Biological Aerated Filters，BAF）也叫淹没式曝气生物滤池（Submerged Biological Aerated Filters，SBAF），是在 20 世纪 70 年代末 80 年代初出现于欧洲的一种生物膜法处理工艺。曝气生物滤池最初用于污水二级处理后的深度处理，由于其良好的处理性能，应用范围不断扩大。与传统的活性污泥法相比，曝气生物滤池中活性微生物的浓度要高得多，反应器体积小，且不需二沉池，占地面积少，还具有模块化结构、便于自动控制和臭气少等优点。

20 世纪 90 年代初曝气生物滤池得到了较大发展，在法国、英国、奥地利和澳大利亚等国已有较成熟的技术和设备产品，部分大型污水处理厂也采用了曝气生物滤池工艺。目前，我国曝气生物滤池主要用于城市污水处理、某些工业废水处理和污水回用深度处理。

曝气生物滤池的主要优点及缺点如下：

（1）优点

① 从投资费用上看，曝气生物滤池不需设二沉池，水力负荷、容积负荷远高于传统污水处理工艺，停留时间短，厂区布置紧凑，可以节省占地面积和建设费用。

② 从工艺效果上看，由于生物量大以及滤料截留和生物膜的生物絮凝作用，抗冲击负荷能力较强，耐低温，不发生污泥膨胀，出水水质高。

③ 从运行上看，曝气生物滤池易挂膜，启动快。根据运行经验，在水温 10～15℃时，2～3 周可完成挂膜过程。

④ 曝气生物滤池中氧的传输效率高，曝气量小，供氧动力消耗低，处理单位污水电耗低。此外，自动化程度高，运行管理方便。

（2）缺点

① 曝气生物滤池对进水的 SS 要求较高，需要采用对 SS 有较高处理效果的预处理工艺。而且，进水的浓度不能太高，否则容易引起滤料结团、堵塞。

② 曝气生物滤池水头损失较大，加上大部分都建于地面以上，进水提升水头较大。

③ 曝气生物滤池的反冲洗是决定滤池运行的关键因素之一，滤料冲洗不充分，可能出现结团现象，导致工艺运行失效。操作中，反冲洗出水回流入初沉池，对初沉池有较大的冲击负荷。此外，设计或运行管理不当会造成滤料随水流失等问题。

④ 产泥量略大于活性污泥法，污泥稳定性稍差。

8.6.1　曝气生物滤池的构造及工作原理

曝气生物滤池分为上向流式和下向流式，下面以下向流式为例介绍其工作原理。如图 8-43 所示，曝气生物滤池由池体、布水系统、布气系统、承托层、滤层、反冲洗系统等部分组成。池底设承托层，上部为滤层。

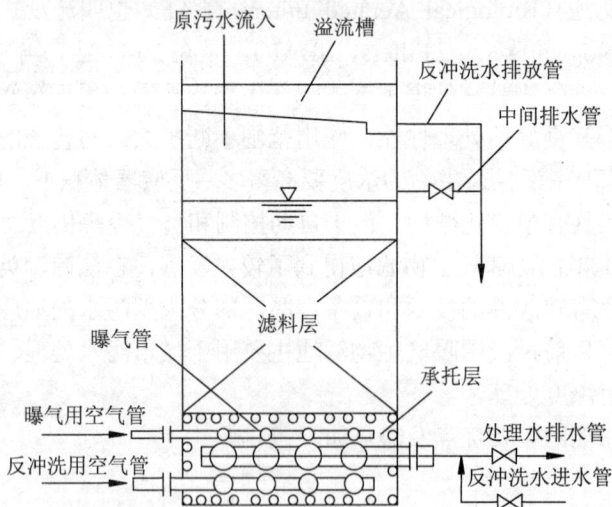

图 8-43　曝气生物滤池构造示意

曝气生物滤池承托层采用的材质应具有良好的机械强度和化学稳定性，一般选用卵石作承托层，其级配自上而下为：卵石直径 2～4 mm，4～8 mm，8～16 mm；卵石层高度分别为 50 mm，100 mm，100 mm。曝气生物滤池的布水布气系统有滤头布水布气系统、栅型承托板布水布气系统和穿孔管布水布气系统。城市污水处理一般采用滤头布水布气系统。曝气用的空气管、布水布气装置及处理水集水管兼作反冲洗水管，可设置在承托层内。

污水从池上部进入滤池，并通过由滤料组成的滤层，在滤料表面形成有微生物栖息的生物膜。在污水通过滤层的同时，空气从滤料处通入，并由滤料的间隙上升，与下向流的污水相向接触，空气中的氧转移到污水中，向生物膜上的微生物提供充足的溶解氧和丰富的有机物。在微生物的代谢作用下，有机污染物被降解，污水得到净化。

运行时，污水中的悬浮物及由于生物膜脱落形成的生物污泥，被滤料所截留。因此，滤层具有二沉池的功能。运行一定时间后，因水头损失的增加，需对滤池进行反冲洗，以释放截留的悬浮物并更新生物膜，一般采用气水联合反冲，反冲洗水通过反冲洗水排放管排出后，回流至初沉池。

滤料是生物膜的载体，同时兼有截留悬浮物质的作用，直接影响曝气生物滤池的效能。滤料费用在曝气生物滤池处理系统建设费用中占有较大的比例。所以，滤料的优劣直接关系到系统的合理与否。开发经济高效的滤料是曝气生物滤池技术发展的重要方面。

对曝气生物滤池滤料有以下要求：

（1）质轻，堆积容重小，有足够的机械强度；

（2）比表面积大，孔隙率高，属多孔惰性载体；

（3）不含有害于人体健康的有害物质，化学稳定性良好；

（4）水头损失小，形状系数好，吸附能力强。

根据资料和工程运行经验，粒径 5 mm 左右的均质陶粒及塑料球形颗粒能达到较好的处理效果。常用滤料的物理特性见表 8-8。

表 8-8　常用滤料的物理特性

名称	物理性质							
	比表面积/ (m^3/g)	总孔体积/ (cm^3/g)	堆积容重/ (g/L)	磨损率/ %	堆积密度/ (g/cm^3)	堆积孔隙率/%	粒内孔隙率/%	粒径/ mm
黏土陶粒	4.89	0.39	875	≤3	0.7～1.0	>42	>30	3～5
叶岩陶粒	3.99	0.103	976	—				
沸石	0.46	0.026 9	830	—				
膨胀球形黏土	3.98	—	1 550	1.5				3.5～6.2

8.6.2 曝气生物滤池的工艺

如图 8-44 所示，曝气生物滤池污水处理工艺由预处理设施、曝气生物滤池及滤池反冲洗系统组成，可不设二沉池。预处理一般包括沉砂池、初沉池或混凝沉淀池、隔油池等设施。污水经预处理后使悬浮固体浓度降低，再进入曝气生物滤池，有利于减少反冲洗次数和保证滤池的正常运行。如进水有机物浓度较高，污水经沉淀后可进入水解调节池进行水质水量的调节，同时也提高了污水的生物可降解性。曝气生物滤池的进水悬浮固体浓度应控制在 60 mg/L 以下，并根据处理程度不同，可分为碳氧化、硝化、后置反硝化或前置反硝化等。碳氧化、硝化和反硝化可在单级曝气生物滤池内完成，也可在多级曝气生物滤池内完成。

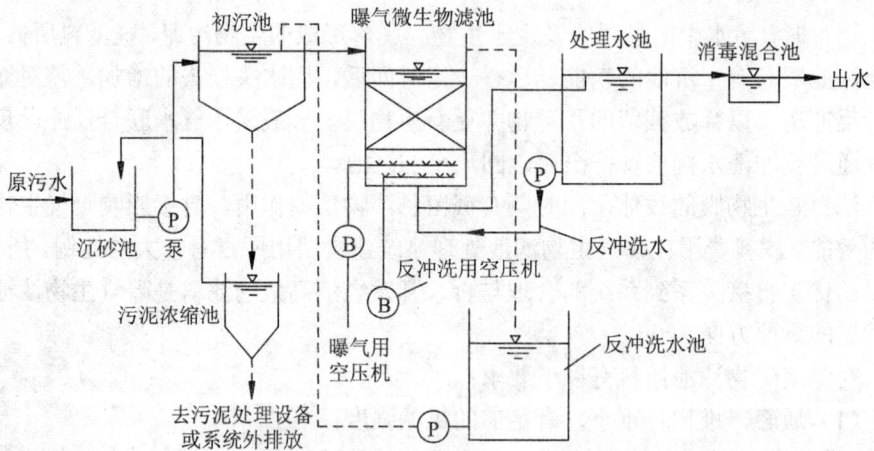

图 8-44　曝气生物滤池污水处理工艺系统

根据进水流向的不同，曝气生物滤池的池型主要有下向流式（滤池上部进水，水流与空气逆向运行）和上向流式（池底进水，水流与空气同向运行）。

（1）下向流式

早期开发的一种下向流式曝气生物滤池称作 BIOCARBONE，其基本工作原理在本节概述中已作介绍。这种曝气生物滤池的缺点是负荷不够高，大量被截留的 SS 集中在滤池上端几十厘米处，此处水头损失占了整个滤池水头损失的绝大部分；滤池纳污率不高，容易堵塞，运行周期短。图 8-45 是法国 Amibes 污水厂下向流曝气生物滤池工艺流程。

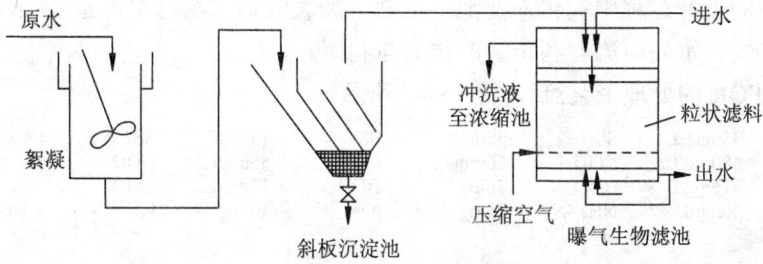

图 8-45 Amibes 污水厂下向流曝气生物滤池工艺流程

（2）上向流式

1）BIOFOR

BIOFOR 工艺是由 Degremont 公司开发出来的，其结构示意如图 8-46 所示，为典型的上向流式（气水同向流）曝气生物滤池。其底部为气水混合室，其上为长柄滤头、曝气管、承托层、滤料。所用滤料密度大于水，自然堆积，滤层厚度一般为 2～4 m。

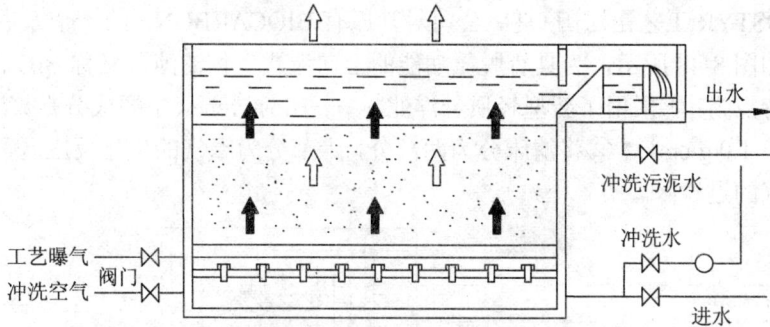

图 8-46 BIOFOR 结构示意

BIOFOR 运行时一般采用上向流，污水从底部进入气水混合室，经长柄滤头配水后，通过承托层进入滤料，在此进行有机物、氨氮和 SS 的去除。反冲洗时，气、水同时进入气水混合室，经长柄滤头配水、配气后进入滤层，反冲洗出水回流入初沉池，与原污水合并处理。

采用长柄滤头的优点是简化了管路系统，便于控制，缺点是增加了对滤头的强度要求，滤头的使用寿命会受影响。

上向流的主要优点有：①同向流可促使布气、布水均匀。若采用下向流，则截留的 SS 主要集中在滤料的上部，运行时间一长，滤池内会出现负水头现象，进而引起沟流，采用上向流可避免这一缺点。②采用上向流，截留在底部的 SS

可在气泡的上升过程中被带入滤池中上部，加大滤料的纳污率，延长反冲洗间隔时间。③气、水同向流有利于氧的传递与利用。

BIOFOR 的处理工艺流程如图 8-47 所示。

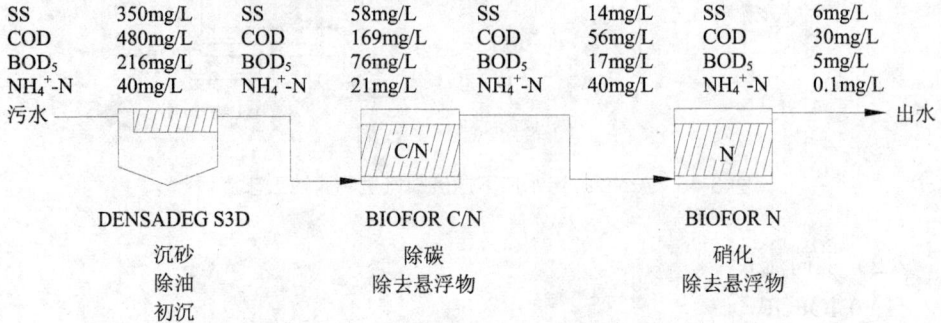

SS	350mg/L	SS	58mg/L	SS	14mg/L	SS	6mg/L
COD	480mg/L	COD	169mg/L	COD	56mg/L	COD	30mg/L
BOD_5	216mg/L	BOD_5	76mg/L	BOD_5	17mg/L	BOD_5	5mg/L
NH_4^+-N	40mg/L	NH_4^+-N	21mg/L	NH_4^+-N	40mg/L	NH_4^+-N	0.1mg/L

污水 ──→ [DENSADEG S3D] ──→ [C/N BIOFOR C/N] ──→ [N BIOFOR N] ──→ 出水

DENSADEG S3D　　　　　BIOFOR C/N　　　　　BIOFOR N
沉砂　　　　　　　　　　除碳　　　　　　　　　硝化
除油　　　　　　　　　　除去悬浮物　　　　　　除去悬浮物
初沉

图 8-47　德国 PHILIPP MOLLER 公司采用 Densaged+Biofor C/N 工艺
各处理单元的水质情况（设计值）

2）BIOSTYR

BIOSTYR 工艺是法国 OTV 公司对其原有 BIOCARBONE 的一个改进，其结构示意如图 8-48 所示，为具有脱氮功能的上向流式生物滤池，又称 BIO-STYR，其主要特点为：①采用了新型轻质悬浮滤料——Biostyrene（主要成分是聚苯乙烯，密度小于 $1.0 \, g/cm^3$）。②将滤床分为两部分，上部分为曝气的生化反应区，下部分为非曝气的过滤区。

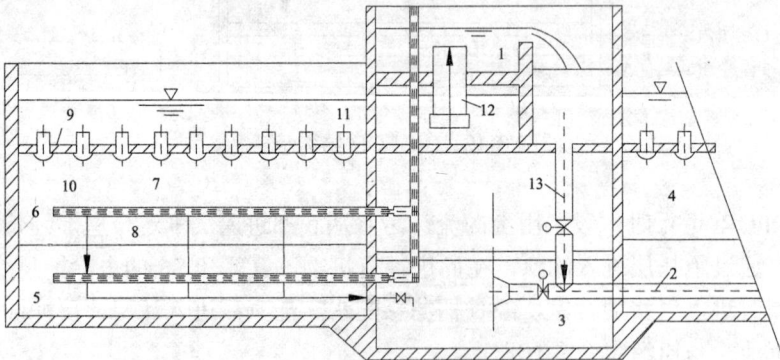

图 8-48　BIOSTYR 滤池结构示意
1-配水廊道；2-滤池进水和排泥管；3-反冲洗循环闸门；4-滤料；
5-反冲洗用空气管；6-工艺曝气管；7-好氧区；8-缺氧区；9-挡板；
10-出水龙头；11-处理后水的储存和排出；12-回流泵；13-进水管

如图 8-48 所示，滤池底部设有进水和排泥管，中上部是滤料层，厚度一般为 2.5～3 m，滤料顶部装有挡板或隔网，防止悬浮滤料的流失。在上部挡板上均匀安装有出水滤头。挡板上部空间用作反冲洗水的储水区，可以省去反冲储水池，其高度根据反冲洗水水头而定，该区设有回流泵，将滤池出水泵送至配水廊道，继而回流到滤池底部实现反硝化。滤料底部与滤池底部的空间留作反冲洗再生时滤料膨胀之用。

经预处理的污水与经过硝化的滤池出水按照一定回流比混合后，通过滤池进水管进入滤池底部，并向上首先经滤料层的缺氧区，此时反冲洗用空气管处于关闭状态。在缺氧区内，滤料上的微生物利用进水中有机物作为碳源将滤池进水中的硝酸盐氮转化为氮气，实现反硝化脱氮和部分 BOD_5 的降解，同时 SS 被生物膜吸附和截留。然后污水进入好氧区，实现硝化和 BOD_5 的进一步降解。流出滤料层的净化后污水通过滤池挡板上的出水滤头排出滤池。出水分为三部分，一部分排出系统外，一部分按回流比与原污水混合后进入滤池，另一部分用作反冲洗水。反冲洗时可以采用气、水交替反冲。滤池顶部设置格网或滤板可以阻止滤料流出。

法国 OTV 公司采用 BIOSTYR 为核心处理单元处理阶段的水质情况如图 8-49 所示。

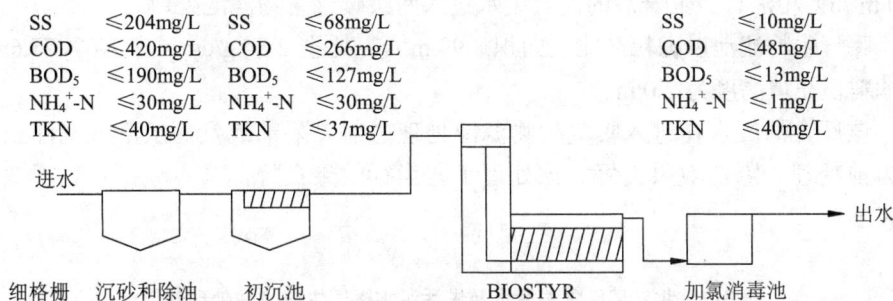

SS	≤204mg/L	SS	≤68mg/L	SS	≤10mg/L
COD	≤420mg/L	COD	≤266mg/L	COD	≤48mg/L
BOD_5	≤190mg/L	BOD_5	≤127mg/L	BOD_5	≤13mg/L
NH_4^+-N	≤30mg/L	NH_4^+-N	≤30mg/L	NH_4^+-N	≤1mg/L
TKN	≤40mg/L	TKN	≤37mg/L	TKN	≤40mg/L

进水   出水

细格栅　　沉砂和除油　　初沉池　　　　　　BIOSTYR　　加氯消毒池

图 8-49 法国 OTV 公司采用 BIOSTYR 为核心处理单元处理阶段的水质情况

以上为曝气生物滤池三种主要形式，在世界范围内都有应用，其中 BIOCARBONE 为早期形式，目前大多采用 BIOSTYR 和 BIOFOR。

在我国曝气生物滤池的应用实例还较少，图 8-50 所示为北方某厂采用两级曝气生物滤池处理含油废水的工艺流程。

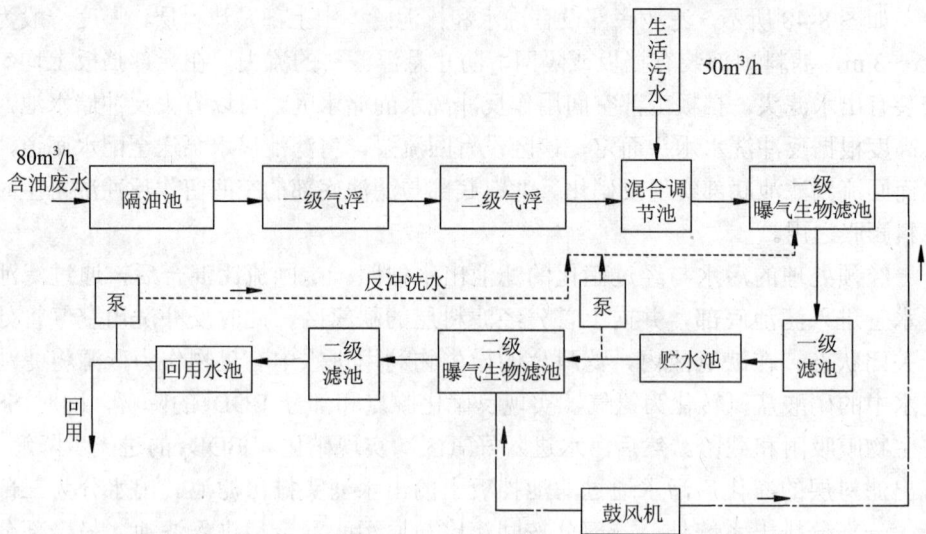

图 8-50 北方某厂含油废水两级曝气生物滤池处理工艺流程

由图 8-50 可知，含油废水（80 m³/h），经隔油及两级溶气气浮工艺处理后进入混合调节池，在这里与已经格栅、沉砂池、沉淀池等工艺处理后的生活污水（50 m³/h）相汇合。汇合后的混合废水进入两级曝气生物滤池处理。

曝气生物滤池以陶粒（比表面积 3.99 m²/g，比重 2.54 g/cm³，孔隙率 75.6%）为滤料，充填高度为 2.0 m。

该厂含油废水在进入曝气生物滤池处理之前以隔油池及两级溶气气浮工艺作为前处理，除油效果良好。该处理工艺运行效果良好，其各项指示处理效果见表 8-9。

表 8-9 北方某厂含油废水及生活污水曝气生物滤池处理效果

指 标	原废水浓度平均值	处理水浓度平均值
pH	7.8	8.07
SS/（mg/L）	229	66
挥发酚/（mg/L）	1.409	0.013
石油类/（mg/L）	2 230.50	3.46
硫化物/（mg/L）	1.19	0.54
COD_{Cr}/（mg/L）	3 499.34	77.92

由表 8-9 所列各项指标的数据可见，该处理工艺的处理效果良好。COD_{Cr} 去除率达 98%，石油类去除率接近 100%。

8.6.3 曝气生物滤池的主要工艺设计参数

曝气生物滤池的工艺设计参数主要有水力负荷、容积负荷、滤料高度、滤料粒径、单池面积，以及反冲洗周期、反冲洗强度、反冲洗时间和反冲洗气水比等。

根据《室外排水设计规范》（GB 50014—2006）要求，曝气生物滤池的容积负荷宜根据试验资料确定，无试验资料时，对于城镇污水处理，曝气生物滤池的五日生化需氧量容积负荷宜为 3～6 kgBOD$_5$/（m^3·d），硝化容积负荷（以 NH$_3$-N 计）宜为 0.3～0.8 kg（NH$_3$-N）/（m^3·d），反硝化容积负荷（以 NO$_3^-$-N 计）宜为 0.8～4.0 kg（NO$_3^-$-N）/（m^3·d）。在碳氧化阶段，曝气生物滤池的污泥产率系数可为 0.75 kg VSS/kgBOD$_5$。表 8-10 为曝气生物滤池的典型负荷。

表 8-10 曝气生物滤池典型负荷

负荷类别	碳氧化	硝化	反硝化
水力负荷/ [m^3/（m^2·h）]	2～10	2～10	—
最大容积负荷/ [kg$X$/（m^3·d）]	3～6	<1.5（10℃）	<2（10℃）
	3～6	<2.0（20℃）	<5（20℃）

注：碳氧化、硝化和反硝化时，X 分别代表五日生化需氧量、氨氮和硝酸盐氮。

曝气生物滤池的池体高度一般为 5～7 m，由配水区、承托层、滤料层、清水区的高度和超高等组成。反冲洗一般采用气水联合反冲洗，由单独气冲洗、气水联合反冲洗、单独水冲洗三个过程组成，通过滤板或固定其上的长柄滤头实现。反冲洗空气强度为 10～15L/（m^2·s），反冲洗水强度不宜超过 8L/（m^2·s）。反冲洗周期根据水质参数和滤料层阻力加以控制，一般设 24 h 为 1 周期。

【习题与思考题】

8-1 什么是生物膜法？生物膜法具有哪些特点？

8-2 试述生物膜法处理污水的基本原理。

8-3 比较生物膜法和活性污泥法的优缺点。

8-4 生物膜的形成一般有哪些过程？与活性污泥相比有什么区别？

8-5 生物膜法有哪几种形式？试比较它们的特点。

8-6 生物滤池有几种形式？各适用于什么具体条件？

8-7 影响生物滤池处理效率的因素有哪些？它们是如何影响处理效率的？

8-8 试述各种生物接触氧化法处理构筑物的基本构造及其功能。

8-9 已知某城镇面积为 160 hm², 人口密度为 400 人/hm², 排水定额为 120L/（人·d）, BOD₅ 为 20 g/（人·d）。城镇有一座工厂，污水量为 2 000 m³/d, 其 BOD₅ 为 2 200 mg/L。拟混合采用回流式生物滤池进行处理，处理后的 BOD₅ 要求达到 30 mg/L, 当进水 BOD₅ 为 250 mg/L 时，滤池的回流比是多少？

8-10 某工业废水设为 600 m³/d, BOD₅ 为 430 mg/L, 经初沉池后进入高负荷生物滤池处理，要求出水 BOD₅≤30 mg/L, 试计算高负荷生物滤池尺寸和回流比。

8-11 已知普通生物滤池滤料体积为 600 m³, 滤池高 2 m, 处理水量 Q=120 m³/h, 入流水 BOD 200 mg/L, 去除效率为 85%, 求：（1）水力负荷（q_F）；（2）体积负荷（q_V）；（3）有机负荷。

8-12 某印染厂废水量为 1 000 m³/d, 废水平均 BOD₅ 为 170 mg/L, COD 为 600 mg/L, 试计算生物转盘尺寸。

8-13 某印染厂废水量为 1 500 m³/d, 废水平均 BOD₅ 为 170 mg/L, COD 为 600 mg/L, 采用生物接触氧化池处理，要求出水 BOD₅≤20 mg/L, COD≤250 mg/L, 试计算生物接触氧化池的尺寸。

第9章　厌氧生物处理法

在厌氧条件下，由多种兼性厌氧菌和专性厌氧菌的共同的生物化学作用，使废水中有机物分解并产生 CH_4 和 CO_2 的过程，称为厌氧生物处理法或厌氧消化法。若有机物的降解产物主要是有机酸，则此过程称为不完全的厌氧消化，简称为酸发酵或酸化。若进一步将有机酸转化为以甲烷为主的生物气，此全过程称为完全的厌氧消化，简称为甲烷发酵或沼气发酵。

废水厌氧生物处理是环境工程与能源工程中的一项重要技术，是有机废水强有力的处理方法之一。过去，它多用于城市污水处理厂的污泥、有机废料以及部分高浓度有机废水的处理。在构筑物的形式上主要采用普通消化池，由于存在水力停留（HRT）时间长、有机负荷低、具有浓臭的气味等缺点，在较长时期限制了它在废水处理中的应用。20 世纪 70 年代以来，随着世界范围的能源危机的加剧，人们对利用厌氧消化过程处理有机废水的研究得以强化，相继出现了一批被称为现代高速厌氧消化反应器的处理工艺，从此厌氧消化工艺开始大规模地应用于废水处理，真正成为一种可以与好氧生物处理工艺相提并论的废水生物处理工艺。目前，厌氧生化法不仅可用于处理有机污泥和高浓度有机废水，也用于处理中、低浓度的有机废水，包括城镇污水的污泥、动植物残体及粪便等。

厌氧生物处理法与好氧生物处理法相比具有下列优点：

①应用范围广：好氧法因供氧限制，一般只适用于中、低浓度有机废水的处理，而厌氧法既适用于高浓度有机废水，又适用于中、低浓度有机废水；有些有机物对好氧生物处理法来说是难降解的，但对厌氧生物处理是可降解的，如固体有机物和某些偶氮染料等。

②能耗低：好氧法需要大量消耗能量供氧，曝气费用随着有机物浓度的增加而增加，而厌氧法不需要补充氧气，而且产生的沼气可作为能源，废水有机物达一定浓度后，产生的沼气量可以抵偿消耗能量。

③负荷高：通常好氧法的有机容积负荷为 $2\sim4\ kgBOD_5/(m^3\cdot d)$，而厌氧法为 $2\sim10\ kgBOD_5/(m^3\cdot d)$。

④剩余污泥量小，且其浓缩性、脱水性良好：好氧法去除 $1\ kgCOD$ 将产生 $0.4\sim$

0.6 kg 生物量，而厌氧法去除 1 kgCOD 只产生 0.02～0.1 kg 生物量，其剩余污泥量只有好氧法的 5%～20%，同时，消化污泥在卫生学上和化学上都是稳定的，因此，剩余污泥处理和处置简单、运行费用低，甚至可作为肥料、饲料利用。

⑤氮、磷营养物需要量较少：好氧法一般要求 BOD_5：N：P 为 100：5：1，而厌氧法的 BOD_5：N：P 为 100：2.5：0.5。

⑥厌氧处理过程有一定的杀菌作用：厌氧处理过程可以杀死废水和污泥中的寄生虫、病毒等。

厌氧生物处理法存在的缺点：

①厌氧微生物增殖缓慢，因此，厌氧设备启动和处理时间比好氧设备长。

②出水往往达不到排放标准，需要进一步处理，故一般在厌氧处理后串联好氧处理，使好氧技术与厌氧技术联合运用。

9.1 厌氧消化的机理及影响因素

9.1.1 厌氧消化的机理

从 20 世纪 30 年代开始，厌氧消化过程被认为是由不产甲烷的发酵性细菌和产甲烷的细菌共同进行的两阶段过程。第一阶段由发酵性细菌把复杂有机物进行水解和发酵，形成脂肪酸（也称挥发酸）、醇类、CO_2 和 H_2 等；第二阶段是由产甲烷细菌将第一阶段的一些发酵产物转化为 CH_4 和 CO_2 的过程。第一阶段常被称为酸性发酵阶段，第二阶段则被称为碱性或甲烷发酵阶段。这个二阶段理论简要地描述了厌氧消化的过程（图 9-1）。

但是，随着对厌氧微生物学的深入研究后，发现将厌氧消化过程简单地划分为上述两个过程，不能真实反映厌氧反应过程的本质。研究表明，产甲烷菌（*Methanogens*）是一类十分特别的古细菌（*Archaebacteria*），只能利用甲酸、乙酸、甲醇、甲基胺类、H_2 和 CO_2 等，但不能利用两碳以上的脂肪酸和除甲醇以外的醇类产生甲烷，因此二阶段理论难以确切地解释这些脂肪酸或醇类是如何转化为 CH_4 和 CO_2 的。

1967 年伯力特（Bryant）等研究 *Methanobacillus omelianskii* 时发现，该菌是由两种细菌组成的一个共培养物，其中一种细菌把乙醇氧化产生 H_2，另一种细菌是利用 H_2、CO_2 的产甲烷菌。Bryant 等这一发现的重要意义在于他揭示了厌氧消化过程中一种新型的微生物间的相互关系，即严格的互营共生关系，从而更好地揭示了厌氧消化过程的本质。基于未能分离和发现利用丙酸、丁酸和乙醇等发酵性细菌的代谢产物的产甲烷细菌，为了表明这类代谢产物是如何进一步分解和最终转化为 CH_4 和 CO_2，1979 年 Bryant 等提出了厌氧消化的三阶段理论（图 9-2）。

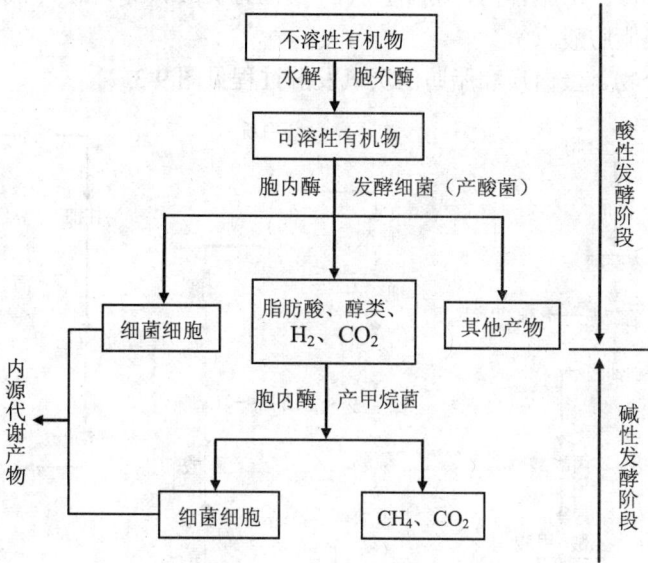

图 9-1　厌氧消化的二阶段过程

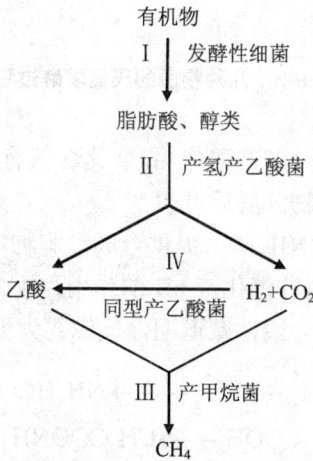

图 9-2　厌氧消化三阶段、四阶段过程

注：1）Ⅰ、Ⅱ和Ⅲ阶段为 Bryant 的三阶段理论，Ⅰ、Ⅱ、Ⅲ和Ⅳ阶段为 Zeikus 的四类群理论。

2）所产生的细胞物质未表示在图中。

第一阶段：水解酸化阶段

废水及污泥中的复杂的大分子、不溶性有机物先在细胞外酶的作用下经发酵细菌水解分别转化为氨基酸、葡萄糖和甘油等水溶性的小分子有机物和溶解性有机物，然后，渗入细胞体内，分解产生挥发性有机酸、醇、醛类等，这个阶段主要产生较高级脂肪酸。

碳水化合物、蛋白质和脂肪的厌氧发酵过程见图 9-3。

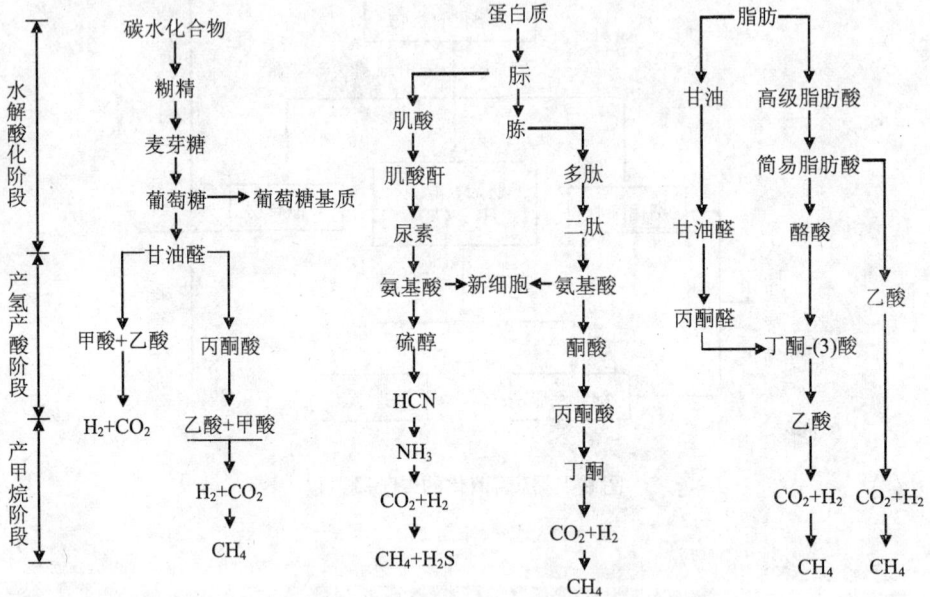

图 9-3　几种物质的厌氧发酵过程

由于简单碳水化合物的分解产酸作用，要比含氮有机物的分解产氨作用迅速，故蛋白质的分解在碳水化合物分解后产生。

含氮有机物分解产生的 NH_3 除了提供合成细胞物质的氮源外，在水中部分电离，形成 NH_4HCO_3，具有缓冲消化液 pH 的作用，故有时也把继碳水化合物分解后的蛋白质分解产氨过程称为酸性减退期，反应式为见式（9-1）。

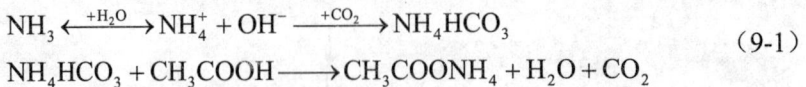

$$NH_3 \xleftrightarrow{+H_2O} NH_4^+ + OH^- \xrightarrow{+CO_2} NH_4HCO_3$$
$$NH_4HCO_3 + CH_3COOH \longrightarrow CH_3COONH_4 + H_2O + CO_2$$

（9-1）

第二阶段：产氢产乙酸阶段

在该阶段，产氢产乙酸菌把除乙酸、甲酸、甲醇以外的第一阶段产生的中间产物，如丙酸、丁酸等脂肪酸和乙醇等转化成乙酸和 H_2，并产生 CO_2。乙酸是产甲烷的十分重要的前体物，许多试验表明，在厌氧反应器中大约有 70% 的 CH_4 来自乙酸的氧化分解。

主要的产氢产乙酸反应有：

$$CH_3CH_2COOH + 2H_2O \longrightarrow CH_3COOH + 3H_2 + CO_2 \tag{9-2}$$

$$CH_3CH_2CH_2COOH + 2H_2O \longrightarrow 2CH_3COOH + 3H_2 \tag{9-3}$$

$$CH_3CH_2OH + H_2O \longrightarrow CH_3COOH + 2H_2 \tag{9-4}$$

第三阶段：产甲烷阶段

在该阶段中，产甲烷菌将甲酸、乙酸、甲胺、甲醇和（CO_2+H_2）等基质通过不同的路径转化为甲烷，其中最主要的为乙酸和（CO_2+H_2）。此过程由两组生理上不同的产甲烷菌完成，一组把氢和二氧化碳转化成甲烷，另一组从乙酸或乙酸盐脱酸产生甲烷，前者约占总量的 1/3，后者约占 2/3，反应为：

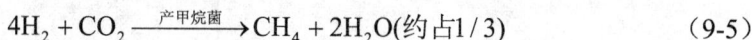

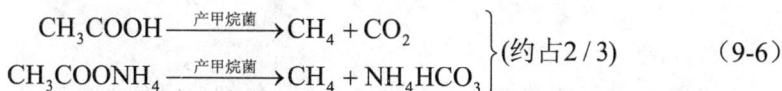

$$4H_2 + CO_2 \xrightarrow{\text{产甲烷菌}} CH_4 + 2H_2O(\text{约占}1/3) \tag{9-5}$$

$$\left.\begin{array}{l} CH_3COOH \xrightarrow{\text{产甲烷菌}} CH_4 + CO_2 \\ CH_3COONH_4 \xrightarrow{\text{产甲烷菌}} CH_4 + NH_4HCO_3 \end{array}\right\}(\text{约占}2/3) \tag{9-6}$$

从发酵原料的物性变化来看，水解的结果使悬浮的固体态有机物溶解，称之为"液化"。发酵细菌和产氢产乙酸细菌依次将水解产物转化为有机酸，使溶液显酸性，称之为"酸化"。甲烷细菌将乙酸等转化为甲烷和二氧化碳等气体，称之为"气化"。

几乎与 Bryant 提出三阶段理论的同时，Zeikus 等提出了厌氧消化的四类群理论（图 9-2）。这与此时期内发现一类具有新型代谢功能的细菌即同型产乙酸菌密切有关。同型产乙酸菌能把（CO_2+H_2）转化为乙酸。它们在厌氧消化过程中的重要性尚未被广泛研究。据报道，这类细菌所产生的乙酸往往不到乙酸总合成量的 5%，故一般可以忽略。三阶段理论和四类群理论实质上都是二阶段理论的补充和发展。目前，在废水处理工程中研究厌氧消化时三阶段理论是较为公认的理论模式。

9.1.2　厌氧消化的影响因素

（1）pH

产甲烷菌生长最适宜的 pH 范围在 6.8～7.2，如 pH 低于 6 或高于 8，产甲烷菌的生长繁殖将受到极大影响。发酵性细菌对酸碱度不及产甲烷菌敏感，其适宜 pH 范围也较广，在 4.5～8。在用厌氧法处理废水的应用中，由于基质的酸性发酵和碱性发酵常在同一构筑物内进行，故为了维持产生的酸和形成的甲烷之间的平衡，避免产生过多的脂肪酸，常保持处理构筑物内的 pH 在 6.5～7.5（最好在 6.8～7.2）。在实际运行中，脂肪酸的控制比 pH 更为重要，因为当酸量累积到足以降低 pH 时，厌氧处理的效果已显著下降。在运行良好的厌氧处理构筑物内，脂肪酸（以醋酸计）常小于 500 mg/L。一般来说，脂肪酸达 1 500～2 000 mg/L 时，产气率即迅速下降，甚至停止产气。脂肪酸本身不毒害细菌，而 pH 的下降则会抑制产甲烷菌的生长。

处理构筑物内的碱度应在 1 000～4 500 mg/L（以 $CaCO_3$ 计），碱度低将影响对 pH 下降的缓冲作用。一般常投加石灰以提高 pH。但加石灰将失去二氧化碳。二氧化碳的去除会减少 HCO_3^- 的浓度。因此，最好先用石灰粗略地调整 pH，然后再加一些重碳酸盐使物料达到中性。

$$Ca(OH)_2 + 2CO_2 \longrightarrow Ca(HCO_3)_2 \tag{9-7}$$

$$H^+ + HCO_3^- \Longleftrightarrow H_2CO_3 \Longleftrightarrow CO_2 + H_2O \tag{9-8}$$

（2）温度

温度对厌氧微生物的影响尤为显著，厌氧细菌可分为嗜热菌（或高温菌）、嗜温菌（中温菌）；相应地，厌氧消化分为：高温消化（55℃左右）和中温消化（35℃左右）；高温消化的反应速率约为中温消化的 1.5～1.9 倍，产气率也较高，但气体中甲烷含量较低；当处理含有病原菌和寄生虫卵的废水或污泥时，高温消化可取得较好的卫生效果，消化后污泥的脱水性能也较好；随着新型厌氧反应器的开发研究和应用，温度对厌氧消化的影响不再非常重要（新型反应器内的生物量很大），因此可以在常温条件下（20～25℃）进行，以节省能量和运行费用。

（3）生物固体停留时间（污泥泥龄）

厌氧消化的效果与污泥泥龄有直接关系，消化池的水力停留时间等于污泥泥龄。由于产甲烷菌的增殖速率较慢，对环境条件的变化十分敏感。因此，要获得稳定的处理效果就需要保持较长的污泥泥龄。

停留时间与温度有关。温度高可以缩短微生物在构筑物内的停留时间。

（4）搅拌和混合

厌氧消化法由细菌体的内酶和外酶与底物进行的接触反应，因此，必须使两者充分混合。此外，有研究表明，产乙酸菌和产甲烷菌之间存在着严格的共生关系。这种共生关系对于厌氧工艺的改进有实际意义，但如果在系统内进行连续的剧烈搅拌则会破坏这种共生关系。前联邦德国一个果胶厂污水厌氧处理装置的运行实践也证实，当采用低速循环泵代替高速泵进行搅拌时，处理效果就会提高。搅拌的方法一般有：水射器搅拌法、消化气循环搅拌法和混合搅拌法。

（5）营养与 C/N 比

基质的组成也直接影响厌氧处理的效率和微生物的增长，但与好氧法相比，厌氧处理对污水中 N、P 的含量要求低。一般只要达到 $BOD_5 : N : P = 100 : 2.5 : 0.5$ 即可满足厌氧处理的营养要求。但一般来讲，要求 C/N 比达到（10～20）:1 为宜。如 C/N 比太高，细胞的氮量不足，消化液的缓冲能力低，pH 容易降低；C/N 比太低，氮量过多，pH 可能上升，铵盐容易积累，会抑制消化进程。

（6）有毒物质

1）重金属离子的毒害作用

重金属离子对甲烷消化的抑制有两个方面：①与酶结合，产生变性物质，使酶的作用消失；②重金属离子及氢氧化物的絮凝作用，使酶沉淀。

2）H_2S 的毒害作用

脱硫弧菌（属于硫酸盐还原菌）能将乳酸、丙酮酸和乙酸转化为 H_2、CO_2 和乙酸。但在含硫无机物（SO_4^{2-}、SO_3^{2-}）存在时，它将优先还原 SO_4^{2-} 和 SO_3^{2-}，产生 H_2S，形成与产甲烷菌对基质的竞争。因此，当厌氧处理系统中 SO_4^{2-}、SO_3^{2-} 浓度过高时，产甲烷过程就会受到抑制。消化气中 CO_2 成分提高，并含有较多的 H_2S。H_2S 的存在降低消化气的质量并腐蚀金属设备（管道、锅炉等），其对产甲烷菌的毒害作用更进一步影响整个系统的正常工作。

3）氨的毒害作用

当有机酸积累时，pH 降低，此时 NH_3 转变为 NH_4^+，当 NH_4^+ 浓度超过 150 mg/L 时，消化受到抑制。

9.2　厌氧生物处理工艺

9.2.1　厌氧生物处理工艺的发展

人类对厌氧生物处理法的研究首先是从处理人类粪便开始的，人类早就有利用粪便作为农家肥料施于农田中的经验。随着工业的发展，人口不断向城镇集中，粪便数量不断增多，流入河流引起了水体的污染问题，再加上工业废水的排入，有毒有害物浓度不断增加，使处理更难进行。西方在 18 世纪 50 年代已引起了重视。当时曾尝试用化学法去除有害物质，但未取得令人满意的结果。于是，人们开始探索采用生物处理方法解决污染问题。以下简要回顾一下国内外废水厌氧生物处理工艺的发展历史。

废水厌氧生物处理技术发展至今，已有一百多年了。早在1860年法国人 Louis Mouras 把简易沉淀池改进作为污水污泥处理构筑物使用。1881 年法国 Cosmos 杂志上登载了介绍 Mouras 创造的处理污水污泥的自动净化器（Automatic Scasenger）的文章。美国学者 McCarty 建议把 1881 年作为人工厌氧处理废水的开始，称 Mouras 是第一个应用厌氧消化处理废水的人。

1890 年，Scott-Moncrieff 设计了第一个初步的厌氧滤池（Anaerobic Filter），建造了一个底部空间，上边铺一层石子的消化池。石子的作用是拦截废液中的固体，这种装置长期未受重视，没有发展，直到现在处理工业废水时才又被人们所认识。

1950 年，南非人 Stander 已发现了在厌氧反应器中保持大量细菌的重要性，开发了一种处理酒厂和药厂废液的装置，称为厌氧澄清器（Anaerobic Clardigestor），这种装置把厌氧消化和沉淀合建在一起。废水从池底流进以后通过污泥区与里面的细菌接触。污泥中产生甲烷和 CO_2，气体上升时起搅拌作用，气体从一管道被分离出来，液体则向上流经中间小洞进入沉淀区，沉淀下来的污泥通过小洞返回消化部分，使消化区保持较多微生物。由于液体要通过小洞上流，沉淀的污泥要通过小洞下掉，这就可能会产生堵塞问题。

1956 年，Schroefer 等成功开发了厌氧接触法（Anaerobic contact Process），标志着现代废水厌氧生物工艺的诞生。此法与活性污泥法相似，由于采用回流可以在消化池中保持足够数量的厌氧菌，使反应器的容积负荷率提高，从而提高了反应器的处理效率。

20 世纪 70 年代以来，随着能源问题的突出，各国迫切需要开发高效节能的废水处理新工艺，进行了大量研究和开发工作，大大推动了厌氧处理技术的迅速发展，各种新的厌氧处理工艺层出不穷。

1967 年，J. C Young 和 P. L. McCarty 开发出了厌氧滤池（Anaerobic Filter）。开始出现的厌氧滤池采用块石作为填料，为厌氧微生物的附着提供支撑，可保留足够的厌氧微生物，使厌氧滤池具有较高的处理效率，引起了人们的关注。这种装置的缺点是：只限于处理可溶性工业废水，处理悬浮固体高的废水时可能要引起堵塞；另一缺点是空间大部分被块石所占据，有效容积较小，从而需要较大的池子体积。不过，近年来填料材质有了很大改进，如采用轻质高强比表面积大的填充物（如塑料填料）替代石块，使厌氧滤池获得广泛应用。

1974 年，Wageningen 农业大学的 G. Lettinga 等成功开发了升流式厌氧污泥床（Upflow Anaerobic Sludge Blanket）反应器，简称 UASB 反应器。该反应器具有高

的处理效率，获得了广泛应用，对污水厌氧生物处理具有划时代意义。

1978 年 W.J. Jewell 等和 1979 年 R. P. Bowker 分别开发出了厌氧膨胀床（Anaerobic Expanded Bed）和厌氧流化床（Anaerobic Fludized Bed），这两种处理工艺的相同点是：反应器内均充填着细颗粒载体，如细砂子，为了使充填物膨胀或流化，均需要使一部分出水回流。这当然会增加一部分动力消耗，但是由于载体的颗粒很细，具有巨大的表面积，为微生物的附着提供了良好的条件，使反应器具有很高的生物量，所以反应器的处理能力很大，受到了各国学者很大关注。

1980 年，S J. Tait 等成功开发了厌氧生物转盘（Anaerobic Rotating Biological Reactor）新工艺，这是在好氧生物转盘基础上开发的。

1982 年，McCarty 等认为厌氧生物转盘的转动与否对处理效果影响不大，于是开发了厌氧折流板反应器（Anaerhic Baffled Reactor）。

20 世纪 80 年代，在这些废水处理新工艺的基础上，又不断派生出一批新的高效厌氧生物处理工艺。如 1982 年，把 UASB 反应器与厌氧滤池结合开发出了 UBF（Upflow Anaerobic Bed-Filter）反应器，又称厌氧复合反应器。在 UASB 可形成颗粒污泥的基础上，1981 年开发了 EGSB（Expanded Granular Sludge Bed）反应器，1985 年开发出了内循环厌氧反应器，即 IC（Internal Circulation）反应器等。

这些新颖厌氧处理工艺不断被开发出来，打破了过去认为厌氧处理工艺处理效率低，需要较高温度、较高废水浓度和较长停留时间的传统观念，厌氧处理是高效率的，可适应不同的温度和不同的浓度。

从废水厌氧生物处理工艺的发展过程可以发现，厌氧生物处理工艺与好氧生物处理工艺之间存在着一定的联系。厌氧生物处理工艺建立在好氧处理工艺发展的基础之上，厌氧处理工艺本身也存在不断开发的过程，两种处理工艺之间存在内在的联系。

废水厌氧生物处理技术发展到今天已取得了很大的进展，已开发出的厌氧反应器种类很多，为了应用的方便，可以以不同方式对不同类型的厌氧反应器进行分类。

（1）按发展年代分类

有人把 20 世纪 50 年代以前开发的厌氧消化工艺称为第一代厌氧反应器，而把 60 年代以后开发的厌氧消化工艺称为第二代或现代厌氧反应器。

第一代厌氧反应器（如传统厌氧消化池和高速厌氧消化池）的特点是：污泥龄（SRT）等于水力停留时间（HRT）。为了使污泥中的有机物达到厌氧消化稳定，必须维持较长的污泥龄，即较长的水力停留时间，所以反应器的容积很大，反应器的处理效率较低。

第二代厌氧反应器的特点是污泥龄（SRT）与水力停留时间（HRT）分离，

两者不相等。可以维持很长的污泥龄，但水力停留时间很短，即 HRT＜SRT，可以在反应器内维持很高的生物量，反应器的有机负荷和处理效率大大提高。

（2）按厌氧反应器的流态分类

可分为活塞流型厌氧反应器和完全混合型厌氧反应器，或介于活塞流和完全混合两者之间的厌氧反应器。如化粪池、升流式厌氧滤池和活塞流式消化池等接近于活塞流型；带搅拌的普通消化池和高速消化池是典型的完全混合反应器；升流式厌氧污泥层反应器、厌氧折流板反应器和厌氧生物转盘等是介于完全混合与活塞流之间的厌氧反应器。

（3）按厌氧微生物在反应器内的生长情况不同分类

厌氧反应器又可分成悬浮生长厌氧反应器和附着生长厌氧反应器。如传统消化池、高速消化池、厌氧接触法和升流式厌氧污泥层反应器等，厌氧活性污泥以絮体或颗粒状悬浮于反应器液体中生长，称为悬浮生长厌氧反应器。而厌氧滤池、厌氧膨胀床、厌氧流化床和厌氧生物转盘等，微生物附着于固定载体或流动载体上生长，称为附着生长厌氧反应器。

把悬浮生长与附着生长结合在一起的厌氧反应器称为复合厌氧反应器，如UBF，其下面是升流式污泥床，而上面是充填填料的厌氧滤池，两者结合在一起，故称为升流式污泥床-过滤反应器，英文缩写称 UBF。

（4）衍生的厌氧反应器

衍生的厌氧反应器有 EGSB、IC 反应器等，这几种厌氧反应器均是在 UASB反应器基础上衍生出的。EGSB 相当于使 UASB 反应器的厌氧颗粒污泥处于流化状态。而 IC 反应器则是把两个 UASB 反应器上下叠加，利用污泥床产生的沼气作为动力来实现反应器内混合液的循环。

（5）按厌氧消化阶段分类

可分为单相厌氧反应器和两相厌氧反应器。单相反应器是把产酸阶段与产甲烷阶段结合在一个反应器中；而两相厌氧反应器则是把产酸阶段和产甲烷阶段分别在两个串联的反应器中进行。由于产酸阶段的产酸菌反应速率快，而产甲烷阶段的反应速率慢，因此两者分离，可充分发挥产酸阶段微生物的作用，从而提高了系统整体反应速率。

9.2.2 厌氧消化池

厌氧消化池多用于处理污水中分离出来的有机污泥、含有固体物较多的污水和浓度很高的污水，例如剩余污泥、畜禽粪便和酒糟废水等。

（1）消化池的原理

传统的完全混介反应器（CSTR）即普通厌氧消化池，借助于消化池内的厌氧活性污泥净化有机污染物，图9-4为一普通消化池。

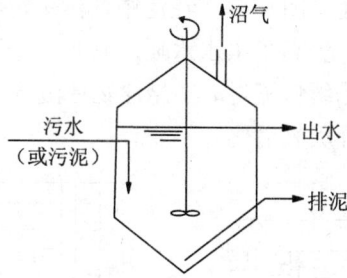

图9-4　普通消化池

作为处理对象的生污泥或废水从池子的上部或顶部投入池内，经与池中原有的厌氧活性污泥混合和接触后，通过厌氧微生物的吸附、吸收和生物降解作用，使生污泥或废水中的有机污染物转化为以 CH_4 和 CO_2 为主的沼气。如处理对象为污泥，经搅拌均匀后从池底排出；如处理对象为废水，经沉淀分离后从液面下排出。CSTR体积大，负荷低，其根本原因是它的污泥停留时间等于水力停留时间。

消化池的特点是在一个池内实现厌氧发酵反应和液体与污泥的分离。为了使进料和厌氧污泥密切接触，设有搅拌装置，一般情况下每隔2～4h搅拌一次。

（2）消化池的类型与构造

厌氧消化池是用来处理有机污泥的一种厌氧生物处理构筑物，它的类型一般有以下几种。

① 化粪池（Septic Tank）

化粪池（见图 9-5）是一个矩形密闭的池子，用隔墙分为两室或三室，各室之间用水连接管接通。废水由一端进入，通过各室后由另一端排出。悬浮物沉于池底后进行缓慢的厌氧发酵。各室的顶盖上设有人孔，可定期（数月）将消化后的污泥挖出，供作农肥。这种处理构筑物通常设于独立的居住或公共建筑物的下水管道上，用于初步处理粪便废水。

化粪池的上部是污水沉淀区，下部是污泥消化区。消化区容积较大，以便让污泥有足够的停留时间进行消化。由于这两区未隔开，致使污泥在发酵过程中，散发出来的气体，如硫化氢、氨气、甲烷等气体和污泥一起上浮将影响出水水质，使出水混浊腐化、不新鲜并带有臭味。而且上浮的污泥还在池面上形成一层较厚和坚硬的浮渣层，影响卫生。但是，尽管化粪池有这样的缺点，由于它构造简单，易于操作，也得到了广泛应用。

污水在化粪池中的停留时间较低，一般为12～24h，污泥在化粪池中的停留时间，一般为3～6个月。

② 隐化池（Imhoff Tank）

隐化池又称双层沉淀池（图 9-6），在池中，污水沉淀区和污泥消化区分隔开来，避免了化粪池的缺点，提高了出水水质。它是一个圆形池子，上部有一个流槽，槽底呈 V 形。废水沿槽缓慢流过时，悬浮物便沉降下来，并从 V 形槽底缝滑落于圆形池底，在那里进行厌氧消化。

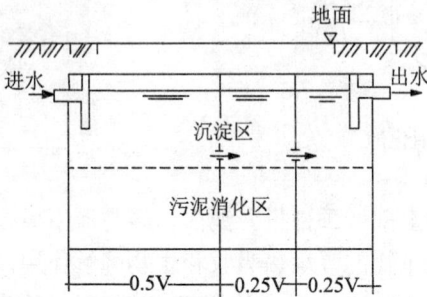

图 9-5 化粪池

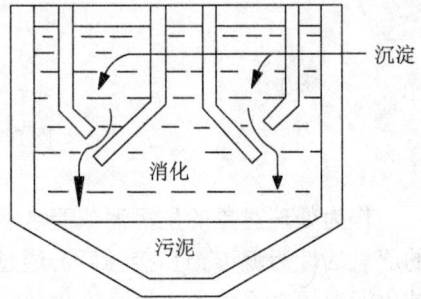

图 9-6 隐化池

③ 消化池

前面提到的化粪池、隐化池都是在池子下部消化区内进行污泥消化的，为了完全消除污泥消化过程中对池子上部沉淀区的不良影响，同时也为了避免过深的地下开挖（如隐化池），提出将污泥的消化和废水的沉淀完全分开，在两个独立的构筑物内进行处理，这样，在运行管理、提高处理效果和经济上都有可能带来好处。消化池也就是使污水沉淀完全分开，独立进行污泥厌氧消化处理的构筑物。

传统消化池（图 9-7），又称为单级低效消化池。在池内没有设置加热和搅拌装置，所以有分层现象，一般分为浮渣层、上清液层、消化污泥区、熟污泥区等，其中只有在消化污泥区中才有有效的厌氧反应过程在进行，因此在传统消化池中只有部分容积有效。传统消化池的特点是：负荷率低、消化速率慢、消化期长，一般需要 30～90 d。由于无搅拌，池容利用率低，一般为 50% 左右。

高速消化池（图 9-8），又称为单级高效消化池。在池内设有加热、搅拌装置，从而加快了微生物对有机物的降解，缩短了有机物稳定所需的时间，提高了污泥的产气量。它的负荷率较高，消化期短，在中温（30～35℃）发酵情况下，污泥投配比一般为 7%/d 左右，消化期在 15 d 左右。但搅拌使高速消化池内的污泥得不到浓缩，上清液与熟污泥不易分离。

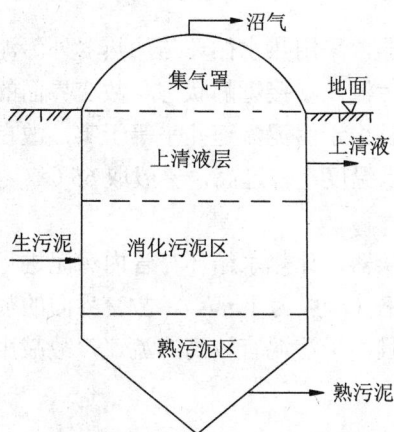

图 9-7　传统消化池

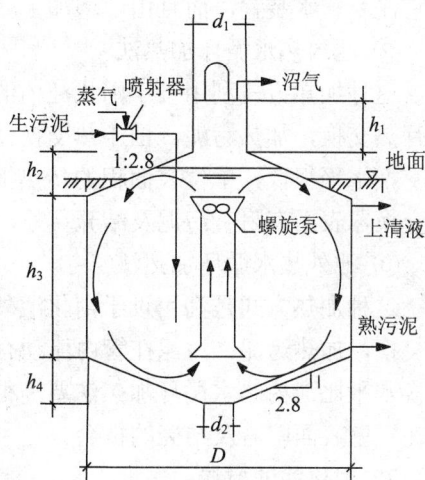

图 9-8　高速消化池

两级高效消化池是前面提到的两种消化池的组合，在两级消化池中，第一级采用高速消化池，其作用主要是加热、搅拌、污泥消化和产气；第二级则采用不设搅拌和加热的传统消化池，主要起沉淀浓缩和贮存熟污泥的作用，并分离和排出上清液；二者的 HRT 的比值可采用 1∶1～1∶4，一般为 1∶2。

消化池的构造一般由池顶、池底和池体三部分组成；消化池的池顶有两种形式，即固定盖和浮动盖，池顶一般还兼做集气罩，可以收集消化过程中所产生的沼气；消化池的池底一般为倒圆锥形，有利于排放熟污泥。

（3）消化池的加热和搅拌

为了使污泥消化的过程加快和稳定进行，消化池内必须保持适宜的温度，生、熟污泥之间应充分接触与混合均匀，以利于微生物的生长繁殖。因此，消化池的人工加热和搅拌，对高效消化池来说是必不可少的。

1）消化池的加热

消化池的加热是为了提供生污泥从原有温度提高到池温所需的热量，以及补偿消化池本身的散热，以达到保持消化池内具有恒定的反应温度的目的。

消化池的加热方式主要有以下几种方式。

① 蒸汽加热法

此法是将高压或低压蒸汽用喷射器喷入消化池或消化池的生污泥入流管中将消化池加热。这种加热方式的热利用率高，加热效果好。虽然在喷入蒸汽的地方由于局部产生高温现象，会使厌氧菌的繁殖代谢作用暂时受到抑制，但能较快恢复正常的生长繁殖和代谢作用。此外，加热方式简单，占地少，运行管理方便。

但它需要软水装置，而且由于增加了凝结水，使消化池的容积增加了 5%～7%。

② 池内热水循环加热法

这种加热方式利用设于消化池内的热交换器，采用热水循环与加热器外污泥进行热交换，加热污泥。由于热交换器外侧的污泥几乎接近静状态，故交界面的热交换水平很低，单位表面积的传热很小，而且由于污泥流速几乎等于零，故在热交换器表面有附着污泥及结壳现象，因此热水温度不宜过高，一般取 65℃。

③ 池外热水循环加热法

这种加热方式是利用设于消化池外的热交换器，让热水循环与管内污泥进行热交换，加热污泥。污泥在管内流动有一定速率（一般为 1 m/s），故交界面的热交换水平比池内热水循环加热法要高得多，而且由于污泥有较高的流速，故减少了在管壁表面附着及结壳的机会。

2）消化池的搅拌

消化池的搅拌是为了使池内的物料（微生物和底物）分布均匀，生污泥和熟污泥更好地接触，这对于提高有机物的分解速率、分解程度、增加产气量和提高池的利用率非常有效。

消化池的搅拌方式主要有以下几种。

① 机械搅拌法

它是利用搅拌机械对消化池内的污泥进行搅拌的一种方式。目前在消化池中，采用的搅拌机有螺旋泵式搅拌机和射流泵式搅拌机。

② 泵循环污泥搅拌法

泵循环污泥搅拌法是利用安装在消化池的泵，将池底污泥抽到池的上部，使池内污泥作由上而下的循环运动，致使池内污泥得到搅拌、混合均匀。这种搅拌方式，设备比较简单，动力消耗亦较省。但是，由于泵的抽吸影响范围有限，故在搅拌过程中，容易发生局部断流现象，不能使整个池内污泥获得充分、良好的搅拌混合。

③ 气体搅拌法

气体搅拌法是利用气体压缩机将沼气压入消化池，进行污泥搅拌的一种方法。有气体提升器搅拌方式和气体扩散搅拌方式两种。

9.2.3 厌氧接触法

厌氧接触法（Anaerobic Contact Process）在厌氧消化池之后串联一个沉淀池来收集污泥，将沉下的污泥又送回消化池，厌氧接触工艺流程如图 9-9 所示。由消化池排出的混合液首先在沉淀池中进行固、液分离。污水由沉淀池上部排出，所沉淀的污泥回流至消化池。这样既使污泥不流失而稳定工艺，又可提高消化池内的污泥浓度，从而在一定程度上提高设备的有机负荷和处理效率。

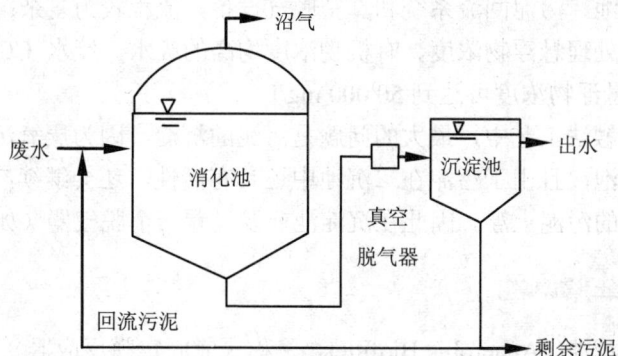

图 9-9 厌氧接触工艺流程

从图 9-9 中可看出，厌氧接触法工艺的最大的特点是污泥回流，由于增加了污泥回流，就使得消化池的 HRT 与 SRT 得以分离，即整个系统的污泥龄可以用下式进行计算：

$$\theta_c = \frac{VX}{(Q-Q_w)X_e + Q_w X_w} \tag{9-9}$$

在厌氧生物处理工艺中，由于厌氧细菌生长缓慢，基本可以做到不从系统中排放剩余污泥，即 $Q_w = 0$，则有：

$$\theta_c = \frac{VX}{QX_e} = \text{HRT} \cdot \frac{X}{X_e} \tag{9-10}$$

对于普通高速厌氧消化池，由于其 $X_e = X$，所以其 $\theta_c = \text{HRT}$，因此在中温条件下，为了满足产甲烷菌的生长繁殖，SRT 要求 20～30 d，因此高速厌氧消化池的 HRT 为 20～30 d。

对于厌氧接触法，由于 $X \gg X_e$，所以 HRT≪SRT；而且 X 越大，X_e 越小，则 HRT 可以越短。

厌氧接触工艺在中温条件下（25～40℃），其容积负荷不高于 4～5 kgCOD/（m³·d），HRT 约 10 d。实践证明，在低负荷或中负荷条件下厌氧接触工艺允许污水中含有较多的悬浮固体，具有较大的缓冲能力，生产过程比较稳定，耐冲击负荷，操作较为简单。厌氧接触法仅是普通消化池的一种简单改进。

与普通厌氧消化法相比，厌氧接触法具有以下特点：

①消化池污泥浓度高，一般 5～10 gVSS/L，耐冲击能力强；

②消化池有机容积负荷高，中温消化时，COD 容积负荷一般为 1～5 kg/（m³·d），COD 去除率为 70%～80%；BOD₅ 容积负荷一般为 0.5～2.5 kg/（m³·d），BOD₅ 去

除率为 80%～90%；

③设沉淀池、污泥回流系统和真空脱气设备，流程较为复杂；

④适合于处理悬浮物浓度、有机物浓度均高的废水，废水 COD 一般不低于 3 000 mg/L，悬浮物浓度可达到 50 000 mg/L。

在厌氧接触法工艺中，最大的问题是污泥的沉淀，因为厌氧污泥上一般总是附着有小的气泡，且由于污泥在二沉池中还具有活性，还会继续产生沼气，有可能导致已下沉的污泥上浮。因此在沉淀池前要设置一个脱气器（如真空脱气器）。

9.2.4　厌氧生物滤池

厌氧生物滤池（Anaerobic Biofilter，又称厌氧固定膜反应器）是密封的水池，池内放置填料，如图 9-10 所示，污水从池底进入，从池顶排出。滤料可采用拳状石质滤料，如碎石、卵石等，粒径在 40 mm 左右，也可使用塑料填料。塑料填料具有较高的孔隙率，质量轻，但价格较贵。

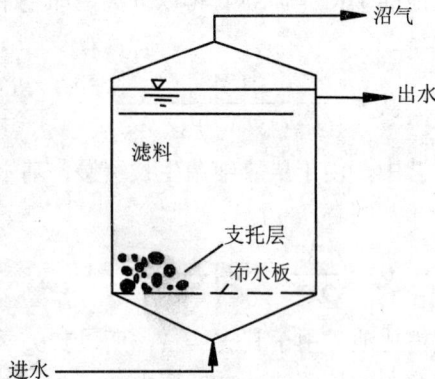

图 9-10　厌氧生物滤池

该工艺是 20 世纪 60 年代末，由美国的 J. C Young 和 P. L. McCarty 首先开发的新型高效厌氧处理装置。1972 年以后，一批生产规模的厌氧生物滤池投入运行，它们所处理的废水的 COD 浓度范围较宽，在 300～85 000 mg/L，处理效果良好，运行管理方便；与好氧生物滤池相似，厌氧生物滤池是装填有滤料的厌氧生物反应器，在滤料的表面形成了以生物膜形态生长的微生物群体，在滤料的空隙中则截留了大量悬浮生长的厌氧微生物，废水通过滤料层向上流动或向下流动时，废水中的有机物被截留、吸附及分解转化为甲烷和二氧化碳等。

根据废水在厌氧生物滤池中的流向的不同，可分为升流式厌氧生物滤池、降流式厌氧生物滤池和升流式混合型厌氧生物滤池三种形式，如图 9-11 所示。

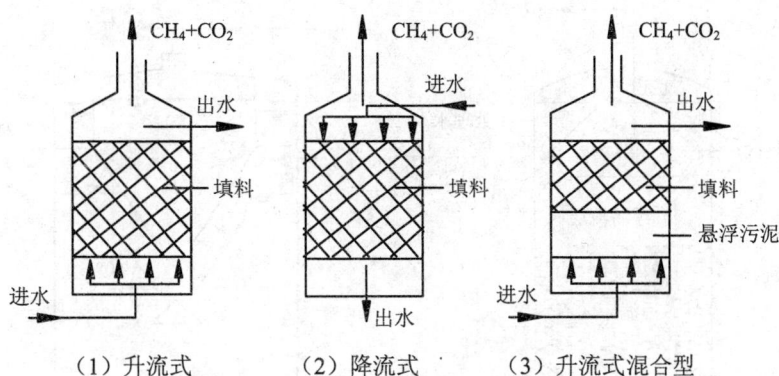

图 9-11　几种厌氧生物滤池

厌氧生物滤池的主要优点是：生物固体浓度高，有机负荷高，当温度为 30～35℃时，有机负荷率一般可达 3～6 kgCOD/（$m^3·d$）（块状填料），5～8 kgCOD/（$m^3·d$）（塑料填料），相应 COD 去除率可达 80%以上；SRT 长，可缩短 HRT，耐冲击负荷能力强；启动时间较短，停止运行后的再启动也较容易；无须回流污泥，运行管理方便，运行稳定性较好。但处理含悬浮物浓度高的有机废水，滤床底部容易发生堵塞，当采用块状填料时，进水中悬浮固体（SS）含量应以不超过 200 mg/L 为宜。另外，滤池的清洗也还没有简单有效的方法。

9.2.5　升流式厌氧污泥床反应器

升流式厌氧污泥床（Upflow Anaerobic Sludge Blanket Reactor，UASB）是由荷兰 Wageningen 农业大学 Lettinga 教授等在 1972 年研制，于 1977 年开发的，是目前应用最广泛的一种厌氧生物处理装置。

（1）UASB 反应器的构造与特征

UASB 反应器的正常运行应具备 3 个重要前提：反应器内形成沉降性能良好的颗粒污泥或絮状污泥；由产气和进水的均匀分布所形成的良好的自然搅拌作用；设计合理的三相分离器使污泥能够保留在反应器内。因此，UASB 在构造上主要由进水配水系统、反应区、三相分离器、气室和处理水排出装置等组成，如图 9-12 所示。

反应区是 UASB 内有机污染物被微生物分解氧化的主要部位，其内存留有大量厌氧污泥，这些具有良好的絮凝和沉淀性能的污泥在底部形成颗粒污泥层，而颗粒污泥层的上面则是由于沼气在上升过程中搅动而形成的污泥浓度较小的悬浮污泥层。

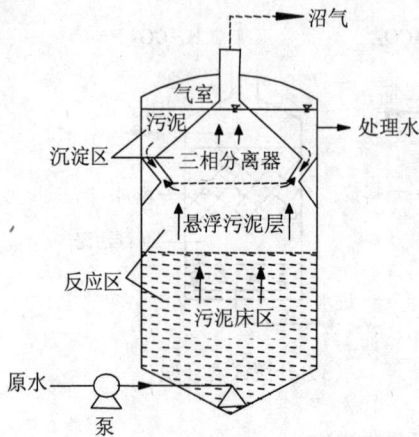

图 9-12　升流式厌氧污泥床（UASB）的组成　　图 9-13　UASB 的三相分离器

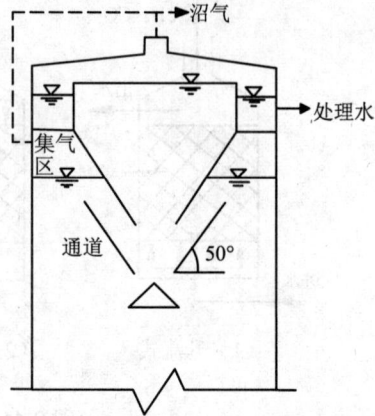

　　三相分离器（图 9-13）是 UASB 中进行水、气、泥三相分离、保证污泥床正常运行和获得良好出水水质的关键部位，废水从厌氧污泥床底部流入与颗粒污泥层和悬浮污泥层进行混合接触，污泥中厌氧微生物分解有机物的同时产生大量微小沼气气泡，该气泡在上升过程中逐渐增大并携带着污泥随水一起上升进入三相分离器。当沼气碰到分离器下部的反射板时，折向反射板的四周，穿过水层进入气室，泥水混合液经过反射板后进入三相分离器的沉淀区，废水中的污泥发生絮凝作用，在重力作用下沉降，沉降到斜壁上的污泥沿着斜壁滑回反应区，使污泥床内积累起大量的污泥；与污泥分离后的处理水则从沉淀区溢流堰上部溢出，然后排出 UASB 反应器外。

　　UASB 反应器具有如下的主要工艺特征：

　　① 在反应器的上部设置了气、固、液三相分离器；

　　② 在反应器底部设置了均匀布水系统；

　　③ 反应器内的污泥能形成颗粒污泥，所谓的颗粒污泥的特点是：直径为 0.1～0.5 cm，湿比重为 1.04～1.08，具有良好的沉降性能和很高的产甲烷活性。

　　上述工艺特征使得 UASB 反应器与前面已经述及的两种厌氧工艺 —— 厌氧接触法以及厌氧生物滤池相比，具有如下的主要特点：

　　① 污泥的颗粒化使反应器内污泥的平均浓度在 50 gVSS/L 以上，污泥龄一般为 30 d 以上；

　　② 反应器的水力停留时间相对较短；

　　③ 反应器具有很高的容积负荷；

　　④ 不仅适合于处理高、中浓度的有机工业废水，也适合于处理低浓度的城市

污水；

⑤ UASB 反应器集生物反应和沉淀分离于一体，结构紧凑；

⑥ 无须设置填料，节省了费用，提高了容积利用率；

⑦ 一般也无须设置搅拌设备，上升水流和沼气产生的上升气流起到搅拌的作用；

⑧ 构造简单，操作运行方便。

（2）UASB 反应器的设计

1）UASB 反应器的有效容积

UASB 反应器的有效容积，一般将沉淀区和反应区的总容积作为反应器的有效容积进行考虑，多采用进水容积负荷率 N_v 确定。

在中温发酵条件下容积负荷率 N_v 一般取 $10\sim20$ kgCOD/（$m^3\cdot d$），而在高温发酵条件下 N_v 一般则可取 $20\sim30$ kgCOD/（$m^3\cdot d$），相应床内污泥浓度为 $20\sim30$ kgVSS/m^3。在选定容积负荷率 N_v 后，即可按下式计算出污泥床反应区的容积：

$$V = \frac{QS_0}{N_v} \qquad (9\text{-}11)$$

式中，V —— UASB 反应区的容积，m^3；

Q —— 废水设计流量，m^3/d；

S_0 —— 进水有机物 COD 的浓度，kg/m^3；

N_v —— COD 容积负荷率，kgCOD/（$m^3\cdot d$）。

国外部分 UASB 反应器的设计数据见表 9-1。

表 9-1　UASB 反应器的设计数据

废水类型	进水 COD/（mg/L）	设计流量/（m^3/d）	水力停留时间/h	COD 负荷率/[kg/（$m^3\cdot d$）]	COD 去除率/%
甜菜制糖	7 500	2 400	15.0	12.0	86
淀粉加工	22 000	910	47.0	11.0	85
土豆加工	4 300	3 000	17.5	6.0	80
啤酒	2 500	23 000	4.9	14.1	86
酒精	5 300	2 090	8.0	10.0	90

2）三相分离器设计

三相分离器（GLS）是 UASB 反应器设计的另一项主要内容，三相分离器断面几何关系如图 9-14 所示。

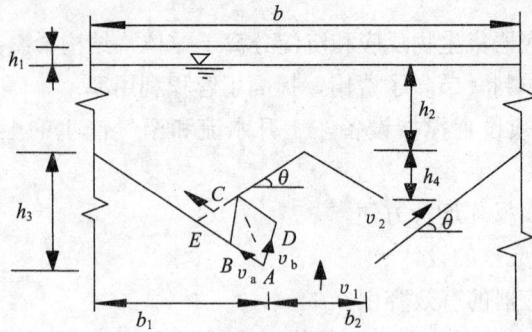

图 9-14　三相分离器断面几何关系

三相分离器的设计要点如下：

① 沉淀区的设计

混合液进入沉淀区前必须将其中的气泡予以脱出，为此需在沉淀区外另设集气区；沉淀区表面负荷应小于 $1.0\ \text{m}^3/(\text{m}^2 \cdot \text{h})$；集气罩斜面的坡度 θ 应为 $55° \sim 60°$；废水在沉淀区的停留时间应在 $1.5 \sim 2.0\ \text{h}$；上部液面距反应器顶部 $h_1 > 0.2\ \text{m}$；气室以上的覆盖水深 $h_2 = 0.2 \sim 1.0\ \text{m}$；沉淀区斜面高度 $h_4 = 0.2 \sim 1.0\ \text{m}$；沉淀区的总水深应不小于 $1.5\ \text{m}$。

② 回流缝的设计

根据图 9-14 中几何关系可得：

$$b_1 = \frac{h_3}{\text{tg}\theta} \tag{9-12}$$

式中，b_1 —— 下三角形集气罩底的 1/2 宽度，m；

$\quad\ \theta$ —— 下三角形集气罩斜面的水平夹角，一般可采用 $55° \sim 60°$；

$\quad\ h_3$ —— 下三角形集气罩的垂直高，m。

$$b_2 = b - 2b_1 \tag{9-13}$$

式中，b_2 —— 污泥的回流缝宽度，m；

$\quad\ b$ —— 单元三相分离器的宽度，m。

下三角形集气罩之间污泥回流缝中混合液的上升流速 v_1（m/h），可用下式计算：

$$v_1 = \frac{Q}{S_1} \tag{9-14}$$

$$S_1 = b_2 \times l \times n \tag{9-15}$$

式中，Q —— 反应器的设计废水流量，m^3/h；

S_1 —— 下三角形集气罩回流缝的总面积，m^2；

l —— 反应器的宽度，即三相分离器的长度，m；

n —— 反应器的三相分离器单元数。

为了使回流缝的水流稳定，固液分离效果良好，污泥能顺利地回流，水流的上升流速为 v_2（m/h），可用下式计算：

$$v_2 = \frac{Q}{S_2} \qquad (9\text{-}16)$$

$$S_2 = b_3 \times l \times 2n \qquad (9\text{-}17)$$

式中，S_2 —— 上三角形集气罩回流缝的总面积，m^2；

b_3 —— 上三角形集气罩回流缝的宽度，m。

为了确保良好的固液分离效果和污泥顺利回流，要求满足以下条件：

对于颗粒污泥：$v_1 < v_2(v_{max}) < 2.0$ m/h ；

对于絮体污泥：$v_1 < v_2(v_{max}) < 1.0$ m/h 。

③气液分离设计

由三相分离器可知，欲达到良好的气液分离效果，上下两组三角形集气罩的斜边下端必须有一定的重叠。重叠的水平距离（AB 的水平投影）越大，气体分离效果越好，去除气泡的直径越小，对沉淀区固液分离效果的影响越小。所以，重叠量的大小是决定气液分离效果好坏的关键，重叠量一般应达 10～20 cm 或由计算确定。

由图 9-15 中几何关系可知，当气泡随混合液上升到 A 点后将沿着 AB 方向斜面流动，并设流速为 v_a，同时 A 点的气泡以速度 v_b 垂直上升，所以气泡运动轨迹将沿着 v_a 和 v_b 合成速度的方向运动，要使气泡分离后污泥进入沉淀区的必要条件是：

$$\frac{v_b}{v_a} > \frac{AD}{AB} = \frac{BC}{AB} \qquad (9\text{-}18)$$

其中根据 Stocks 公式有：

$$v_b = \frac{\beta \cdot g}{18\mu}(\rho_l - \rho_g)d^2 \qquad (9\text{-}19)$$

（3）UASB 反应器的结构设计

UASB 的池形一般有圆形、方形和矩形，直径或边长为 5～30 m，污泥床高度为 3～8 m。圆形反应器常用钢板制造，而方形和矩形反应器多采用钢筋混凝土建造。当废水中有机物浓度比较高时，需要的沉淀区面积小，反应区可采用与沉淀区相同的面积和池形；当废水中有机物浓度低时，需要的沉淀面积大，为保证反应区的一定高度而使反应区的面积不能太大，则可使反应区的面积小于沉淀区，即污泥床上部面积大于下部面积的池形。

（4）UASB 反应器中颗粒污泥

能在反应器内形成沉降性能良好、活性高的颗粒污泥是 UASB 反应器的重要特征，颗粒污泥的形成与成熟，也是保证 UASB 反应器高效稳定运行的前提，因此有许多研究者都对 UASB 反应器中的颗粒污泥进行多方面的研究，下面将分别进行简单叙述。

1）颗粒污泥的外观

颗粒污泥的外观实际上是多种多样，有呈卵形、球形、丝形等（见图 9-15）；其平均直径为 1 mm，一般为 0.1～2 mm，最大可达 3～5 mm；反应区底部的颗粒污泥多以无机粒子作为核心，外包生物膜；颗粒的核心多为黑色，生物膜的表层则呈灰白色、淡黄色或暗绿色等；反应区上部的颗粒污泥的挥发性相对较高；颗粒污泥质软，有一定的韧性和黏性。

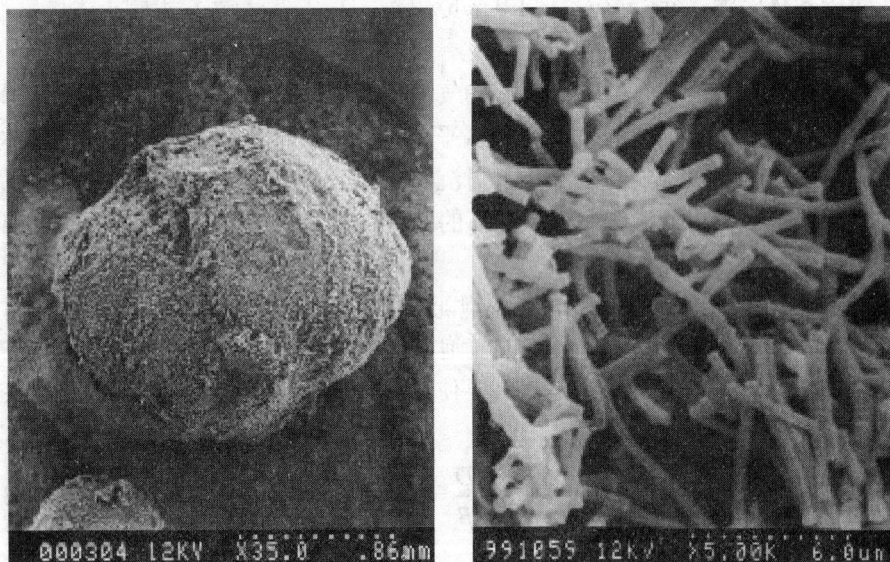

图 9-15　颗粒污泥的扫描电镜照片（运行 180 天）

2）颗粒污泥的组成

在颗粒污泥中主要包括：各类微生物、无机矿物以及有机的胞外多聚物等，其 VSS/SS 一般为 70%～90%；颗粒污泥的主体是各类微生物，包括水解发酵菌、产氢产乙酸菌和产甲烷菌，有时还会有硫酸盐还原菌等，细菌总数为 $(1～4)×10^{12}$

个/gVSS；常见的优势产甲烷菌有：索氏甲烷丝菌、马氏和巴氏甲烷八叠球菌等；一般颗粒污泥中 C、H、N 的比例为 C 为：40%～50%、H 约为 7%、N 约为 10%；灰分含量因接种污泥的来源、处理水质等的不同而有较大差距，一般灰分含量可达 8.8%～55%；灰分含量与颗粒的密度有很好的相关性，但与颗粒的强度的相关性不是很好；灰分中的 FeS、Ca^{2+} 等对于颗粒污泥的稳定性有着重要的作用，一般认为在颗粒污泥中铁的含量比例特别高。

胞外多聚物是颗粒污泥另一重要组成，在颗粒污泥的表面和内部，一般可见透明发亮的黏液状物质，主要是聚多糖、蛋白质和糖醛酸等；含量差异很大，以胞外聚多糖为例，少的占颗粒干重的 1%～2%，多的占 20%～30%；有人认为胞外多聚物对于颗粒污泥的形成有重要作用，但现在仍有较大争议；不过至少可以认为其存在有利于保持颗粒污泥的稳定性。

3）颗粒污泥的生物活性

通过多种研究手段对多种颗粒污泥的研究都表明，颗粒污泥中的细菌是成层分布的，即外层中占优势的细菌是水解发酵菌，而内层则是产甲烷菌；颗粒污泥实际上是一种生物与环境条件相互依存和优化的生态系统，各种细菌形成了一条很完整的食物链，有利于中间氢和中间乙酸的传递，因此其活性很高。

（5）UASB 的工程应用

UASB 是目前应用最为广泛的高效厌氧反应器，几乎可用来处理所有以有机物为主的废水，又分布在世界各个主要国家。在全球范围内已经有 900 个以上的生产 UASB 在运行，其中最大的是荷兰 Paques 公司为加拿大建造的用于造纸废水处理的 UASB，反应器容积为 15 600 m^3，日处理 COD 能力为 185 t。目前 UASB 反应器的应用仍呈迅速增加趋势，以 UASB 为基础的高效厌氧反应器（如厌氧内循环反应器、UASB+厌氧滤池等）也在研究、开发与应用中。

9.2.6　厌氧膨胀床和厌氧流化床

（1）基本原理

如图 9-16 所示，在厌氧反应器内添加固体颗粒载体，常用的有石英砂、无烟煤、活性炭、陶粒和沸石等，粒径一般为 0.2～1.0 mm。一般需要采用出水回流的方法使载体颗粒在反应器内膨胀或形成流化状态；一般将床体内载体略有松动，载体间空隙增加但仍保持互相接触，膨胀率为 10%～20%的反应器称为厌氧膨胀床（Anaerobic Expanded Bed，AEB）；将上升流速增大到可以使载体在床体内自由运动而互不接触，膨胀率为 20%～70%的反应器称为厌氧流化床（Anaerobic Fluidized Bed，AFB），流化床的颗粒做无规则的自由运动。

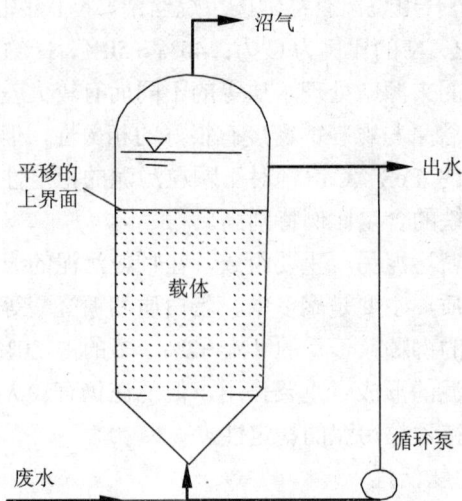

图 9-16　厌氧膨胀床和流化床

（2）主要特点

细颗粒状的载体为微生物的附着生长提供了较大的比表面积，使床内的微生物浓度很高（一般可达 30 gVSS/L）；具有较高的有机容积负荷（10～40 kgCOD/m³·d），水力停留时间较短；具有较好的耐冲击负荷的能力，运行较稳定；载体处于膨胀或流化状态，可防止载体堵塞；床内生物固体停留时间较长，剩余污泥量较少；既可应用于高浓度有机废水的处理，也可应用于低浓度城市废水的处理。

膨胀床或流化床的主要缺点是：载体的流化耗能较大；系统设计运行的要求也较高。

9.2.7　厌氧生物转盘

厌氧生物转盘（Anaerobic Rotating Biological Reactor，ARBR）是 Pretorius 等于 1975 年在进行废水的反硝化脱氮处理时提出来的。1980 年 Tati 等首先开展了应用厌氧生物转盘处理有机废水的实验研究工作。

厌氧生物转盘在构造上与好氧生物转盘相似，亦由盘片、接触反应槽、转轴及驱动装置所组成；与好氧生物转盘不同的是，盘片大部分（70%左右）或全部浸没于水中，接触反应槽密封，以利于厌氧反应的进行和收集沼气。厌氧生物转盘的构造见图 9-17。污水处理靠盘片表面生物膜和悬浮在反应槽中的厌氧活性污泥共同完成。盘片转动时，作用在生物膜上的剪切力将老化的生物膜剥下，在水中呈悬浮状态，随水流出槽外，沼气从槽顶排出。

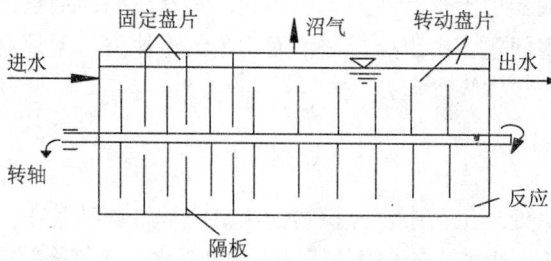

图 9-17 厌氧生物转盘

厌氧生物转盘主要有以下特点：微生物浓度高，可承受较高的有机负荷，一般在中温发酵条件下，有机物面积负荷可达 0.04 kgCOD/（m^2 盘片·d），COD 去除率可达 90%左右；不存在载体堵塞问题；由于转盘转动，不断使老化生物膜脱落，使生物膜经常保持较高的活性；具有承受冲击负荷的能力，处理过程稳定性较强；便于操作，易于管理。其缺点是盘片成本较高使整个装置造价很高。

9.2.8 厌氧挡板反应器

厌氧挡板反应器（Anaerobic Baffled Reactor，ABR）是 McCarty 于 1982 年开发的一种新型厌氧活性污泥法，其处理工艺流程如图 9-18 所示。在反应器内垂直于水流方向设置多块挡板，以保持反应器内较高的污泥浓度。挡板将反应器分为若干个上向流室和下向流室，其中上向流室比较宽，便于污泥聚集；下向流室比较窄，通往上向流室的导板下部边缘处加 60°的导流板，便于将水送至上向流室的中心，使泥水充分混合。当废水 COD 浓度较高时，为避免出现有机酸浓度过高、减少缓冲溶液的投加量和反应器前端形成的细菌胶质的生长，需对处理后的水进行回流以使进水 COD 浓度控制在 5 000～10 000 mg/L。当原废水 COD 浓度较低时，一般无须回流。

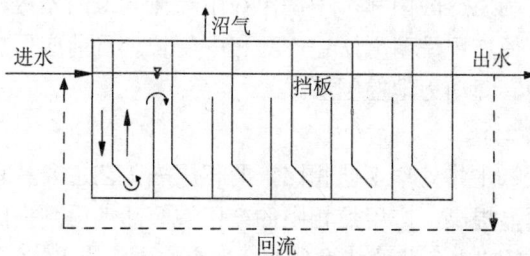

图 9-18 厌氧挡板反应器处理工艺流程

厌氧挡板反应器由于其特殊的结构形式，具有启动周期短、防止类似厌氧生物膜工艺中的堵塞问题、由于挡板截留而避免污泥流失、无须混合搅拌装置和无须微生物附着生长载体等优点。

9.2.9 两相厌氧工艺

在多数的厌氧处理工艺中，有机物的厌氧降解过程都是在一个反应器内完成的。即使是将反应器串联起来形成两级厌氧处理系统，厌氧降解的四个阶段仍分别在前后的同一个反应器内进行，整个降解过程一般都是由反应最慢的产乙酸和产甲烷阶段来控制。在这种情形下，反应器内挥发性脂肪酸（VFA）应当保持在较低的浓度以避免 pH 下降过多，废水应具有足够的缓冲能力来中和所产生的脂肪酸，在酸化过程中产生的 H_2 也应当维持在最低水平，由此来保证产乙酸的顺利进行。

在复杂有机物的厌氧降解过程中，水解、酸化、产乙酸和产甲烷等过程在一个反应器内依次完成。由于水解和酸化过程是由同类微生物种群完成的，故这两个过程不能单独进行；产乙酸过程需要嗜氢甲烷菌的活动以便保持较低的 H_2 分压，因此产乙酸和产甲烷过程也不能分开进行。这意味着厌氧过程的分离只能是酸化阶段和产乙酸阶段的分离，由此便产生了两相厌氧工艺，即进行水解与酸化的"产酸相"和进行产乙酸和产甲烷的"产甲烷相"的两步处理工艺。

两相厌氧工艺的微生物学意义在于，首次实现了将参与厌氧降解过程的两大类不同习性的微生物种群（分别通称为产酸菌和产甲烷菌）分离，使得酸化菌的酸化活性和产甲烷菌的甲烷活性大大提高，从而可以获得较高的生化反应速度。

（1）两相厌氧工艺的相分离技术

在两相厌氧工艺中，最本质的特征是实现相的分离，方法主要有：①化学法：投加抑制剂或调整氧化还原电位，抑制产甲烷菌在产酸相中的生长；②物理法：采用选择性的半透膜使进入两个反应器的基质有显著的差别，以实现相的分离；③动力学控制法：利用产酸菌和产甲烷菌在生长速率上的差异，控制两个反应器的水力停留时间，使产甲烷菌无法在产酸相中生长。目前应用的最多的相分离的方法，是最后一种，即动力学控制法。

（2）主要特点

与常规单相厌氧生物处理工艺相比，两相厌氧工艺主要具有如下特点：有机负荷比单相工艺明显提高；产甲烷相中的产甲烷菌活性得到提高，产气量增加；运行更加稳定，承受冲击负荷的能力较强；当废水中含有 SO_4^{2-} 等抑制物质时，其对产甲烷菌的影响由于相的分离而减弱；对于复杂有机物（如纤维素等），可以提高其水解反应速率，因而提高了其厌氧消化的效果。

（3）两相厌氧工艺的工艺流程

两相厌氧工艺的处理流程一般主要由酸化反应器和产甲烷反应器组成，中间设置沉淀池，如图 9-19 所示。

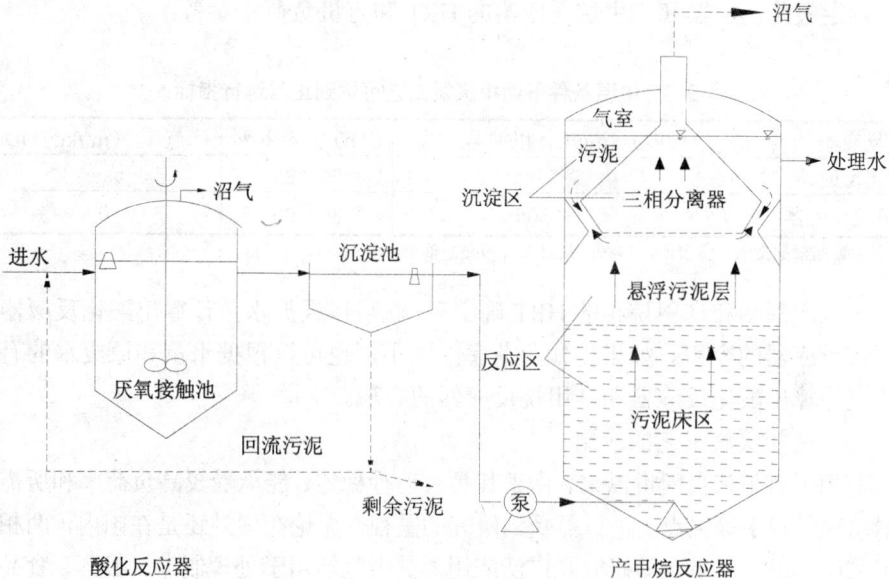

图 9-19 两相厌氧工艺的处理流程

酸化反应器一般采用完全混合的普通厌氧反应器，既可保证使进料均匀分布，又可使进水中含有一定量悬浮固体时也不至于影响反应器的正常运行。反应器出流经沉淀池进行固液分离后，上清液由沉淀池上部排出进入下一步的产甲烷反应器，而污泥回流至酸化反应器以确保其内具有一定的污泥浓度，剩余污泥部分排放。尽管酸化反应器的目的在于水解与产酸，但也会有低热值的主要成分为 CO_2 的沼气产生。

产甲烷反应器一般采用升流式污泥床（UASB），也可以采用厌氧滤池（AF）、厌氧流化床、膨胀床和厌氧活性污泥法的有关工艺等形式。反应过程中产生的沼气由反应器顶部收集后排出予以利用。

（4）两相厌氧工艺的设计

如前所述，为了使产酸相和产甲烷相分离开来，目前人们多采用根据两大类微生物种群具有不同的生长速率，通过控制酸化反应器和产甲烷反应器的水力停留时间（HRT）来实现。确切地讲，HRT 和与之相关的负荷率是两相厌氧工艺设计的重要参数。

水力停留时间和负荷率的值取决于待处理废水的性质及反应器的类型，一般需通过实验和参照同类废水已有的经验进行确定。通常的情况是：产酸相的 HRT 短些（约几个小时），有机负荷率高些[25～60 kgCOD/（m³·d）]；而产甲烷相的 HRT 长些（约为产酸相 HRT 的 2～5 倍），有机负荷率低些。表 9-2 所列有关参数 可供确定酸化反应器和产甲烷反应器的 HRT 和有机负荷率参考。

表 9-2　中温条件下两相厌氧工艺可达到正常运行指标

反应器	pH	VFA/（mg/L，以 HAc 计）	COD 去除率/%	产气率/（m³/kgCOD）
酸化反应器	5～6	＞5 000	20～25	—
产甲烷反应器	7～7.5	＜500	80～90	0.5

注：表中数据根据文献（秦麟源，1989；张自杰，1996）整理。

一旦产酸相和产甲烷相的 HRT 确定后，就可以根据水量计算出酸化反应器和 产甲烷反应器的容积。如果得知负荷率的大小，也可以根据水量和原废水的有机 物浓度计算出酸化反应器和产甲烷反应器的容积。

（5）两相厌氧工艺的应用

两相厌氧工艺自问世以来，由于其具有运行稳定、能承受较高负荷率和所需反 应器总容积较小等优点，正日益受到研究的重视。无论在国外还是在国内，两相厌 氧工艺已被进行大量实验研究和广泛应用，其中包括用于处理制糖、酿酒、食品加 工、饮料生产和造纸等工业的废水处理。此外，还有研究者将两相厌氧工艺中的水 解产酸相与好氧处理相结合，用于处理城市废水，也取得了良好的运行效果。

表 9-3 列举了两相厌氧工艺的一些应用。

表 9-3　两相厌氧工艺的应用

废水来源	主要水质特征	工艺流程	工艺条件	主要效果	参考
马铃薯加工	COD=17 500～18 000 mg/L pH=6.2 硫酸盐=3.3 mmol/L	废水→沉淀→AF（产酸相，1 700 m³）→吹脱→UASB（产甲烷相，5 000 m³）→好氧	产酸相： T=33℃ HRT=9.5 h 产甲烷相： T=35℃ HRT=20 h	产酸相出水： COD=11 700 mg/L CO_2=48%， CH_4=6.3% 产甲烷相出水： COD=3 000 mg/L CO_2=27%， CH_4=72%	张自杰，1996
糖蜜酒精废液	COD=100 000～130 000 mg/L pH=3.9～4.5 硫酸盐=8 500～8 600 m/L	废水→调节→酸化罐→中和池→UASB（产甲烷相，100 m³）→沉淀	产甲烷相： T=30～35℃ HRT=0.6 或 2.5 d N_v=50 或 13.6 kg/（m³·d）	产甲烷相： η_{COD}=63.2%或81.1% CH_4=58.3%或62.6%	贺延龄，1998

9.2.10　厌氧内循环反应器

厌氧内循环反应器（Internal Circulation，IC）是由荷兰 Paques 公司 1985 年在 UASB 基础上推出的第三代高效厌氧反应器，1988 年第一座生产性规模的 IC 反应器投入运行。IC 反应器以其处理容量大，投资省，占地少，运行稳定等优点而深受瞩目，并已成功地应用于啤酒生产、造纸及食品加工等行业的工业废水处理中。

（1）IC 反应器的构造

IC 反应器可看作由 2 个 UASB 反应器串联构成，具有很大的高径比，直径一般为 4～8 m，高度可达 16～25 m，由 5 个基本部分组成：① 混合区，进水与回流污泥混合；② 颗粒污泥膨胀床区（第一反应室）；③ 精处理区（第二反应室）；④ 内循环系统，是 IC 工艺的核心构造，由一级三相分离器、沼气提升管、气液分离器和泥水下降管组成；⑤ 二级三相分离区，包括集气管和沉淀区（图 9-20）。

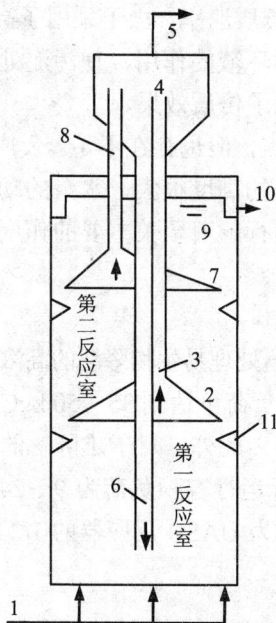

图 9-20　IC 反应器结构示意图

1-进水；2-一级三相分离器；3-沼气提升管；4-气液分离器；5-沼气排出管；6-回流管；
7-二级三相分离器；8-集气管；9-沉淀区；10-出水管；11-气封

（2）工艺特征

UASB 反应器虽然有较多的优点，但在如何保持泥水的良好接触，强化传质过程，最大限度地利用颗粒污泥的生物处理能力，减轻由于传质的限制对生化反应速率的负面影响方面却存在不足，而 IC 反应器却利用自身的结构特点较好地解决了以上问题。

IC 反应器的主要特性如下：

① 实现自发的内循环污泥回流。在较高的 COD 容积负荷条件下，利用产甲烷细菌产生的沼气形成汽提，在无须外加能源的条件下实现了内循环污泥回流，从而进一步加大生物量，延长污泥龄。

② 引入分级处理，并赋予其新的功能。通过膨胀床去除大部分进水中的 COD，通过精处理区降解剩余 COD 及一些难降解物质，从而提高了出水水质。更重要的是，由于污泥内循环，精处理区的水流上升速度（2～10 m/h）远低于膨胀床区的上升流速（10～20 m/h），而且该区只产生少量的沼气，创造了颗粒污泥沉降的良好环境，解决了在高 COD 容积负荷下污泥被冲出系统的问题，保证运行的稳定性。

③ 泥水充分接触，提高传质速率。由于采用了高的 COD 负荷，所以第一反应室的沼气产量高，加之内循环液的作用，使污泥处于膨胀流化状态，既达到了泥水充分接触的目的，又强化了传质效果。

尽管 IC 反应器有很多优点，但也存在不足。反应器结构较复杂，施工、安装和日常维护困难；由于反应器的高度很大，水泵的动力消耗有所增加；反应器的构造和结构尺寸对反应器的运行起着至关重要的作用，相关的结构尺寸和设计参数尚需进一步摸索。

（3）工程应用

据有关研究报道，IC 反应器处理易生物降解的高浓度有机废水（COD 为 5 000～9 000 mg/L），相应 COD 容积负荷可达到 35～50 kgCOD/（m³·d），并成功地应用于啤酒废水、土豆加工废水等。此外，对于难降解的造纸废水，其进水 COD 浓度为 1 250～3 515 mg/L，实际运行容积负荷为 9～24 kgCOD/（m³·d），处理效率为 61%～86%，反应器容积仅为 UASB 反应器的 1/2。

9.2.11　膨胀颗粒污泥床

膨胀颗粒污泥床（Expanded Granular Sludge Bed，EGSB）是在 UASB 反应器的基础上于 20 世纪 80 年代后期由荷兰 Wageningen 农业大学环境系开始研究的新型厌氧反应器，它能在比 UASB 高几倍的有机负荷（COD 负荷达到 30 kg/（m³·d））下处理诸如化工、生化和生物工程的工业废水。同时，EGSB 反应器还适合于处理低温（$T \leqslant 10 ℃$）和低浓度（COD<1.0 g/L）以及难降解的有毒害性的废水。目前国内外已建立了许多 EGSB 反应器，用来处理如食品、化工和制药等各种类型

的废水。

（1）EGSB 的工艺特征

EGSB 反应器是对 UASB 反应器的改进，它与 UASB 反应器的不同之处仅仅在于其运行方式，它们最大的区别在于反应器内液体上升流速的不同。与 UASB 反应器相比，它增加了出水再循环部分，使得反应器内的液体上升流速 v_u 达 2.5～6.0 m/h（甚至可高达 5～10 m/h），远远高于 UASB 反应器中采用的约 0.5～2.5 m/h（一般小于 1 m/h）的上流速度，因此在 EGSB 反应器内颗粒污泥床处于"膨胀状态"。

在 EGSB 中的高上流速度和产气的搅拌作用下，废水与颗粒污泥微生物间的接触更充分，水力停留时间更短，从而可大大提高反应器的有机负荷和处理效率。更为关键的是，EGSB 可以采用较大的高径比（可高达 20 或更高），可以进一步向着空间化方向发展，对于相同容积的 EGSB 反应器而言其占地面积更小，投资更省。由于 EGSB 反应器具有很高的出水循环比率，它可以将原水中毒性物质的浓度稀释到微生物可以承受的程度，从而保证反应器中的微生物能良好生长，因此可以采用 EGSB 反应器处理具有毒性或难降解的废水并可获得较好的效果。

（2）EGSB 的构造与工艺流程

除反应器主体外，EGSB 反应器的主要组成部分有进水分配系统、气-液-固三相分离器以及出水循环部分，其工艺示意图见 9-21 所示。

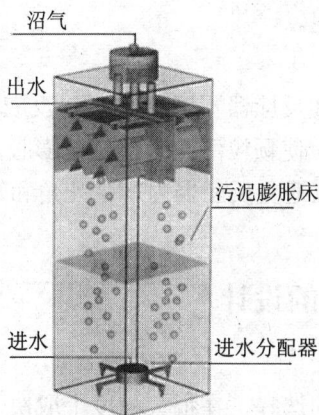

图 9-21　EGSB 工艺示意图

1）EGSB 反应器主体

EGSB 反应器主体是颗粒污泥与废水中污染物发生反应的部分，其内有大量的不同粒径的颗粒污泥存在。与 UASB 一样，颗粒污泥是 EGSB 反应器获得高处理效果的原因所在。

反应器不同高度处颗粒污泥的粒径也有明显不同，如在反应器运行后期，反应器上部主要为 1.7～1.9 mm 的小粒径污泥，而下部则为 2.3～2.9 mm 的大粒径污泥。然而，就降解乙酸和 VFA 混合物的情况看，上部颗粒污泥的比基质降解率和产甲烷活性分别比下部污泥高 11%～40% 和 20%～45%，这是由于压力作用使底部污泥密度增加、孔隙度减少，于是基质扩散阻力加大，致使底部污泥活性较低。

2）进水分配系统

进水分配系统的主要作用是将进水均匀地分配到整个反应器的底部，并产生一个均匀的上升流速。与 UASB 反应器相比，EGSB 反应器由于高径比更大，其所需要的配水面积会较小；同时采用了出水循环，其配水孔口的流速会更大，因此系统更容易保证配水均匀。

3）三相分离器

三相分离器仍然是 EGSB 反应器最关键的构造，其主要作用是将出水、沼气、污泥三相进行有效分离，使污泥在反应器内有效停留。与 UASB 反应器相比，EGSB 反应器内的液体上升流速要大得多，因此必须对三相分离器进行特殊改进。

改进可以有以下几种方法（Kato，1994）：增加一个可以旋转的叶片，在三相分离器底部产生一股向下水流，有利于污泥的回流；采用筛鼓或细格栅，可以截留细小颗粒污泥；在反应器内设置搅拌器，使气泡与颗粒污泥分离；在出水堰处设置挡板，以截留颗粒污泥。

4）出水循环部分

出水循环部分是 EGSB 反应器不同于 UASB 反应器之处，其主要目的是提高反应器内的液体上升流速，使颗粒污泥床层充分膨胀，废水与微生物之间充分接触，加强传质效果，还可以避免反应器内产生死角和短流。

9.3 厌氧生物处理法的设计

厌氧处理流程和装置的选择，在很大程度上取决于废水中的悬浮物含量、粒度和厌氧可降解性，如上流式厌氧污泥床反应器（UASB）和厌氧生物滤池（ABF）等新型厌氧反应器虽消化效率高，但在处理含悬浮固体物较多的污水时，却不宜采用。随着污水中悬浮物的增加，厌氧滤池的处理能力下降，逐渐接近其他工艺的处理能力，不仅如此，它还易引起填料的堵塞；上流式厌氧污泥床反应器

（UASB）可以允许进水带有一定量的悬浮物，但过多的悬浮物将使污泥凝聚，颗粒化性能恶化，活性下降，设备不能保持正常的流态，进而使处理能力下降，甚至设备堵塞。对于固体物含量较高的料液，宜采用常规厌氧消化池和厌氧接触消化工艺，或者采用两步厌氧消化工艺处理。但是，用厌氧接触法处理可溶性废水时，大量微生物处于分散状态，不易与水分离而随沉淀池出水流出系统，这就对维持较长的θ_c值造成了困难。对于这类含低悬浮固体、高浓度可溶性有机物质的废水，则可适合用上流式厌氧污泥床反应器（UASB）等高效消化反应器处理。

厌氧反应器的容积是一个很重要的设计参数，要完成一定的废水厌氧处理任务，必须保证反应器要有足够的有效容积。计算厌氧反应器容积的方法很多，普遍采用的方法有：有机容积负荷法、水力停留时间法等。

9.3.1　厌氧反应器容积的计算

（1）有机容积负荷法

$$V = \frac{QS_0}{N_v} \tag{9-20}$$

式中，V —— 消化池计算容积，m^3；

Q —— 废水设计流量，m^3/d；

S_0 —— 进水有机物的浓度，$kgBOD_5/m^3$ 或 $kgCOD/m^3$；

N_v —— 反应区的设计负荷率，$kgBOD_5/(m^3 \cdot d)$ 或 $kgCOD/(m^3 \cdot d)$。

（2）水力停留时间法

$$V = Q \cdot t \tag{9-21}$$

式中，t —— 消化时间，d。

9.3.2　消化池的热量计算

厌氧生物处理特别是甲烷化，温度条件是一个重要的因素，要满足这个条件，就需要对废水加温或对反应池保温。那么，消化池所需要的热量主要包括将废水提高到池温所需要的热量和补偿池壁、池盖所散失的热量。

提高废水温度所需要的热量：

$$Q_1 = Q \cdot C \cdot (t_2 - t_1) = \Delta t \cdot Q \cdot C \quad (kJ/h) \tag{9-22}$$

式中，Q —— 废水投加量，m^3/h；

C —— 废水比热容，约 $4\,200\ kJ/(m^3 \cdot ℃)$；

t_2 —— 消化池温度，℃；

t_1 —— 废水温度，℃。

散失的热量：

$$Q_2 = K \cdot A \cdot (t_2 - t_1) \tag{9-23}$$

式中，A —— 散热面积，m^2；

t_2 —— 消化池内壁温度，℃；

t_1 —— 消化池外壁温度，℃；

K —— 传热系数，$kJ/(h \cdot m^2 \cdot ℃)$。

K 值根据不同材料有不同的值，设计时可查阅相关的材料手册。对钢筋混凝土池子，K 为 $20 \sim 25$ $kJ/(h \cdot m^2 \cdot ℃)$。

9.3.3 厌氧产气量计算

（1）理论产气量计算

1）根据废水有机物化学组成计算产气量

利用有机物（$C_nH_aO_bN_c$）厌氧消化过程的化学反应通式进行计算：

$$C_nH_aO_bN_c + \left(2n + c - b - \frac{9s \cdot d}{20} - \frac{e \cdot d}{4}\right)H_2O \longrightarrow$$

$$\frac{e \cdot d}{8}CH_4 + \left(n - c - \frac{s \cdot d}{5} - \frac{e \cdot d}{8}\right)CO_2 + \frac{s \cdot d}{20}C_5H_7O_2N + \tag{9-24}$$

$$\left(c - \frac{s \cdot d}{20}\right)NH_4^+ + \left(c - \frac{s \cdot d}{20}\right)HCO_3^-$$

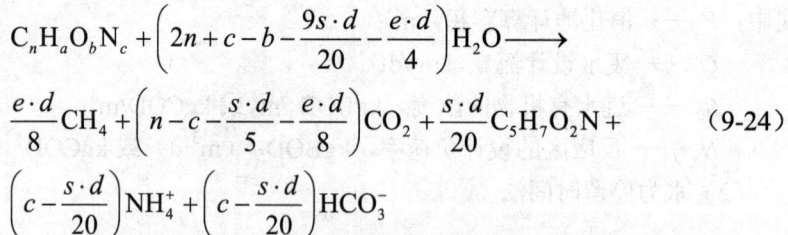

式（9-24）中，括号内的符号和数值为反应的平衡系数，其中：

$$d = 4n + a - 2b - 3c \tag{9-25}$$

s 值代表转化成细胞的部分有机物所占的比例，e 值代表转化成沼气的部分有机物所占的比例。设：

$$s + e = 1 \tag{9-26}$$

s 值随有机物成分、厌氧反应器中污泥龄 θ_c（d）和微生物细胞的自身氧化系数 K_d（$1/d$）而变化：

$$s = a_e \frac{1 + 0.2K_d\theta_c}{1 + K_d\theta_c} \tag{9-27}$$

式中，0.2 为细胞不可降解的系数，a_e 为转化成微生物细胞的有机物的最大值。

对不含氮的有机物可用以下由巴斯维尔（Buswell）提出的反应通式进行计算：

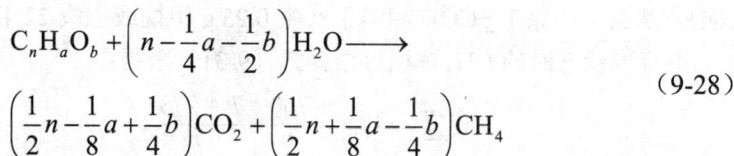

$$C_nH_aO_b+\left(n-\frac{1}{4}a-\frac{1}{2}b\right)H_2O \longrightarrow$$

$$\left(\frac{1}{2}n-\frac{1}{8}a+\frac{1}{4}b\right)CO_2+\left(\frac{1}{2}n+\frac{1}{8}a-\frac{1}{4}b\right)CH_4 \tag{9-28}$$

从式（9-28）可以看出，若 $n=\frac{1}{4}a+\frac{1}{2}b$ 时，水并不参加反应，如乙醇的完全

厌氧分解；若 $n>\frac{1}{4}a+\frac{1}{2}b$ 时，水是参加反应的，产生的沼气质量将超过所分解的

有机物质的干重，例如丙酸的厌氧分解：

$$CH_3CH_2COOH+0.5H_2O \longrightarrow 1.25CO_2+1.75CH_4 \tag{9-29}$$

则 1 g 丙酸产沼气量为：

CO$_2$ 产量=（1/74）×1.25×22.4=0.378 L=0.743 g；

CH$_4$ 产量=（1/74）×1.75×22.4=0.529 L=0.378 g；

沼气总产量=0.907 L=1.12 g。

碳水化合物、蛋白质、脂类等三类主要有机物的理论产气量见表 9-4。

表 9-4 主要有机物厌氧消化理论产气量

有机物种类	产气量/（m³/kg 干物质）	
	甲烷	沼气
碳水化合物	0.37	0.75
蛋白质	0.49	0.98
脂类	1.04	1.44

注：气体体积以在标准条件下计。

2）根据 COD 与产气量关系计算

在实际工程中，被处理对象为纯底物的情况很少见，通常废水中的有机物组分复杂，不便于精确地定性定量，而以 COD 等综合指标来表征。因此，了解去除单位重量 COD 的产气量范围，对于工程设计具有实用价值。

COD$_{Cr}$ 在大多数情况下，可以达到理论需要量（TOD）的 95% 以上，甚至接近 100%，因此，可根据去除单位重量 TOD 的产气量，大体上预计出 COD 与产气量的关系。用甲烷气体的氧当量来计算废水厌氧消化的产气量：

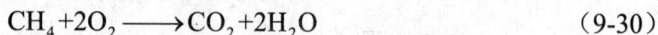

$$CH_4+2O_2 \longrightarrow CO_2+2H_2O \tag{9-30}$$

也就是说，在标准状态下，1 mol 甲烷，相当于 2 mol（或 64 g，以 O$_2$ 计）

COD，那么，还原 1 g COD 相当于产生 0.25 g 甲烷或生成 22.4/64 = 0.35 L 甲烷。

非标准状态时的 CH_4 体积可根据式（9-31）求得：

$$V_{CH_4}^{TP} = V_{CH_4} \times \frac{760}{P} \times \frac{T+273}{273} \tag{9-31}$$

式中，$V_{CH_4}^{TP}$ —— 温度 T（℃）和气压 P（mm Hg）时的 CH_4 体积（m^3/d）；

V_{CH_4} —— 标准状态（0℃，latm）时的 CH_4 体积（m^3/d）。

厌氧处理所产生的气体（沼气）中 CH_4 约占 65%，所以所产沼气体积应为：

$$V_{沼气} = \frac{V_{CH_4}^{TP}}{0.65} \quad (m^3/d) \tag{9-32}$$

因为在标准状态（0℃，latm）时，每去除 1 g COD 产生 0.35 LCH_4，所以，可根据 COD 去除量与甲烷产生量关系，预测厌氧消化系统的甲烷日产量 V_{CH_4}（m^3/d）：

$$V_{CH_4} = 0.35[Q(S_0 - S_e) - 1.42\Delta X] \times 10^{-3} \tag{9-33}$$

式中，V_{CH_4} —— 甲烷产量（标准状态），m^3/d；

1.42 —— 由细胞体重换算成 COD 的系数；

Q —— 进水流量，m^3/d；

S_0 —— 进水 COD 浓度，mg/L；

S_e —— 出水 COD 浓度，mg/L；

ΔX —— 厌氧发酵中每日合成细胞量；

$1.42\Delta X$ —— 每天从反应器排泥中所流出的 COD 的量。

一般甲烷在沼气中的含量为 55%~73%，CO_2 占 25%~35%，NH_3 占 1%~2%，H_2S 占 0.5%~1.5%，据此可求沼气的日产量。

公式（9-33）也可表示为：

$$V_{CH_4} = 0.35(\eta F - 1.42\Delta X) \tag{9-34}$$

$$\Delta X = \frac{YQ(S_0 - S_e)}{1 + K_d\theta_c} = \frac{Y\eta F}{1 + K_d\theta_c} \tag{9-35}$$

式中，η —— COD 去除率；

F —— 反应器每日投加 COD 的量，$F = QS_0$；

θ_c —— 泥龄，d；

Y —— 产率系数，mgMLVSS/mgCOD；

K_d —— 微生物内源呼吸衰减系数，d^{-1}。

厌氧消化动力学常数见表 9-5；甲烷在水中的溶解度见 9-6。

表 9-5 厌氧消化动力学常数表（20℃）

基质	$Y/$（mgMLVSS/mgCOD）		k_d / d^{-1}	
	范围	典型值	范围	典型值
脂肪酸	0.04～0.07	0.05	0.03～0.05	0.04
碳水化合物	0.02～0.04	0.024	0.025～0.035	0.03
蛋白质	0.05～0.09	0.075	0.01～0.02	0.014

表 9-6 甲烷在水中的溶解度

温度/℃	26	26.5	27	28	28.5	29
溶解度 L（标准态）/L	0.029 5	0.029 4	0.029 1	0.028 6	0.028 3	0.028 1

（2）实际产气率分析

在厌氧消化工艺中，把转化 1 kgCOD 所产的沼气或甲烷称为产气率。实际产气率常受物料的性质、工艺条件、废水 COD 浓度、沼气中甲烷的含量以及管理技术水平等因素的影响，因此，在不同的场合，实际产气率与理论值会有不同程度的差异。

【例 9-1】工业废水厌氧发酵产气量计算

已知：工业废水量 Q =500 m^3/d；废水 COD 含量为 36 g/L；厌氧生物处理温度为 28℃；水力停留时间，t =5 d；泥龄，θ_c =15 d；产率系数 Y =0.021；微生物内源衰减系数，K_d=0.028 d^{-1}；厌氧生物处理 COD 去除率，η =80%，消化气中 CH_4 含量为 65%。

【解】

① 厌氧生物处理过程中合成新细胞量

$$\Delta X = \frac{Y\eta F}{1+K_d\theta_c} = \frac{0.021 \times 0.8 \times 500 \times 36}{1+0.028 \times 15} = 213 \text{ kg}$$

② 甲烷产量（标准态）

$$V'_{CH_4} = 0.35(\eta F - 1.42\Delta X) = 0.35(0.8 \times 500 \times 36 - 1.42 \times 213) = 4\,934 \text{ m}^3/\text{d}$$

③ 处理出水中甲烷溶解量

出水中甲烷溶解度： $S_{CH_4}=0.028\,6$

出水中溶解甲烷的量： $V_2=Q\cdot S_{CH_4}=500\times0.028\,6=14.3\ \mathrm{m^3}$ 标准态 / d

④ 每日实际甲烷产量

$$V_{CH_4}=V'_{CH_4}-V_2=4\,934-14.3=4\,919.7\ \mathrm{m^3} 标准态 / d$$

⑤ 每日消化气产量

$$V=\frac{V_{CH_4}}{0.65}=\frac{4\,919.7}{0.65}=7\,569\ \mathrm{m^3} 标准态 / d$$

【习题与思考题】

9-1 试比较厌氧生物处理与好氧生物处理的优缺点及它们的适用条件。

9-2 影响厌氧生物处理主要因素有哪些？提高厌氧生物处理的效能主要可从哪些方面考虑？

9-3 试简述厌氧消化过程的三阶段理论，并结合该理论简述在厌氧反应器中维持稳定 pH 的重要性。

9-4 试比较"两相厌氧工艺"和"三相分离器"中的"相"有何不同？

9-5 简述 UASB 反应器的原理、结构以及工艺特点。

9-6 已知：某工业废水流量为 $500\ \mathrm{m^3/d}$，经分析得知含丙酸和丁酸两种化学成分，经测试丙酸和丁酸的浓度分别为 20 g/L、10 g/L，则该工业废水的 COD 值是多少？若该工业废水经厌氧生物处理，温度为 28℃，该温度下产生甲烷的溶解度为 0.028 6 L（标准态）/L，在厌氧反应器内，污泥龄为 10 d，理论产率系数 $Y=0.021$，微生物内源自身衰减系数 $K_d=0.021$，经过厌氧消化后出水 COD=8.5 g/L，求在标准状态下实际甲烷产量。

第 10 章　生物脱氮除磷技术

传统活性污泥工艺能有效地去除污水中的 BOD_5 和 SS，但不能有效地去除污水中的氮和磷。废水的生物脱氮除磷技术是废水的深度处理技术之一，深度处理是指除去在常规二级处理过程中未被除去的污染物。深度处理的主要对象是构成浊度的悬浮物和胶体、微量有机物、氮、磷和细菌等，城市污水经过深度处理后可作为工业回用水或灌入地下经过渗滤，作为生活水源等。

如果含氮磷较多的污水排到湖泊或海湾等相对封闭的水体，则会产生富营养化，导致水体水质的恶化或湖泊退化，影响其使用功能。随着城市人口的集中和工农业的发展，水体的富营养化问题日益突出，引起水体富营养化的营养元素有碳、氮、磷、钾、铁等，其中氮和磷是引起藻类大量繁殖的主要因素。欲控制水体的富营养化，必须限制氮、磷的排放。

典型的城市污水中，总氮（TN）的含量为 20～85 mg/L，平均值为 40 mg/L，一般城市污水 TN 含量在 20～50 mg/L。城市污水中的氮主要以有机氮、氨氮两种形式存在，硝态氮含量很低，其中有机氮为 30%～40%，氨氮为 60%～70%，亚硝酸盐氮和硝酸盐氮仅为 0%～5%。

城市污水中总磷含量在 4～15 mg/L，其中有机磷为 35%左右，无机磷为 65%左右，通常都是以有机磷、磷酸盐或聚磷酸盐的形式存在于污水中。

就污水对水体富营养化作用来说，磷的作用远大于氮，所以，国外一些污水处理厂把氮、磷的排放标准分别设定为 15 mg/L 和 0.5 mg/L。

采用化学或物理化学方法可以有效地脱氮除磷。例如折点加氯或吹脱工艺可以有效地去除氨和氮；采用混凝沉淀或选择性离子交换工艺可以去除磷。但这些方法的运行费用都较高，不适合水量一般都很大的城市污水处理。因此，城市污水的脱氮除磷大量采用的还是生物处理工艺。

根据受纳水体的使用功能和水质要求，城市污水生物脱氮除磷工艺功能可以分成以下几种：①去除污水中有机物、有机氮和氨氮；②去除 BOD 和脱氮（包括有机氮和氨氮及硝酸盐）；③去除污水中 BOD 和氮、磷，即完全的脱氮除磷。

生物脱氮除磷工艺在去除污水中 BOD 的同时，也能有效地去除氮和磷，满足上述脱氮除磷的功能要求，因而越来越受到人们的广泛重视。

10.1 氮的去除

10.1.1 水体中氮存在的危害

（1）消耗溶解氧

NH_4^+-N 的硝化作用要消耗 O_2，使 pH 下降。反应式为：

$$NH_4^+ + 2O_2 \longrightarrow NO_3^- + H_2O + 2H^+$$

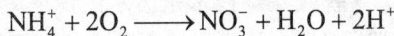

每氧化 1 mg/L NH_4^+-N 需要消耗 4.6 mg/L 氧。反应中产生的 H^+ 使 pH 下降，需要消耗碱度来中和生成的 H^+ 使 pH 不变。每中和 1 mg/L NH_4^+-N 需要消耗 30.5 mg/L 碱度。HCO_3^- 和 H^+ 的中和反应式如下：

$$H^+ + HCO_3^- \longrightarrow CO_2 \uparrow + 2H_2O$$

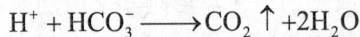

NH_4^+-N 的硝化过程（NH_4^+氧化成 NO_3^-）是在硝化菌和亚硝化菌作用下进行的。硝化菌是自养菌，硝化菌的氧化过程释放能量少，生长比较缓慢。硝化作用要耗氧，从而使水体中溶解氧水平下降。

（2）促进藻类繁殖，使水体富营养化

氮与磷一起，促进藻类和其他水生植物的生长繁殖，严重时将使水体富营养化。藻类虽然在白天进行光合作用放出 O_2，但夜间要吸收溶解氧。藻类死亡腐败时也要消耗溶解氧。

（3）NH_3 对鱼类有毒害作用

在水体中，当 pH<7，仅有 NH_4^+存在；pH>7，大量 NH_3 产生；当 pH>12，仅有 NH_3 存在。而 NH_3 对鱼类毒害较大，其极限值为：$[NH_3]<0.02$ mg/L，因此，当水体 pH>7 时，NH_3-N 对鱼类毒害作用增大。

10.1.2 生物脱氮机理

（1）生物脱氮过程

污水中的氮主要以下面几种形式存在：有机氮、氨氮、亚硝态氮和硝态氮。一般用来表示氮含量的指标有：总氮（TN）、总凯氏氮（TKN）、硝酸盐氮（NO_3^--N）、亚硝酸盐氮（NO_2^--N）以及氨氮（NH_3-N）。硝酸盐氮和亚硝酸盐氮统称为硝态氮（NO_x^--N）。总凯氏氮（TKN）是指有机氮和氨氮之和。总氮（TN）则包括所有有

机氮、无机氮，即

$$TN = TKN + NO_3^- \text{-}N + NO_2^- \text{-}N \qquad (10\text{-}1)$$

脱氮过程即是各种形态的氮转化为氮气从水中脱除的过程。在好氧池中，污水中的有机氮被细菌分解成氨，硝化作用使氨进一步转化为硝态氮，然后在缺氧池中进行反硝化，硝态氮还原成氨气溢出。

原污水中的氮几乎全部以有机氮和氨氮形式存在，首先须通过生物硝化将其转化成硝酸盐，然后利用生物反硝化将其转化成氮气逸出污水，以达到脱氮的目的。

（2）生物脱氮机理

1）氨化作用

生物氨化是指在氨化菌的作用下，有机氮化合物分解、转化 $NH_3\text{-}N$ 的生物过程。以氨基酸为例，反应式为：

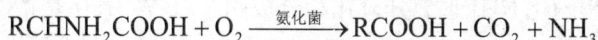

$$RCHNH_2COOH + O_2 \xrightarrow{\text{氨化菌}} RCOOH + CO_2 + NH_3$$

一般的异氧微生物都能进行高效的氨化作用，即在细菌分泌的水解酶的催化作用下，有机氮化合物水解断开肽键，脱除羧基和氨基形成氨。在传统活性污泥工艺中，伴随 BOD_5 的去除，95%以上的有机氮会被转化成 $NH_3\text{-}N$。

2）硝化作用

①硝化反应过程

硝化反应是将氨、氮转化为硝酸盐氮的过程，是由一群自养型好氧微生物完成的，它包括两个基本反应步骤：第一阶段是由亚硝酸菌将氨、氮转化为亚硝酸盐（NO_2^-），称为亚硝化反应；第二阶段则由硝酸菌将亚硝酸盐进一步氧化为硝酸盐，称为硝化反应。亚硝酸菌和硝酸菌统称为硝化菌，均是化能自养菌。亚硝酸菌和硝酸菌以无机化合物 CO_3^{2-}、HCO_3^- 及 CO_2 等为碳源，以 NH_4^+ 及 NO_2^- 为电子供体，O_2 为电子受体，使氨氮氧化并合成新细胞。

氨、氮被氧化为亚硝酸盐、亚硝酸盐被氧化为硝酸盐的表示形式如下：

A．氧化反应：

$$NH_4^+ + 1.5O_2 \xrightarrow{\text{亚硝酸菌}} NO_2^- + H_2O + 2H^+$$

$$NO_2^- + 0.5O_2 \xrightarrow{\text{硝酸菌}} NO_3^-$$

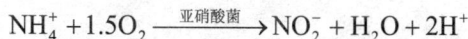

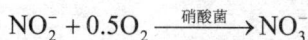

硝化反应总反应式为：

$$NH_4^+ + 2O_2 \xrightarrow{\text{氧化}} NO_3^- + H_2O + 2H^+$$

第一阶段反应放出能量多，该能量供给亚硝酸菌将 NH_4^+ 合成 NO_2^-，维持反应的继续进行；第二阶段反应放出的能量较少。到目前为止没有发现中间产物。

B. 合成反应：

$$13NH_4^+ + 15CO_2 \xrightarrow{\text{合成}} 10NO_2^- + 23H^+ + 4H_2O + 3C_5H_7NO_2 （亚硝酸菌）$$

$$NH_4^+ + 10NO_2^- + 5CO_2 + 2H_2O \xrightarrow{\text{合成}} 10NO_3^- + H^+ + C_5H_7NO_2 （硝酸菌）$$

总反应式：

$$7NH_4^+ + 10CO_2 \xrightarrow{\text{合成}} 5NO_3^- + 12H^+ + H_2O + 2C_5H_7NO_2$$

从上述反应式可以看出：

a. 硝化菌在硝化 NH_4^+ 时，分氧化和合成两个过程。氧化是指 NH_4^+ 和 O_2 作用生成 NO_3^-，这是一个单纯的氧化过程，同时放出能量；合成是指 NH_4^+ 氧化过程的同时又是细菌的生命化学合成过程，利用 NH_4^+ 中的 N、H 和废水中的 CO_2 合成自己的新细胞，同时也把部分 NH_4^+ 氧化成 NO_3^-。此过程不利用水中的溶解氧，而利用溶解的 CO_2，且需要能量。

b. 整个 NH_4^+ 的氧化过程（硝化）是伴随着硝化菌的生命活动而进行的，随着 NH_4^+ 的氧化而有硝化菌的增殖。整个过程由亚硝酸菌和硝酸菌分别完成，但二者的增殖速率不同，亚硝酸菌的产率系数比硝酸菌大，生长快，即世代繁殖期较短。因此，当环境条件不利时，有可能出现 NO_2^- 的积累。

c. 硝化菌从废水中的 NH_3、NH_4^+ 或 NO_2^- 的氧化过程中获得能量，获得生命体所需要的氮。并利用废水中的无机碳（CO_3^{2-}、HCO_3^- 和 CO_2）作碳源，实现生化反应，完成其生命的增殖过程。

综合氨氧化和细胞体合成，并且硝化菌的细胞分子式用 $C_5H_7NO_2$ 表示，则包括硝化和细胞合成的过程可由以下反应方程式表示：

$$55NH_4^+ + 76O_2 + 109HCO_3^- \xrightarrow{\text{亚硝酸菌}} C_5H_7NO_2 + 54NO_2^- + 57H_2O + 104H_2CO_3$$

$$400NO_2^- + NH_4^+ + 4H_2CO_3 + HCO_3^- + 195O_2 \xrightarrow{\text{硝酸菌}} C_5H_7NO_2 + 3H_2O + 400NO_3^-$$

总反应式：

$$NH_4^+ + 1.83O_2 + 1.98HCO_3^- \longrightarrow 0.02C_5H_7NO_2 + 1.041H_2O + 1.88H_2CO_3 + 0.98NO_3^-$$

按上式计算可得：每氧化 1 g NH_4^+-N 成硝酸盐，将消耗 4.57 g 氧，产生 0.17 g 新细胞，消耗 7.14 g 碱度（以 $CaCO_3$ 计），耗去 0.08 g 无机碳。这些化学计量参数在需氧计算、碱度校核、碳源消耗等方面有重要实用意义。

②影响硝化反应的因素

硝化细菌是化能自养菌，它的生长率低，对环境条件变化较敏感。

A. 温度

硝化细菌对温度的变化很敏感。硝化反应的适宜温度范围是 25～35℃，温度不但影响硝化菌的比增长速率，而且影响硝化菌的活性。在 5～35℃的范围内，硝化细菌能进行正常的生理代谢活动，硝化反应的速率随温度的升高而加快，但到 30℃后增加幅度减少，这是因为当温度超过 30℃，蛋白质的变性降低了硝化菌的活性；当温度低于 5℃时，硝化细菌的生命活动几乎停止。对于同时去除有机物和进行硝化反应的系统，温度低于 15℃，即发现硝化速率迅速降低，低温对硝酸菌的抑制作用更为强烈，因此，在低温 12～14℃时，常出现亚硝酸盐的积累。

在冬季，为保证一定的硝化效果，可以采用增大泥龄 SRT 的方法来应付低温对硝化的影响。当污水温度在 16℃之上时，采用 8～10 d 的泥龄即可；但当温度低于 10℃时，应将泥龄 SRT 增至 12～20 d。

B. 溶解氧

硝化反应必须在好氧条件下进行，所以，溶解氧浓度也会影响硝化反应速率。一般应维持混合液的溶解氧浓度（DO）为 2.0～3.0 mg/L，溶解氧浓度为 0.5～0.7 mg/L 是硝化菌可以忍受的极限。

生物硝化系统需维持高浓度 DO，有以下原因：a. 硝化细菌为专性好氧菌，无氧时即停止生命活动，不像分解有机物的细菌那样，大多数为兼性菌；b. 硝化细菌的摄氧速率较分解有机物的细菌低得多，如果不保持充足的氧量，硝化细菌将"争夺"不到所需要的氧；c. 绝大多数硝化细菌包埋在污泥絮体内，只有保持混合液中较高的溶解氧浓度，才能将溶解氧"挤入"絮体内，便于硝化细菌摄取。

一般情况下，将每克 NH_3-N 转化成 NO_3^--N 约需要 4.57 g 氧，对于典型的城市污水，生物硝化系统的实际供氧量一般较传统活性污泥工艺高 50%以上，具体取决于进水中有机氮和氨氮的浓度。

C. pH

硝化细菌对 pH 反应很敏感。在 pH 为 8～9，其生物活性最强，硝化反应的最佳 pH 为 7.2～8.5，当 pH<6.5 或 pH>9.6 时，硝化菌的生物活性将受到抑制并趋于停止。在生物硝化系统中，应尽量控制混合液的 pH 大于 7.0，当 pH<7.0 时，硝化速率明显下降。当 pH<6.5，则必须向污水中加碱。

D．碱度

硝化反应对碱的消耗会引起水体的 pH 下降，因此，硝化反应过程中应加入必要的碱量来维持废水接近中性。

E．有机负荷 F/M

生物硝化属低负荷工艺，F/M 一般都在 0.15 kgBOD$_5$/（kgMLVSS·d）以下。负荷越低，硝化进行的越充分，NH$_3$-N 向 NO$_3^-$-N 转化的效率就越高。有时为了使出水 NH$_3$-N 非常低，甚至采用 F/M 为 0.05 kgBOD$_5$/（kgMLVSS·d）的超低负荷。

F．泥龄 SRT

生物硝化系统的泥龄 SRT 一般较长，主要是由于硝化菌增殖速度较慢，世代期长，如果不保证足够长 SRT，硝化细菌就培养不起来，也就得不到硝化效果。实际运行中，SRT 控制在多少，取决于温度等因素。但一般情况下，要得到理想的硝化效果，SRT 至少应在 8 d 以上。

G．BOD$_5$/TKN

入流污水中的 BOD$_5$ 与 TKN 之比是影响硝化效果的一个重要因素。BOD$_5$/TKN 越大，活性污泥中硝化细菌所占的比例越小，硝化速率 N_R 也就越小，在同样运行条件下硝化速率就越低；反之，BOD$_5$/TKN 越小，硝化速率越高。典型城市污水的 BOD$_5$/TKN 为 5~6，此时活性污泥中硝化细菌的比例约为 5%；如果污水的 BOD$_5$/TKN 增至 9，则硝化菌比例将降至 3%；如果 BOD$_5$/TKN 减至 3，则硝化细菌的比例可高达 9%。当 BOD$_5$/TKN 变小时，由于硝化细菌比例增大，部分细菌会脱离污泥絮体而处于游离状态，在二沉池不易沉淀，导致出水混浊。因而，对某一生物硝化系统来说，存在一个最佳 BOD$_5$/TKN 值。很多处理厂的运行实践发现，BOD$_5$/TKN 值的最佳范围为 2~3。

H．有毒物质

某些重金属离子、配合阴离子、氰化物以及一些有机物质会干扰或破坏硝化细菌的正常生理活动。当这些物质在污水中的浓度较高，便会抑制生物硝化的正常进行。例如，当铅离子大于 0.5 mg/L、酚大于 6.5 mg/L、硫脲大于 0.076 mg/L 时，硝化均会受到抑制。而当 NH$_3$-N 浓度大于 200 mg/L 时，也会对硝化过程产生抑制，但城市污水中一般不会有如此高的 NH$_3$-N 浓度。

3）反硝化作用

反硝化反应过程

反硝化反应是由一群缺氧异养型微生物完成的生物化学过程。它的主要作用是在缺氧（无分子氧）的条件下，将硝化过程中产生的亚硝酸盐和硝酸盐还原成气态氮（N$_2$）或 N$_2$O、NO。

参与这一生化反应的微生物是反硝化细菌，这是一类大量存在于活性污泥中的兼性异养菌，如产碱杆菌、假单胞菌、无色杆菌等菌属均能进行生物反硝化作用。在有氧存在的好氧状态下，反硝化菌能进行好氧生物代谢，氧化分解有机污染物，去除 BOD_5；在无分子氧但存在硝酸盐的条件下，反硝化细菌能利用 NO_3^- 中的氧（又称为化合态或硝态氧），继续分解代谢有机污染物，去除 BOD_5，并同时将 NO_3^- 中的氮转化为氮气（N_2）。

反硝化过程中，亚硝酸盐和硝酸盐的转化是通过反硝化细菌的同化作用和异化作用完成的。异化作用就是将 NO_2^- 和 NO_3^- 还原为 NO、N_2O、N_2 等气体物质，主要是 N_2。而同化作用是反硝化菌将 NO_2^- 和 NO_3^- 还原为 NH_3-H，供新细胞合成之用，氮成为细胞质的成分，此过程称为同化反硝化。

在反硝化过程中，污水中含碳有机物作为反硝化过程的电子供体，如果污水中碳况有机物不足时，应补充投加易于生物降解的碳源有机物，以甲醇为例，反硝化过程的化学反应如下。

异化作用（氧化反应）：

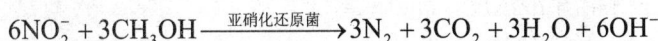

$$6NO_3^- + 2CH_3OH \xrightarrow{\text{硝化还原菌}} 6NO_2^- + 2CO_2 + 4H_2O$$

$$6NO_2^- + 3CH_3OH \xrightarrow{\text{亚硝化还原菌}} 3N_2 + 3CO_2 + 3H_2O + 6OH^-$$

总反应式：

$$6NO_3^- + 5CH_3OH \xrightarrow{\text{反硝化菌}} 3N_2 + 5CO_2 + 7H_2O + 6OH^-$$

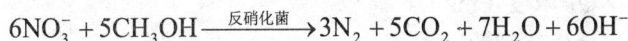

在反硝化代谢活动的同时，伴随着反硝化细菌的同化作用（合成反应）：

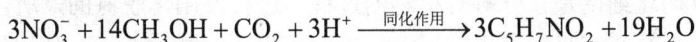

$$3NO_3^- + 14CH_3OH + CO_2 + 3H^+ \xrightarrow{\text{同化作用}} 3C_5H_7NO_2 + 19H_2O$$

综合同化作用和异化作用的总反应如下：

$$NO_3^- + 1.08CH_3OH + H^+ \xrightarrow{\text{反硝化作用}} 0.064C_5H_7NO_2 + 0.47N_2 + 0.76CO_2 + 2.44H_2O$$

这一反应式表明，1 g NO_3^- 被反硝化，将消耗 2.47 g 甲醇（约合 3.7 g COD），产生 0.46 g 新细胞，产生 3.57 g 碱度。

由上述反应可以看出：

A. 反硝化过程必须在缺氧条件下由反硝化菌的作用来完成，反硝化菌是缺氧异养型微生物。反硝化过程同样由还原和合成两个过程来实现。还原过程中，先将 NO_3^- 还原成 NO_2^-，然后再将 NO_2^- 还原成 $N_2\uparrow$ 或 $N_2O\uparrow$。此过程放出能量，维持反硝化菌的生命活动。而合成过程是将 NO_3^- 还原成反硝化菌的细胞质，来满足反硝化菌的增长繁殖。

B. 所谓的缺氧过程，是指无溶解氧（分子态氧），但是有 NO_3^- 或 NO_2^- 存在下的生物化学过程，此时 DO＜0.3～0.5mg/L，这与厌氧条件不同。厌氧过程是既无溶解氧也无 NO_3^- 或 NO_2^- 存在下的生物化学过程（DO=0）。

C. 反硝化菌是异养型菌群，需要有机碳源来合成新细胞或对有机碳进行氧化分解产生能量。若废水中有机碳浓度很低，则需要外供有机碳源来满足。甲醇是使用最广、也是较经济的外加有机碳源。要注意的是，当使用有机碳源（如甲醇）时，甲醇首先和废水中残存的溶解氧作用后，再同 NO_3^- 或 NO_2^- 作用，这意味着甲醇量要增加。

D. 如以甲醇作为有机碳源进行反硝化反应，实验证明，用于氧化分解产生能量的甲醇约消耗 70%，用于合成新细胞的甲醇约为 30%。

为了满足氧化（异化）需要的甲醇消耗量可以用下式计算：

$$C_{m1} = 0.7D + 1.1N_i + 2N_a \tag{10-2}$$

当满足氧化（异化）和合成（同化）的总需要时，甲醇耗量可用下式计算：

$$C_{m2} = 0.9D + 1.5N_i + 2.5N_a \tag{10-3}$$

式中，C_m —— 所需甲醇浓度，mg/L；

D —— 溶解氧浓度，mg/L；

N_i —— NO_2^- 浓度，mg/L；

N_a —— NO_3^- 浓度，mg/L。

（2）影响反硝化反应的因素

1）C/N 比（BOD_5/TKN）

因为反硝化细菌是在分解有机物的过程中进行反硝化脱氮的，所以进入缺氧段的污水中必须有充足的有机物，才能保证反硝化的顺利进行。从理论上讲，当污水的 BOD_5/TKN＞2.86 时，有机物即可满足需要。但由于 BOD_5 中的一些有机物并不能被反硝化细菌利用或迅速利用，而且另外一部分细菌在好氧段不进行反硝化时，也需要有机物。一般认为系统中 BOD_5/TKN＞3 时即为碳源充足。否则，应外加碳源，补充有机物的不足。常用的是工业用甲醇，因为甲醇是一种不含氮的有机物，正常浓度下对细菌也没有抑制作用。

2）pH

反硝化细菌对 pH 变化不如硝化细菌敏感，在 pH 为 6～9，均能进行正常的生理代谢，但生物反硝化的最佳 pH 为 6.5～8.0。当 pH＞7.3 时，反硝化的最终产物为 N_2，而当 pH＜7.3 时，反硝化最终产物为 N_2O。

3）缺氧段溶解氧

在实际运行管理中，当 DO 低于 0.5mg/L 时，即可理解为"缺氧状态"。对细菌的微观生活环境显示，在细胞体内，当游离的分子态溶解氧 DO 为零，而存在足量的 NO_3^- 时，反硝化细菌将只能利用 NO_3^- 中的化合态氧分解有机物，并将 NO_3^- 中的氮转化成 N_2。当存在一定量的 DO 时，反硝化细菌则将优先利用游离态的 DO 分解有机物，只有将 DO 耗尽以后，才能利用 NO_3^- 中的化合态氧。因此，对反硝化来说，希望 DO 尽量低，最好是零，这样反硝化细菌可以"全力"进行反硝化，提高脱氮效率。显然，在 A/O 脱氮工业的缺氧段中，应使混合液的 DO 尽量低。但是，实际运行中使 DO 过分降低是非常困难的，大量混合液自好氧段末端回到缺氧段，必然会带回一定量 DO。但是，即使混合液中存在一定量的 DO，也不一定能进入细菌细胞体内被细菌利用，因为正常情况下 DO 是以单纯扩散形式进入细胞体内的，要求混合液中有足够高的 DO 浓度，才能将 DO "挤入"，而 NO_3^- 进入细胞的扩散速度则较 DO 快得多。

大量处理厂的运行实践证明：缺氧段混合液的 DO 值控制在 0.5 mg/L 以下，可以得到良好的脱氮效果，当 DO 高于 0.5 mg/L 时，脱氮效率明显下降。

4）温度

反硝化细菌对温度变化不如硝化细菌那样敏感，但反硝化效果也会随温度变化而变化。温度越高，硝化速率也越高，在 30～35℃时 DNR 增至最大。当低于 15℃时，反硝化速率将明显降低；至 5℃时，反硝化将趋于停止。因此，在冬季要保证脱氮效果，就必须增大 SRT，提高污泥浓度或增加投运池数。

5）有毒有害物质

反硝化细菌的敏感性要比硝化细菌差得多，与一般的好氧异养菌相同。

10.1.3 生物脱氮工艺

生物脱氮技术的开发是在 20 世纪 30 年代发现生物滤床中的硝化、反硝化反应开始的。但其应用还是在 1969 年美国的 Barth 提出三段生物脱氮工艺之后。现对几种典型的生物脱氮工艺进行讨论。

（1）三段生物脱氮工艺

该工艺是将有机物氧化、硝化及反硝化段独立开来，每一部分都有其自己的沉淀池和各自独立的污泥回流系统。使除碳、硝化和反硝化在各自的反应器中进行，并分别控制在适宜的条件下运行，处理效率高。其流程如图 10-1 所示。

由于反硝化段设置在有机物氧化和硝化段之后，主要靠内源呼吸碳源进行反硝化，效率很低，所以必须在反硝化段投加碳源来保证高效稳定的反硝化反应。随着对硝化反应机理认识的加深，将有机物氧化和硝化合并成一个系统以简化工艺，从而形成二段生物脱氮工艺（图 10-2）。各段同样有其自己的沉淀及污泥回流系统。除碳和硝化作用在一个反应器中进行时，设计的污泥负荷要低，水力停留时间和泥龄要长，否则，硝化作用要降低。在反硝化段仍需要外加碳源来维持反硝化的顺利进行。

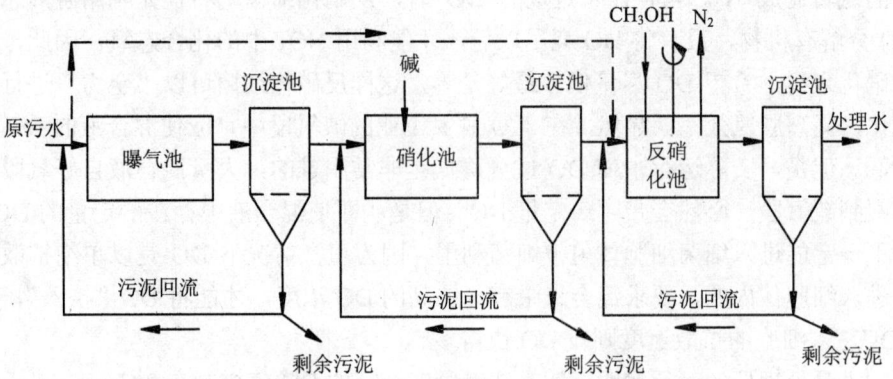

图 10-1 三段生物脱氮工艺

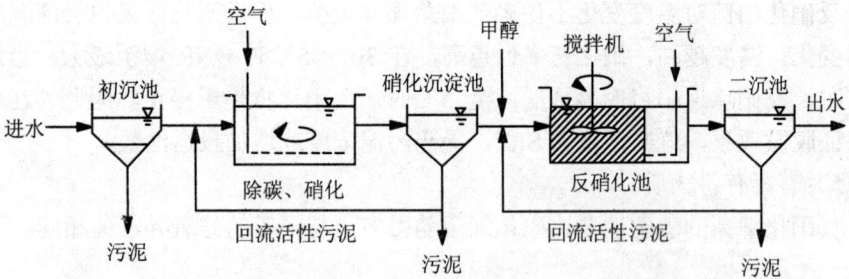

图 10-2 补充外加碳源的两段生物脱氮工艺

（2）前置缺氧-好氧（A_N/O）生物脱氮工艺

缺氧好氧（Anoxic-Oxic，A_N/O）工艺流程开创于 20 世纪 80 年代初，由缺氧池和好氧池串联而成（图 10-3）。由于将反硝化反应器设置在系统之前，故又称为前置反硝化生物脱氮系统，是目前较为广泛采用的一种脱氮工艺。

在反硝化缺氧池中，回流污泥中的反硝化菌利用原污水中的有机物作为碳源，将回流混合液中的大量硝态氮（$NO_x^- \text{-} N$）还原成 N_2，达到脱氮的目的，然后再在后续的好氧池中进行有机物的生物氧化、有机氮的氨化和氨氮的硝化等生化反应。O 段后设沉淀池，部分沉淀污泥回流 A 段，以提供充足的微生物。同时还将 O 段内混合液回流至 A 段，以保证 A 段有足够的硝酸盐。

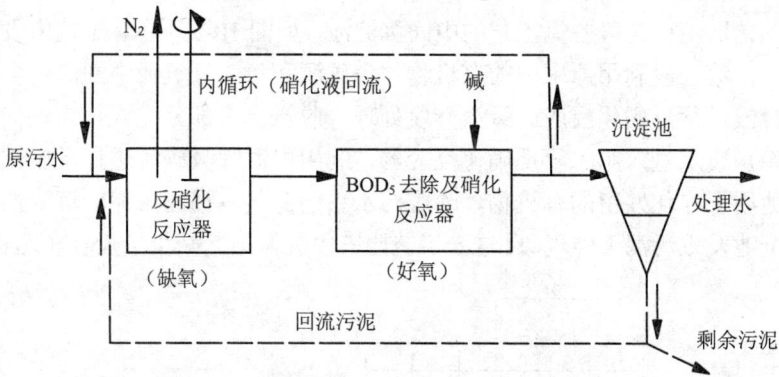

图 10-3　前置缺氧-好氧（A_N/O）生物脱氮工艺

前置缺氧反硝化具有以下特点：反硝化产生碱度补充硝化反应之需，约可补偿硝化反应中所消耗碱度的 50%；利用原污水中有机物，无须外加碳源；利用硝酸盐作为电子受体处理进水中有机污染物，这不仅可以节省后续曝气量，而且反硝化菌对碳源的利用更广泛，甚至包括难降解有机物；前置缺氧池可以有效控制系统的污泥膨胀。该工艺流程简单，因而基建费用及运行费用较低，对现有设施的改造比较容易，脱氮效率一般在 70%左右，但由于出水中仍有一定浓度的硝酸盐，在二沉池中，有可能进行反硝化反应，造成污泥上浮，影响出水水质。

（3）后置缺氧-好氧生物脱氮工艺

后置缺氧-好氧生物脱氮工艺如图 10-4 所示，可以补充外来碳源，也可以在没有外来碳源情况下利用活性污泥的内源呼吸提供电子供体还原硝酸盐，反硝化速率一般认为仅是前置缺氧反硝化速率的 1/8～1/3，这时需要较长的停留时间才能达到一定的反硝化效率。必要时应在后缺氧区补充碳源，碳源除了来自甲醇、乙酸等普通化学品外，污水处理厂的原污水及含有机碳的工业废水等也可以考虑，只是要注意投加适当的量，以免增加出水的有机物浓度。甲醇是最理想的补充碳源，它的反硝化速率不仅快，而且反应后没有任何副产物。

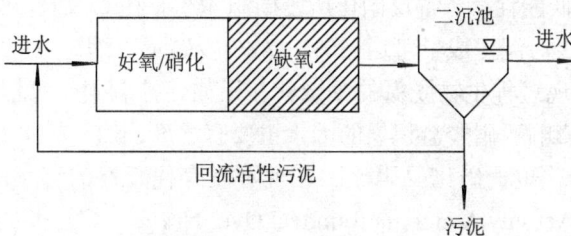

图 10-4　后置缺氧-好氧生物脱氮工艺

（4）Bardenpho 生物脱氮工艺

该工艺取消了三段脱氮工艺的中间沉淀池，如图 10-5 所示。工艺中设立了两个缺氧段，第一段利用原水中的有机物作为碳源和第一好氧池中回流的含有硝态氮的混合液进行反硝化反应。经第一段处理，脱氮已大部分完成。为进一步提高脱氮效率，废水进入第二段反硝化反应器，利用内源呼吸碳源进行反硝化。最后的曝气池用于净化残留的有机物，吹脱污水中的氮气，提高污泥的沉降性能，防止在二沉池发生污泥上浮现象。这一工艺比三段脱氮工艺减少了投资和运行费用。

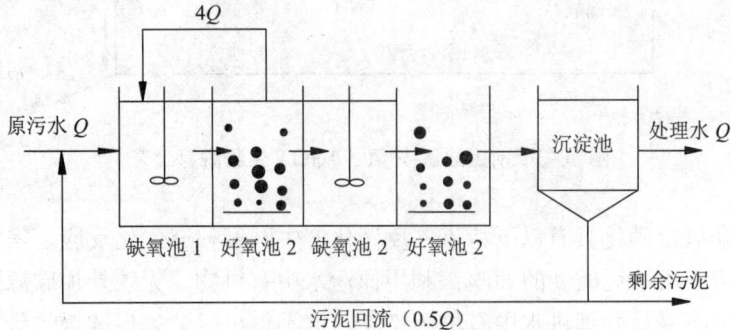

图 10-5　Bardenpho 生物脱氮工艺

（5）生物脱氮进展

近年来的许多研究表明：硝化反应不仅能由自养菌完成，某些异养菌也可以进行硝化作用，反硝化作用不只在缺（厌）氧条件下进行，某些细菌也可在好氧条件下进行反硝化。而且，许多好氧反硝化菌同时也是异养硝化菌，并能把 NH_4^+ 氧化成 NO_2^- 后直接进行反硝化反应。生物脱氮技术在概念上和工艺上的新发展主要有：短程硝化反硝化，同时硝化反硝化，厌氧氨氧化。

1）短程硝化反硝化技术

短程硝化反硝化生物脱氮，即是将硝化过程控制在 NO_2^--N 阶段，标志是稳定且较高的 NO_2^--N 积累（大于 50%），随后进行反硝化，也可称为不完全硝化反硝化生物脱氮。短程生物脱氮具有以下特点：对于活性污泥法，据称可节省氧供应量约 25%，降低能耗，节省反硝化所需碳源 40%，在 C/N 比一定的情况下提高 TN 去除率，减少污泥生成量可达 50%，减少投碱量，缩短反应时间，相应反应器容积减少。实现短程生物脱氮的关键就在于如何控制硝化过程停止在 NO_2^--N 阶段。短程硝化影响亚硝酸盐积累的因素主要有温度、pH、氨浓度、氮负荷、DO、有害物质及泥龄。短程硝化反硝化工艺现阶段有代表性的有 SHARON（Single Reactor for High Activity Ammonia Removal Over Nitrite）工艺和 OLAND（Oxygen Limited Autotrophic Nitrification Denitrification）工艺。

2）同时硝化反硝化生物脱氮技术

同时硝化反硝化生物脱氮技术主要是利用污泥絮体内存在溶解氧的浓度梯度实现同时硝化和反硝化。活性污泥絮体表层，由于氧的存在而进行氨的氧化反应，从外向里，溶解氧浓度逐渐下降，内层因缺氧而进行反硝化反应。该技术将硝化和反硝化两个过程合并在一个反应器中进行，最为典型的同时硝化反硝化工艺就是氧化沟。同时硝化反硝化生物脱氮技术能够节省更多的占地面积和投资，并可节省约 25% 的氧气和 40% 的有机碳。该技术具有以下优点：完全脱氮；强化磷的去除；降低曝气量，节省能耗并增加设备的处理负荷；减少碱度的消耗；简化系统的设计和操作。

3）厌氧氨氧化技术

1990 年，荷兰 Delft 技术大学 Kluyver 生物技术实验室开发出厌氧氨氧化（Anaerobic Ammonium Oxidation）工艺，或称 ANAMMOX 工艺，即在厌氧条件下，以 NO_3^- 为电子受体，将氨转化为 N_2。最近研究表明，NO_2^- 是一个关键的电子受体。由于该类菌是自养菌，因此不需要添加有机物来维持反硝化。实验研究发现：厌氧反应器中 NH_4^+ 浓度的降低与 NO_3^- 的去除存在一定的比例关系。

10.1.4　生物脱氮工艺过程设计

在缺氧/好氧生物脱氮工艺中，硝酸盐由回流污泥及好氧池的混合液回流进入缺氧池，在后置缺氧或阶段进水的缺氧/好氧过程中硝酸盐将随前面硝化阶段的混合液流入缺氧区，电子供体由进入缺氧区的污水提供。

（1）缺氧区容积设计

缺氧区反硝化速率的高低决定了反硝化去除进入缺氧区硝酸盐的反应时间，从而影响缺氧区的容积。反硝化池（缺氧区）的容积可根据反硝化速率计算确定。

$$V_{dn} = \frac{N_{NO_3^-}}{K_{dn} X_v} \tag{10-4}$$

式中，$N_{NO_3^-}$ —— 缺氧池去除的硝酸盐量，g/d；

$\quad\quad V_{dn}$ —— 缺氧区容积，m^3；

$\quad\quad K_{dn}$ —— 反硝化速率，g NO_3^--N/（gMLVSS·d）；

$\quad\quad X_v$ —— 混合液挥发性悬浮固体浓度，gMLVSS/m^3。

据式（10-4）可以计算缺氧区的容积，这里假定生物脱氮系统进水的总凯氏氮浓度为 N_k（mg/L），系统出水总氮浓度为 N_{tn}（mg/L），系统活性污泥中氮元素占挥发性活性污泥总量的 12%，除每天剩余污泥排放所去除的氮外，其他即为缺氧池反硝化去除的量，则缺氧区池体容积计算式：

$$V_{dn} = \frac{Q(N_k - N_{tn}) - 0.12\Delta X}{K_{dn}X_v} \qquad (10\text{-}5)$$

式中，V_{dn} —— 缺氧区池体容积，m^3；

$\quad Q$ —— 生物脱氮系统设计污水流量，m^3/d；

$\quad N_k$ —— 生物脱氮系统进水总凯氏氮浓度，g/m^3；

$\quad N_{tn}$ —— 生物脱氮系统出水总氮浓度，g/m^3；

$\quad K_{dn}$ —— 反硝化速率，$g\ NO_3^--N/（gMLVSS\cdot d）$；

$\quad \Delta X$ —— 排出生物脱氮系统的剩余污泥量，$gMLVSS/d$。

反硝化速率的影响因素很多，一个重要的因素是为还原硝酸盐提供足够量电子供体所需要的碳源及碳源品质，很多学者做过不同碳源对硝酸盐反硝化过程的影响，发现它们的反硝化速率变化很大。其次是反应区温度等影响因素，故在工程设计过程中最好通过试验研究确定系统的反硝化速率。

对于一般城镇污水，在没有试验资料且前置反硝化系统利用原污水碳源作为电子供体时，在20℃情况下，K_{dn} 在 $0.03\sim0.06g\ NO_3^--N/（gMLVSS\cdot d）$ 之间，对于没有外来碳源的后置缺氧池的反硝化率 K_{dn} 在 $0.01\sim0.03g\ NO_3^--N/（gMLVSS\cdot d）$ 之间。

有人把反硝化速率与缺氧区的有机物负荷 $\left(\dfrac{F}{M}\right)$ 联系起来，按式（10-6）修正反硝化速率：

$$K_{dn} = 0.03\left(\frac{F}{M}\right) + 0.029\,(d^{-1}) \qquad (10\text{-}6)$$

式中，F/M —— 缺氧池中有机物与微生物比，$gBOD_5/（gMLVSS\cdot d）$。

对于温度的影响，可用下式修正：

$$K_{dn(T)} = K_{dn(20)}1.08^{(T-20)} \qquad (10\text{-}7)$$

式中，$K_{dn(T)}$ 和 $K_{dn(20)}$ —— 温度为 $T℃$ 和 20℃时的反硝化速率。

（2）好氧区容积计算

利用污泥龄的概念设计去除有机物及带硝化功能的好氧区池体体积。但硝化系统的污泥泥龄要比仅去除有机物的系统污泥泥龄长，因为硝化菌的世代周期比去除有机物的异养菌长得多，硝化速率将控制好氧硝化池的容积设计。

考虑到溶解氧（DO）对硝化过程影响较大，硝化菌的比生长速率可用下式表示：

$$\mu_{\mathrm{n}} = 0.03\left(\frac{\mu_{\mathrm{nm}}N}{K_{\mathrm{n}}+N}\right)\left(\frac{\mathrm{DO}}{K_{\mathrm{O}_2}+\mathrm{DO}}\right) - K_{\mathrm{dn}} \tag{10-8}$$

式中，μ_{n} —— 硝化菌的比生长率，g 新细胞/g 细胞·d；

μ_{nm} —— 硝化菌的最大比生长率，g 新细胞/g 细胞·d；

N —— 氨氮浓度，$\mathrm{g/m^3}$；

K_{n} —— 硝化作用中半速度常数，$\mathrm{g/m^3}$；

K_{dn} —— 硝化菌的内源代谢系数，gVSS/gVSS·d；

DO —— 硝化菌反应池中溶解氧浓度，$\mathrm{g/m^3}$；

K_{O_2} —— 溶解氧影响的开关系数，$\mathrm{g/m^3}$。

硝化反应池中 DO 浓度一般足够高，$\dfrac{\mathrm{DO}}{K_{\mathrm{O}_2}+\mathrm{DO}} \approx 1$，如果再忽略硝化菌的内源代谢作用，硝化菌的比生长速率可简写为：

$$\mu_{\mathrm{n}} = \mu_{\mathrm{nm}}\frac{N}{K_{\mathrm{n}}+N} \tag{10-9}$$

我们所关心的是硝化菌的比增长速率 μ_{n} 值及其环境影响因素对 μ_{n} 值的影响。

Downing 于 20 世纪 70 年代提出温度的影响是 $\mu_{\mathrm{nm}} = 0.47e^{0.098(T-15)}$，温度对 K_{n} 的影响是 $K_{\mathrm{n}} = 10^{0.051T-1.158}$，pH 影响是：当 pH 小于 7.2 时 $\mu_{\mathrm{n}} = \mu_{\mathrm{nm}}\left[1-0.833(7.2-\mathrm{pH})\right]$。

因此，已经推导出的环境综合因素对 μ_{n} 值计算模式是：

$$\mu_{\mathrm{n}} = 0.47e^{0.098(T-15)} \times \left(\frac{N}{N+10^{0.051T-1.158}}\right) \times \left(\frac{\mathrm{DO}}{K_{\mathrm{O}_2}+\mathrm{DO}}\right) \times \left[1-0.833(7.2-\mathrm{pH})\right] \tag{10-10}$$

根据硝化菌的比生长速率可以确定好氧硝化区的污泥泥龄：

$$\theta_{\mathrm{co}} = F\frac{1}{\mu_{\mathrm{n}}} \tag{10-11}$$

式中，θ_{co} —— 好氧区设计污泥龄，d；

F —— 污泥泥龄设计安全系数，可根据进水峰值 TKN 浓度/TKN 平均浓度确定，一般取 1.5～2.5。

则好氧硝化区的容积根据下式确定：

$$V = \frac{YQ(S_0 - S_{\mathrm{e}})\theta_{\mathrm{co}}}{X_{\mathrm{v}}(1+K_{\mathrm{d}}\theta_{\mathrm{co}})} \tag{10-12}$$

式中，θ_{co} —— 考虑硝化菌正常生长时的好氧区污泥泥龄，其他符号意义同前。

（3）需氧量计算

1）硝化需氧量

如果不考虑硝化过程中硝化细菌的增殖，则转化 1 mgNH$_4^+$-N 为 NO$_3^-$-N 需耗氧 4.57 mg。

由于进水的有机氮需先转化为氨氮才发生硝化反应，故可用进出水 TKN 的差值表示氨氮被硝化去除量；

则

$$O_{2b} = 4.57[Q(TKN_0 - TKN_e)] \tag{10-13}$$

式中，O_{2b} —— 氨氮硝化需氧量，kg/d；

TKN$_0$、TKN$_e$ —— 进出水 TKN 浓度，kg/m^3。

2）生物脱氮系统的总需氧量

在生物脱氮系统中存在着有机物去除、硝化和反硝化过程。由于生物反硝化是利用硝酸盐做电子受体降解了部分有机物，在这一过程中硝酸盐替代了分子态的溶解氧，故在计算系统总需氧量时，应扣除这部分需氧量。这部分氧量计算如下：

在无外加底物的条件下，反硝化过程可用下式表示：

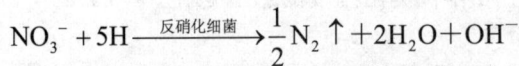

$$NO_3^- + 5H \xrightarrow{\text{反硝化细菌}} \frac{1}{2}N_2 \uparrow + 2H_2O + OH^-$$

式中将 1mgNO$_3^-$-N 还原为 N$_2$，需有机物（以 COD 计）为 5×（16/2）/14=2.86 mg。则反硝化脱氮所放出的氧当量可用下式表示：

$$O_{2d} = 2.86[Q(TKN_0 - TKN_e + NO_0 - NO_e) - 0.12\Delta X_v] \tag{10-14}$$

式中，O_{2d} —— 反硝化脱氮所放出的氧当量，kg/d；

NO$_0$、NO$_e$ —— 进出水的 NO$_3^-$-N 浓度，kg/m^3。

综合前述，有机物去除需氧量 $O_{2a} = 1.47Q(S_0 - S_e)$、剩余污泥氧当量 $O_{2c} = 1.42\Delta X_v$、硝化需氧量 O_{2b} 及反硝化放出的氧当量 O_{2d}，生物脱氮系统的总需氧量为上述四项之和：

$$O_2 = O_{2a} - O_{2c} + O_{2b} - O_{2d}$$

则：

$$O_2 = 1.47Q(S_0 - S_e) - 1.42\Delta X_v + 4.57[Q(TKN_0 - TKN_e)] - 2.86[Q(TKN_0 - TKN_e + NO_0 - NO_e) - 0.12\Delta X_v] \tag{10-15}$$

（4）碱度校核

氨氮硝化过程要消耗碱度，每硝化 1kg 氨氮需要消耗 7.07kg 碱度（理论值 7.14，以 $CaCO_3$ 计），理论值与实际值之差是由于没有考虑到转化细胞那一部分氮量。碳源 BOD 氧化尚能补充一部分碱度，一般每去除 1kgBOD$_5$ 补充 0.1 kg 碱度（以 $CaCO_3$ 计）。在前置反硝化过程脱氮反应中，每还原 1 kg 硝酸盐氮产生 3.57 kg 碱度（以 $CaCO_3$ 计），可以补充约 50%的碱度。通常系统中应保证有足够的碱度，以保证微生物代谢活动正常的 pH 环境。处理系统的剩余碱度宜在 100 mg/L（以 $CaCO_3$ 计）以上，使 pH 维持在 7.2 以上。为此，应进行碱度校核。即出水剩余碱度=进水碱度+3.57×反硝化[NO_3^-]+0.1×去除[BOD_5]−7.14×去除的[TN]。

10.2　磷的去除

10.2.1　生物除磷的意义

城市污水中的磷主要来自粪便、洗涤剂、农药和含磷工业污水等。废水中磷的存在形态取决于废水的类型，主要以磷酸盐（$H_2PO_4^-$、HPO_4^{2-}、PO_4^{3-}）、聚磷酸盐和有机磷的形式存在。聚磷酸盐可在水中逐渐水解成磷酸盐，生活污水中磷的含量在 10～15 mg/L，其中 70%左右是可溶性的。传统的污水二级处理水中，有 90%左右以磷酸盐的形式存在。

在好氧活性污泥法中氮、磷等元素是构成微生物细胞的主要组分，氮通常占污泥干重的 12.5%，磷占干重的 1.5%～2.0%。因此，通过同化合成微生物细胞，剩余污泥排放形式也可去除废水中的一部分氮、磷营养物。但通过合成微生物细胞对氮、磷营养物的去除很有限，一般仅能去除氮的 20%左右，磷的去除率为 15%左右。污水中残存的氮和磷以 NH_3-N 和正磷盐的形式随出水排放，出水中磷含量常常会超过 0.5～1.0 mg/L 的排放标准，仍然成为藻类生长的营养来源，造成水体的富营养化。根据 Liebig 最低营养限制定律，磷浓度的高低将成为控制湖泊中藻类生长丰度最重要的因子。据计算，水体中如果含磷水平低于 0.5 mg/L（以 PO_4^{3-} 计），就能控制藻类的过盛生长，如果低于 0.05 mg/L（以 PO_4^{3-} 计）则藻类几乎停止生长。因此，控制水体中的磷含量十分重要。

化学法除磷简便易行，但化学法除磷沉淀后污泥量很大、难以处置且成本很高。

10.2.2 生物除磷机理

（1）生物除磷机理

20 世纪 60 年代中期，Levin 和 Shapiro 通过对磷的吸收与释放的大量研究，首次提出了一种废水的生物过度除磷现象的生化机制。这种除磷现象通过糖醇解（EMP）途径和三羟酸循环（TCA）实现，同时某些真菌、藻类和细菌能够和长链无机聚磷的形式过量贮磷。Harold 对细胞内的聚磷进行了讨论，认为微生物对聚磷的合成与分解是在聚磷催化作用下进行的，且聚磷的产生有可能是微生物受到厌氧抑制的结果。Nicholsl 和 Osborn 发展了 Harold 的假说，提出新的生长模型。假定聚磷的产生是微生物对厌氧抑制的一种响应，而聚磷又帮助微生物度过厌氧环境。同时还发现聚β羟基丁酸（PHB）对微生物在厌氧区的生存起着重要作用。

到目前为止，有关废水的生物除磷机理还不是很清楚，经过研究者大量的理论和实践研究，在废水的生物除磷得出一些认识，可解释废水的生物除磷的一些现象。在废水的生物除磷的反应器中存在两类细菌，一类为除磷菌，另一类为非除磷菌。非除磷菌是指一般的细菌，它们只是为了合成自身细胞而需要的一些磷，其除磷能力非常有限。除磷菌在好氧条件下可过量地摄取磷，并以聚磷酸盐的形式贮藏于细胞内，而在厌氧条件下则释放出磷。

生物除磷的基本过程分为以下两个阶段（图 10-6）。

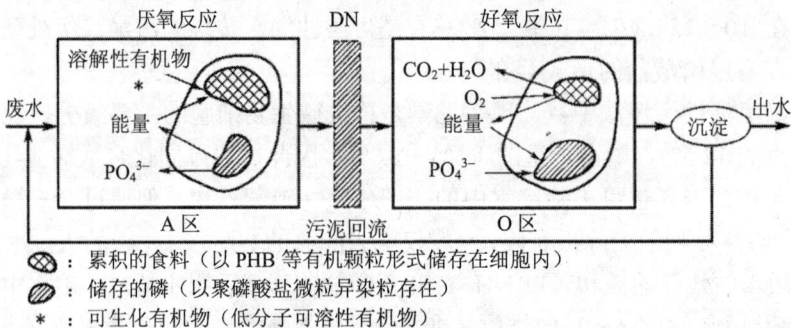

: 累积的食料（以 PHB 等有机颗粒形式储存在细胞内）

: 储存的磷（以聚磷酸盐微粒异染粒存在）

＊ : 可生化有机物（低分子可溶性有机物）

图 10-6　生物除磷的基本原理

DN—反硝化反应器（可有可无）；PHB—聚β羟基丁酸盐

1）聚磷菌的放磷

在厌氧条件下，聚磷菌（PAOs）能分解其细胞内的聚磷酸盐产生 ATP（三磷酸腺苷），并从中获得能量，用以将废水中的脂肪酸等小分子量的有机物摄入细胞中，合成贮能物质 PHB（聚β羟基丁酸盐）和糖类等有机颗粒的形式储存于细胞内，同时将分解聚磷酸盐所产生的磷酸排出胞外。即：

$$ATP+H_2O \longrightarrow ADP+H_3PO_4 + 能量$$

厌氧条件下，聚磷酸盐的分解可以简示如下：

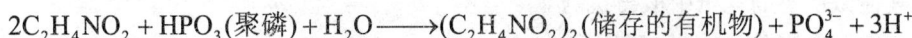

$$2C_2H_4NO_2 + HPO_3(聚磷) + H_2O \longrightarrow (C_2H_4NO_2)_2(储存的有机物) + PO_4^{3-} + 3H^+$$

2）聚磷菌对磷的过量摄取

在好氧条件下，聚磷菌（PAOs）以游离氧为电子受体，氧化细胞内贮藏的 PHB，并利用该反应所产生的能量，过量地从废水中摄取磷酸盐，合成 ATP（三磷酸腺苷），其中一部分聚合成聚磷酸盐而储存于细胞中。即：

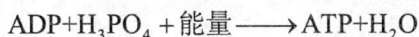

$$ADP+H_3PO_4 + 能量 \longrightarrow ATP+H_2O$$

一般来说，聚磷菌在好氧环境中摄取的磷量比厌氧环境中释放的磷量要多，污水生物除磷正是利用这一特点，通过富含磷剩余污泥的排放而达到高效除磷的目的。

在好氧条件下，聚磷酸盐的积累可以按简化的方式描述如下：

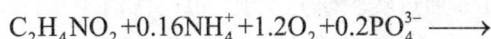

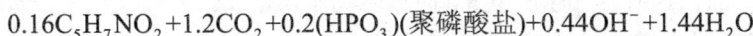

$$C_2H_4NO_2 + 0.16NH_4^+ + 1.2O_2 + 0.2PO_4^{3-} \longrightarrow$$

$$0.16C_5H_7NO_2 + 1.2CO_2 + 0.2(HPO_3)(聚磷酸盐) + 0.44OH^- + 1.44H_2O$$

假定所估计的表达式的化学计量系数为 $0.2 mol\, PO_4^{3-}/mol\, C_2H_4O_2$，实测产率系数 $Y_{obs, P}$＝0.4kg COD（生物量）/kgCOD（底物），相当于 0.30kgVSS（生物量）/kg $C_2H_4O_2$。这里所选择的有机物组成类似于乙酸。因为细菌在好氧条件下，既可以利用所贮存的乙酸，也可以利用游离的乙酸。贮存的乙酸以聚合羟基烷酸（PHA）的形式存在，其中聚β羟基丁酸（PHB）最常见。

在缺氧条件下，聚磷酸盐的积累表达式如下：

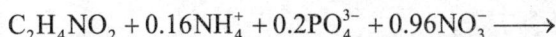

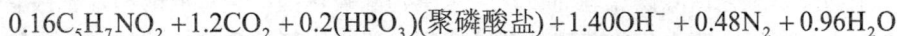

$$C_2H_4NO_2 + 0.16NH_4^+ + 0.2PO_4^{3-} + 0.96NO_3^- \longrightarrow$$

$$0.16C_5H_7NO_2 + 1.2CO_2 + 0.2(HPO_3)(聚磷酸盐) + 1.40OH^- + 0.48N_2 + 0.96H_2O$$

由此可见，在厌氧条件下放磷越多，合成的聚β羟基丁酸（PHB）越多，则在好氧条件下合成的聚磷量越多，除磷的效果也就越好。这就是说，除磷系统的关键所在就是厌氧区的设置。

通过上面的分析可知，聚β羟基丁酸（PHB）的合成和降解，作为一种能量的存储和释放的过程，在聚磷菌的摄磷和放磷过程中起着十分重要的作用。即聚磷菌对聚β羟基丁酸（PHB）的合成能力的大小将直接影响其摄磷能力的高低，正是因为聚磷菌在厌氧-好氧交替运行的系统中有摄磷和放磷的作用，才使得它在与其他微生物的竞争中取得优势。

（2）生物除磷的影响因素

① 溶解氧

在厌氧区控制严格厌氧条件，这关系到聚磷菌的生长状况、释放磷的能力和合成聚β羟基丁酸（PHB）能力，好氧区要供给足够的溶解氧，来满足聚磷菌对其存储的聚β羟基丁酸（PHB）进行降解，释放足够的能量供其过量摄磷，有效地吸收废水中的磷。

② 厌氧区的硝态氮

硝态氮包括硝酸盐氮和亚硝酸盐氮，其存在同样也会消耗有机基质，而抑制聚磷菌对磷的释放，从而影响在好氧条件下聚磷菌对磷的吸收。

③ pH

pH 对除磷菌的比生长率有很大影响，pH 在 6～8 时，磷的厌氧释放比较稳定。Groenstegin 和 Deinema 通过实验研究发现，pH 8.5 时不动杆菌的最大比生长率为42%；而 pH 为 7.0 时最大比生长率为 8.5%；pH 低于 6.5 时，除磷效率就会大大降低（Sedlak，1991）；pH 低于 6.0 时微生物不再增长。

④ 有机物负荷

除磷菌在厌氧条件下，磷的释放量和释放速率与废水中有机物的组成有关。分子量较小的易降解的有机物易被聚磷菌利用，而高分子有机物则难以被利用。另外，厌氧阶段磷的释放越充分，好氧阶段磷的摄取量就越大。BOD_5 高，除磷效果好，一般认为：BOD_5/TP（总磷）$\geqslant$20 是限制条件。

⑤ 泥龄

生物脱磷系统主要是通过排出剩余污泥去除磷的。泥龄越短，污泥含磷量越高，排放的剩余污泥量也越多，越可以取得较好的除磷效果。

10.2.3　生物除磷工艺

生物除磷工艺由除磷原理而设，废水生物除磷包括厌氧释放磷和好氧摄取磷两个过程。所以，废水生物除磷的工艺流程一般由厌氧池和好氧池组成。生物除磷工艺的最基本流程为 A_P/O 工艺，而 Phostrip 工艺为生物除磷与化学除磷的结合。

（1）A_P/O 工艺

A_P/O 工艺是由厌氧区和好氧区组成的同时去除污水中有机污染物及磷的处理系统，其流程如图 10-7 所示。

为了使微生物在好氧池中易于吸收磷，溶解氧应维持在 2 mg/L 以上，pH 应控制在 7～8 之间。磷的去除率还取决于进水中的易降解 COD 含量，一般用 BOD_5 与磷浓度之比表示。据报道，如果比值大于 10：1，出水中磷的浓度可降至 1 mg/L 左右。由于微生物吸收磷是可逆的过程，过长的曝气时间及污泥在沉淀池中长时间停留都有可能造成磷的释放。

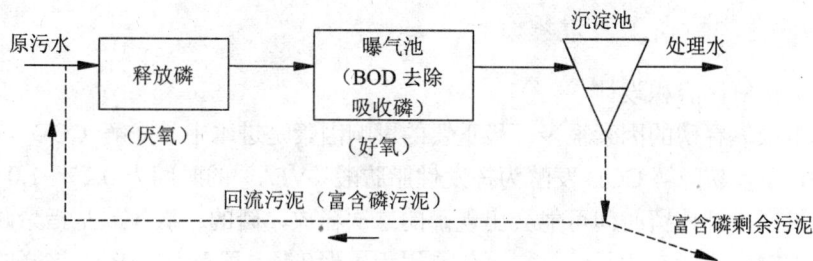

图 10-7 A_P/O 除磷工艺流程

典型的 A_P/O 工艺停留时间设计值为：厌氧区 0.5～1.0 h，好氧区 1.5～2.5 h。

（2）Phostrip 工艺

Phostrip 除磷工艺流程如图 10-8 所示。废水经曝气池去除 BOD_5 和 COD，同时在好氧状态下过量地摄取磷。在沉淀池 I 中，含磷污泥与水分离，回流污泥一部分回流至曝气池，而另一部分分流至厌氧除磷池，在厌氧除磷池中，回流污泥在好氧状态时过量摄取的磷得到充分释放，污泥回流至曝气池。由除磷池流出的富磷上清液进入混合池，在混合池中投加石灰，经缓慢搅拌后，形成 $Ca_3(PO_4)_2$ 不溶物沉淀。到沉淀池 II，脱磷水回流至曝气池，排放含磷污泥去除磷。

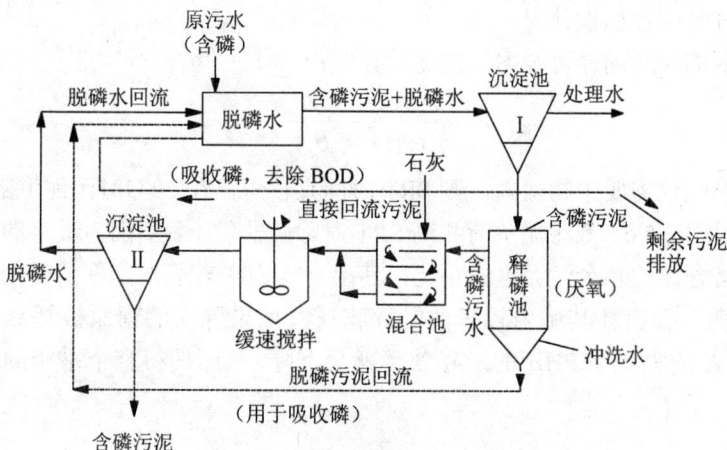

图 10-8 Phostrip 除磷工艺流程

Phostrip 工艺把生物除磷和化学除磷结合在一起，与 A_P/O 工艺系统相比，具有以下优点：出水总磷浓度低，小于 1 mg/L；回流污泥中磷的含量较低；对进水 P/BOD 没有特殊限制；大部分磷以石灰污泥的形式沉淀去除。

Phostrip 工艺比较适合于对现有工艺的改造，只需在污泥回流管线上增设小规模的处理单元即可，且在改造过程中不必中断处理系统的正常运行。

10.2.4 生物除磷工艺过程设计

（1）厌氧区容积设计

影响厌氧释磷的因素很多，最重要的影响因素是进水中易降解 COD 浓度。厌氧条件下，易降解 COD 发酵为挥发性脂肪酸（VFA）的时间为 0.25～1.0 h。太长的厌氧区设计停留时间可能会出现磷的二次释放，磷的二次释放是指聚磷菌没有吸收 VFA，也没有为后续好氧氧化作用积累聚 β 羟基丁酸（PHB），这样的聚磷菌到了好氧区就无法过量吸收磷酸盐。一般认为厌氧区停留时间超过 3 h 时就会引起磷的二次释放。厌氧区容积一般按照水力停留时间设计，按进水中易降解 COD 的浓度计算生物除磷的量。一般认为，生物去除 1 g 磷约需要消耗 10 g 易降解 COD。

厌氧区容积可按下式计算：

$$V_P = Q \cdot t_P \tag{10-16}$$

式中，V_P —— 厌氧区容积，m^3；

Q —— 设计污水流量，m^3/h；

t_P —— 厌氧区水力停留时间，一般取 1～2 h。

（2）好氧区容积设计

好氧区的设计同样可根据污泥泥龄计算：

$$V = \frac{YQ(S_0 - S_e)\theta_c}{X_v(1 + K_d\theta_c)} \tag{10-17}$$

如果系统仅需要生物除磷，则 SRT 时间宜较短，在 20℃时污泥泥龄 2～3 d，在 10℃时为 4～5 d。低污泥负荷和高 SRT 对除磷非常不利，因为最终的磷去除量与排除的富含磷的剩余污泥量成正比；其次，当 SRT 较长时，聚磷菌处于较长的内源呼吸期，会消耗其胞内较多的贮存物质，如果胞内的糖原被耗尽，则在厌氧区对 VFA 的吸收和 PHB 的贮存效率就会下降，从而使得整个系统的除磷效率降低。

10.3 生物脱氮除磷工艺

城镇污水处理厂通常需要在一个流程中同时完成脱氮、除磷功能，依据生物脱氮除磷的理论而产生的最基本的工艺是由美国气体产品与化学公司在 20 世纪 70 年代发明的 A^2/O 工艺。近年来，随着对生物脱氮除磷的机理研究不断深入，以及各种新材料、新技术、新设备的不断运用，衍生出了许多新的生物脱氮除磷工艺，其中典型的几种处理工艺如下。

10.3.1 A^2/O 工艺

Anaerobic-Anoxic-Oxic，简称 A^2/O 工艺或称 A-A-O 工艺，在一个处理系统中同时具有厌氧区、缺氧区、好氧区，能够同时做到脱氮、除磷和有机物的降解，其工艺流程见图 10-9。

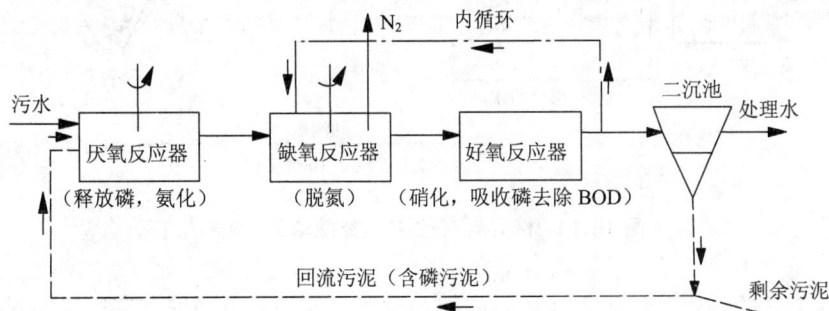

图 10-9 A^2/O 生物脱氮、除磷工艺流程

污水进入厌氧反应区，同时进入的还有从二沉池回流的活性污泥，聚磷菌在厌氧环境条件下释磷，同时转化易降解 COD、VFA 为 PHB，部分含氮有机物进行氨化。

污水经过第一个厌氧反应器以后进入缺氧反应器，本反应器的首要功能是进行脱氮。硝态氮通过混合液内循环由好氧反应器传输过来，通常内回流量为 2 ～ 4 倍原污水流量，部分有机物在反硝化菌的作用下利用硝酸盐作为电子受体而得到降解去除。

混合液从缺氧反应区进入好氧反应区，混合液中的 COD 浓度已基本接近排放标准，在好氧反应区除进一步降解有机物外，主要进行氨氮的硝化和磷的吸收，混合液中硝态氮回流至缺氧反应区，污泥中过量吸收的磷通过剩余污泥排除。

A^2/O 工艺的优点是工艺流程简单，污泥在厌氧、缺氧、好氧环境中交替运行，可达到同时去除有机物、脱氮、除磷的目的，该处理系统出水中磷浓度基本可达到 1 mg/L 以下，氨氮也可达到 8 mg/L 以下。而且，这种运行状况，丝状菌不能大量繁殖，污泥沉降性能好。此外，污水停留时间少于其他同类工艺，且不需外加碳源，运行费用低。

A^2/O 工艺的缺点是除磷效果因受到污泥龄、回流污泥中夹带的溶解氧和 NO_3^--N 的限制，导致除磷效果难以进一步提高。

A^2/O 工艺发展至今，为了进一步提高脱氮、除磷效果和节约能耗，又有了多种变形和改进的工艺流程。近年来，同济大学研究开发的改进型 A^2/O 工艺（又称倒置 A^2/O 工艺，如图 10-10 所示），由于具有明显的节能和提高除磷效果等优点，在我国一些大、中型城镇污水处理厂的建设和改造工程中得到较为广泛的应用。

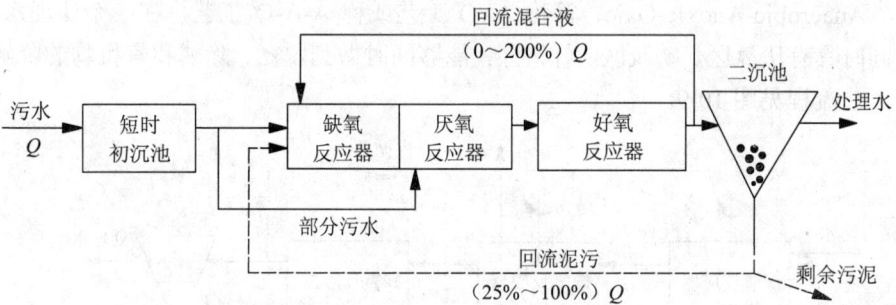

图 10-10　倒置 A^2/O 生物脱氮除磷工艺流程

该工艺的特点是：采用较短时间的初沉池，使进水中的细小有机悬浮固体有相当一部分进入生物反应器，以满足反硝化菌和聚磷菌对碳源的需要，并使生物反应器中的污泥能达到较高的浓度；整个系统中的活性污泥都完整地经历过厌氧和好氧的过程，因此排放的剩余污泥中都能充分地吸收磷；避免了回流污泥中的硝酸盐对厌氧释磷的影响；由于反应器中活性污泥浓度较高，从而促进了好氧反应器中的同步硝化、反硝化，因此可以用较少的总回流量（污泥回流和混合液回流）达到较好的总氮去除效果。

10.3.2　Bardenpho 工艺系列

如图 10-11 所示的 Bardenpho 工艺属于早期生物脱氮除磷工艺，由于混合液回流中的硝酸盐对生物除磷有非常不利的影响，因此在 Bardenpho 工艺前端增设厌氧区构成了具有专门除磷脱氮功能的改良 Bardenpho 工艺（图 10-12）。

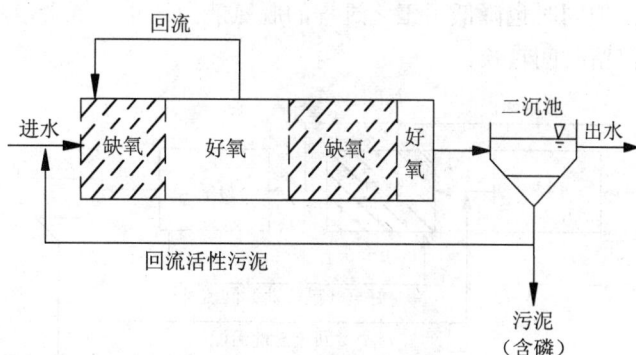

图 10-11 四段 Bardenpho 脱氮除磷工艺流程

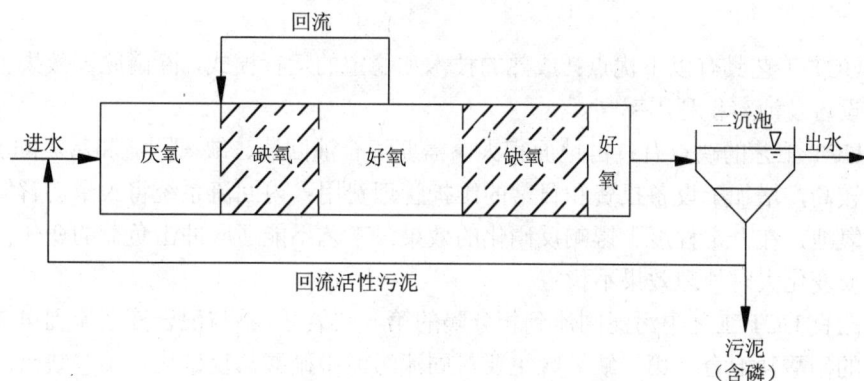

图 10-12 五段改良 Bardenpho 脱氮除磷工艺流程

改良 Bardenpho 工艺流程由厌氧-缺氧-好氧-缺氧-好氧五段组成，第二个缺氧段利用好氧段产生的硝酸盐作为电子受体，利用剩余碳源或内碳源作为电子供体进一步提高反硝化效果，最后好氧段主要用于剩余氮气的吹脱。因为系统脱氮效果好，通过回流污泥进入厌氧池的硝酸盐量较少，对污泥的释磷反应影响小，从而使整个系统达到较好的脱氮除磷效果。

但本工艺流程较为复杂，投资和运行成本较高。

10.3.3 UCT 及改良 UCT 工艺

UCT（University of Cape Town）工艺（图 10-13）为南非开普敦大学研究开发，其基本思想是减少回流污泥中的硝酸盐对厌氧区的影响，所以与 A^2/O 不同的是，UCT 工艺的回流污泥是回到缺氧区而不是厌氧区，在缺氧区和厌氧区之间建立第二套混合液回流，使进入厌氧的硝态氮负荷降低，为污泥的释磷反应提供了最佳的条件，但同时也降低了工艺过程的脱氮能力。由于混合液悬浮固体浓度较低，厌氧区停留时间较长。

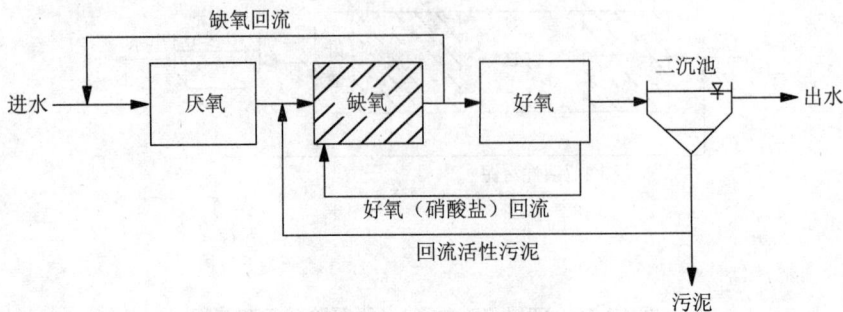

图 10-13 UCT 生物脱氮除磷工艺

UCT 工艺具有以下优点：成熟的技术和稳定的运行模式，除磷脱氮效果也较好；设备及池容积利用率高。

UCT 工艺的缺点有：占地面积大，需要混合液回流、缺氧回流和污泥回流，电耗较高，增加了设备投资和日常的维护管理费用；内回流系统将大量溶解氧带入缺氧池，在一定程度上影响反硝化的效果；工艺不能适应冲击负荷的变化，进水水质变化大时处理效果不稳定。

改良 UCT 工艺中污泥回流到相分隔的第一缺氧区，不与混合液回流到第二缺氧区的硝酸盐混合，第一缺氧区主要对同流污泥中硝酸盐反硝化，第二缺氧区是系统的主要反硝化区（图 10-14）。

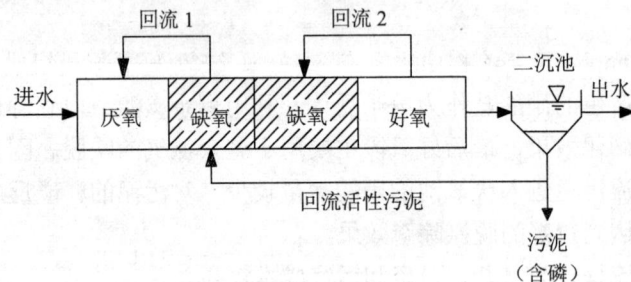

图 10-14 改良 UCT 生物脱氮除磷工艺

UCT 工艺和改良 UCT 工艺比 A^2/O 工艺和 Bardenpho 工艺多了一套混合液回流系统，流程较为复杂。

10.3.4 氧化沟的除磷脱氮工艺

氧化沟脱氮（硝化和反硝化）功能是可以在氧化沟内完成的，比如有缺氧带的 Carrousel®氧化沟工艺就可在单一池内实现部分反硝化作用；也可以把缺氧池独立设置（可以较少池容）来达到脱氮的功能，例如 Carrousel® denitIR®工艺；对于要求除磷的则可增加厌氧池来满足，比如 Carrousel® AC 工艺；对于同时脱氮除磷的则相应增加缺氧池和厌氧池即可，比如 Carrousel® denitIR® A²C®工艺。总而言之，氧化沟可以根据需要组合成 A/O 和 A²/O 或其他除磷脱氮工艺。另外，氧化沟的特有技术经济优势和除磷脱氮的客观需求使彼此以不同的方式相结合成为必然，从而产生了一系列除磷脱氮技术与氧化沟技术相结合的污水处理工艺流程。

10.3.5 SBR工艺

通过时间顺序上的控制，SBR 工艺也具有同时脱氮除磷功能。如进水后进行一定时间的缺氧搅拌，好氧菌将利用进水中携带的有机物和溶解氧进行好氧分解，此时水中的溶解氧将迅速降低甚至达到零，这时厌氧发酵菌进行厌氧发酵，反硝化菌进行脱氮；然后池体进入厌氧状态，聚磷菌释放磷；接着进行曝气，硝化菌进行硝化反应，聚磷菌进行磷吸收；经一定反应时间后，停止曝气，进行静置沉淀；当污泥沉淀下来后，滗出上部清水，而后再进入原污水进行下一个周期循环，如此周而复始（图 10-15）。

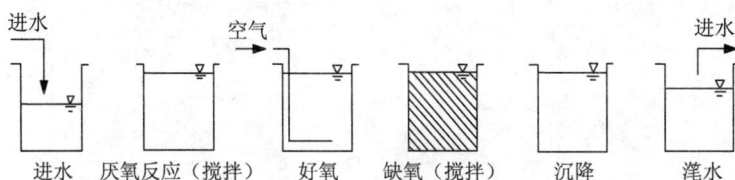

图 10-15 SBR 生物脱氮除磷工艺

研究表明，SBR 工艺可取得良好的脱氮除磷效果。自动控制系统的发展和完善，为 SBR 工艺的应用提供了物质基础。但因为 SBR 是间歇运行的，为了解决连续进水问题，至少需设置两套 SBR 设施，进行切换运行。

【习题与思考题】

10-1　简述吹脱去除氨的原理及其影响因素。

10-2　简述生物硝化和反硝化的原理及其各自的影响因素有哪些。

10-3　反硝化脱氮反应中为什么要补加有机碳源？以甲醇为有机碳源时，为什么要计算化学剂量避免过量投加？

10-4　简述 A_N/O 法的脱氮机理，画出 A_N/O 法的工艺流程框图。

10-5　简述前置反硝化生物脱氮工艺（A_N/O 法）的优缺点。

10-6　简述生物除磷的原理，常用的生物除磷工艺有哪几种？

10-7　利用化学沉淀法除磷时，投加药剂的位置有几种？各自有什么特点？

10-8　简述厌氧-好氧除磷工艺（A_P/O 法）的特点及存在的问题。

10-9　论述同步脱氮除磷工艺技术及其应用概况。

10-10　从影响生物脱氮除磷效果的因素角度分析同步脱氮除磷系统中存在的矛盾关系。

10-11　绘图说明 A^2/O 同步脱氮除磷的工艺流程，并说明各反应器的主要功能及该工艺流程存在的主要问题。

10-12　如果在二级生化处理后采用石灰沉淀除磷，往往还要再加入 CO_2，其道理是什么？加 CO_2 后的沉淀物主要是什么？

第 11 章　污水生态工程处理技术

美国著名生态学家 H.T.Odum 首先提出了生态工程（Ecological Engineering）这一名词，并将其定义为"人类利用少量的辅助能对环境进行管理，并用来控制以自然资源为基础的生态系统"，"管理自然就是生态工程，它是对传统工程的一个补充，是自然生态系统的一个侧面"。生态工程目前广泛应用于污水处理、固体废物的处置、海岸带的保护、受损生态系统的恢复、非点源污染控制、农村环境保护、城镇发展等多方面。

根据我国著名生态学家马世骏对生态工程的定义，可以将污水的生态工程处理技术定义为应用生态系统中物种共生与物质循环再生原理，结构与功能协调原则，结合系统工程的最优化方法，设计的分层多级利用污水中污染物质的污水处理工艺技术，是人类运用现代生态学、环境科学、系统工程和高效生态工程学的基本原理和方法论设计与建造的，具有使污水净化与资源化的人工生态系统。

污水的生态工程处理技术主要有稳定塘、土地处理和人工湿地三种。污水的生态工程处理技术不但处理费用低廉，运行管理简便，而且对难生化降解有机物、氮磷营养物和细菌的去除率都高于常规二级处理。该技术在面源污染和村镇污水的治理方面具有一定的优越性。

11.1　稳定塘

稳定塘（Stabilization Pond），又称氧化塘（Oxidation Pond），是一种天然的或经一定人工构筑的废水生态净化系统，其对废水的净化过程与自然水体的自净过程类似。废水在塘内经较长时间的停留、储存，通过微生物（细菌、真菌、藻类、原生动物等）的代谢活动，以及相伴随的物理的、化学的、物理化学的过程，使废水中的有机污染物、营养素和其他污染物质进行多级转换、降解和去除，从而实现废水的无害化、资源化与再利用。

稳定塘净化废水历史悠久，早在 3 000 余年前，人们就知道使用塘净化废水。

但是，首次有记录可查的是 1901 年，美国得克萨斯州修建的经科学设计与运行管理的稳定塘，即圣安东尼稳定塘，占地面积 2 131 万 m^2，总容积 311 840 m^3。20 世纪 50 年代，美国已发展有 600 余座城市污水稳定塘，60 年代达 2 500 余座。1971 年密西西比州就有 216 个城市污水系统采用单级塘或多级塘处理废水，塘总面积达 7 342 万 m^2，其中位于福列斯特的单级塘是最大的，面积达 889.2 万 m^2。70 年代初美国稳定塘总数增至 4 500 座，迄 80 年代初已逾 7 000 余座。其中 90% 用于处理人口在 5 000 人以下的城镇污水。稳定塘使用的地区涵盖着广大地域，从热带、亚热带，到温带、亚寒带。如美国寒冷地区阿拉斯加州、地处高纬度的瑞典、加拿大等也大量采用稳定塘处理城市污水。目前全世界已有 40 多个国家采用稳定塘处理废水，其中德国 2 000 余座，法国 1 500 余座。稳定塘处理废水的规模也逐渐扩大，其大者可到每日处理几十万立方米废水。

我国有关稳定塘的研究始于 20 世纪 50 年代末，从 60 年代起陆续建成了一批污水塘库，80～90 年代是我国稳定塘处理技术迅速发展的时期，目前已经建成并投入运行的稳定塘几乎遍布全国各个地区。

稳定塘既可作为二级处理，相当于传统的生物处理，也可作为二级生物处理出水的"精制"或"深度"处理工艺技术。实践证明，设计合理、运行正常的稳定塘系统，其出水水质常常相当甚至优于二级生物处理的出水。当然，在不理想的气候条件下，出水水质也会比生物法的出水差。不同类型、不同功能的稳定塘可以串联起来分别作预处理或后处理装置。

生物稳定塘的主要优点是处理成本低，操作管理容易。此外，生物稳定塘不仅能取得良好的 BOD 去除效果，还可以有效地去除氮、磷等营养物质及病原菌、重金属及有毒有机物。它的主要缺点是占地面积大，处理效果受环境条件影响大，处理效率相对较低，可能产生臭味及滋生蚊蝇，不宜建设在居住区附近。

11.1.1　稳定塘的工作原理

稳定塘是一种半人工的生态系统（图 11-1）。其生物相主要由分解者 —— 细菌和真菌，生产者 —— 藻类和水生植物，消费者 —— 原生动物、后生动物以及高级水生动物组成；三者分工协作，细菌和藻类是浮游动物的食料，而浮游动物又可被鱼类吞食，高等动物也可直接以大型藻类和水生植物为饲料，从而形成多条食物链，构成稳定塘中各种生物相互依存、相互制约的复杂生态体系，使废水中的污染物质得到分级转化和利用。稳定塘的非生物因素主要包括光照、风力、温度、有机负荷、pH、溶解氧、二氧化碳、氮及磷营养元素等，其作用是十分复杂的，作为一种半人工的生态系统，人为调节众多环境因子的能力是有限的。

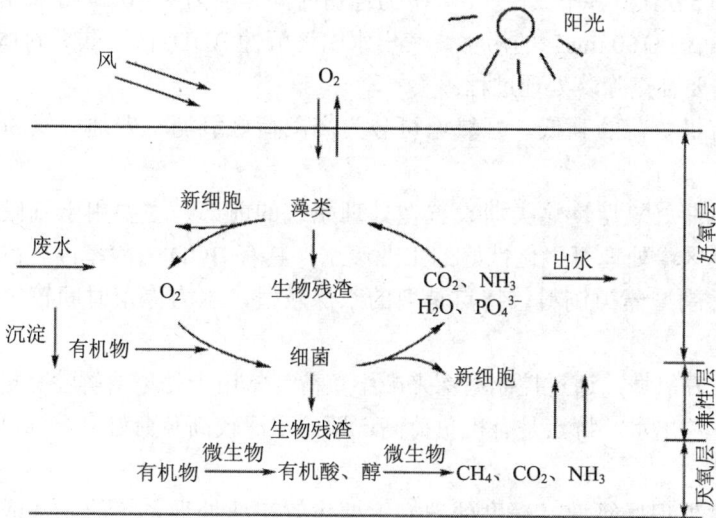

图 11-1 典型的稳定塘生态系统

稳定塘中发生着各种物理、化学及生物化学反应，就好氧塘与兼性塘而言，细菌与藻类的共生关系是其主要的生态特征。在光照及温度适宜的条件下，藻类利用二氧化碳、无机营养素和水，通过光合作用合成藻类细胞并释放氧。异养菌利用水中的溶解氧降解有机质，生成二氧化碳、氨氮和水等，又成为藻类合成细胞的原料。在这一系列反应过程中，废水中的溶解性有机物逐渐减少，藻类细胞和惰性生物残渣逐渐增加，并随水排出。

总的来说，废水在稳定塘内的停留过程中，污染物质（主要是有机污染物）经过稀释沉淀、好氧微生物的氧化作用或厌氧微生物的分解作用而被去除或稳定化。好氧微生物代谢所需要的溶解氧由大气复氧作用及藻类的光合作用提供，也可通过人工曝气提供。

11.1.2 稳定塘的类型

稳定塘按塘水中微生物优势群体类型和塘水的溶解氧状况可分为好氧塘、兼性塘、厌氧塘和曝气塘。按用途又可分为深度处理塘、强化塘、储存塘和综合生物塘等。上述不同性质组合成的塘称为复合稳定塘。在本章中，主要针对常用的溶解氧分类方式，对稳定塘进行介绍。

（1）好氧塘

好氧塘（Aerobic Pond）是一类在有氧状态下净化污水的稳定塘，它完全依靠塘内藻类的光合作用和塘表面风力搅动自然复氧供氧。通常好氧塘水深较浅，一般为 0.3～0.5 m，至多不大于 1 m，水力停留时间一般为 2～6 d。好氧塘一般适于处理 BOD_5 小于 100 mg/L 的污水，其出水中溶解性 BOD_5 低而藻类固体含量高，因而往往需要补充除藻处理过程。

按照有机负荷的高低，好氧塘可分为高负荷好氧塘、普通好氧塘和深度处理塘。

①高负荷好氧塘：这类塘设置在处理系统的前部，主要用于气候温暖、光照充足的地区，处理可生化性好的工业废水，具有 BOD 去除率高、占地面积少的优点，并副产藻类饲料。特点是塘的水深较浅，水力停留时间较短，有机负荷高。

②普通好氧塘：通过控制塘深来减小负荷，常用于处理溶解性有机废水和城市二级处理厂出水。特点是有机负荷高，塘的水深较高负荷好氧塘深，水力停留时间较长。

③深度处理好氧塘：深度处理好氧塘设置在塘处理系统的后部或二级处理系统之后，作为深度处理设施。特点是有机负荷较低，塘的水深比高负荷好氧塘深。

1）好氧塘的净化机理

好氧塘净化有机污染物的基本工作原理如图 11-2 所示，塘内存在着细菌、藻类和原生动物的共生系统。有阳光照射时，塘内的藻类进行光合作用，释放出氧，同时，由于风力的搅动，塘表面还存在自然复氧，二者使塘水呈好氧状态。塘内的好氧型异养细菌利用水中的氧，通过好氧代谢氧化分解有机物并合成本身的细胞质（细胞增殖），其代谢产物 CO_2 则是藻类光合作用的碳源。塘内菌藻生化反应可用式（11-1）和式（11-2）表示：

细菌的降解作用：

$$有机物 + O_2 + H^+ \longrightarrow CO_2 + H_2O + NH_4^+ + C_5H_7NO_2（细菌） \tag{11-1}$$

藻类的光合作用：

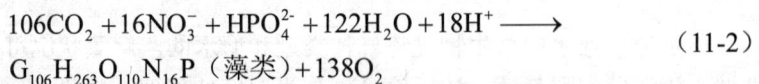

$$106CO_2 + 16NO_3^- + HPO_4^{2-} + 122H_2O + 18H^+ \longrightarrow$$
$$G_{106}H_{263}O_{110}N_{16}P（藻类） + 138O_2 \tag{11-2}$$

上述生化反应表明，好氧塘内有机污染物的降解过程是溶解性有机污染物转换为无机物和固态有机物 —— 细菌与藻类细胞的过程。此外，式（11-2）表明，每合成 1 g 藻类，释放 1.244 g 氧气。

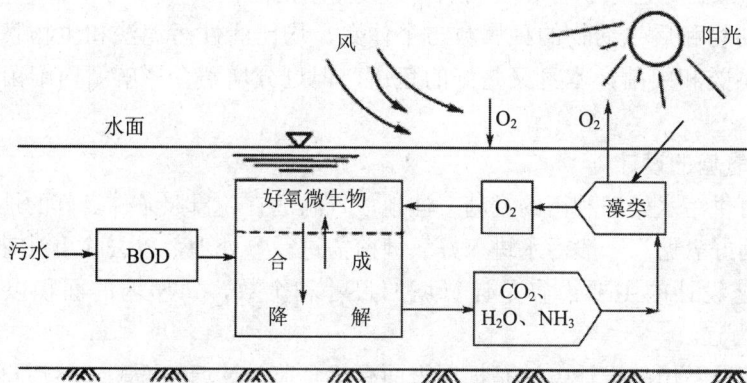

图 11-2　好氧塘工作原理示意

藻类光合作用使塘水的溶解氧和 pH 呈昼夜变化。在白昼，藻类光合作用释放的氧，超过细菌降解有机物的需氧量，此时塘水的溶解氧浓度很高，可达到饱和状态。夜间，藻类停止光合作用，且由于生物的呼吸消耗氧，水中的溶解氧浓度下降，凌晨时达到最低。经阳光照射后，溶解氧逐渐上升。好氧塘的 pH 与水中 CO_2 浓度有关，受塘水中碳酸盐系统的 CO_2 平衡关系影响，其平衡关系式如下：

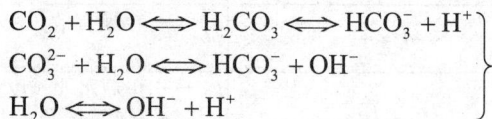

$$CO_2 + H_2O \Longleftrightarrow H_2CO_3 \Longleftrightarrow HCO_3^- + H^+$$
$$CO_3^{2-} + H_2O \Longleftrightarrow HCO_3^- + OH^-$$
$$H_2O \Longleftrightarrow OH^- + H^+$$

上式表明，白天，藻类光合作用使 CO_2 降低，pH 上升。夜间，藻类停止光合作用，细菌降解有机物的代谢没有终止，CO_2 累积，pH 下降。

2）好氧塘内的生物种群

好氧塘内的生物种群主要有细菌、藻类、原生动物、后生动物、水蚤等。

细菌主要生存在水深 0.5 m 的上层，浓度约为 $1 \times 10^8 \sim 5 \times 10^9$ 个/mL，主要种属与活性污泥和生物膜相同。好氧塘的细菌绝大部分属兼性异养菌，这类细菌以有机化合物如碳水化合物、有机酸等作为碳源，并以这些物质分解过程中产生的能量作为维持其生理活动的能源，其营养氮源为含氮化合物。细菌对有机污染物的降解起主要作用。

藻类在好氧塘中起着重要的作用，它可以进行光合作用，是塘水中溶解氧的主要提供者。藻类主要有绿藻、蓝绿藻两种，有时也会出现褐藻，但它一般不能成为优势藻类。藻类的种类和数量与塘的负荷有关，它可反映塘的运行状况和处理效果。若塘水营养物质浓度过高，会引起藻类异常繁殖，产生藻类水华，此时藻类聚结形成蓝绿色絮状体和胶团状体，使塘水混浊。

原生动物和后生动物的种属数与个体数，均比活性污泥法和生物膜法少。水蚤捕食藻类和细菌，本身又是好的鱼饵，但过分增殖会影响塘内细菌和藻类的数量。

3）好氧塘的设计

在有可供污水处理利用的湖塘、洼地，气温适宜、日照条件良好的地方，可以考虑采用好氧塘。一般污水进入好氧塘前需进行预处理，以去除可沉悬浮物。好氧塘工艺设计的主要内容是计算塘的尺寸和个数，每座塘的面积以不超过40 000 m² 为宜。

好氧塘最常用的设计方法是根据表面有机负荷设计塘的面积，然后再相应确定塘结构的其他尺寸，校核停留时间。表 11-1 列出了稳定塘的基本计算公式。好氧塘的设计计算同样适用于这些公式。

表 11-1　稳定塘的基本计算公式

计算项目	计算公式	符号说明
塘的总面积	$A = \dfrac{QS_0}{L_A}$	A —— 稳定塘的有效面积，m²； Q —— 进水设计流量，m³/d； S_0 —— 进水 BOD₅ 浓度，mg/L； L_A —— BOD₅ 面积负荷，g/（m²·d）
单塘有效面积	$A_1 = \dfrac{A}{n}$	A_1 —— 单塘有效面积，m²； n —— 塘个数
单塘水面长度	$L_1 = \sqrt{RA_1}$	L_1 —— 单塘水面长度，m； R —— 塘水面的长宽比例，如长宽比例为 3：1 时，$R=3$
单塘水面宽度	$R_1 = \dfrac{1}{R}L_1$	B_1 —— 塘水面宽度，m
单塘有效容积 （有斜坡的矩形塘）	$V_1 = [L_1B_1 + (L_1 - 2sd_1)$ $\times(B_1 - 2sd_1) + 4(L_1 - sd_1)$ $\times(B_1 - sd_1)]d_1 / 6$	V_1 —— 单塘有效容积，m³； d_1 —— 单塘有效水深，m； s —— 水平坡度系数，如坡度为 3：1 时，$s=3$
水力停留时间	$HRT = nV_1 / Q$	HRT —— 水力停留时间，d
单塘长度	$L = L_1 + 2s(d - d_1)$	L —— 单塘长度，m； d —— 单塘深度，m
单塘宽度	$B = B_1 + 2s(d - d_1)$	B —— 单塘宽度，m
单塘容积	$V_2 = [LB + (L_1 - 2sd)$ $\times(B - 2sd) + 4(L - sd)$ $\times(B - sd)]d / 6$	V_2 —— 单塘容积，m³
塘总容积	$V = nV_2$	V —— 塘总容积，m³

出水有机物的浓度可根据经验公式（11-4）估算：

$$S_e = 16.3 S_0^{0.7} (\text{HRT})^{-0.44} t^{-0.66} \qquad (11\text{-}3)$$

式中，S_0 —— 进水 BOD_5 浓度，mg/L；

S_e —— 出水 BOD_5 浓度，mg/L；

HRT —— 水力停留时间，d；

t —— 平均水温，℃。

由于好氧塘内反应复杂，且受外界条件影响较大，因此对好氧塘建立严密的以理论为基础的计算方法，是有一定困难的。表 11-2 是好氧塘的典型设计参数，可供参考。

表 11-2　好氧塘的典型设计参数

设计参数	高负荷好氧塘	普通好氧塘	深度处理好氧塘
BOD_5 负荷/[kg /（hm²·d）]	80～160	40～120	<5
水力停留时间/d	4～6	10～40	5～20
有效水深/m	0.3～0.45	0.5～1.5	0.5～1.5
pH	6.5～10.5	6.5～10.5	6.5～10.5
温度/℃	0～30	0～30	0～30
BOD_5 去除率/%	80～95	80～95	60～80
藻类浓度/（mg/L）	100～260	40～100	5～10
出水 SS/（mg/L）	150～300	80～140	10～30

好氧塘主要尺寸的经验值如下：

①长宽比：多采用矩形塘，L：B=3：1～4：1。

②塘深（有效水深）：高负荷好氧塘为 0.3～0.45 m；普通好氧塘为 0.5～1.5 m；深度处理好氧塘为 0.5～1.5 m；塘堤的超高为 0.6～1.0 m。

③堤坡：内坡坡度为 1：2～1：3（垂直：水平），外坡坡度为 1：2～1：5（垂直：水平）。

④单塘面积：单塘面积介于（0.8～4.0）×10⁴ m²；好氧塘的座数一般不少于 3 座，规模很小时不少于 2 座。

（2）兼性塘

兼性塘（Facultative Pond）是指在上层有氧、下层无氧的条件下净化污水的稳定塘，是最常用的塘型。兼性塘的水深一般在 1.5～2.0 m，塘内好氧和厌氧生化反应兼而有之。在上部水层中，白天藻类光合作用旺盛，塘水维持好氧状态，其净化机理和各项运行指标与好氧塘相同；在夜晚，藻类光合作用停止，大气复氧低于塘内耗氧，溶解氧急剧下降至接近于零。在塘底，由可沉团体和藻、菌类残体形成了污泥层，由于缺氧而进行厌氧发酵，称为厌氧层。在好氧层和厌氧层之间，存在着一个兼性层。

兼性塘是氧化塘中最常用的类型，常用于处理城市一级沉淀或二级处理出水。在工业废水处理中，常设置在曝气塘或厌氧塘之后作为二级处理塘使用，有的也作为难生化降解有机废水的储存塘和间歇排放塘（污水库）使用。由于它在夏季的有机负荷要比冬季所允许的有机负荷高得多，因而特别适用于处理在夏季进行生产的季节性食品工业废水。

1）兼性塘的净化机理

兼性塘的好氧区对有机污染物的净化机理与好氧塘基本相同。在好氧区进行的各项反应与存活的生物相也基本与好氧塘相同。但由于污水的停留时间长，有时能生长繁殖多种种属的微生物，如硝化菌等。由此也会进行较为复杂的反应，如硝化反应等。其净化机理见图 11-3。

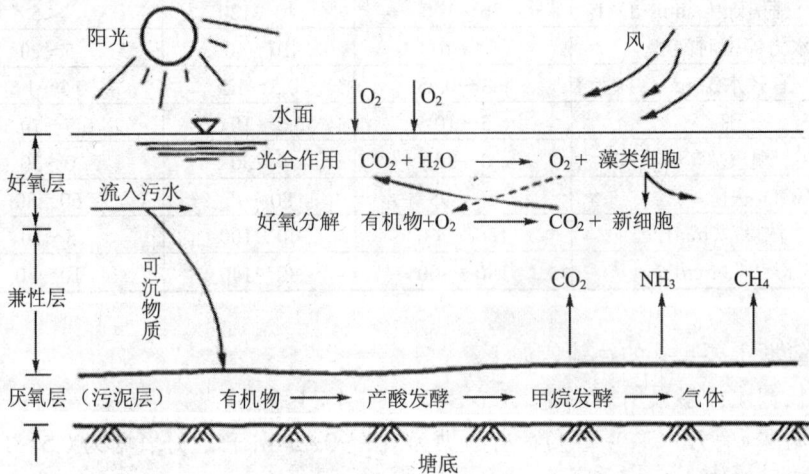

图 11-3　兼性塘净化机理示意

兼性区的塘水溶解氧较低，且时有时无。这里的微生物是异养型兼性细菌，它们既能利用水中的溶解氧氧化分解有机污染物，也能在无分子氧的条件下，以 NO_3^-、CO_2 作为电子受体进行无氧代谢。

厌氧区没有溶解氧。可沉物质和死亡的藻类、菌类在此形成污泥层，污泥层中的有机质由厌氧微生物对其进行厌氧分解。与一般的厌氧发酵反应相同，其厌氧分解包括酸发酵和甲烷发酵两个过程。发酵过程中未被甲烷化的中间产物（如脂肪酸、醛、醇等）进入塘的上、中层，由好氧菌和兼性菌继续降解。而 CO_2、

NH₃ 等代谢产物进入好氧层，部分逸出水面，部分参与藻类的光合作用。

由于兼性塘的净化机理比较复杂，因此兼性塘去除污染物的范围比好氧塘广泛，它不仅可去除一般的有机污染物，还可有效地去除氮、磷等营养物质和某些难降解的有机污染物，如木质素、有机氯农药、合成洗涤剂、硝基芳烃等；因此，它不仅用于处理城市污水，还被用于处理石油化工、有机化工、印染、造纸等工业废水。

2）兼性塘的生物种群

兼性塘中的生物种群与好氧塘基本相同，但由于其存在兼性区和厌氧区，使产酸菌和厌氧菌得以生长。在缺氧条件下，属兼性异养菌的产酸菌可将有机物分解为乙酸、丙酸、丁酸等有机酸和醇类。产酸菌对温度及 pH 的适应性较强，常存在于兼性塘的较深处。厌氧菌常见于兼性塘污泥区，产甲烷菌即是其中之一，它将有机酸转化为甲烷和二氧化碳，但甲烷水溶性极差，将很快地逸出水面，达到塘内有机物降解的目的，且污泥在此过程中也可以减量。在厌氧塘内常见的还有厌氧的脱硫弧菌，它能使硫酸盐还原成硫化氢。

3）兼性塘的设计

兼性塘可以作为独立处理技术，也可作为生物处理系统中的一个处理单元在实践中应用。兼性塘一般采用负荷法进行计算，BOD_5 表面负荷按 0.000 2～0.010 kg/（m²·d）考虑，随着气温的升高，可采用较大的 BOD_5 表面负荷值。停留时间一般规定为 7～180 d，北方的停留时间较长，南方的停留时间则较短。

兼性塘的设计参数选取与冬季平均水温有关，表 11 -3 是我国"七五"国家科技攻关成果建议的主要设计参数。

表 11-3　城镇污水兼性塘的设计负荷和水力停留时间

冬季平均气温/℃	BOD_5 表面负荷/[kgBOD₅/（hm²·d）]	水力停留时间/d
≥15	70～100	≥7
10～15	50～70	7～20
0～10	30～50	20～40
−10～0	20～30	40～120
−20～−10	10～20	120～150
<−20	<10	150～180

兼性塘构造及主要尺寸的经验值如下：

① 长宽比：多采用矩形塘，长宽比为 3∶1～4∶1。

② 塘深：有效水深一般采用 1.2～2.5 m；此外还应考虑污泥层厚度以及为容纳流量变化和风浪冲击的保护高度，在北方寒冷地区还应考虑冰盖的厚度。污泥

层厚度可取 0.3 m，保护高度 0.6～1.0 m，冰盖厚度 0.2～0.6 m。

③ 坡度：堤坝的内坡坡度为 1：2～1：3（垂直：水平），外坡坡度为 1：2～1：50（垂直：水平）。

④ 单塘面积及数量：单塘面积一般介于 0.8～4.0 hm²，以避免布水不均匀或波浪较大等问题。系统中兼性塘一般不少于 3 座，多串联，其中第一塘的面积占兼性塘总面积的 30%～60%。

（3）厌氧塘

厌氧塘（Anaerobic Pond）是一类在无氧状态下净化污水的稳定塘，其有机负荷高、以厌氧反应为主。厌氧塘的水深一般在 2～5 m 以上，最深可达 4～5 m。当塘中耗氧超过藻类和大气复氧时，就使全塘处于厌氧分解状态。因而，厌氧塘是一类高有机负荷的以厌氧分解为主的生物塘。其表面积较小，而深度较大，水在塘中停留时间为 20～50 d。它能以高有机负荷处理高浓度废水，污泥量少，但净化速率慢、停留时间长，并产生臭气，出水不能达到排放要求，因而多作为好氧塘的预处理设施使用。

1）厌氧塘的净化机理

厌氧塘对有机污染物的降解，与所有的厌氧生物处理设备相同，是由两类厌氧菌通过产酸发酵和甲烷发酵两阶段来完成的。即先由兼性厌氧产酸菌将复杂的有机物水解、转化为简单的有机物（如有机酸、醇、醛等），再由专性厌氧菌（产甲烷菌）将有机酸转化为甲烷和二氧化碳等。由于产甲烷菌的世代时间长，增殖速率慢，且对溶解氧和 pH 敏感，因此厌氧塘的设计和运行，必须以甲烷发酵阶段的要求作为控制条件，控制有机物的投配率，以保持产酸菌与产甲烷菌之间的动态平衡。应控制塘内的有机酸浓度在 3 000 mg/L 以下，pH 为 6.5～7.5，进水的 BOD_5：N：P = 100：2.5：1，硫酸盐浓度应小于 500 mg/L，以使厌氧塘能正常运行。图 11-4 是厌氧塘功能模式图。

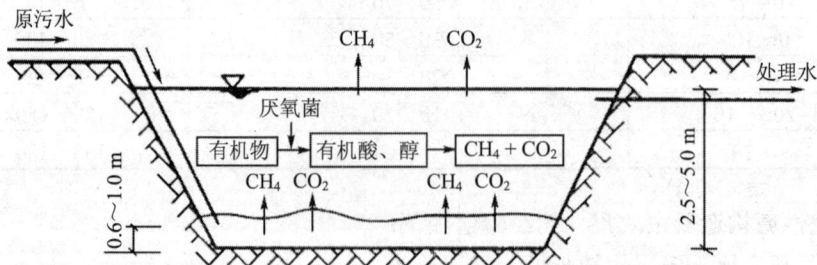

图 11-4　厌氧塘功能模式

2）厌氧塘的生物种群

厌氧塘中参与反应的生物只有细菌，不存在其他任何生物，在系统中有产酸菌、产氢产乙酸菌和产甲烷菌共存，但三者之间不是直接的食物链关系，产酸菌和产氢产乙酸菌的代谢产物 —— 有机酸、乙酸和氢是产甲烷菌的营养物质。产酸菌和产氢产乙酸菌是由兼性厌氧菌和专性厌氧菌组成的菌群，产甲烷菌则是专性厌氧菌，它们能够从 NO_3^-、NO_2^- 以及 SO_4^{2-} 和 CO_3^{2-} 中获取氧。

由于产甲烷菌的世代时间长，增殖速率缓慢，厌氧发酵反应的速率也较慢，而产酸菌和产氢产乙酸菌的世代时间短，增殖速率较快，因此三种细菌需保持动态平衡，否则有机酸将大量积累，使 pH 下降，导致甲烷发酵反应受到抑制。

3）厌氧塘的设计

厌氧塘的设计通常是用经验数据，采用有机负荷进行设计的。设计的主要经验数据如下：

①有机负荷：有机负荷的表示方法有三种：BOD_5 表面负荷[$kgBOD_5/(hm^2 \cdot d)$]、BOD_5 容积负荷[$kgBOD_5/(m^3 \cdot d)$]、VSS 容积负荷[$kgVSS/(m^3 \cdot d)$]。我国采用 BOD_5 表面负荷。处理城市污水的建议北方采用 300 $kgBOD_5/(hm^2 \cdot d)$，南方采用 800 $kgBOD_5/(hm^2 \cdot d)$。对于工业废水，设计负荷应通过试验确定。

②长宽比：一般为矩形，长宽比为 2∶1～2.5∶1。

③深度：有效水深一般为 2.0～4.5 m，储泥厚度大于 0.5 m，超高为 0.6～1.0 m

④堤坡：堤内坡度 1.5∶1～1∶3，堤外坡度 1∶2～1∶4。

⑤进出水口：厌氧塘进口设在底部，高出塘底 0.6～1.0 m，出水口离水面的深度应大于 0.6 m。

⑥塘数及单塘面积：至少应有两座，可并联，单塘面积 0.8～4 hm^2。

由于厌氧塘的处理效果不高，出水 BOD_5 浓度仍然较高，不能达到二级处理出水水平，因此，厌氧塘很少单独用于污水处理，而是作为其他处理设备的前处理单元。厌氧塘前应设置格栅（<20 mm）、普通沉砂池，如有必要，应设置除油池，其设计方法与传统二级处理方法相同。厌氧塘的主要问题是产生臭气，目前是利用厌氧塘表面的浮渣层或采取人工覆盖措施（如聚苯乙烯泡沫塑料板）防止臭气逸出。

厌氧塘宜用于处理高浓度有机污水，如制浆造纸、酿酒、农牧产品加工、农药等工业废水和家禽家畜粪污水等。也可用于处理城镇污水。

（4）曝气塘

为了强化塘面大气复氧作用，可在氧化塘上设置机械曝气或水力曝气器，使塘水得到不同程度的混合而保持好氧或兼性状态。这种通过人工曝气设备向塘中污水供氧的稳定塘称为曝气塘（Aerated Pond），是人工强化与自然净化相结合的一种形式。

曝气塘有机负荷较高，BOD_5去除率为50%～90%，占地面积小，但运行费用高，且出水悬浮物浓度较高，使用时可在后面连接兼性塘或生物固体沉淀分离设施来改善最终出水水质。曝气塘又可分为好氧曝气塘及兼性曝气塘两种，见图11-5。

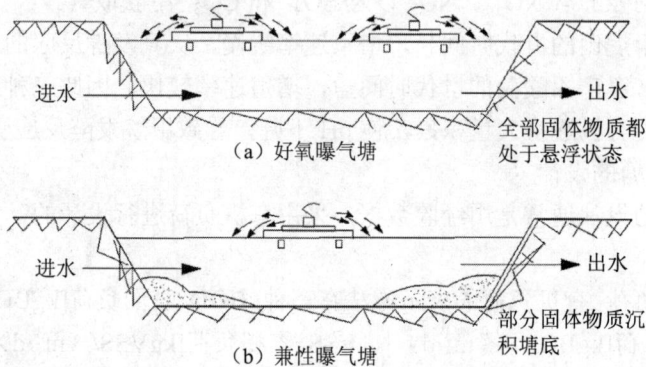

图 11-5　好氧曝气塘与兼性曝气塘

好氧曝气塘在工艺和有机物降解机理等方面与活性污泥法的延时曝气法相类似，因此，有关活性污泥法的计算理论，对曝气塘也适用。

曝气塘也用表面负荷进行计算，参数参考如下：

①BOD_5表面负荷建议采用30～60 g BOD_5/（$m^2 \cdot d$）；塘内悬浮固体（生物污泥）浓度80～200 mg/L 之间。

②塘深与采用的表面机械曝气装置的功率有关，一般在2.5～6.0 m。

③好氧曝气塘的停留时间为1～10 d，兼性曝气塘的停留时间为7～20 d。

④曝气塘一般不少于3座，通常按串联方式运行。

以上四类氧化塘的主要性能分列于表11-4。

表 11-4　各类稳定塘的主要性能

	好氧塘	兼性塘	曝气塘	厌氧塘
BOD 负荷/ [g BOD_5/（$m^2 \cdot d$）]	8.5～17	2.2～6.7	8～32	16～80
停留时间/d	35	5～30	3～10	20～50
水深/m	0.3～0.5	1.2～2.5	2～6	2.5～5
BOD_5 去除率/%	80～95	50～75	50～80	50～70

	好氧塘	兼性塘	曝气塘	厌氧塘
出水中藻类浓度/（mg/L）	＞100	10～50	0	0
主要用途及优缺点	一般用于处理其他生物处理的出水。出水中水溶性有机物浓度低，但藻类固体含量高，因而用途受到限制	常用于处理城市原污水及初级处理、生物滤池、曝气塘或厌氧塘出水。运行管理方便，对水量、水质变化的适应能力强	常接在兼性塘后，用于工业废水的处理。易于操作维护，塘水混合均匀，有机负荷和去除率高	用于高浓度有机废水的初级处理，后接好氧塘可提高出水水质。污泥量少，有机负荷高。但出水水质差，并产生臭气

表中各项性能均受控于阳光辐射值、温度、养料及毒物等多种因素。因此，其具体数值也因纬度高低、气象条件和水质状况的不同而异。

（5）生态系统塘

生物稳定塘中，除了上述四种主要靠微生物起净化作用的塘型外，还有以放养高等大型水生植物作为强化净化手段的水生植物塘和利用污水养鱼、蚌、螺、鸭、鹅的养殖塘。二者可统称为生态系统塘。

1）水生植物塘

水生植物可分为挺水植物、漂浮植物、浮叶植物和沉水植物四类。水生植物的选择取决于它们的适应和净化能力、是否易于收获处置及利用价值等。一般认为，凤眼莲（即水葫芦）、绿萍等漂浮植物和水浮莲等浮叶植物有很强的耐污能力，适合于前级多污带稳定塘放养；芦苇、水葱等挺水植物具有中等耐污能力，适于在水浅的前级氧化塘栽植；而茨藻、金鱼藻等沉水植物则适于在寡污带的后级氧化塘和接纳二级处理水的塘中栽植。

水生植物对污染物的净化，主要是通过两种途径完成的：一是吸收—贮存—富集和捕集—积累—沉淀；二是它们发达的根系上形成了大量的生物膜。植株通过根端向生物膜输氧，使微生物参与对污染物的净化。上述处理机理在水葫芦塘中表现最为典型，显示出很强的净化能力。此外，在接纳二级处理出水的稳定塘中，还可种植白英、藕、慈菇等水生蔬菜或青绿饲料，作为水生种植塘予以利用。其水深按植物品种的需要确定，一般在 0.2～1.0 m，停留时间 1～3 d，BOD_5 负荷与好氧塘相同。

2）养殖塘

好氧塘和兼性塘中有水生动物所必需的溶解氧和由多条食物链提供的多种饵料，具备养殖鱼类、螺、蚌和鸭、鹅等家禽的良好条件。这种养殖以阳光为能源，对污染物进行同化、降解，并在食物链中迁移转化，最终转化为动物蛋白。国内若干大、中型养殖塘的运行结果表明，它比普通藻类共生塘有更高的净化效果，BOD_5 的去除率在 90% 以上，SS 和 N、P 的去除率一般在 80%～90%，细菌去除率大于 98%，而鱼产量比清水养鱼增产 0.3～0.45 kg/m^2。

养鱼塘的水深宜采用 2～2.5 m。虽然水深增加不利于光合作用，但由于鱼群活动形成自然搅拌混合，藻类能轮流接受光照，从而能保证塘水中 3～5 mg/L 的溶解氧浓度。

养殖塘的塘型设置，最好采用多塘串联，前一、二级使废水 BOD_5 大幅度降低并培养藻类，水深应浅一些；第三、第四级主要培养浮游动物，它们以前面好氧期的藻类为食料，又作为后面养鱼塘鱼类的饵料；最后一级作养鱼塘，水深应深一些。

养殖塘必须防止含重金属和累积性毒物的废水进入，否则会通过食物链危及人体，如果难以杜绝，应在塘前设置厌氧塘或水生植物塘将大部分毒物去除。养鱼塘附近应有净水水源，或设机械曝气装置，以便在进水 BOD_5 浓度过高或出现缩水缺氧时用清水稀释或强化曝气予以调节。鱼种应以浮游生物为食料的鲢、鲤等为主，并合理搭配。

11.1.3 稳定塘应用工程实例

（1）胶州市氧化塘

胶州市为解决城市综合废水对胶州湾的污染，投资 430 万元在沿海滩涂非耕地上修建了总占地面积 73.5 hm^2、水面面积 60 hm^2 的氧化塘工程，1989 年投入运转，1991 年 8 月被国家环保局、建设部评为第一批"全国城市环境综合整治优秀项目"。截至 1997 年 4 月，胶州市又投资 726.4 万元，修建了与氧化塘工程配套的废水管道 9 630 m，使城市综合废水全部进入氧化塘处理，取得了良好的效果。

胶州市氧化塘由哈尔滨建筑大学设计，其工艺流程如图 11-6 所示。

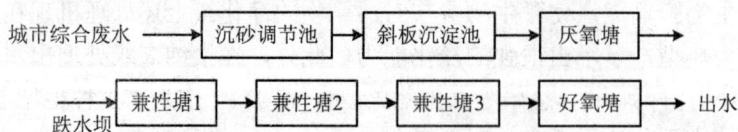

城市综合废水 → 沉砂调节池 → 斜板沉淀池 → 厌氧塘 →

跌水坝 → 兼性塘1 → 兼性塘2 → 兼性塘3 → 好氧塘 → 出水

图 11-6 胶州市氧化塘工艺流程

1996 年 6 月至 1997 年 6 月对全系统废水处理效果进行了检测，结果表明：① 处理效果好，除 SS 外，几种主要污染物 COD、BOD_5、NH_3-N、TN、TP 的去除率均在 70% 以上，达到了《农田灌溉水质标准》（GB 5084—2005）。② 处理量大（日均 2 万 m^3），大大减轻了胶州湾的污染。③ 投资少、操作简便、易于管理、费用低、处理 1 m^3 水仅用 0.1 元。④ 占地面积大，厌氧塘有臭味。

（2）美国密西西比州切尔密切尔兼性塘系统

该系统由三塘串联组成，总面积 33 000 m^2，出水不投氯。设计负荷：第 1 塘为 67.20 kgBOD$_5$/（hm^2·d），第 2 塘为第 1 塘的 40%，第 3 塘为第 1 塘的 16%。设计进塘废水流量 693 m^3/d。塘的平均深度约 2 m。理论 HRT＞9 d。

实测研究结果：有机负荷为 27.2 kgBOD$_5$/（hm^2·d）（州标准为 56.2 kgBOD$_5$/（hm^2·d）），HRT 为 214 d。进水 BOD$_5$ 平均为 205.5 mg/L。出水 BOD$_5$ 超过 30 mg/L 的月份为 11 月及 7 月，其余 10 个月均小于 30 mg/L。该塘系统的流程简图如图 11-7 所示。

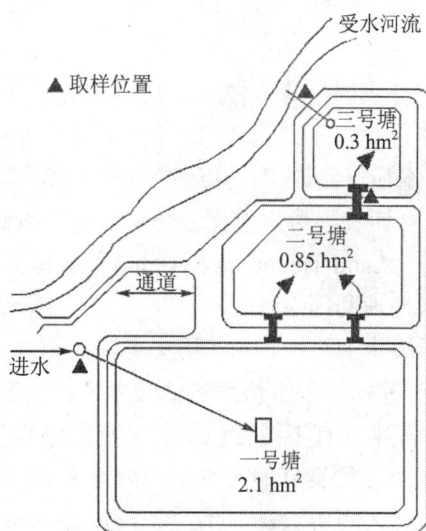

图 11-7 美国密西西比州切尔密切尔兼性塘系统流程简图（1 hm^2=10^4 m^2）

（3）太阳能水生植物塘工程

美国在加州的卡迪夫（Cardiff）和海柯勒斯（Hercules）市分别建成处理能力为 1 330 m^3/d 和 7 570 m^3/d 的"太阳能水生植物系统"。两个系统的工艺流程基本相同，用 5 塘串联，Ⅰ、Ⅱ级为厌氧塘，Ⅲ级为兼性塘，Ⅳ、Ⅴ级为好氧塘，出水要求能达到深度处理要求，在Ⅴ级好氧塘上加设温室，即设双层乙烯薄膜（中间充气）的顶盖，吸收阳光，终年保持较高的运行温度，提高水生植物生产量。水生植物采用凤眼莲和浮萍，并在水下设置具有高比表面积的微生物载体，并增设曝气装置。运行结果全年出水水质稳定优良，出水 BOD$_5$＜2 mg/L；SS＜2 mg/L；TN＜5 mg/L；NH$_3$-N＜0.1 mg/L。经多年实践验证，该工程地处太平洋之滨，属亚热带气候，特别适宜采用水生植物塘。

（4）美国加利福尼亚州苏尼梵莱曝气塘系统

该工程用以处理生活污水及季节性食品罐头加工废水，设计废水量：85 000 m³/d（生活污水）及 30 000 m³/d（季节性工业废水）。生活污水 BOD₅ 为 270 mg/L，SS 为 300 mg/L；工业废水 BOD₅ 为 1 800 mg/L，SS 为 500 mg/L。采用两座曝气塘，总面积 172×10^4 m²，平均水深 1.30 m。水力停留时间为 27 d 及 20 d（罐头加工季节），塘内设置 24 个机械曝气器。当进塘水 BOD₅ 为 405.5 mg/L（工厂开工阶段），而出塘水 BOD₅ 为 29 mg/L，处理效果良好。

11.2　废水土地处理系统

在人工调控和系统自我调控的条件下，利用土壤—微生物—植物组成的生态系统对废水中的污染物进行一系列物理的、化学的和生物的净化过程，使污染物得到去除、转化，废水水质得到改善；并通过系统中营养物质和水分的循环利用，使绿色植物生长繁殖，从而实现废水的无害化、稳定化和资源化的生态系统工程，称为废水土地处理系统（Land Treatment System）。这是一种高效、节能、经济并符合生态学原理的废水处理利用系统。

废水土地处理源于废水灌溉农田，其历史可追溯至公元前。欧洲自 1531 年即有记载。美国于 1988 年开发了废水快速渗滤技术，经过改善演变，至 20 世纪 60 年代美国已建有 2 000 多座具有不同特色不同类型的废水土地处理场，截至 1987 年，美国已有 4 000 多座运行良好的废水土地处理系统。我国也有利用废水灌溉农田并进行废水处理的悠久历史。20 世纪 80 年代初，随着城市与工业生产的发展，我国先后开辟了十多个大型废水灌区，灌溉面积达到 $1\,300 \times 10^4$ hm²。

废水土地处理系统具有明显的优点：①促进废水中植物营养素的循环，废水中的有用物质通过作物的生产而获得再利用；②可利用废劣土地、坑塘洼淀处理废水，节省基建投资；③使用机电设备少，运行管理简便、费用低廉、节省能源；④绿化大地，增添风景美色，改善地区小气候，促进生态环境的良性循环；⑤污泥能得到充分利用，二次污染小。

废水土地处理系统如果设计不当或管理不善，往往会造成许多不良后果，如：①污染土壤和地下水，特别是造成重金属污染、有机毒物污染等；②导致农产品质量下降；③散发臭味、蚊蝇孳生，危害人体健康等。

11.2.1　废水土地处理系统的净化原理

结构良好的表层土壤中存在土壤—水—空气三相体系。在这个体系中，土壤胶体和土壤微生物是土壤能够容纳、缓冲和分解多种污染物的关键因素。土壤对废水的净化，是一个受多种复杂因素作用的综合过程。其机理可归结为以下几个方面：

（1）物理过滤

土壤颗粒间的孔隙能截留、滤除废水中的悬浮颗粒。土壤颗粒的大小、颗粒间孔隙形状、大小分布及水流通道性状都影响物理过滤效率。悬浮颗粒过大、太多，有机物生物代谢产物均能造成土壤堵塞。因此，应加强管理、控制灌水与休灌周期及其交替，以恢复土壤截污过滤能力。

（2）物理吸附与沉积

土壤中黏土矿物等能吸附土壤中的中性分子，这是由于非极性分子之间范德华力所致。废水中部分重金属离子在土壤胶体表面由于阳离子交换作用而被置换、吸附并生成难溶态物而被固定于矿物的晶格之中。

（3）物理化学吸附

包括金属离子与土壤中的无机胶体与有机胶体由于螯合作用而形成螯合化合物；有机物与无机物的复合化而生成复合物；重金属离子与土壤进行阳离子交换而被置换吸附；有些有机物与土壤中重金属生成可吸性螯合物而固定于土壤矿物的晶格之中。

（4）化学反应与沉淀

重金属离子与土壤的某些组分进行化学反应生成难溶性化合物而沉淀。如改变土壤的氧化还原电位能生成非溶性硫化物；pH 的改变导致金属氢氧化合物的生成；另一些化学反应能生成金属磷酸盐和有机重金属等而沉积于土壤之中。

（5）微生物的代谢与有机物的生物降解

土壤中种类繁多的大量微生物，能与被截留、吸附的污染物一起形成生物膜，对有机物有很强的降解转化能力；在土壤表层，通风条件好，有机物浓度高，生物氧化作用尤为强烈，属于好氧生物处理带，其深度大体在 0.2～0.3 m；好气带以下，依次分布着兼性和厌氧生物处理带。在用废水进行水田灌溉时，废水中的可沉悬浮物沉于水底，靠兼性和厌氧土壤微生物进行分解。胶体和溶解性有机物分散于水中，被主要由藻类供氧的好氧微生物转化为无机物，然后被农作物吸收。此外，在接近出水的农田中，浮游生物得到繁殖，参与了对废水的净化，使出水进一步澄清。

11.2.2 废水土地处理系统的工艺类型

根据系统中水流运动的速率和流动轨迹的不同，废水土地处理系统可分为五种类型：慢速渗滤、快速渗滤、地表漫流、地下渗滤和湿地处理系统。

（1）慢速渗滤

慢速渗滤系统（Slow Rate Infiltration System，SR 系统）是将废水投配到种有作物的土壤表面，废水中的污染物在流经地表土壤-植物系统时得到充分净化的一种土地处理工艺系统，见图 11-8。

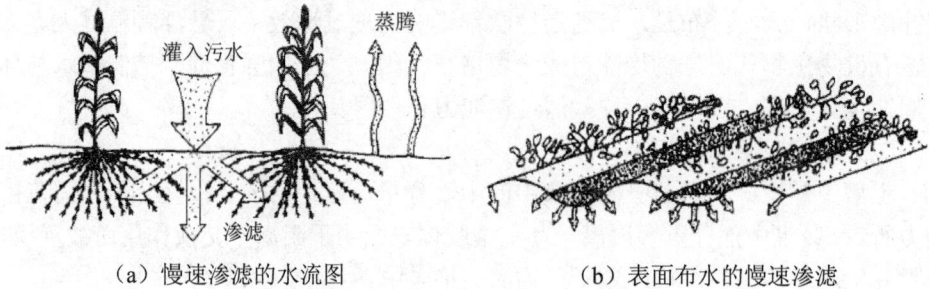

（a）慢速渗滤的水流图　　　　　　　（b）表面布水的慢速渗滤

图 11-8　慢速渗滤系统示意

在慢速渗滤系统中，投配的废水部分被作物吸收，部分渗入地下，部分蒸发散失，流出处理场地的水一般为零，污染地下水的可能也很小，因而被认为是土地处理中最适宜的方法。

废水的投配方式可采用畦灌、沟灌及可升降的或可移动的喷灌系统。

慢速渗滤适用于渗水性较好的沙质土和蒸发量小、气候湿润的地区，用于处理村镇生活污水和季节性排放的有机工业废水，通过收割系统种植的经济作物，可以取得一定的经济收入；由于投配废水的负荷低，废水通过土壤的渗滤速度慢，水质净化效果非常好。但由于其表面种植作物，所以慢速渗滤系统受季节和植物营养需求的影响很大；另外因为水力负荷小，土地面积需求量大。

（2）快速渗滤

快速渗滤系统（Rapid Rate Infiltration system，RI 系统）是将废水有控制地投配到具有良好渗滤性能的土壤如砂土、砂壤土表面，进行废水净化处理的高效土地处理工艺，其作用机理与间歇运行的"生物砂滤池"相似。当废水（经过预处理）投配到渗滤田后快速下渗，部分被蒸发，部分渗入地下水，如图 11-9 所示。

快速渗滤系统通常淹水、干化交替运行，以便使渗滤池处于厌氧和好氧交替运行状态，通过土壤及不同种群微生物对废水中组分的阻截、吸附及生物分解作用等，使废水中的有机物、氮、磷等物质得以去除。其水力负荷和有机负荷较其他类型的土地处理系统高得多。其处理出水可用于回用或回灌以补充地下水；但其对水文地质条件的要求较其他土地处理系统更为严格，场地和土壤条件决定了快速渗滤系统的适用性；而且它对总氮的去除率不高，处理出水中的硝态氮可能导致地下水污染。但其投资省，管理方便，土地面积需求量少，可常年运行。

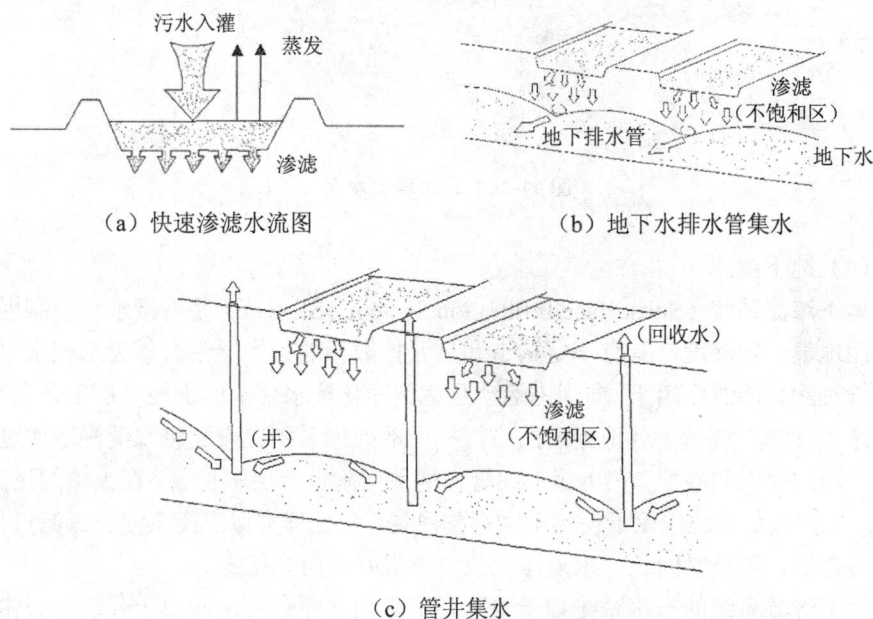

（a）快速渗滤水流图　　　　　（b）地下水排水管集水

（c）管井集水

图 11-9　快速渗滤系统示意

（3）地表漫流

地表漫流系统（Overland Flow System，OF 系统）是将废水有控制地投配到坡度缓和均匀、土壤渗透性差（如黏土和亚黏土）的坡面上，使废水在地表以薄层沿坡面缓慢流动过程中得到净化的土地处理工艺系统。坡面通常种植青草，防止土壤被冲刷流失和供微生物栖息，见图 11-10。

地表漫流系统对废水预处理程度要求低，出水以地表径流收集为主，对地下水的影响最小。处理过程中只有少部分水量因蒸发和渗入地下而损失掉，大部分径流水汇入集水沟。

地表漫流系统适用于处理分散居住地区的生活污水和季节性排放的有机工业废水。它对废水预处理程度要求低，处理出水可达到二级或高于二级处理的出水水质；投资省，管理简单；地表可种植经济作物，处理出水也可用于回用。但该系统受气候、作物需水量、地表坡度的影响大，气温降至冰点和雨季期间，其应用受到限制；通常还需考虑出水在排入水体以前的消毒问题。

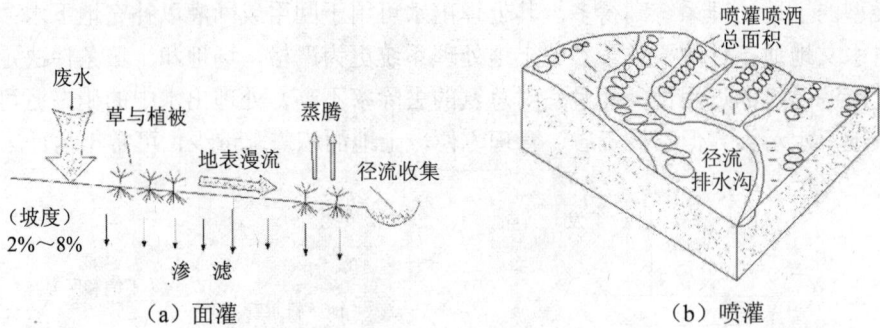

（a）面灌　　　　　　　　　　　　　（b）喷灌

图 11-10　地表漫流水流

（4）地下渗滤

地下渗滤系统（Subsurface Infiltration System，SI 系统）是将废水有控制地投配到距地表一定深度、具有一定构造和良好扩散性能的土层中，使废水在土壤的毛细管浸润和渗滤作用下，向周围运动且达到净化废水要求的土地处理工艺系统。

地下渗滤系统属于就地处理的小规模土地处理系统。投配废水缓慢地通过布水管周围的碎石和砂层，在土壤毛细管作用下向附近土层中扩散。在土壤的过滤、吸附、生物氧化等的作用下使污染物得到净化，其过程类似于废水慢速渗滤过程。由于负荷低，停留时间长，水质净化效果非常好，而且稳定。

地下渗滤系统的布水系统埋于地下，不影响地面景观，适用于分散的居住小区、度假村、疗养院、机关和学校等小规模的废水处理，并可与绿化和生态环境的建设相结合；运行管理简单；氮磷去除能力强，处理出水水质好，可用于回用。其缺点是：受场地和土壤条件的影响较大；如果负荷控制不当，土壤会堵塞；进、出水设施埋于地下，工程量较大，投资相对比其他土地处理类型要高一些。

（5）废水土地处理工艺类型比较

表 11-5 给出了废水土地处理系统各种工艺的特性与场地特征。在工艺的选择过程中，可根据处理水水质情况、处理程度，结合土壤及植物的实际情况，选择适用的废水土地处理工艺。

表 11-5　废水土地处理系统各种工艺的特性与场地特征

工艺特性	慢速渗滤	快速渗滤	地表漫流	地下渗滤
投配方式	表面布水 高压喷洒	表面布水	表面布水或 高低压布水	地下布水
水力负荷/（cm/d）	1.2～1.5	6～122	3～21	0.2～4.0
预处理最低程度	一级处理	一级处理	格栅筛滤	化粪池一级处理

工艺特性	慢速渗滤	快速渗滤	地表漫流	地下渗滤
投配污水最终去向	下渗、蒸散	下渗、蒸散	径流、下渗、蒸散	下渗、蒸散
植物要求	谷物、牧草、森林	无要求	牧草	草皮、花木
适用气候	较温暖	无限制	较温暖	无限制
达到处理目标	二级或三级	二、三级或回注地下水	二级、除氮	二级或三级
占地性质	农、牧、林	征地	牧业	绿化
土层厚度/m	＞0.6	＞1.5	＞0.3	＞0.6
地下水埋深/m	0.6～3.0	淹水期：＞1.0 干化期：1.5～3.0	无要求	＞1.0
土壤类型	沙壤土、黏壤土	沙、沙壤土	黏土、黏壤土	沙壤土、黏壤土
土壤渗滤系数	≥0.15，中	≥5.0，快	≤0.5，慢	0.15～5.0，中

11.2.3 废水土地处理系统应用工程实例

近年来，世界上许多基于节约能源，回收水资源和保护生态环境，利用土壤—微生物—植物系统对废水的高效净化能力来处理工业废水与城市污水，建立了许多工程，取得了巨大成果。世界上已经建成若干成功的示范工程实例。

（1）澳大利亚墨尔本市威里比牧场的城市污水土地处理示范工程

该工程始建于 1898 年，已逾百年，承担着墨尔本市全部城市污水的处理与利用，之后又建设了活性污泥法城市污水处理厂以满足日益增长的污水量的处理需要。该牧场原有土地 $10\,850×10\,hm^2$，其中 $4\,200×10\,hm^2$ 为土地过滤；$1\,400×10\,hm^2$ 为牧草过滤；$1\,370×10\,hm^2$ 为生物稳定塘；$3\,880×10\,hm^2$ 为灌溉渠、排水-集水渠、道路等。处理污水量 $44×10^4\,m^3/d$，其中工业废水量占 30%，生活污水量占 70%；若以 BOD_5 计，则反之，工业废水的 BOD_5 量占 70%，生活污水仅占 30%。

该土地处理系统的工艺流程见图 11-11。

图 11-11 威里比牧场的废水土地处理工艺流程

进入土地处理系统的城市污水的水质：

BOD_5 为 570 mg/L，SS 为 620 mg/L，TDS（总溶解性固体）1 200 mg/L，TOC 为 360 mg/L，pH 为 6.9，TN 为 56.2 mg/L，TP 为 9.0 mg/L，Cu 为 0.35 mg/L，Cr 为 0.40 mg/L，Cd 为 0.015 mg/L，Pb 为 0.30 mg/L，Hg 为 0.003 mg/L，Ni 为 0.15 mg/L，

Zn 为 0.80 mg/L。

处理系统的 BOD_5 净化率达 96.0%，SS 达 93.0%，重金属为 80%，出水排水总渠中的水质为：Cd 为 0.003 mg/L，Cr 为 0.07 mg/L，Cu 为 0.06 mg/L，Pb 为 0.025 mg/L，Hg＜0.000 5 mg/L，Ni 为 0.08 mg/L，Zn 为 0.15 mg/L，出水水质均达到当地的排放标准。

（2）美国密歇根州默斯凯冈城市污水土地处理示范工程

该示范工程是美国规模最大的废水土地处理的工程项目（见图 11-12），于 1975 年建成投入运行，迄今已成功地运行了二十余年。采用慢速渗滤工艺，处理废水量为 10 800 m^3/d，以生物稳定塘作为预处理工艺。土地面积 2 167 hm^2，种植谷物及黑燕麦。废水采用喷灌法投配，年灌水率为 30～270 cm/a，平均为 180 cm/a。平均每周投配率为 7.5 cm/周。基建费为 380 美元/（m^3·d），运行维护费 8.3 美分/m^3。进水水质：BOD_5 为 200 mg/L，BOD_5：COD = 0.3：1；SS 为 250 mg/L。净化效果：BOD_5 为 98%，SS 为 98%，N 为 70%。农作物获得增产，环境、经济效益十分显著。

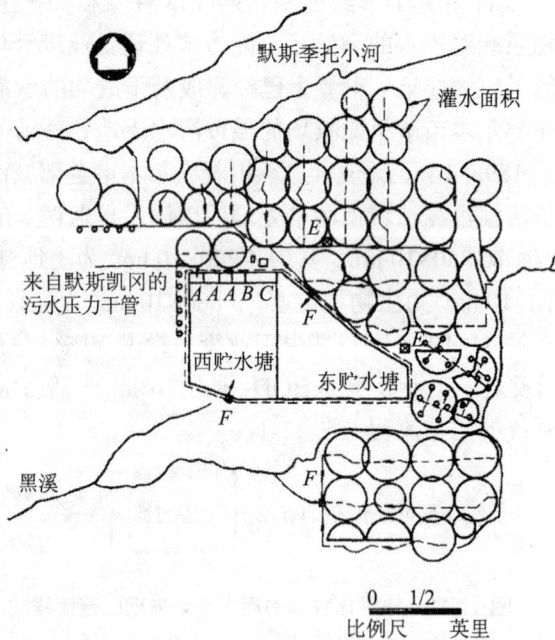

图 11-12 默斯凯冈废水土地处理示范工程（美国，密歇根州，1 英里=1 609.3 m）

（3）美国新泽西州范尼兰城市污水土地处理工程

采用快速渗滤工艺，以一级处理为预处理。渗滤池共 32 座，总面积 3 610 hm^2。

工艺水力负荷：11.0～21.4 m/a，灌水负荷为 15.8 cm/h，BOD_5 负荷为 48 kg BOD_5/ (10 hm^2·d)，进水 BOD_5 约 47 mg/L，出水为 6.5 mg/L，去除率为 86%，TP 去除率为 68%～94%，工程运行 60 年，效果很好。

除了以上几座示范工程外，还有：纽约州乔治湖城市污水土地处理工程（生物滤池预处理+快速渗滤田系统）、威斯康星州米尔顿市城市污水土地处理工程（活性污泥法预处理+快速渗滤田系统），阿肯色州阿尔玛市城市污水土地处理工程（稳定塘预处理+地表漫流田系统）及加利福尼亚州杰维斯食品厂西红柿加工废水地表漫流工艺系统，也都取得了成功。它们的基建投资一般为常规二级处理的 1/3～ 1/2，运行维护费为 1/9～1/5。

11.3 人工湿地

湿地（Wetland）被称作地球的"肾"，是地球上的重要自然资源。湿地的定义有多种，目前国际上公认的湿地定义是《湿地公约》作出的：湿地是指不论其为天然或人工，长久或暂时性的沼泽、泥炭地或水域地带，静止或流动，淡水，半咸水，咸水体，包括低潮时水深不超过 6 m 的水域。

湿地包括多种类型，珊瑚礁、滩涂、红树林、湖泊、河流、河口、沼泽、水库、池塘、水稻田等都属于湿地。它们共同的特点是其表面常年或经常覆盖着水或充满了水，是介于陆地和水体之间的过渡带。

在废水净化方面，湿地被认为是"天然的废水净化器"，它是由湿地自然生态系统中的物理、化学和生物的协同作用（诸如沉淀、储存调节、离子交换、吸附、吸着、固着、生物降解、溶解、气化、氨化、硝化、脱氮、磷吸收等）来完成废水净化的。与常规的废水处理工艺相比，湿地技术更廉价、更易操作和更能长久维持，而且几乎不需要消耗能源和化学药品。湿地可分为天然湿地（见图 11-13）和人工湿地两种。

图 11-13 天然湿地处理系统示意

全世界目前有很多的天然湿地用于废水处理，但由于天然湿地生态系统极其珍贵，而且天然湿地的地理位置固定，一般均位于相对较为偏远的区域，面对人类所需处理的大量污水，湿地能承担的负荷能力有极大的局限性，因而不可能大规模地开发利用。据国外资料介绍，在一般情况下 1 hm² 的天然湿地系统每天只能接纳 100 人产生的污水；还有人认为它每天只能去除 25 人排放的磷量和 125 人排放的氮量。因此，它只适用于人稀地广且气候适宜的地方。然而，湿地系统复杂高效的净化污染物的功能使得科学家没有放弃对它的研究利用，而是在进行了大量调查及试验研究的基础上，研发了可以进行控制，能达到净化污水、改善水质目的并适用于各种气候条件的人工湿地系统（Artificial Wetland System）。

人工湿地是指模拟自然湿地、人工设计和建造的、由饱和基质、植物、动物、微生物等组成的统一体，它提高了湿地系统处理废水的可控制性和工程化水平，具有水力负荷大、污染负荷高、节省占地面积等诸多优点。

人工湿地用于废水处理始于 20 世纪 60 年代的德国，继而在英国得到了大量的研究和应用。1985—1995 年，人工湿地系统建造和投入使用的数量从 1 座增加到了 400 多座，1998 年之前仅赛文-特伦特水公司（Severn-Trent Water）所服务的地区就有 180 座之多。近来的统计结果显示，在欧洲用于市政废水处理的人工湿地已超过 6 000 座，而在北美用于市政和工业废水处理的人工湿地超过了 1 000 座。目前在北美洲，已形成了较为完备的人工湿地的研究和应用体系：不仅有大量的科研人员在从事着人工湿地的研究，而且组建了庞大的人工湿地数据库，形成了许多以州为单位的资料体系，为人工湿地的研究和发展创造了良好的条件。近年来在新西兰、马来西亚、捷克、印度、泰国及我国香港和台湾等许多国家和地区都开展了人工湿地的研究和应用，人工湿地被广泛用于处理生活污水、工业废水、径流废水、矿业废水、农业和养殖业废水和垃圾渗滤液等各种废水，目前已成为全球性的水污染控制技术。

采用人工湿地系统处理废水，具有如下优点：基建和运行费用便宜，远低于传统的处理工艺；维护和管理技术要求低；对于水力负荷和污染负荷的冲击，具有较强的抵抗能力；处理效果较为可靠；可提供或间接提供经济效益，如水产、造纸原料、建材、绿化、野生动物栖息地等。

但是人工湿地系统也存在着一些不足：占地面积比较大；目前还没有较为精确的设计运行参数；缺乏对生物和水力复杂性及重要工艺动力学的理解；容易受病虫害影响。

11.3.1　人工湿地的净化机理

人工湿地是人工建造和管理控制的、工程化的湿地；是由水、滤料以及水生生物所组成,具有较高生产力和较天然湿地更好的污染物去除效果的生态系统。

(1)填料、植物和微生物在人工湿地系统中的作用

填料、植物、微生物(细菌、真菌等)和动物是构成人工湿地生态系统的主要组成部分。

①填料

人工湿地中的填料又称基质,一般由土壤、细沙、粗沙、砾石、碎瓦片或灰渣等构成(图11-14)。填料不仅为植物和微生物提供生长介质,还通过沉淀、过滤和吸附等作用直接去除污染物。

图 11-14　人工湿地中的填料

图 11-15　挺水植物(芦苇)

图 11-16　挺水植物(菖蒲)

图 11-17　挺水植物(风车草)

②植物

湿地中生长的植物通常称为湿地植物,包括挺水植物、沉水植物和浮水植物。大型挺水植物在人工湿地系统中主要起固定床体表面、提供良好的过滤条件、防止湿地被淤泥淤塞、为微生物提供良好根区环境以及冬季运行支承冰面的作用。

人工湿地中的植物一般应具有处理性能好、成活率高、抗水能力强等特点，且具有一定的美学和经济价值。常用的挺水植物主要有芦苇（图 11-15）、菖蒲（图 11-16）、风车草（图 11-17）等。某些大型沉水植物、浮水植物也常被用于人工湿地系统，如浮萍等。人工湿地中种植的许多植物对污染物都具有吸收、代谢、累积作用，对 Al、Fe、Ba、Cd、Co、B、Cu、Mn、P、Pb、V、Zn 均有富集作用，一般来说植物的长势越好、密度越大，净化水质的能力越强。

③微生物

微生物是人工湿地净化废水不可缺少的重要组成部分，它们把有机质作为丰富的能源，将其转化为营养物质和能量，实现变废为宝。人工湿地在处理污水之前，各类微生物的数量与天然湿地基本相同。但随着污水不断进入人工湿地系统，某些微生物的数量将随之逐渐增加，并随季节和作物生长情况呈规律性变化。人工湿地中的优势菌属主要有假单胞杆菌属、产碱杆菌属和黄杆菌属。这些优势菌属均为快速生长的微生物，其体内大多含有降解质粒，是分解有机污染物的主体微生物种群。人工湿地系统中的微生物主要去除污水中的有机质和氨氮，某些难降解的有机物质和有毒物质需要运用微生物的诱发变异特性，培育驯化适宜吸收和消化这些有机物质和有毒物质的优势细菌，进行降解。

（2）人工湿地系统净化废水的作用机理

人工湿地系统去除废水中污染物的作用机理列于表 11-6 中。由表 11-6 可知，湿地系统通过物理、化学、生物和植物的综合反应过程将水中可沉降固体、胶体物质、BOD_5、N、P、重金属、难降解有机物、细菌和病毒等去除，显示了强大的多功能净化能力。

表 11-6　湿地系统去除污染物的机理

反应机理		对污染物的去除与影响
物理	沉降	可沉降固体在湿地及预处理的酸化（水解）池中沉降去除，可絮凝固体也能通过絮凝沉降去除，从而使 BOD_5、N、P、重金属、难降解有机物、细菌和病毒等去除
	过滤	通过颗粒间相互引力作用及植物根系的阻截作用使可沉降及可絮凝固体被阻截而去除
化学	沉淀	磷及重金属通过化学反应形成难溶解化合物或与难溶解化合物一起沉淀去除
	吸附	磷及重金属被吸附在土壤和植物表面而被去除，某些难降解有机物也能通过吸附去除
	分解	通过紫外辐射、氧化还原等反应过程，使难降解有机物分解或变成稳定性较差的化合物

反应机理		对污染物的去除与影响
生物	微生物代谢	通过悬浮的、底泥的和寄生于植物上的细菌的代谢作用将凝聚性固体、可溶性固体进行分解；通过生物硝化-反硝化作用去除氮；微生物也将部分重金属氧化并经阻截或结合而被去除
植物	植物代谢	通过植物对有机物的代谢而去除，植物根系分泌物对大肠杆菌和病原体有灭活作用
	植物吸收	相当数量的氮、磷、重金属及难降解有机物能被植物吸收而去除
其他	自然死亡	细菌和病毒处于不适宜环境中会自然腐败及死亡

11.3.2　人工湿地的类型

人工湿地的分类方式有很多种，其中较为常见的是按水流的流态划分，据此人工湿地大体可分为自由水面式（Free Water Surface，FWS）和潜流式（Sub Surface Flow，SSF）两大类。

（1）自由水面人工湿地

自由水面人工湿地最显著的特点是水位高于湿地基质层，此类湿地中最常见的是地表径流人工湿地（Surface Flow，SF）。在这种类型的湿地中，废水从床体表面流过，床表水深一般控制在 10～40 cm，其污染物质的去除效率一般高于自然湿地系统，而去除机理某些方面较接近于兼性塘，但由于植物的作用，在好氧塘和兼性塘中经常发生的藻类大量繁殖的情况一般不会出现。许多此类型的湿地是在天然湿地（天然洼地、苇塘）的基础上，辅以必要的工程措施改建而成。如图 11-18 所示为自由水面人工湿地处理系统。

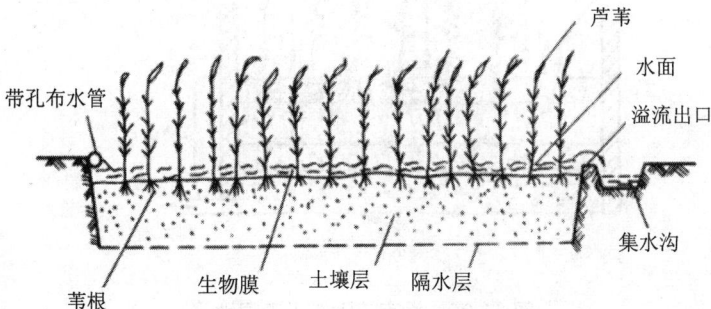

图 11-18　自由水面人工湿地

该类型湿地的优点是投资少、操作简单、运行费用低等，缺点是在处理效果相同的条件下占地面积明显大于潜流人工湿地，运行受气候影响较大：北方地区冬季易结冰、夏季易滋生蚊蝇，臭味较大，废水直接暴露在空气中存在传播疾病的可能等。

（2）潜流人工湿地系统

潜流人工湿地系统是在床体中填充填料，床底设有防渗层，植物在填料上生长，而废水则从填料中流过，水位控制在填料层以下，一般填料厚度在60～100 cm。此类湿地的优点是负荷率高、处理效果好、抗冲击负荷、卫生条件好、占地面积相对较小等，但基建和运行费用一般要高于自由水面式湿地。目前潜流人工湿地是各国研究和应用最为广泛的类型。

潜流人工湿地按水流方向主要有水平流（Horizontal Flow，HF）潜流湿地（图11-19）和垂直流（Vertical Flow，VF）潜流湿地（图11-20）两种形式。

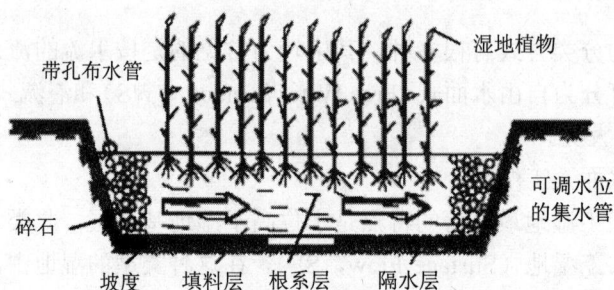

图11-19　水平流潜流人工湿地

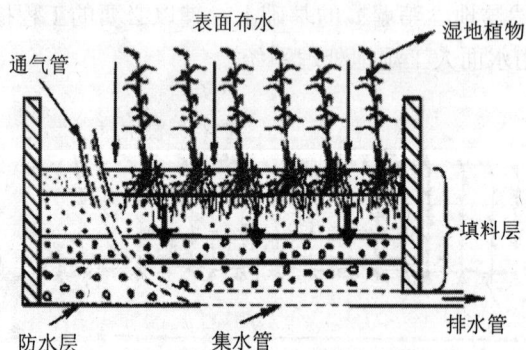

图11-20　垂直流潜流人工湿地

水平流潜流湿地（HF）的废水进入湿地后沿水平方向缓慢向出水口流动，在湿地的中间可适当设置导流设施，出水口可设水位调节装置，以保证废水和填料层尽可能多地接触。除一般生物反应器的去除机理外，其污染物去除的基本原理还包括根际效应理论：植物可以向根际释放氧气和多种分泌物，改善根际微生物的生境，并通过多种途径提高湿地的处理能力；同时植物也可为废水渗流创造良好的条件。对于负荷相对较高的湿地系统，好氧生化反应所需的氧气主要来自大气复氧，但自然复氧的量往往不足，所以采用人工强化充氧对湿地系统有机物和氮素去除效能有明显的提升作用。

垂直流潜流（VF）湿地的水流方向与填料层表面相垂直，其布水和集水装置一般分别设于填料层的上、下表面。VF 型湿地与 HF 型湿地相比更容易实现废水的均匀投配和水位的控制，通过水位的控制和间歇式的进水方式，可以增加系统的溶解氧水平，提高脱氮能力，但 VF 型湿地的 SS 和磷去除能力一般不如 HF 型，其基建成本和施工精度要求一般也明显高于 HF 型潜流湿地。

11.3.3　深圳市沙田人工湿地工程实例

我国近年来逐渐有了较多投入生产运行的人工湿地，尤其在南方气候温和、经济发展较快的地区。在目前运行的人工湿地中，深圳市沙田人工湿地是其中设计较完善、运行较好的范例之一。

沙田人工湿地位于龙岗区坑梓镇，属于龙岗区河流污染治理应急工程，用于处理受污染的田脚河河水（惠州等地区的主要饮用水水源 —— 淡水河的上游支流）。2001 年 9 月建成，2001 年 11 月进行调试运行并投入使用。

（1）水质、水量

沙田人工湿地设计处理规模 5 000 m³/d，设计进出水水质见表 11-7。

表 11-7　沙田人工湿地设计进出水水质情况表

项目	COD/（mg/L）	BOD/（mg/L）	SS/（mg/L）	TN/（mg/L）	TP/（mg/L）
设计进水	100～150	40～60	70～100	27～33	2～4
设计出水	≤40	≤10	≤10	≤10	≤0.9

（2）工艺流程及平面布置

沙田人工湿地位于田脚河西北侧，为避免洪水对湿地的影响，首先修筑 50 年一遇的防洪堤坝，以保证湿地的正常运行。河水通过一条污水管引入集水池，原水通过格栅、潜污泵提升至初次沉淀池，沉淀后的污水进入预曝气池，充氧曝气后，通过一级、二级人工湿地处理，再通过流量计计量后排入田脚河下游。污泥经脱水后运到垃圾填埋场处理。工艺流程见图 11-21，平面布置见图 11-22。

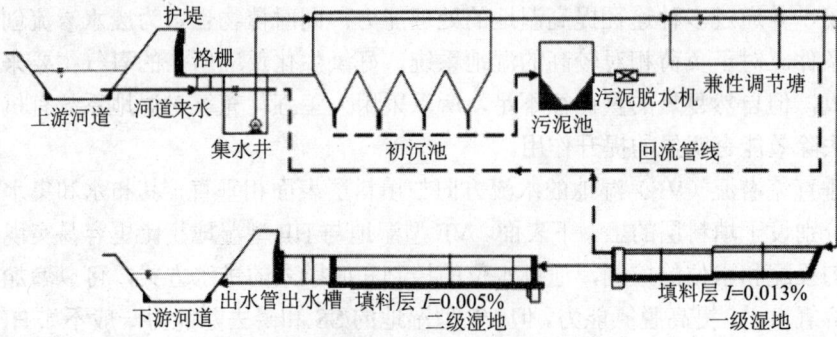

图 11-21　沙田潜流式人工湿地流程图

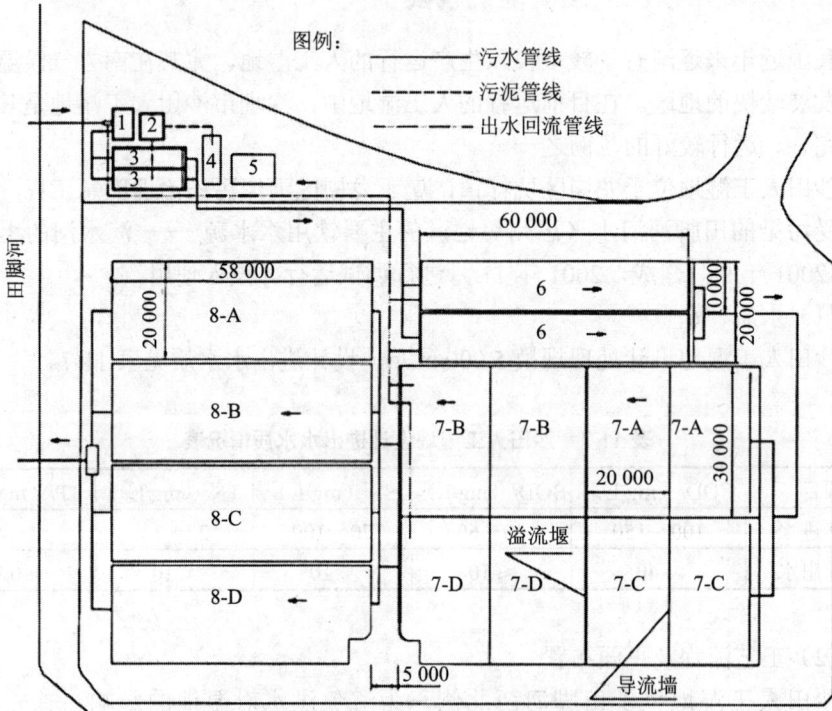

图 11-22　沙田潜流式人工湿地平面布置图

1-集水井；2-污泥浓缩池；3-初沉池；4-污泥脱水机房；

5-配电室及值班室；6-兼性调节塘；7-一级湿地；8-二级湿地

（3）人工湿地系统各处理单元设计

1）格栅

废水自河道进入人工湿地单元之前要进行预处理，首先应设置格栅，用以去除废水中漂浮物和大块的悬浮物，以防止这些污物堵塞后续处理构筑物的管道、闸门等。本工程设置格栅池一座，规格为 $L×B×H$=1.30 m×0.60 m×2.45 m，过流高度 H'=0.90 m，栅条间距 20 mm。

2）集水井、泵房

受高程限制，本湿地需要对废水进行提升，集水井和泵房设在了格栅池之后，此后废水依靠重力作用即可流过后续单元。

集水井规格为 $L×B×H$=6.00 m×4.00 m×3.85 m，有效水深 2.35 m。

集水井上设敞开式泵房一座，规格为 $L×B×H$=6.00 m×4.00 m×5.00 m，配有潜污泵三台，两备一用，潜污泵流量 Q=145 m³/h，扬程 H=10 m。

3）初沉池

经过提升的废水首先进入沉淀池，沉淀池的主要功能是去除有机和无机颗粒杂质，以减轻后续单元的处理负荷，并防止颗粒物质进入后续的塘和湿地，形成底部的淤积层，这将严重影响厌氧塘的正常运行。

本工程设平流式沉淀池两座并联，规格为 $L×B×H$=15.80 m×4.00 m×2.80 m，有效停留时间 1.16 h，每座沉淀池设污泥斗 4 个，规格为 $L×B×H$= 4.00 m×4.00 m×1.90 m，污泥停留时间 2 d，外接 DN200 管道重力排泥。

4）兼性调节塘

兼性调节塘采用平流式两座并联，规格（单池）为 $L×B×H$=60 m×10 m×2 m，有效停留时间 11.5 h。

5）一级湿地

一级湿地为水平流形式，由纵向隔墙分成平行并联的 2 组，每组湿地面积为 F=30 m×80 m，池深 H=1.5 m。每组湿地又由一道落差约 0.5 m 的跌水堰分成相等的两部分，每部分中间再设一条导流花墙。填料为风化程度较高的砾石，直径为 30～50 mm，厚 1 000 mm。一级湿地前端由布水槽表面布水，后端溢流堰出水，经配水廊道至二级湿地。

6）二级湿地

二级湿地为 4 组并联，每组尺寸为 F=58 m×20 m，池深 1.5 m。填料为砾石，共分 3 层，各层级配为：底层粒径 16～32 mm，厚 220 mm；中层粒径 8～16 mm，厚 450 mm；表层粒径 4～8 mm，厚 250 mm；总厚 920 mm。二级湿地采用垂直流形式，由穿孔钢管表面滴洒布水，填料底部设穿孔管集水，经集水井通过管道排入田脚河下游水体。一级湿地和二级湿地建有排水和联通管可以在运行一定时间后，用水冲洗填料，防止堵塞。

另外，兼性调节塘和一级湿地末端设有回流管线，可将本单元出水回流至集水井。

7）污泥浓缩池

污泥浓缩池规格为 $L×B×H$=4 m×4 m×4.8 m，有效容积为 48 m³。

8）污泥脱水系统

设有螺杆式污泥提升泵两台，扬程 6 m，流量 Q=12 m³/h。污泥脱水选用卧式螺旋卸料沉降机 2 台，生产能力为 0.5～2 m³/h。

（4）湿地植物

本湿地最初共选择了七种植物，包括三种颜色的美人蕉（黄色、橙色和红色）、荻、芦苇、水葱、再力花。芦苇、荻采用秸秆扦插，再力花、水葱、美人蕉采用带根移植。

植物分布情况如下：第一级湿地的地块 7-A 为再力花，地块 7-B 为荻，地块 7-C 为芦苇，地块 7-D 为水葱；第二级湿地的地块 8-A 为红花美人蕉、橙花美人蕉，地块 8-B 为黄花美人蕉，地块 8-C 为红花美人蕉，地块 8-D 为水葱。

在湿地投入运行以后，对植物的种类和分布情况进行了几次调整：7-B 下半段引进了纸莎草（2002 年 6 月）；后纸莎草移至二级湿地，8-B 引进少量富贵竹（2003 年 3 月）。

（5）本工程的主要特点

本工程采用人工湿地处理系统，将废水的处理与利用有机结合起来，实现了废水的资源化。在设计中注意了环境的美化，厂区道路采用混凝土路面，路两旁设置路灯，栽种了树木，整个水处理厂宛如一座生态公园。同传统的活性污泥法比较，本工程具有基建投资省（工程造价 500～600 元/m³）、运行费用低（0.14 元/m³）和维护管理方便等特点。

【习题与思考题】

11-1　什么是稳定塘？稳定塘有哪几种主要类型？各有什么特点？

11-2　论述稳定塘对污水的净化作用。

11-3　试述好氧塘、兼性塘和厌氧塘净化污水的基本原理及优缺点。

11-4　好氧塘中的溶解氧浓度和 pH 是如何变化的？为什么？

11-5　在稳定塘的设计计算时一般采用什么方法？应注意哪些问题？

11-6　污水土地处理系统中的工艺类型有哪些？各有什么特点？

11-7　简述湿地处理系统的类型，净化污水机理和构造特点。

第 12 章　污泥的处理与处置

污水处理厂的污泥是指处理污水所产生的固态、半固态及液态的废弃物，除灰分外，含有大量的水分（95%～99%）、挥发性物质、病原体、寄生虫卵、重金属、盐类及某些难分解的有机物，体积非常庞大，且易腐化发臭，如不加处理任意排放会对环境造成严重的污染。随着城市化进程加快，污水处理设施的普及、处理率的提高和处理程度的深化，污水的排放量呈快速上升趋势，污泥的排放量也快速增长。因此，如何合理地处置污水处理厂污泥以及污泥的资源化利用显得越来越重要。

12.1　污泥的来源、特性及数量

12.1.1　污泥的来源

在工业废水和生活污水的处理过程中，通常要截留相当数量的悬浮物质，这些物质统称为污泥固体。形成污泥固体的悬浮物质，一部分是在自然沉淀池中截留的悬浮物质，也称原生悬浮物质；另一部分是由溶解性或胶体性物质经化学、生物处理转化而来的悬浮物，包括投加化学药剂所携带的各种固体杂质等，也称次生悬浮物。污泥固体与水的混合体通称为污泥，但有时把含有机物为主的叫污泥，而把含无机物为主的叫泥渣。

污泥的组成、性质和数量主要取决于废水的来源，同时还和废水处理工艺有密切关系。按废水处理工艺的不同，污泥可分为以下几种：

（1）初沉污泥：来自污水处理的初沉池。

（2）剩余污泥：来自污水生物处理系统的二沉池或生物反应池。

（3）消化污泥：经过厌氧消化或好氧消化处理后的污泥。

（4）化学污泥：用混凝、化学沉淀等化学方法处理污水时所产生的污泥。

污泥的种类除可按其来源的不同进行划分之外，还可根据所含固形物成分的不同划分为污泥和沉渣两大类。以有机物为主要成分的污泥俗称为污泥，具有相对密度小、颗粒细、含水率高且不易脱水、易腐化发臭的特点。生物处理系统中初次沉淀池、二次沉淀池以及厌氧消化池的沉淀物均属污泥。此外，在习惯上将初沉污泥、剩余污泥和腐殖污泥统称为生污泥，生污泥经厌氧消化所产生的污泥称为熟污泥。以无机物为主要成分者称作沉渣，具有相对密度较大、颗粒较粗、含水率较低且容易脱水、流动性差等特点。格栅、沉砂池及某些工业废水处理系统沉淀池的沉淀物多属于沉渣。

12.1.2 污泥的特性

污泥的主要特征是：①含有机物多，性质不稳定，易腐化发臭；②有毒有害污染物的含量高，废水处理过程中许多有害物质富集到污泥中；③含水率高，呈胶状结构，不易脱水；④可用管道输送；⑤含较多植物营养素，有肥效；⑥含病原菌及寄生虫卵。

污泥的特性可用以下几个指标来表征。

（1）含水率与含固率

含水率是指污泥中所含水分的质量与污泥总质量之比。含固率是指污泥中固体或干污泥与污泥总质量之比。很显然，含固率和含水率之间存在如下关系：含固率+含水率=100%。如果某污泥的含固率为7%，则含水率为93%。由于多数污泥都由亲水固体组成，因此含水率一般都很高，密度接近于1。不同污泥，其含水率差异很大，对污泥特性有重要影响。

污泥的体积、质量与所含固体物浓度之间的关系，可用式（12-1）表示。

$$\frac{V_1}{V_2} = \frac{W_1}{W_2} = \frac{100 - p_2}{100 - p_1} = \frac{C_2}{C_1} \tag{12-1}$$

式中，V_1, W_1, C_1 —— 污泥含水率为p_1时的污泥体积、重量和固体浓度；

V_2, W_2, C_2 —— 污泥含水率为p_2时的污泥体积、重量和固体浓度。

由上式可知，含水率由99%降到98%，由97%降到94%，或由95%降到90%，其污泥体积均能减少一半。

上式适用于含水率大于65%的污泥。因含水率低于65%后，污泥内出现很多气泡，体积与质量不再符合这个关系。

（2）污泥固体

污泥中的总固体包括溶解态和不溶解态两部分，前者称为溶解固体，后者称为悬浮固体。总固体、溶解固体和悬浮固体，又各分为稳定固体和挥发性固体。挥发性固体（或称灼烧减重）是指在600℃下能被氧化，并以气体逸出的那部分固体，它通常用来表示污泥中的有机物含量（VSS）。剩下的残渣称之为灰分，近似等于无机物的含量。污泥固体浓度常用 mg/L 表示，也可用重量百分数表示。

（3）污泥的相对密度

污泥的相对密度（又称污泥比重）等于污泥质量与同体积的水质量之比值。其值大小取决于含水率和固体的密度。固体密度越大，含水率越低，则污泥的相对密度就越大。

通常生活污泥及类似的工业污泥的相对密度一般略大于 1。工业污泥相对密度往往较大，污泥相对密度与其组分之间存在如下关系：

$$\gamma = \frac{1}{\sum_{i=1}^{n}\left(\dfrac{w_i}{\gamma_i}\right)} \qquad (12\text{-}2)$$

式中，w_i —— 污泥中第 i 项组分的质量分数，%；

γ_i —— 污泥中第 i 项组分的相对密度。

若污泥仅含有一种固体成分（或者近似为一种成分），且含水率为 P（%），则上式可简化为：

$$\gamma = \frac{100\gamma_1\gamma_2}{P\gamma_1 + (100 - P)\gamma_2} \qquad (12\text{-}3)$$

式中，γ_1 —— 固体相对密度；

γ_2 —— 水的相对密度。

一般城市污泥中 $\gamma_1 \approx 2.5$，若含水率为 99%，则由式（12-3）可知，该污泥的相对密度 $\gamma = 1.006$。

12.1.3 污泥的数量

污泥的数量是处理构筑物工艺尺寸设计的重要参数。废水处理中产生的污泥数量，视废水水质与处理工艺而异。例如，当沉淀时间为 1.5 h，含水率为 95% 时，每人产生的初次沉淀污泥量为 0.4～0.5 L/d。每人产生的二次沉淀污泥：生物滤池后为 0.11 L/d（含水率 95%，沉淀时间 0.75 h）；高负荷生物滤池后为 0.4 L/d（含水率 96%，沉淀时间 1.5 h）；曝气池后为 2.2L/d（含水率 99.2%，沉淀时间为 1.5 h）。

各种污泥量也可根据有关处理工艺流程进行泥料平衡推算或公式估算，最好是对类似处理厂进行实际测定。

计算城市污水处理厂的污泥量时，一般可采用表 12-1 所列的经验数据。

表 12-1　城市污水处理厂的污泥量

污泥种类	污泥量/（L/m³）	含水率/%	密度/（kg/L）
沉砂池	0.03	60	1.5
初次沉淀池	14～25	95～97.5	1.015～1.02
二沉池（生物膜法）	7～19	96～98	1.02
二沉池（活性污泥法）	10～21	99.2～99.6	1.005～1.008

在已知污泥性能参数的情况下，可用以下公式估算污泥量。

（1）初沉污泥量

初沉污泥量可根据污水中悬浮物浓度、去除率、污水流量及污泥含水率，采用式（12-4）计算。

$$V = \frac{100\rho_0\eta Q}{10^3(100-P)\rho} \tag{12-4}$$

式中，V —— 初沉池污泥量，m^3/d；

Q —— 污水流量，m^3/d；

η —— 沉淀池中悬浮物的去除率，%；

ρ_0 —— 进水中悬浮物的浓度，mg/L；

P —— 污泥含水率，%；

ρ —— 污泥密度，1 000 kg/m³。

或采用式（12-5）计算：

$$V = \frac{S \cdot N}{1\,000} \tag{12-5}$$

式中，V —— 初沉池污泥量，m^3/d；

S —— 每人每天产生的污泥量，一般为0.3～0.8L/（d·人）；

N —— 设计人口数，人。

（2）剩余活性污泥量（活性污泥法）

1）剩余活性污泥量以 VSS（挥发性固体）计：

$$\Delta X_{VSS} = YQ(S_0 - S_e) - K_d X_v V \tag{12-6}$$

式中，ΔX_{VSS} —— 挥发性剩余污泥量，kgVSS/d；

Y —— 污泥产率系数，kgVSS/kgBOD$_5$，一般为 0.5～0.6 kgVSS/kgBOD$_5$；

Q —— 平均日流量，m^3/d；

S_0 —— 曝气池入流的 BOD$_5$浓度，mg/L；

S_e —— 二沉池出流的 BOD$_5$浓度，mg/L；

K_d —— 内源代谢系数，一般取 0.06～0.1 d^{-1}；

X_v —— 曝气池中平均 VSS浓度，mg/L；

V —— 曝气池容积，m³。

2）剩余活性污泥量以 SS（悬浮固体）计：

$$\Delta X_{SS} = \frac{\Delta X_{VSS}}{f} = \frac{YQ(S_0 - S_e) - K_d X_v V}{f} \tag{12-7}$$

式中，ΔX_{SS} —— 剩余活性污泥量，kgSS/d；

　　　f —— VSS 与 SS 之比值，一般采用 0.6～0.75。

3）剩余活性污泥量以体积计：

$$V_{SS} = \frac{100\Delta X_{SS}}{(100 - P)\rho} \tag{12-8}$$

式中，V_{SS} —— 剩余活性污泥量，m³/d；

　　　ΔX_{SS} —— 产生的悬浮固体，kgSS/d；

　　　P —— 污泥含水率，%；

　　　ρ —— 污泥密度，取 1 000 kg/m³。

12.2　污泥的处理

12.2.1　污泥中的水分及其对污泥处理的影响

（1）污泥中的水分

按存在状态不同，污泥中的水分大致可分为 4 类（图 12-1）。

1）游离水（间隙水）

存在于污泥颗粒间隙中的水，称为间隙水或游离水，占污泥水分的 70%左右。这部分水一般借助外力可与泥粒分离，通常采用浓缩法，即借助污泥固体的重力沉降可部分分离出去。

2）毛细水

存在于污泥颗粒间的毛细管中，称为毛细水，占污泥水分的 20%左右。这部分水必须施加更大的外力，使毛细孔发生变形后，才能将其部分去除，一般采用化学和机械脱水去除。

3）附着水和内部水

黏附于污泥颗粒表面的附着水和存在于其内部（包括生物细胞内的水）的内部水，约占污泥中水分的 10%，需要通过化学作用或高温处理，改变污泥固体的化学结构和水分子状态，才能将其去除。这部分水的去除一般采用干化、干燥和焚烧等方法。

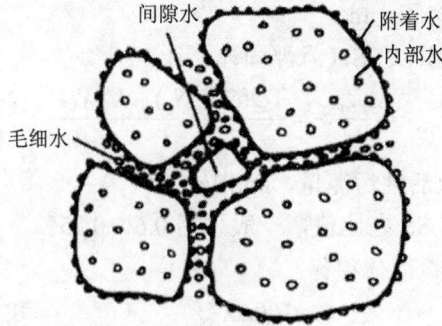

图 12-1　污泥水分示意

通常，污泥浓缩只能去除游离水的一部分。

（2）污泥中的水分对污泥处理的影响

污泥处理与废水处理相比，设备复杂、管理麻烦、费用昂贵。污泥处理的方法常取决于污泥的含水率和最终的处置方式。例如，含水率大于 98%的污泥，一般要考虑浓缩，使含水率降至 96%左右，以减少污泥体积，利于后续处理。为了便于污泥处置时的运输，污泥要采用浓缩、脱水，使含水率降至 80%以下，失去流态。某些国家规定，若污泥进行填埋，其含水率要在 60%以下。

污泥含水率与污泥状态的关系如图 12-2 所示。

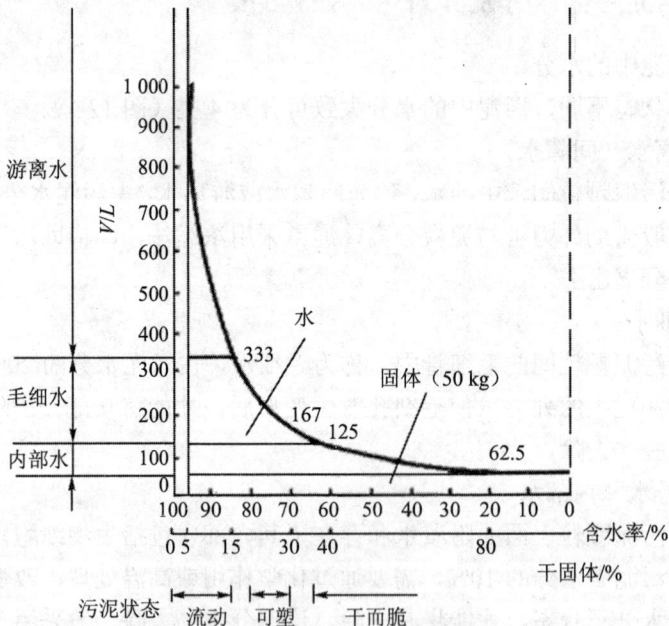

图 12-2　污泥含水率与污泥状态的关系

12.2.2　污泥的处理

污泥处理基于三方面的考虑：一是污泥的减量化，二是稳定化，三是无害化。污泥处理的主要内容包括稳定处理（生物稳定、化学稳定），去水处理（浓缩、脱水、干化）和最终处理与利用。

污泥处理的一般过程主要包括：

①浓缩　从沉淀池来的污泥呈液态，含水率常高于95%。降低污泥含水率的最简单有效的方法是浓缩。浓缩可使剩余活性污泥的含水率约从 99.2%下降到97.5%左右，污泥体积缩到原来的1/3 左右。但浓缩污泥仍呈液态。

②稳定　为了避免污泥进入环境时，其有机部分发生腐败，污染环境，常在脱水之前先进行降解，称为稳定。

③调理　经过稳定的污泥如果脱水性能差，则还需调理。

④脱水　进一步降低含水率的方法是脱水，经过脱水污泥从液态转化为固态。

⑤干化　脱水污泥的含水率仍旧相当高，一般在 60%～80%，需进一步干化，以降低其重量。干化污泥的含水率一般低于 10%。经过各级处理，100 kg 湿污泥转化为干污泥时，重量常不到 5 kg。

目前国内城市污水处理厂污泥大部分采用浓缩-消化-脱水的处理工艺，脱水后的干污泥进行综合利用或直接送填埋场进行填埋处理，只有少量的污水处理厂采用焚烧处理，进行能源利用。

污泥最终处置与利用包括土地填埋、用作绿化用肥或农家肥料及建筑材料等。具体的处置方式主要由污泥的性质和最终用途决定。

图 12-3 为污水处理厂污泥处理及处置的一般流程。

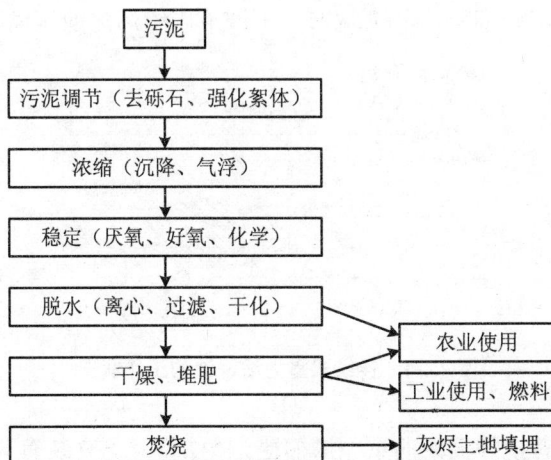

图 12-3　污泥处理及处置流程

12.3 污泥的浓缩

污泥浓缩的目的是通过浓缩去除颗粒间隙的部分游离水，减少污泥的体积。通过各种去水方法，降低污泥含水率，能大大减小污泥体积，并能改变其物理状态，以便进一步处置利用。例如，活性污泥的含水率高达 99.5%，若含水率减到 99%，则其体积减为原体积的 1/2。若后续处理为厌氧消化，则可使消化池容积大大缩小；若后续处理为好氧消化或化学稳定，则可节约空气量及药剂用量。此外，当进行湿式氧化时，为了提高污泥的热值，也需浓缩以增加固体的百分含量。污泥浓缩的技术界限大致为：活性污泥含水率可降至 97%～98%，初次沉淀污泥可降至 85%～90%。

污泥浓缩亦相当于污泥脱水操作的预处理过程，具体浓缩方式包括重力浓缩、气浮浓缩和离心浓缩，其中重力浓缩应用最广。

12.3.1 重力浓缩法

重力浓缩池类似于废水处理的二沉池，分间歇运行和连续运行两种形式。重力浓缩属于分层沉降，连续式重力浓缩池（形式采用竖流式沉淀池）的基本工作状况如图 12-4 所示。污泥由中心筒进入，浓缩污泥（底流）由池底排出，澄清水由溢流堰溢出。浓缩池沿高程可大致分为三个区域：顶部为澄清区；中部为进泥区；底部为压缩区。进料区的污泥固体浓度与进泥浓度 C_0 大致相同；压缩区的浓度则愈往下愈浓，到排泥口达到要求的浓度 C_u；澄清区与进泥区之间有一污泥面（即浑液面），其高度由排泥量 Q_u 调节，可调节压缩污泥的压缩程度。

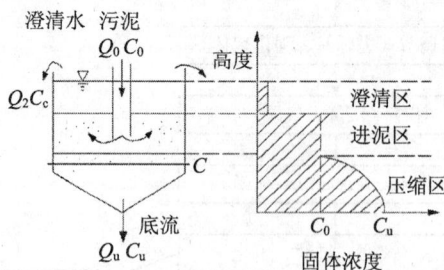

图 12-4 连续式重力浓缩池的工作状况

图 12-5 是设有搅拌栅条的重力浓缩池。该法特点是它装有与刮泥机一起转动的垂直搅拌栅，当栅条随刮泥机缓慢移动时（2～20 cm/s），可形成微小涡流，有

助于颗粒间的凝聚，并可造成空穴，可以破坏污泥网状结构和胶着状态，使其中的水分及气泡容易分离，促进固体沉降，可提高浓缩效率 20%。中小型池多用重力排泥，一般不设搅拌栅条。

浓缩池必须同时满足：①上清液澄清；②排出的污泥固体浓度达到设计要求；③固体回收率高。

如果浓缩池的负荷过大，处理量虽然增加，但浓缩污泥的固体浓度低，上清液混浊，固体回收率低，浓缩效果差。相反，负荷过小，污泥在池中停留时间过长，可能造成污泥厌氧发酵，产生氮气与二氧化碳，使污泥上浮，同样使浓缩效果降低，这时往往需要加氯以抑制气体的继续产生。上述情况在浓缩池的设计中必须考虑。

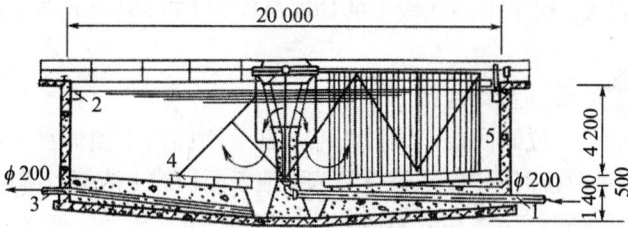

图 12-5 设有栅条的重力浓缩池

1-中心进泥管；2-上清液溢流堰；3-排泥管；4-刮泥机；5-搅拌栅

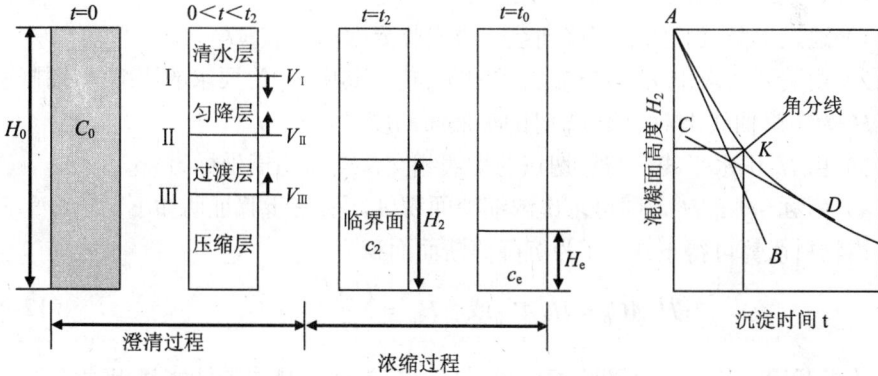

图 12-6 分层沉降过程与其沉降曲线

取污泥（浓度大于 500～1 000 mg/L）1L，装入有刻度的沉降筒内，搅拌均匀后让其静置沉降。最初的液面高度为 H_0（一般为 34 cm），浓度为 C_0。沉降开始不久，污泥内即出现分层现象。最上面为清水层；其下为浓度均匀的匀降层；再下面为浓度渐变的过渡层；最下面是浓度又趋均匀的压缩层。四层之间有三个界面。随着时间的转移，界面Ⅰ（浑液面）以等速 $V_Ⅰ$ 下沉；界面Ⅱ和界面Ⅲ分别以变速 $V_Ⅱ$ 和 $V_Ⅲ$ 上升。到某一时刻，界面Ⅰ和Ⅱ首先重合，匀降层消失，浑液面由匀速下降转入变速下降，并且速度逐渐减慢。此后不久，界面Ⅲ又与浑液面重合，此时的浑液面叫临界面，其上为清水区，下面是浓度为 C_2 和高度为 H_2 的压缩层。一般认为，临界面的出现，标志着浓缩过程的开始，之前属于澄清过程。如果以沉降时间为横坐标，浑液面高度为纵坐标，可绘出浑液面的沉降曲线图如图 12-6。曲线分三段，上为均匀沉降段，中为减速沉降段，下为最终压缩沉降段。曲线上任一点的斜率，即为浑液面在该高度处的下降速度。一般认为，临界面出现时的下降速度可近似等于匀降速度和最终压缩沉降速度的平均值。由此可求出临界面在曲线上的位置 K。引上下两线段上的切线 AB 和 CD，其夹角等分线与曲线的交点即为 K 点。

连续式浓缩池设计参数包括：

①固体通量：单位时间内，通过浓缩池任一断面的干固体重量，kg/（m²·h）。

②水力负荷：单位时间内，通过单位浓缩池表面积的上清液溢流量，m³/（m²·h）。

③水力停留时间：污泥在浓缩池的停留时间，h。

其中最主要的是确定水平断面面积 A_t。计算的方法很多，下面简要介绍其中的两种。

（1）沉降曲线简化计算法（Kynch 法）

该法主要步骤有四（参看图 12-7）：

1）通过沉降试验绘制沉降曲线，求出临界面位置 K（H_2，t_2）；

2）由关系式求出 $H_u = H_0 C_0 / C_u$ 求出 H_u 值，其中 C_u 为要求的浓缩池底排泥浓度，H_u 为沉降曲线上对应于 C_u 时的浑液面高度；

3）由 H_u 引水平线，与过切点的切线相交，交点的横坐标为 t_u；

4）由 $A_t = Q_0 t_u / H_0$，即可求出浓缩池面积 A_t。后三步骤证明如下。

由物料衡算可得下式（A 为沉降筒断面面积）：

$$H_0 A C_0 = H_u A C_u \text{ 或者 } H_u = \frac{H_0 C_0}{C_u} \tag{12-9}$$

浓缩开始（H_2，C_2）和浓缩结束（H_u，C_u）时，排出的清水量 W 为：

$$W = A(H_2 - H_u) \tag{12-10}$$

此水量与浓缩时间（$t_u - t_2$）的比值，即为此段时间内平均产水率 Q'：

$$Q' = \frac{W}{t_u - t_2} = \frac{A(H_2 - H_u)}{t_u - t_2} \tag{12-11}$$

由临界点 K 引切线，可得浓缩开始（H_2，t_2）时的浑液面下降速度：

$$v_2 = \frac{H_1 - H_2}{t_2} \tag{12-12}$$

此时瞬时产水率 Q'' 为：

$$Q'' = Av_2 = \frac{A(H_1 - H_2)}{t_2} \tag{12-13}$$

模拟的浓缩池处于稳态连续工作时，Q' 和 Q'' 相等，同为溢流率，故得：

$$\frac{H_2 - H_u}{t_u - t_2} = \frac{H_1 - H_2}{t_2} \tag{12-14}$$

如图 12-7 所示，由过 H_u 水平线，交于过 K 点的切线，其横坐标为 t_u，即得两相似三角形，相似边能满足式（12-14），故知由 H_u 绘图求 t_u 的方法正确无误。

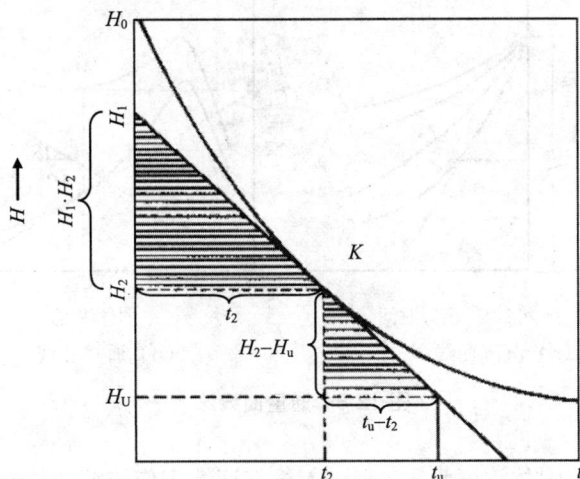

图 12-7 图解法求 t_u

在 t_u 时间内，进入浓缩区的平均固体量为 $C_u H_u A_t$，即单位时间平均固体浓缩率为：

$$\frac{C_u H_u A_t}{t_u} \text{ 或者 } \frac{C_0 H_0 A_t}{t_u} \tag{12-15}$$

当浓缩池以稳态连续工作时，固体浓缩率应等于固体流入率（$Q_0 C_0$）：

$$Q_0 C_0 = \frac{C_0 H_0 A_t}{t_u} \text{ 或者 } A_t = \frac{Q_0 t_u}{H_0} \tag{12-16}$$

（2）通量曲线法

通过浓缩池任一浓缩断面 i 的面体通量 G 等于固体静沉通量 G_s 和底流牵动通

量 G_b 之和：

$$G = G_s + G_b = v_i C_i + u C_i \tag{12-17}$$

式中，v_i —— 团体浓度在 C_i 时的界面沉速；

$\quad\quad C_i$ —— i 断面上的固体浓度；

$\quad\quad u$ —— 固体受底流牵动的下降速度。

由不同浓度的沉降曲线图上[图 12-8（a）]，取匀降层静沉速度值（即直线段的斜率）与相应的 C 的乘积以绘成 G_s（$G_s = uC$）和 C 的关系曲线，即得静沉通量曲线。浓缩池工作时，维持底流排泥量 Q_u 不变，故 u 为一常数值，由此可知牵动通量 G_b 和浓度 C_i 成直线关系。将静沉通量和牵动通量叠加，得总通量曲线[图12-8（b）]。

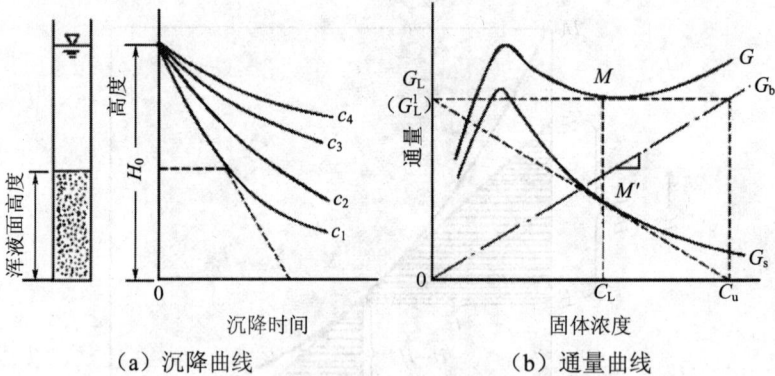

（a）沉降曲线　　　　　（b）通量曲线

图 12-8　通量曲线法

假定池顶溢流固体浓度为零，则进入稳态连续工作浓缩池的固体总量 Q_0C_0 应等于断面积和通量的乘积：

$$Q_0 C_0 = A_t G \text{ 或者 } A_t = \frac{Q_0 C_0}{G} \tag{12-18}$$

当 Q_0C_0 为定值时，G 越小，则 A_t 越大；即采取最小通量 G 所对应面积且 A_L 为浓缩池的设计面积，技术上最为可靠。总通量曲线上极小值在 M 点，其纵坐标 G_L 即为最小通量值（亦称为极限通量值）。在 G_b 线上与 G_L 相应的浓度值 C_u，即为底流排泥浓度。

在具体计算时，可用简化方法：作出静沉通量曲线 G_s，在横坐标上找到给定的 C_u 值，通过（C_u，0）点作曲线 G_s 的切线，其纵坐标截距即为 G_L 值，将 G_L 值代入式（12-18），即可求出浓缩池设计面积 A_L。

重力浓缩池也可按现有的经验数据进行设计计算。但对于工业废水污泥来说，由于浓缩池的负荷随污泥种类不同而有显著差异，因此，最好还是经过试验来确定污泥负荷及断面积的大小。

12.3.2 气浮浓缩法

重力浓缩法（沉降法）比较适合固体密度较大重质污泥（如初次原污泥），对于相对密度接近于1的轻质污泥（如活性污泥），效果不佳，在此情况下，可采用气浮浓缩法。它是利用高度分散的微小气泡作为载体黏附废水中的污染物，使其密度小于水而上浮到水面实现固液或液液分离的过程。在水处理过程中，可用来代替二次沉淀池，分离和浓缩剩余活性污泥，特别适用于那些易于产生污泥膨胀的生化处理工艺中。

气浮浓缩的工艺流程见图12-9。澄清水从池底引出，一部分用水泵引入压力溶气罐加压溶气，另一部分外排。溶气水通过减压阀从底部进入进水室，减压后的溶气水释放出大量微小气泡，并迅速依附在待气浮的污泥颗粒上，形成相对密度小于1的混合体，一起浮于水面形成浮渣层，由刮泥机刮出从而得到泥水分离和污泥浓缩。不能上浮的颗粒则沉到池底，由池底排出。采用回流水溶气的优点是节省新水、管理方便；缺点是增加回流系统电耗。

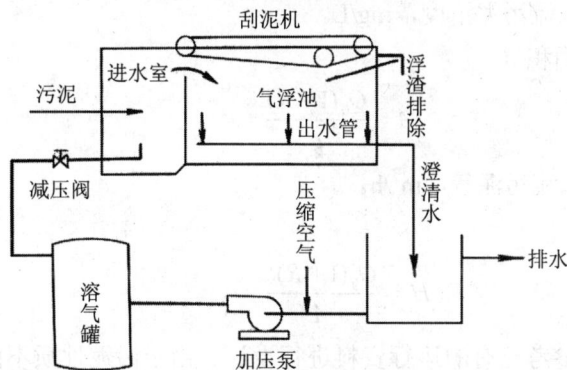

图 12-9 气浮池及压力溶气系统

气浮池的设计计算步骤如下。

（1）主要技术参数的确定

气浮浓缩池的主要技术参数是气固比、水力负荷和气浮停留时间。

气固比是指气浮时溶气水经减压释放出的空气量与需浓缩的固体量之质量比，用 A_s 表示，其值一般采用 0.01～0.04，也可通过气浮浓缩试验确定。

水力负荷 q 的取值范围在 1.0～3.6 $m^3/(m^2 \cdot h)$，一般取 1.8。而气浮停留时间 t 与气浮污泥浓度有关。

（2）回流比

回流比（R）是指加压溶气水量与需要浓缩的污泥量的体积比，一般为 25%～35%，也可采用式（12-19）计算：

$$A_s = \frac{A_a}{S} = \frac{S_a R(fP-1)}{C_0} \qquad (12\text{-}19)$$

式中，$\dfrac{A_a}{S}$ —— 气固比；

A_a —— 所需空气量，g/h；

S —— 进入气浮池的固体总量（不计回流水 SS），g/h；

S_a —— 在一定温度和 0.1MPa（1 个大气压）压力下，空气在水中饱和溶解度，mg/L。其值等于 1 个大气压下，空气在水中的溶解度（L/L）与空气密度（mg/L）的乘积；

f —— 溶气水的空气饱和度，一般为 50%～90%。当溶气罐内加填料及溶气时间为 2～3 min 时，$f=0.9$；不加填料时，$f=0.5$；

R —— 回流比；

P —— 绝对大气压（表压），也指溶气罐压力，一般取 0.3MPa；

C_0 —— 入流污泥浓度，mg/L。

（3）气浮池面积 A

$$A = \frac{Q_0(1+R)}{q} \qquad (12\text{-}20)$$

式中，Q_0 —— 入流污泥量，m³/h。

（4）池深 H

$$H = \frac{Q_0(1+R)t}{A} \qquad (12\text{-}21)$$

气浮池还可参考已有的运行资料进行设计。由于污泥性质不同，入流污泥浓度不同，以及是否添加浮选剂等都影响气浮池的固体负荷与水力负荷，所以在设计时，最好结合试验与类似的气浮浓缩池的运行资料进行设计。

【例 12-1】某污水处理厂的剩余活性污泥量为 240 m³/d，含水率 99.3%，泥温 20℃。现采用回流加压溶气气浮法浓缩污泥，要求含固率达到 4%，压力溶气罐的表压 P 为 3×10⁵Pa。试计算气浮浓缩池的面积 A 和回流比 R。若浓缩装置改为每周运行 7 d，每天运行 16 h，计算气浮池面积。

【解】设计一座矩形平流式气浮浓缩池：污泥流量 Q=240 m³/d= 10 m³/h。

（1）气浮浓缩池面积 A：

污泥负荷取 75 kg/（m²·d），污泥密度为 1 000 kg/m³：

$$A = \frac{240 \times 1\,000 \times (1 - 99.3\%)}{75}\,\text{m}^2 = 22.4\text{m}^2$$

（2）回流比 R：

据经验，气固比取 0.02；

采用装设填料的压力罐，f=0.9；

20℃时，空气饱和溶解度 S_a=0.018 7×1.164 g/L =0.021 8 g/L =21.8 mg/L。

流入的污泥浓度为 7 000 g/m³，

代入式（12-19），有：

$$A_s = \frac{A_a}{S} = \frac{S_a R(fP-1)}{C_0}$$

$$0.02 = \frac{21.8 \times R \times (0.9 \times 3 - 1)}{7\,000}$$

$$R = 3.78 \approx 380\%$$

回流水量 Q_R=380%×10 m³/h=38 m³/h

溶气罐净体积（不包括填料）按溶气水停留 3 min 计算，则：

$$V_N = 38 \times \frac{3}{60}\,\text{m}^3 = 1.9\text{m}^3$$

以水力负荷校核气浮池面积：

$$\frac{(R+1)Q}{A} = \frac{(380\% + 1) \times 240}{22.4}\,\text{m}^3 / (\text{m}^2 \cdot \text{d}) = 51.4\text{m}^3 / (\text{m}^2 \cdot \text{d})$$

符合要求。

（3）若浓缩池每天运行 16 h，则流量：

$$Q = \frac{240}{16}\,\text{m}^3/\text{h} = 15\text{m}^3 / \text{h}$$

污泥负荷仍取 75 kg/（m²·d）=3.125 kg/（m²·h），则：

$$A = \frac{15 \times 1\,000 \times (1 - 99.3\%)}{3.125}\,\text{m}^2 = 33.6\text{m}^2$$

回流比仍为 380%，

回流水量：380%×15 m³/h =57 m³/h

溶气罐净体积：$V_N = 57 \times \frac{3}{60}\,\text{m}^3 = 2.85\text{m}^3$

以水力负荷校核气浮池面积：

$$\frac{(R+1)Q}{A} = \frac{(380\% + 1) \times 15}{33.6} m^3 / (m^2 \cdot h) = 2.14 m^3 / (m^2 \cdot h)$$
$$= 51.4 m^3 / (m^2 \cdot d)$$

符合要求。

12.3.3　离心浓缩

重力浓缩所需的设备少，管理简单，运行费用低，是传统的污泥浓缩方法。但该方法占地大，浓缩效率低。随着城镇污水处理中普遍采用生物除磷工艺，重力浓缩池中氧化还原电位较低，甚至可达厌氧状态，因此易于形成磷的释放。近年来，浓缩池有采用机械浓缩，尤其是离心浓缩的趋势。

离心浓缩是利用离心力达到污泥浓缩的目的。离心浓缩时对污泥固体的密度和浓度无特殊要求，浓缩程度主要与离心机内筒直径及转速有关。有关离心浓缩的设备见污泥脱水部分。试验和运行结果表明，离心机能将含固率为 0.5% 的活性污泥浓缩到 5%～6%，不但效率高、时间短、占地少，而且卫生条件好，但费用较高。

12.4　污泥的稳定

二级处理和多数一级处理的污泥都含有大量有机物，投放到自然界，仍将受微生物的作用，继续对环境造成危害，所以需采取措施降低其有机物含量或使其暂时不产生分解，通常称之为污泥稳定。

污泥稳定的方法有生物法和化学法。生物稳定就是在人工条件下加速微生物对有机物的分解，使之变成稳定的无机物或不易被生物降解的有机物的过程；化学稳定就是采用化学药剂杀死微生物，使有机物在短期内不致腐败的过程。

12.4.1　污泥的生物稳定

（1）污泥的好氧消化

好氧消化是对二级处理的剩余污泥或一、二级处理的混合污泥进行持续曝气，促使生物细胞（包括一部分构成 BOD 的有机物）分解，从而降低挥发性悬浮固体的含量的方法。在好氧消化过程中，有机污泥经氧化转化成 CO_2、NH_3、H_2 等气体产物，其氧化作用可用下式表示：

$$C_5H_7NO_2 + 5O_2 \longrightarrow 5CO_2 + NH_3 + 2H_2O$$

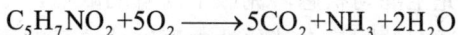

污泥好氧消化的主要目的是减少污泥固体（VSS）的处置量。细胞的分解速率随有机营养料和微生物比值（F/M）的增加而减低，初次沉淀的有机物含量高，因而其好氧消化作用慢。

好氧消化包含完全的生物链和复杂的生物群，和厌氧消化比较反应速率快，在 15℃条件下，一般只需 15～20 d 即可减少挥发物 40%～50%，而厌氧消化却需 30～40 d。同时，好氧消化不易受条件变化的冲击而被破坏，故效果比较稳定。

污泥好氧消化池排出的污泥量比流入的要少（而在活性污泥法系统中排出量大于输入量），减少量即为污泥的生物降解量，由此可得泥龄（θ_c）的表达式为：

$$\theta_c = \frac{\text{消化池内VSS量(kg)}}{\text{系统的VSS净输入量(kg / d)}} \qquad (12\text{-}22)$$

即泥龄相当于污泥净输入量消化时间的平均值。

污泥好氧消化的构筑物为好氧消化池。好氧消化池的结构及构造同普通曝气池，有关设计参数的选择一般应通过试验确定，常用间歇式反应器进行实验。我国新修订的《室外排水设计规范》（GB 50014—2006）规定有关的设计参数如下：

消化时间：10～20 d；

挥发性固体容积负荷：重力浓缩后的原污泥宜为 0.7～2.8 kgVSS/（m^3·d）；机械浓缩后的高浓度原污泥不宜大于 4.2 kgVSS/（m^3·d）；

消化温度：15～20℃；

消化池中污泥的溶解氧浓度：不应低于 2 mg/L；

供气量：仅为剩余污泥时为 0.02～0.04 m^3（空气）/[m^3（池容）·min]；初沉污泥或混合污泥为 0.04～0.06 m^3（空气）/[m^3（池容）·min]。

与厌氧消化相比，好氧消化效率高、消化液中 COD 含量低、无异味，且系统简单易于控制；缺点是能耗较大、卫生条件差、污泥经长时间曝气会使污泥指数增大而难以浓缩。因此，通常好氧消化适合于污泥量较小的场合，但近年来国外有不少大型污水处理厂也采用好氧消化进行污泥稳定。

（2）污泥的厌氧消化

1）概述

厌氧消化原理及处理废水的反应器形式在第九章已做了详细介绍，本节仅对厌氧消化法处理污泥的有关问题作简要介绍。

常见的厌氧消化池有传统消化池和高速消化池，二者的主要区别在于后者要求搅拌。传统消化池的缺点是，由于分层现象明显，使细菌和营养物得不到充分接触，因而负荷小、产气量低，兼之形成浮泥层占去有效容积，造成操作困难。

高速消化池污泥处于完全混匀状态，克服了前者的缺点，增加了负荷和产气率。厌氧接触则由于消化污泥的回流在消化池内可维持更高的污泥浓度，因此效率更高。传统消化池、高速消化池和厌氧接触消化池三者的特点比较见表12-2。

表12-2　几种厌氧消化法比较

项目	传统消化法	高速消化法	厌氧接触法
加热情况	加热或不加热	加热	加热
停留时间/d	>40	10～15	0.5～1
负荷/[kgVSS/（m³·d）]	0.48～8	1.6～3.2	1.6～3.2
加料、排料方式	间断	间断或连续	连续
搅拌	不要求	要求	要求
均衡配料	不要求	不要求	要求
脱气	不要求	不要求	要求
排泥回流利用	不要求	不要求	要求

2）厌氧消化池的构造

消化池多为钢筋混凝土拱顶圆形池。其顶盖有固定式和浮动式两种。固定式在加料和排料时，池内分别造成正压和负压，结构易遭破坏，一旦渗入空气，不仅破坏反应条件，还会引起爆炸。浮动式则可克服上述缺点，但构造复杂、建设费用高。

消化池的附属设施有加料、排料、加热、搅拌、破渣、集气、排液、溢流及其他监测防护装置，图12-10为固定式消化池，图12-11为厌氧消化池。

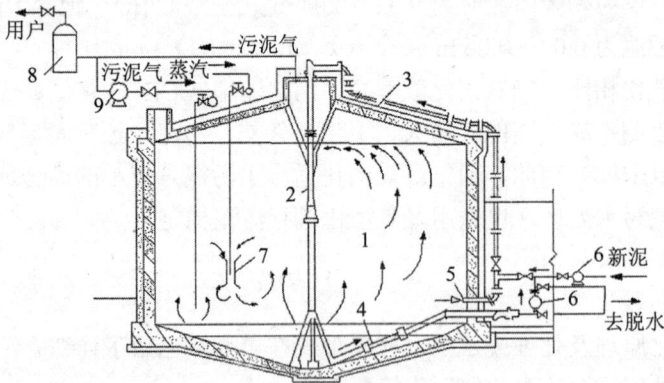

图12-10　固定式污泥消化池

1-消化池；2-水力提升泵；3-进泥管；4-排泥管；
5-中位槽；6-污泥泵；7-蒸汽喷射器；8-贮气罐；9-压缩机

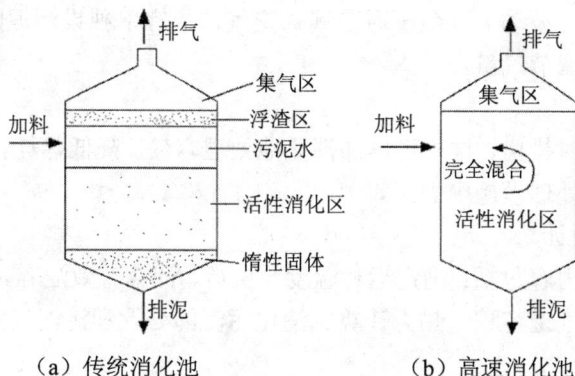

（a）传统消化池　　　　　　（b）高速消化池

图 12-11　厌氧消化池

①加料与排料

新污泥由泵提升，经池顶进泥管送入池内。排泥时污泥从池底排泥管排出。一般是先排泥到计量槽进行计量，再将等量的新污泥送入。加料和排料可连续或间断进行。

②加热

加热方法分为外加热和内加热两种。外加热是将污泥水抽出，通过池外的热交换器加热，再循环到池内去。内加热采用盘管间接加热或水蒸气直接加热，后者比较简单，水蒸气压力多为 200 kPa（表压）。用水蒸气喷射泵时，还同时起搅拌作用，但由于水蒸气的凝结水进入，故需经常排除泥水，以维持污泥体积不变。

③搅拌与破渣

搅拌既可促进微生物与污泥基质充分接触，使池内温度及酸碱度均匀，又可以有效预防浮渣，也可在池内波面装设破渣机或用污泥水压力喷射来破渣。搅拌的方法较多，常用的方法是水力搅拌、机械搅拌和污泥气搅拌。水力搅拌是将污泥抽出，从池顶打入水力提升器内，形成内外循环。机械搅拌采用螺旋桨，根据池子大小不同，可设 1～3 个，每个下面设一个导流筒，抽出的污泥从筒顶向四周喷出，形成环流，螺旋桨效率高、耗电少（1 m³ 污泥耗电 0.081W），但转轴穿池顶处密封困难。污泥气搅拌是用压缩机将污泥气压入池内竖管（一个或几个）的中部或底部，污泥随气泡上升时将污泥带起，在池内形成垂直方向的循环（也可在消化池底部设置气体扩散装置进行搅拌）。这种搅拌范围大、能力强、效果好、消化速率高，但设备繁多、成本昂贵，每小时所需搅拌气体量为有效池容的 38%～79%。

④集气

顶盖浮动式池子的集气空间大，固定顶盖式的则较小。固定顶盖式消化池加排料时，池内压力波动大，负压时易漏入空气，故宜单独设污泥贮气罐。贮气罐的主要作用在于调节气量。

⑤排液

上清液要及时排出，这样可增加消化池处理容量，降低热耗。上清液的 BOD 高，应回到生物处理设施中去。

3）消化池设计

消化池设计内容包括：确定运行温度与负荷、计算有效池容、确定池子构造、计算产气量及贮气罐容积、热力计算、消化污泥的处置和污泥气的应用。

①温度与负荷

污泥消化分为中温消化和高温消化。中温消化的温度一般控制在 30~35℃；高温消化的温度一般控制在 50~55℃。高温消化适于要求消毒的污泥及含有大量粪便等生污泥的场合，选择高温消化一般污泥本身温度较高或就近有多余热源。通常城镇污水处理厂的污泥厌氧消化均采用中温消化。

厌氧消化的负荷率决定了厌氧消化池的容积，负荷率有容积负荷和有机负荷两种表达形式。

投配率是指每天进入的污泥量与池子容积之比。反映了污泥在消化池中的停留时间。投配率、水力负荷、停留时间的关系为：

$$停留时间 = \frac{1}{投配率}(d)，或者，水力负荷[m^3/(m^3 \cdot d)]=投配率(\%) \quad (12-23)$$

投配率是消化池设计的重要参数，投配率过高，消化池内脂肪酸可能积累，pH 下降，污泥消化不完全，产气率降低；投配率低，污泥消化较完全，产气率较高，但消化池容积增大，基建费用高。

消化池的设计负荷与消化温度、污泥类别以及污泥消化的工艺有关。对于城镇污水处理厂的污泥如无试验资料时，可按表 12-3 进行选择。

表 12-3　城市污泥厌氧消化设计参数

参数	传统消化他	高速消化他
挥发固体负荷/[kg/（m³·d）]	0.6~1.2	1.6~3.2
污泥固体停留时间/d	30~60	10~20
污泥固体投配率/%	2~4	5~10

②消化池的有效池容与构造

关于消化池的设计计算，主要涉及有效容积 V（m³），可按每天处理污泥量及污泥投配率进行计算（参考表 12-3，污泥投配率也可由挥发固体负荷换算出来）：

$$V = \frac{V'}{P} \times 100 \qquad (12-24)$$

式中，V —— 消化池有效容积，m^3；

V' —— 污泥处理量，m^3/d；

P —— 污泥投配率。

按有机负荷率（N_s）计算：

$$V = \frac{G_s}{N_s} \qquad (12-25)$$

式中，V —— 消化池有效容积，m^3；

G_s —— 每日要处理的污泥干固体量，$kgVSS/d$；

N_s —— 单位容积消化池污泥负荷率，$kgVSS/(m^3 \cdot d)$。

消化池的个数一般不少于 2 个。单池内径不大于 25 m 为宜。侧壁高以等于内径的一半为宜。大型池宜建成上下带圆锥体的圆筒形，小池可建成方形或矩形。一般将池顶锥体部分作为集气空间，其下为有效贮泥空间。

③产气量与贮气罐容积

污泥消化产气量可以按厌氧消化的有关理论公式计算，也可以通过实验或经验资料确定。据美国资料介绍，每破坏 1 kg 挥发物的产气量为 0.31～0.62 m^3；原苏联资料介绍，每投加 1 kg 有机物产气 0.347～0.387 m^3；日本资料介绍，每破坏 1 kg 粪便有机物产气 0.4～0.5 m^3；国内资料介绍的产气量为污泥（含水率 96%）投入量的 8～12 倍（体积）。

贮罐容积可按产气量和用气量的变化关系进行计算，或按平均日产气量的 25%～40%，即 8～10 h 的平均产气量计算。

④热力计算

消化池的加热和保温是维持其正常消化过程的必要条件，因此必须根据消化池的运行制度和方式、加热与保温的措施和材料等条件，参考有关资料和计算方法，进行热力学平衡计算，以确保消化池的正常工况。

⑤消化污泥和污泥气的利用

消化污泥经脱水后，可用做肥料。污泥厌氧消化时产生的消化气必须妥善加以利用，否则将引起二次污染。消化气的主要成分为 CH_4（60%～70%）和 CO_2（25%～35%），此外还含有少量的 N_2、H_2、H_2S 和水分。污泥气一般用作燃料，也有用作发电和化工原料的。1 m^3 污泥气的热值相当 1 kg 的煤，1 m^3 污泥气可发电 1.5 kW·h。

12.4.2 污泥的化学稳定

化学稳定是向污泥中投加化学药剂，以抑制和杀死微生物，消除污泥可能对环境造成的危害（产生恶臭及传染疾病）。化学稳定的方法有石灰稳定法和氯稳定法。

（1）石灰稳定法

向污泥中投加石灰，使污泥的 pH 提高到 11～11.5，在 15℃下接触 4 h，能杀死全部大肠杆菌及沙门氏伤寒杆菌，但对钩虫、阿米巴孢囊的杀伤力较差。经石灰稳定后的污泥脱水性能得到大大改善，不仅污泥的比阻减小，泥饼的含水率也可降低。但石灰中的钙可与水中的 CO_2 和磷酸盐反应，形成碳酸钙和磷酸钙的沉淀，使得污泥量增大。

石灰的投加量与污泥的性质和固体含量有关，表 12-4 是有关的参考数据。

表 12-4　石灰稳定法的投加量

污泥类型	污泥固体浓度/%		Ca（OH）$_2$投加量/[g/g（SS）]	
	变化范围	平均值	变化范围	平均值
初沉污泥	3～6	4.3	60～170	120
活性污泥	1～1.5	1.3	210～430	300
消化污泥	6～7	6.5	140～250	190
腐化污泥	1～4.5	2.7	90～510	200

（2）氯稳定法

氯能杀死各种致病微生物，有较长期的稳定性。但氯化过程中会产生各种氯代有机物（如氯胺等），造成二次污染，此外污泥经氯化处理后，pH 降低，使得污泥的过滤性能变差，给后续处置带来一定困难。

（3）臭氧稳定法

臭氧稳定法是近年来国外研究较多的污泥稳定法，与氯稳定法相比，臭氧不仅能杀灭细菌，而且对病毒的灭活也十分有效，此外，臭氧稳定也不存在氯稳定时带来的二次污染问题，经臭氧处理后，污泥处于好氧状态，无异味，是目前污泥稳定最安全有效的方法。该法的缺点是臭氧发生器的效率仍较低，建设及运营费用均较高。但对一些危险性很高的污泥，采用臭氧稳定法，仍不失为一种最安全的选择。

12.5　污泥的调理

调理就是破坏污泥的胶态结构，减少泥水间的亲和力，改善污泥的脱水性能。在污泥脱水前需要通过物理、化学或物理化学作用，改善污泥的脱水性能，该操作称之为污泥调理。通过调理可改变污泥的组织结构，减小污泥的黏性，降低污泥的比阻，从而达到改善污泥脱水性能的目的。污泥经调理后，不仅脱水压力可大大减少，而且脱水后污泥的含水率可大大降低。

调理分物理调理、水力调理和化学调理（加药调理）等方法。

化学调理用得较为普遍，其实质是向污泥中投加各种絮凝剂，来破坏泥水间的亲和力，使污泥形成颗粒大、空隙多和结构强的滤饼，以利脱水。

水力调理也叫淘洗，就是先利用处理过的废水与污泥混合，然后再澄清分离，以此冲洗和稀释原污泥中的高碱度，带走细小固体。消化污泥中的高碱度，投加三氯化铁，与之反应，需要消耗大量药剂，因此必须通过淘洗来降低碱度。细小固体是化学药剂的主要消耗者，且易堵塞滤饼，经过淘洗将其冲走，也能降低药耗，提高过滤性能。淘洗常采用多级逆流方式进行。淘洗液中的 BOD 和 COD 含量都很高，需回流到废水处理设备去处理。

物理调理有加热、冷冻、添加惰性助滤剂等方法。污泥经过 $160 \sim 200 \, ^\circ\!C$ 和 $1 \sim 15 \mathrm{MPa}$ 的高温高压处理后，不但破坏了胶体结构，提高了脱水性能（比阻降至 $0.1 \times 10^9 \mathrm{s^2/g}$），而且还能彻底杀灭细菌，解决卫生问题；缺点是气味大、设备易腐蚀。反复冷冻能破坏固体与结合水的联系，提高过滤能力。人工冷冻法成本高，自然冷冻法受气候条件的影响，故均少采用。污泥中投加无机助滤剂后，能在滤饼间形成孔隙粗大的骨架，可减少比阻。污泥焚化时的灰烬、飞灰、锯末等均可用作助滤剂。

12.5.1　调理剂种类

（1）无机调理剂

无机调理剂有三氯化铁（$FeCl_3 \cdot 6H_2O$）、硫酸铁（$Fe_2(SO_4)_3 \cdot 4H_2O$）、硫酸亚铁（$FeSO_4 \cdot 7H_2O$）、聚合硫酸铁（PFS，$[Fe_2(OH)_n(SO_4)_{3-\frac{n}{2}}]_m$）、三氯化铝（$AlCl_3$）、硫酸铝（$Al_2(SO_4)_3 \cdot 18H_2O$）、聚合氯化铝（PAC，$[Al_2(OH)_nCl_{6-n}]_m$）及石灰等。

（2）有机调理剂

有机调理剂有聚丙烯酰胺。

无机调理剂价格低易得，但渣量大，受 pH 影响大，经无机调理剂处理的污泥量增加，污泥中无机成分的比例提高，污泥的燃烧价值降低。而有机调理剂则相反，如果综合应用 2～3 种混凝剂混合投配或依次投配，能提高效能。如石灰和三氯化铁同时使用，不但能调节 pH，而且由于石灰和污水中的重碳酸盐生成的碳酸钙能形成颗粒结构而增加了污泥的空隙率。

12.5.2 调理剂投加量的确定

因为调理剂的投加范围很大，因此，在特定的情况下，最好是经过实验决定最佳剂量。

12.5.3 影响污泥调理效果的因素

（1）污泥性质

一般而言，颗粒越细小、含固率越大、越难脱水的污泥，其调理剂用量也越大。

（2）调理剂品种

有机物含量高的污泥，用聚合度高的阳离子有机高分子调理剂，无机物含量高的污泥，用阴离子有机高分子调理剂。

（3）污泥调理条件

温度：大于1℃进行。

pH：铝盐 5～7，高铁盐 6～11，亚铁盐 8～10，阳离子型聚合电解质应在低 pH 的酸性溶液中，而阴离子聚合电解质应在 pH 高的碱性溶液中，效果较好。

调理剂的配制浓度：一般来说，配制浓度低、药剂用量少、调理效果好的调理剂。无机高分子调理剂较少受配制浓度的影响，有机高分子配制浓度一般为 0.05%～0.1%。

12.6 污泥的脱水与干化

污泥经过浓缩、消化后，尚有 95%～97%的含水率，体积仍很大，为了综合利用和最终处置，需对污泥作干化和脱水处理。将污泥的含水率降低到 80%～85% 以下的操作叫脱水。脱水后的污泥具有固体特性，成泥块状，能用车运输，便于最终处置利用。

将脱水污泥的含水率进一步降低到 65%以下（最低达 10%）的操作叫干化（或称干燥）。可将干化污泥包装成袋，以商品出售。

常用的污泥脱水设施有干化场、过滤机和离心机等。

12.6.1　自然脱水

利用自然力（蒸发、渗透等）对污泥进行脱水的方法称之为自然脱水。自然脱水的构筑物为污泥干化场（也叫干化床或晒泥场）。污泥干化场的脱水包括上部蒸发、底部渗透、中部放泄等多种自然过程，其中，蒸发受自然条件的影响较大，气温高、干燥、风速大、日晒时间长的地区效果好，寒冷、潮湿、多雨地区则效果较差；渗透作用主要与干化场的渗水层结构有关。根据自然条件和渗水层特征，干化期由数周至数月不等，干化污泥的含水率可降至 65%～75%。

通常将干化场划分为大小相等宽度不大于 10 m 的区段若干块，围以土堤，堤上设干渠和支渠，用以输配污泥。渠道底坡度为 0.01～0.03。支渠沿每块干化场的长度方向设几个进泥口，向干化场均匀配泥。每块干化场的底部设有 30～50 cm 的渗水层，上为细砂，中为粗砂，底为碎石或碎砖。渗水层下为 0.3～0.4 m 厚的不透水层，坡向排水管。排水管采用陶土管，管径为 75～150 cm，每块干化场设 1～2 排，埋深 1～1.2 m。为了便于接纳下渗的废水，各节管子之间不接口，留有缝隙，排水管的坡度为 0.002～0.005，使废水最后汇集于排水总渠。此外，还可在每块干化场的两侧设置几个排水井，能沿不同高度放泄污泥的上清液。

为了管理方便，每次排放的污泥只存放于 1 或 2 块干化场上，泥层厚度约 30～50 cm，下一次排泥进入另外 1～2 块上，各级干化场依次存泥、干化和铲运。

设计干化场的主要内容为计算污泥量、确定围堤高度、设计输配泥及排水设施。

干化场的有效面积 A（m²）按下式计算：

$$A = \frac{V}{h}T \tag{12-26}$$

式中，V —— 污泥量，m³/d；

　　　h —— 干化场每次放泥高度，一般为 0.3～0.5 m；

　　　$\dfrac{V}{h}$ —— 每天污泥需要的存放面积，最好等于每块干化场面积的整数倍；

　　　T —— 污泥干化周期，即某区段两次放泥相隔的天数，取决于气候条件及土壤条件。

考虑到土堤等所占面积，干化场实际需要的面积应比有效面积 A 增大 20%～40%。

围堤高度在最低处一般取 0.5～0.7 m，最高处根据渠道坡度推算。冰冻期长的地区，应适当增高围堤。若污泥最终用作肥料，也可将冻结污泥运走，以节省场地。

干化场的特点是简单易行、污泥含水率低，缺点是占地面积大、卫生条件差、铲运污泥的劳动强度大。

12.6.2 机械脱水

（1）机械脱水的基本理论

利用机械力对污泥进行脱水的方法称之为机械脱水。机械脱水所采用的方法有真空过滤法、压滤法、离心法，本质上都属于过滤脱水的范畴，基本原理也相同，都是利用过滤介质两侧的压力差作为推动力，使水分强制通过过滤介质，固体颗粒被截流在介质上，达到脱水的目的。对于真空过滤法，其压差是通过在过滤介质的一侧造成负压而产生；对于压滤法，压差产生于过滤介质的一侧；对于离心法，压差是以离心力为推动力。

污泥过滤性能主要决定于滤饼的阻力。过滤机的脱水能力可用下式表示：

$$\frac{\mathrm{d}V}{\mathrm{d}t} = \frac{PA^2}{\mu(rCV + R_{\mathrm{m}}A)} \tag{12-27}$$

式中，$\dfrac{\mathrm{d}V}{\mathrm{d}t}$ —— 过滤速度，$\mathrm{m^3/s}$;

V —— 滤出液体积，$\mathrm{m^3}$;

t —— 过滤时间，s;

P —— 过滤压力，$\mathrm{kg/m^2}$;

A —— 有效过滤面积，$\mathrm{m^2}$;

C —— 单位面积滤出液所截留的滤饼干重，$\mathrm{kg/m^3}$;

r —— 比阻，$\mathrm{m/kg}$，单位过滤面积上，单位量干滤饼的所具有的阻力称比阻;

R_{m} —— 过滤开始时单位过滤面积上过滤介质的阻力，$\mathrm{1/m^2}$;

μ —— 滤出液的动力黏滞度，$\mathrm{kg \cdot s/m^2}$。

对式（12-27）积分，即得到著名的卡门（Carman）过滤基本方程式：

$$\frac{t}{V} = \left(\frac{\mu rC}{2PA^2}\right)V + \frac{\mu R_{\mathrm{m}}}{PA} \tag{12-28}$$

（2）污泥比阻

根据卡门（Carman）公式知，在压力一定的条件下过滤时，$\dfrac{t}{V}$ 与 V 成直线关系，直线的斜率与截距是：

$$b = \frac{\mu \cdot rC}{2PA^2} \text{ 和 } a = \frac{\mu R_{\mathrm{m}}}{PA} \tag{12-29}$$

可见污泥比阻值为：

$$r = \frac{2PA^2}{\mu} \cdot \frac{b}{C} \qquad （12-30）$$

比阻值的物理意义是单位干重滤饼的阻力，比阻值越大的污泥，越难过滤，其脱水性能也差。比阻值与过滤压力、斜率 b 及过滤面积的平方成正比，与滤液的动力黏滞度及 C 成反比。为求得污泥比阻值，需首先计算出 b 和 C 值。

b 值可通过如图 12-12 所示装置测得。

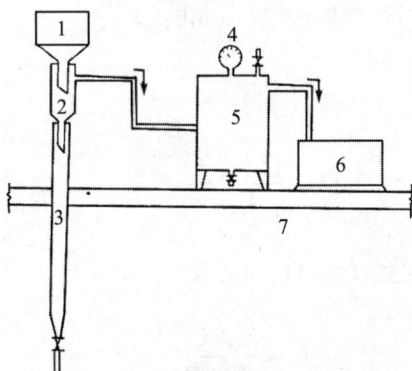

图 12-12 比阻测定装置

1-布氏漏斗；2-连接管；3-100 mL 滴定管（或量筒）；4-真空表；5-稳定罐；6-真空泵；7-试验台

测定时先在布氏漏斗中放置滤纸，用蒸馏水喷湿，再开动真空泵，把量筒（或滴定管）中抽成负压，使滤纸紧贴漏斗，然后关闭真空泵，把 100 mL 化学调节好的污泥样倒入漏斗，再次开动真空泵，进行污泥脱水试验。记录过滤时间（t）与滤液体积（V）。当滤纸上面的滤饼出现龟裂或滤液达到 80 mL 时所需的时间，作为衡量污泥脱水性能的参数。

在直角坐标系上，以 V 为横坐标，$\frac{t}{V}$ 为纵坐标作直线，斜率即 b 值，截距即 a 值。

由 C 的定义可写出下式：

$$C = \frac{(Q_0 - Q_y)C_d}{Q_y} \qquad （12-31）$$

式中，Q_0 —— 原污泥量，mL；

Q_y —— 滤液量，mL；

C_d —— 滤饼固体浓度，g/mL。

根据液体平衡关系，有下式成立：

$$Q_0 = Q_y + Q_d \qquad (12\text{-}32)$$

根据固体物质平衡关系，有下式成立：

$$Q_0 C_0 = Q_y C_y + Q_d C_d \qquad (12\text{-}33)$$

式中，C_0——原污泥中固体物质浓度，g/mL；

C_y——滤液中固体物质浓度，g/mL；

Q_d——滤饼量，mL。

由式（12-32）、式（12-33）可得：

$$Q_y = \frac{Q_0(C_0 - C_d)}{C_y - C_d} \qquad (12\text{-}34)$$

将式（12-34）代入式（12-31），并设 $C_y = 0$ 可得：

$$C = \frac{C_d \cdot C_0}{C_d - C_0} \qquad (12\text{-}35)$$

上述求 C 值的方法，必须量测滤饼的厚度方可求得，但在实验过程中量测滤饼厚度是很困难的，且不易量准，故 C 值可采用测滤饼含水比的方法求的。

$$C = \frac{1}{\dfrac{C_i}{100 - C_i} - \dfrac{C_f}{100 - C_f}} \qquad (12\text{-}36)$$

式中，C_i——污泥的含水率；

C_f——滤饼的含水率。

例如，污泥含水率 97.7%，滤饼含水率为 80%，则 C 值为：

$$C = \frac{1}{\dfrac{97.7}{100 - 97.7} - \dfrac{80}{100 - 80}} = \frac{1}{38.48} = 0.026 \text{ g/mL}$$

将所得之 b、C 值代入式（12-30）可求出比阻值 r。在工程单位制中，比阻的量纲为（m/kg）或（cm/g），在 CGS 制中比阻的量纲为（S^2/g）。

一般认为污泥比阻值在（0.1～0.4）×10^9 S^2/g 时，进行机械脱水较为经济和适合，但污泥的比阻值一般大于此值（表 12-5），故机械脱水前，必须进行相应的预处理。

表 12-5　各种污泥的大致比阻值

污泥种类	比阻值	
	S²/g	m/kg
初次沉淀污泥	$(4.7\sim6.2)\times10^9$	$(46.1\sim60.8)\times10^9$
消化污泥	$(12.6\sim14.2)\times10^9$	$(123.6.139.3)\times10^9$
活性污泥	$(16.8\sim28.8)\times10^9$	$(164.8\sim282.5)\times10^9$
腐殖污泥	$(6.1\sim8.3)\times10^9$	$(59.8\sim81.4)\times10^9$

注：$S^2/g\times9.81\times10^3= m/kg$。

【例题 12-2】已知某污泥脱水实验相关参数如下：$P=9.5\times10^4 N/m^2$，滤出液动力黏滞系数$\mu=0.001\,12N\cdot s/m^2$；$C=75\ kg/m^3$；$A=4.42\times10^{-3}\ m^2$，根据有关实验数据得图 12-13，由图中数据得 $b=4.8\times10^{12}\ s/m^6$。试计算该污泥比阻值。

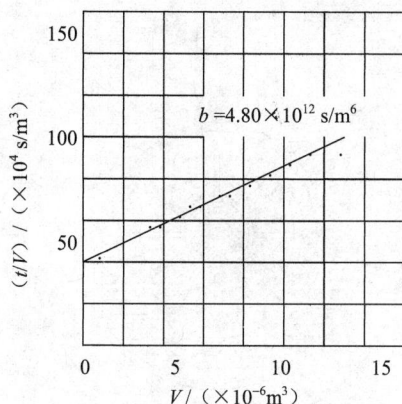

图 12-13　t/V 与 V 关系曲线

【解】　将实验相关参数代入污泥比阻公式，可得：

$$r = \frac{2bPA^2}{\mu C}$$

$$= \frac{2\times4.8\times10^{12}\times9.5\times10^4\times(4.42\times10^{-3})^2}{0.00112\times75}$$

$$= 2.1\times10^{11}\,(m/kg)$$

（3）过滤脱水设备

过滤脱水方法主要有真空过滤和压力过滤。真空过滤机有转筒式、绕绳式和转轴式过滤机；压力过滤机有板框压滤机和带式压滤机。此外，在此基础上还发展了许多改型的过滤设备。

1）真空过滤机

转筒式真空过滤机是应用最广的一种。该设备（图 12-14）主要由两大部分组成：半圆形污泥槽 13 和过滤转筒 14。转筒半浸没在污泥中。转筒外覆盖滤布 15，筒壁分成的许多隔间（1～12 个），分别由导管 16 连在分配头 17 的回转阀座上。根据转动时各隔间所处位置的不同，与固定阀轴上抽气管或压气管连接。当隔间位于过滤段 I 时，与抽气管接通，污泥水通过滤布被抽出，固体被截留于滤布上，形成泥层。需要纯净的滤饼时，在 II 段用冷水 20 洗涤。当转到干燥段III时，仍与抽气管接通，水分继续被抽出，泥层逐渐干燥，形成滤饼。该隔间转到吹脱段IV时，与压气管接通，滤饼被吹离滤布，并用刮刀切刮下，通过装泥小斗或皮带运输机将其运走。泥槽底部设有搅拌器 19，用以防止固体沉积。真空过滤机的转筒圆周速度为 0.75～1.1 mm/s，真空度为 40～81.3 kPa（过滤段）和 66.7～94.6 kPa（干燥段）。滤饼厚度视污泥浓度而异，为 1.6～6.1 mm。

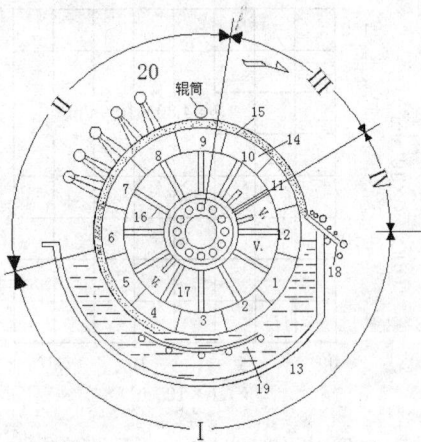

图 12-14 转筒真空过滤机

真空过滤机的特点是适应性强、连续运行、操作平稳、全过程机械化。它的缺点是多数污泥须经调理才能过滤，而且工序多、费用高。此外，过滤介质（滤网或滤布）紧包在转筒上，再生与清洗不充分，容易堵塞。因此，真空过滤机现已较少采用。

2）压力过滤设备

利用各种液压泵或空压机形成大气压以上的正压进行过滤的方式称为加压过滤。过滤时的压力可达到 4～8 MPa，因此过滤推动力远大于真空过滤。

加压过滤的优点是：脱水泥饼的含水率较低；滤饼的剥落性能较高；可以用增加滤板数目方便地调整过滤面积，处理能力大于真空过滤。其缺点是：需要自动控制装置，压榨要用高压泵或空压机，动力消耗大；更换滤布较费力；有臭气发生；有时要采用消石灰作为助滤剂，污泥量增加。

加压过滤设备主要有板框压滤机、带式压滤机等。

① 板框压滤机

板框压滤机的优点是：滤材使用寿命长；污泥可以压得比较干；滤饼厚度均一，便于洗涤。其缺点是：给料口易堵塞；剥落滤饼较麻烦。

根据其结构的不同，板框压滤机可分为单面压滤和双面压滤，卧式和立式压滤；按操作方式不同，可分为手动与自动。

国产板框压滤机的面积从（300 mm×300 mm）～（1 400 mm×1 400 mm），每台机器由 10～60 对或更多的板框组成，过滤面积由几平方米到 200 m² 以上，可适用于不同规模的污泥的脱水。如图 12-15 所示为液压板框压滤机。

② 带式压滤机

带式压滤机是由上下两条张紧的滤带夹带着污泥层，从一连串按规律排列的辊压轮中呈 S 形弯曲经过，靠滤带本身的张紧力形成对污泥层的压榨力和剪切力，把污泥中的毛细水挤压出来，获得含固量较高的泥饼，从而实现污泥脱水。

图 12-15 液压板框压滤机   图 12-16 带式压滤机

带式压滤机由滤布、辊压筒、滤带张紧系统、滤带调偏系统、滤带冲洗系统及滤带驱动系统组成。如图 12-16 所示为带式压滤机。

滤布一般采用单丝聚酯纤维材质编织而成，具有抗拉强度大、耐曲折、耐酸碱、耐温度变化等特点。滤带常编织成多种纹理结构，不同的纹理结构其透气性能和对污泥颗粒的拦截性能不同，因此要根据污泥的性质选择合适的滤带。一般来说，活性污泥脱水时，应选择透气性能和拦截性能较好的滤带；而初沉池污泥脱水时，对滤带的性能要求低一些。

一台压滤机一般由 5～7 个辊压筒组成，这些辊压筒的直径沿污泥的走向由大到小，从 20 cm 到 90 cm 不等。滤带张紧系统的主要作用是调节控制滤带的张力，以调节施加到泥层上的压榨力和剪切力，这是运行中的一些重要控制手段。滤带调偏系统的作用是时刻调整滤带的运行方向，保证运行的正常。滤带冲洗系统的作用是将挤入滤带中的污泥冲洗掉，保证其正常的过滤性能。一般定期用高压水反方向冲洗。

（4）离心脱水机

离心脱水机简称离心机，其工作原理是利用离心力作为推动力进行的沉降分离、过滤及脱水。离心机的分离能力可用分离因素表示。

$$K_c = F_c/F_g = n^2 R/900 \tag{12-37}$$

污泥脱水用离心机有不同的分类方法。一般按分离因素大小进行分类如下。

①高速离心机：分离因子 $K_c > 3\,000$；

②中速离心机：分离因子 $K_c = 1\,500 \sim 3\,000$；

③低速离心机：分离因子 $K_c = 1\,000 \sim 1\,500$。

离心机的种类很多，其中以中、低速转筒式离心机在污泥脱水中应用最普遍。该机（见图 12-17）的主要构件是转筒和装于筒内的螺旋输泥机。污泥通过中空轴连续进入筒内，由转筒带动污泥高速旋转，在离心力的作用下，泥水分离形成两层。螺旋输泥机与转筒同向旋转，但转速略有差异，即输泥机的螺旋刮刀对转筒有相对转动，将泥饼由左端推向右端，最后从排泥口排出，澄清水则由另一端排水口流出。

离心机的优点是设备小、效率高、分离能力强、操作条件好（密封、无气味），可连续生产，因此广泛应用于污泥的脱水；缺点是制造工艺要求高、设备易磨损、对污泥的预处理要求高，而且必须使用高分子聚合电解质作为调理剂。

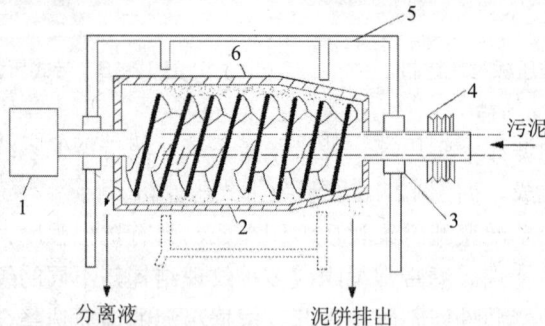

图 12-17 离心脱水机

1-刮刀驱动机构；2-螺旋输泥机；3-轴承；4-转筒驱动机；5-罩盖；6-转筒

12.6.3 污泥的干化

通常采用加热法使污泥干化，常用的设施为回转式圆筒干燥炉（图 12-18）。

干燥炉系统的主体部分是回转炉，炉体为略带倾斜的回转圆筒。脱水污泥经粉碎后，与旋流分离返送回来的细粉混合，由高端进入回转圆筒。高温空气从转筒中流过，使污泥干燥。转筒旋转时可使污泥团块升起和降落，不断地被拌和及粉碎，促使其与热空气充分接触。干燥好的污泥从转筒低端进入卸料室，通过格栅送到贮存池。干燥炉的排气经旋流分离器分离细粉后，通过除臭燃烧器排入大气。污泥干化处理的成本很高，只有在干燥污泥具有回收价值（如作肥料）、能补偿干燥处理费用时，或者有特殊要求时，才考虑采用。

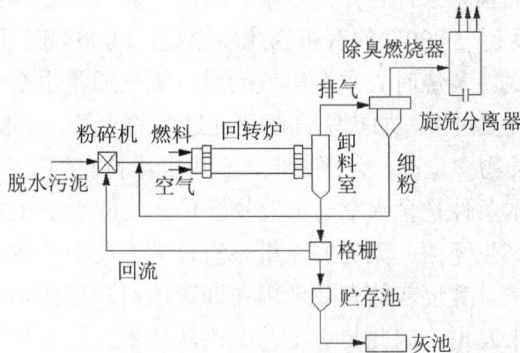

图 12-18 回转式圆筒干燥炉系统

12.7 污泥的最终处置及综合利用

污泥经浓缩、稳定及脱水等处理后，不仅体积大大减小，而且在一定程度上得到了稳定，但污泥作为污水处理过程中的副产物，还需考虑其最终去向，即最终处置及综合利用。

12.7.1 污泥的最终处置

（1）土地填埋

污泥的卫生填埋始于 20 世纪 60 年代，是在传统填埋的基础上发展起来的。从保护环境角度出发，经过科学选址和必要的场地防护处理，具有严格、科学的工程操作方法。到目前为止，已发展成为一项比较成熟的污泥处置技术，其优点是投资较少、容量大、见效快。由于污泥填埋对污泥的土力学性质要求较高，需要大面积的场地和大量的运输费用，地基需作防渗处理以免污染地下水等，因此，近年来污泥填埋处置所占比例越来越小。

土地填埋是我国污泥处置的主要方法，目前我国城市污水处理厂的污泥绝大部分采用填埋的方法。

（2）焚烧

焚烧是污泥最终处置的最有效和彻底的方法。焚烧时借助辅助燃料，使焚烧炉内温度升至污泥中有机物的燃点以上，令其自燃，如果污泥中的有机物的热值不足，则须不断添加辅助燃料，以维持炉内的温度。燃烧过程中所产生的废气（CO_2、SO_2 等）和炉灰，需分别进行处理。

影响污泥焚烧的基本条件包括：温度、时间、氧气量、挥发物含量以及泥气混合比等因素。温度超过 800℃ 的有机物才能燃烧，1 000℃ 时开始可以消除气味。焚烧时间越长越彻底。焚烧时必须有氧气助燃，氧气通常由空气供应。空气量不足燃烧不充分；空气量过多，加热空气要消耗过多的热量，一般以 50%～100% 的过量空气为宜。挥发物含量高，含水率低，有可能维持自燃，否则尚需添加燃料。污泥维持自燃的基本条件是含水率与挥发物含量之比应小于 3.5。

污泥经焚烧后产生无菌、无臭的无机残渣，大大减少了体积，是一种可靠而有效的污泥处置方法。焚烧灰能有效地用在沥青填料和轻质基材等建筑材料。燃烧产生的热可以用来发电。因此焚烧工艺无论从技术上还是从污泥减量上都是非常好的污泥最终处置的途径。但焚烧法设备及运行费用昂贵，易造成大气污染，同时大约有 1/3 以灰分的形式存留下来。

污泥的焚烧可以分为两类，即完全焚烧和湿式燃烧（即不完全燃烧）。

1）完全焚烧

污泥所含水分完全蒸发、有机物质完全被焚烧，最终的产物是 CO_2、H_2O、N_2 等气体及焚烧灰。

完全焚烧设备有回转焚烧炉、立式多段焚烧炉、流化床焚烧炉等。

2）湿式燃烧

湿式燃烧也称不完全燃烧或湿式氧化，是指在高温高压下，以压缩空气中的氧气作为氧化剂，氧化污泥中的有机物及还原性无机物质。在湿式氧化过程中约有 80%～90% 的有机物被氧化，故又称其为不完全燃烧。

湿式氧化法的特点是能氧化不能生物降解的有机物；氧化程度可以调节；降低了比阻，可直接过滤脱水；热量可回收；污泥水中的氨氮可作为生物处理的氮源。它的缺点是设备要求耐高温高压、建造费用高、设备易腐蚀。

（3）弃置

弃置主要是投海、投井。在一些靠海的国家和地区，大型的污水处理厂直接将液态污泥排海或将脱水污泥直接投海。该处理方法虽然方便经济，但会对海洋产生严重污染，危及人类的安全。美国已于 1991 年禁止向海洋倾倒污泥，欧共体也在 1991 年 5 月颁布了 *Directive Concerning Urban Wastewater Treatment*，规定从 1998 年 12 月 31 日起，不得在水体中倾倒污泥。投井是将污泥注入废弃的油井和矿井，此时要注意对地下水的影响。

12.7.2 污泥的综合利用

（1）农业上的应用

污泥在农业上的利用已有很久的历史，主要包括污泥农用，污泥用于森林与园艺、废弃矿场等场地的改良等。污泥中含有丰富的有机物和 N、P、K 等营养元素以及植物生长必需的各种微量元素 Ca、Mg、Zn、Cu、Fe 等，施用于农田能够改良土壤结构、增加土壤肥力、促进作物的生长。污泥的土地利用是一种安全积极的污泥处置方式，在美国约有 40%的污泥采用土地利用的方式进行处置。尽管污泥的土地利用具有能耗低、可回收利用污泥中养分等优点，但也存在病原菌扩散和重金属污染的危险，为此各国政府先后颁布了农用污泥重金属浓度标准和严格的无害化要求，并对单位面积土地污泥的应用量有严格的限制。

（2）建筑材料利用

污泥可用于制砖与纤维板材两种建筑材料。污泥制砖可用干化污泥直接制砖，也可采用污泥焚烧灰制砖。制成的污泥砖强度与红砖基本相同。对制砖黏土的化学成分有一定的要求。当用干化污泥直接制砖时，由于干化污泥组成与制砖黏土有一定的差异，要对污泥的成分进行一定的调整，使其成分与制砖黏土的化学成分基本相当。焚烧灰的化学成分与黏土成分比较接近，因此利用焚烧灰制砖，只需加入适量的黏土和硅砂即可。

污泥制纤维板材，主要是利用蛋白质的变性作用，即活性污泥中所含粗蛋白（有机物）与球蛋白（酶），在碱性条件下，加热、干燥、加压后，会发生一系列的物理、化学性质的改变，从而制成活性污泥树脂（又称蛋白胶），再与经过漂白、脱酯处理的废纤维（可利用棉、毛纺厂的下脚料）一起压制成板材，即生化纤维板。

（3）污泥沼气利用

污泥发酵产生的污泥气既可作为燃料，又可作为化工原料，是污泥综合利用的重要方面。其成分随污泥的性质而异，一般 CH_4 的含量在 50%以上。

消化池产生的污泥气能完全燃烧，保存运输方便，无二次污染，是一种理想的燃料。污泥沼气热值一般为 $5\,000\sim6\,000$ kcal/m³（1cal=4.186 8J），当用做锅炉燃料时，1 m³ 气体约相当于 1 kg 煤。

污泥气在化学工业上也有广阔的利用前途。污泥气的主要成分是甲烷与二氧化碳，将污泥气净化，除去二氧化碳，即可得到甲烷，以甲烷为原料可制成多种化学品。

（4）其他用途

从工业废水泥渣中可以回收工业原料，例如，轧钢废水中的氧化铁皮，高炉煤气洗涤水和转炉烟气洗涤水的沉渣，均可作烧结矿的原料；由电镀废水的沉渣可提炼铁氧体；从有机污泥中可以提取维生素 B_{12}；低温干馏有机污泥能获得可燃气体、氨及焦油。

【习题与思考题】

12-1 污泥的来源、性质及主要的指标是什么？

12-2 污泥的含水率从 97.5%降至 94%，求污泥体积的变化？

12-3 污泥的浓缩有哪几种？分别适用于何种情况？

12-4 污泥处理和脱水的方法有哪些？

12-5 取某煤泥水进行过滤性能测试，其主要性质为 pH=9.30，悬浮物 SS=95.1 g/L，黏度 $\mu=2.87\times10^{-3}$ Pa·S，在真空度 $P=7.03\times10^{4}$ Pa 下进行实验，结果如表 12-6 所示。过滤完后将滤饼烘干称重为 3.27 g，即 $C=3.27/34=0.096$ g/ml，布氏漏斗过滤面积 $A=63.59$ cm²。试求该煤泥水的污泥比阻值，并判断其过滤脱水性能。

表 12-6　煤泥水过滤性能测试结果

过滤时间 t/s	270	300	360	420	480
滤液体积 V/ml	30	31	32	33	34
t/V	8.40	9.68	11.25	12.73	14.12

12-6 取上题中相同的煤泥水样 500 mL，加入 0.1%PAM 10 mL，搅拌 30 s，再加入 2%电石渣 150 mL，再搅拌 30 s，沉降 30 min 后，取 200 mL 絮凝体进行过滤性能实验，真空度为 2.34×10^{4}Pa。实验结果列于表 12-7。过滤完后将滤饼烘干称重为 7.50 g，布氏漏斗过滤面积 $A=63.59$ cm²。试求加入絮凝剂之后该煤泥水的污泥比阻值，并判断其过滤脱水性能。

表 12-7　絮凝体过滤性能实验结果

过滤时间 t/s	30	60	90	120	150	180
滤液体积 V/mL	40	69	95	117	131	143
t/V	0.75	0.87	0.95	1.03	1.15	1.26

12-7　城市污水处理厂的污泥为什么要进行消化处理？有哪些措施可以加速污泥消化过程？什么叫投配率？它的含义是什么？

12-8　污泥的最终处置方法有哪几种？各有什么作用？

附 录

附录1 氧在蒸馏水中的溶解度

水温 T/℃	溶解度/（mg/L）	水温 T/℃	溶解度/（mg/L）
0	14.62	16	9.95
1	14.23	17	9.74
2	13.84	18	9.54
3	13.48	19	9.35
4	13.13	20	9.17
5	12.80	21	8.99
6	12.48	22	8.83
7	12.17	23	8.63
8	11.87	24	8.53
9	11.59	25	8.38
10	11.33	26	8.22
11	11.08	27	8.07
12	10.83	28	7.92
13	10.60	29	7.77
14	10.37	30	7.63
15	10.15		

附录2 水温和饱和蒸汽压力（$h_{va}=\frac{P_{va}}{\gamma}$）的关系

水温/℃	0	5	10	20	30	40	50	60	70	80	90	100
饱和蒸汽压力 h_{va}/mH$_2$O	0.06	0.09	0.12	0.24	0.43	0.75	1.25	2.02	3.17	4.82	7.14	10.33

附录3 海拔高度与大气压力（$\frac{P_a}{\gamma}$）关系

海拔/m	−600	0	100	200	300	400	500	600	700
大气压（$\frac{P_a}{\gamma}$）/mH$_2$O	11.3	10.33	10.2	10.1	10.0	9.8	9.7	9.6	9.5
海拔/m	800	900	1 000	1 500	2 000	3 000	4 000	5 000	—
大气压（$\frac{P_a}{\gamma}$）/mH$_2$O	9.4	9.3	9.2	8.6	8.4	7.3	6.3	5.5	—

附录 4（a）　空气管径计算图表

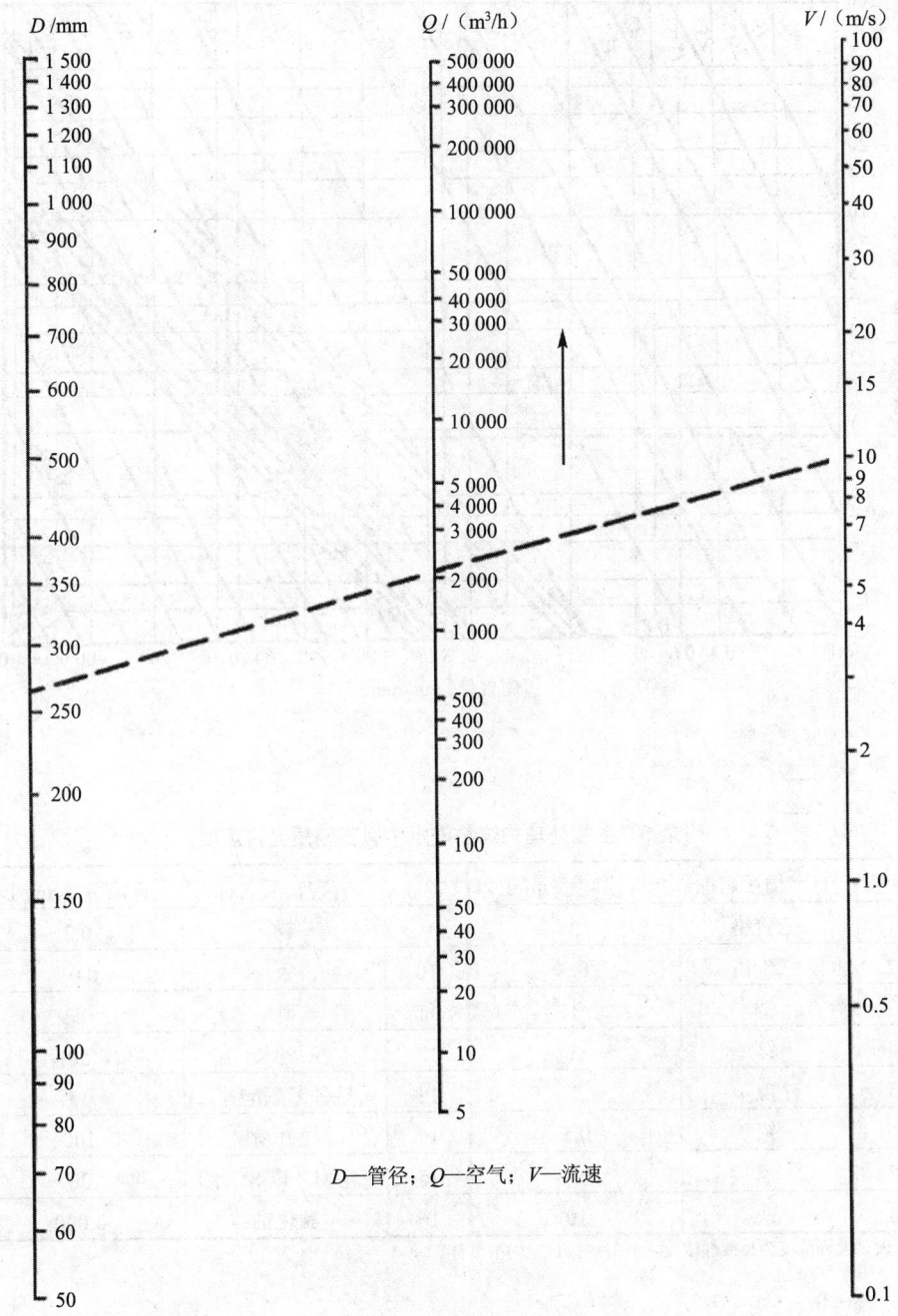

D /mm　　　　　Q /（m³/h）　　　　V /（m/s）

D—管径；Q—空气；V—流速

附录（b） 摩擦损失计算图

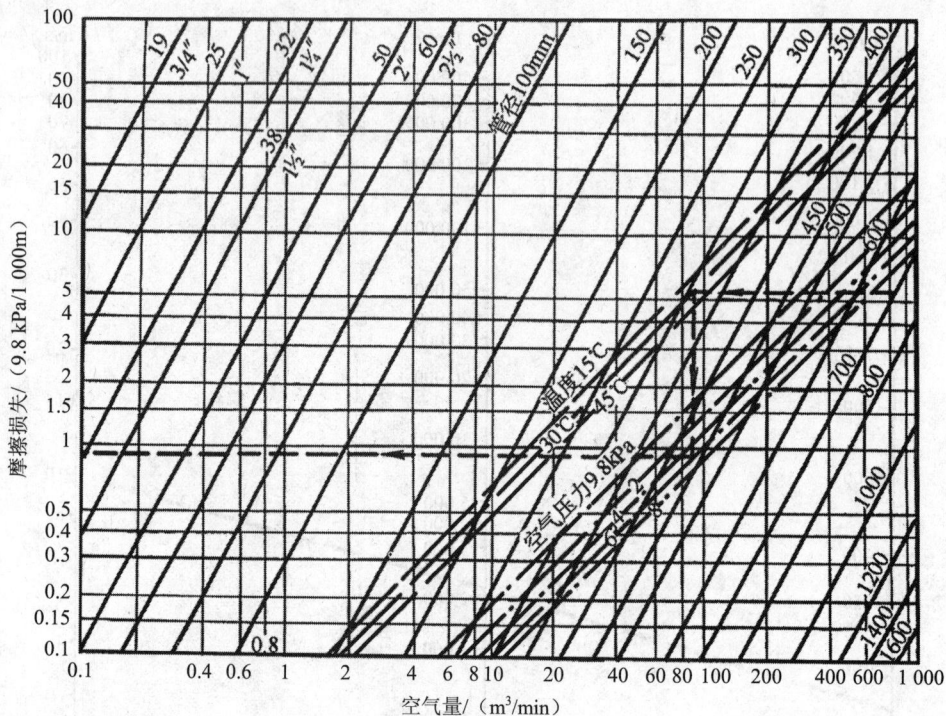

附录5 生物处理构筑物进水中有害物质允许浓度

序号	有害物质名称	允许浓度/（mg/L）	序号	有害物质名称	允许浓度/（mg/L）
1	三价铬	3	9	锑	0.2
2	六价铬	0.5	10	汞	0.01
3	铜	1	11	砷	0.2
4	锌	5	12	石油类	50
5	镍	2	13	烷基苯磺酸盐	15
6	铅	0.5	14	拉开粉	100
7	镉	0.1	15	硫化物（以 S^{2-} 计）	20
8	铁	10	16	氯化钠	4 000

注：表列允许浓度为持续性浓度。一般可按日平均浓度计。

附录6　污水排入城市下水道水质标准（CJ 343—2010）

序号	控制项目名称	单位	A 等级	B 等级	C 等级
1	水温	℃	35	35	35
2	色度	倍	50	70	60
3	易沉固体	mL/（L·15 min）	10	10	10
4	悬浮物	mg/L	400	400	300
5	溶解性总固体	mg/L	1 600	2 000	2 000
6	动植物油	mg/L	100	100	100
7	石油类	mg/L	20	20	15
8	pH	—	6.5～9.5	6.5～9.5	6.5～9.5
9	生化需氧量（BOD_5）	mg/L	350	350	150
10	化学需氧量（COD）	mg/L	500（800）	500（800）	300
11	氨氮（以 N 计）	mg/L	45	45	25
12	总氮（以 N 计）	mg/L	70	70	45
13	总磷（以 P 计）	mg/L	8	8	5
14	阴离子表面活性剂（LAS）	mg/L	20	20	10
15	总氰化物	mg/L	0.5	0.5	0.5
16	总余氯（以 Cl_2 计）	mg/L	8	8	8
17	硫化物	mg/L	1	1	1
18	氟化物	mg/L	20	20	20
19	氯化物	mg/L	500	600	800
20	硫酸盐	mg/L	400	600	600
21	总汞	mg/L	0.02	0.02	0.02
22	总镉	mg/L	0.1	0.1	0.1
23	总铬	mg/L	1.5	1.5	1.5
24	六价铬	mg/L	0.5	0.5	0.5
25	总砷	mg/L	0.5	0.5	0.5
26	总铅	mg/L	1	1	1
27	总镍	mg/L	1	1	1
28	总铍	mg/L	0.005	0.005	0.005
29	总银	mg/L	0.5	0.5	0.5
30	总硒	mg/L	0.5	0.5	0.5
31	总铜	mg/L	2	2	2
32	总锌	mg/L	5	5	5
33	总锰	mg/L	2	5	5
34	总铁	mg/L	5	10	10
35	挥发酚	mg/L	1	1	0.5

序号	控制项目名称	单位	A 等级	B 等级	C 等级
36	苯系物	mg/L	2.5	2.5	1
37	苯胺类	mg/L	5	5	2
38	硝基苯类	mg/L	5	5	3
39	甲醛	mg/L	5	5	2
40	三氯甲烷	mg/L	1	1	0.6
41	四氯化碳	mg/L	0.5	0.5	0.06
42	三氯乙烯	mg/L	1	1	0.6
43	四氯乙烯	mg/L	0.5	0.5	0.2
44	可吸附有机卤化物（AOX，以 Cl 计）	mg/L	8	8	5
45	有机磷农药（以 P 计）	mg/L	0.5	0.5	0.5
46	五氯酚	mg/L	5	5	5

附录 7　水处理技术中常用名词的英文缩写及中英文对照

英文缩写	英文全称	中文含义
TCU	True Color Unit	真色单位
JTU	Jackson Turbidity Unit	杰克逊浊度单位
NTU	Nephelometric Turbidity Unit	散射浊度单位
TS	Total Solids	总固体
TSS	Total Suspended Solid	悬浮固体总量
SS	Suspend Solids	悬浮固体
VSS	Volatile Suspend Solids	挥发性悬浮固体
NVSS	Non-Volatile Suspend Solids	非挥发性悬浮固体
DS	Dissolved Solids	溶解固体
BOD	Bio-Chemical Oxygen Demand	生化需氧量
COD	Chemical Oxygen Demand	化学需氧量
TOD	Total Oxygen Demand	总需氧量
ThOD	Theory Oxygen Demand	理论需氧量
TOC	Total Organic Carbon	总有机碳
DOC	Dissolved Organic Carbon	溶解有机碳
TN	Total Nitrogen	总氮
TP	Total Phosphorus	总磷
TKN	Total Kjeldahl Nitrogen	总凯氏氮
TON	Total Organic Nitrogen	总有机氮
THMs	Trihalomethanes	三卤甲烷
HAAs	Haloacetic acids	卤乙酸
AOPs	Advanced Oxidation Processes	高级氧化工艺

英文缩写	英文全称	中文含义
WAO	Wet Air Oxidation	湿式氧化法
WPO	Wet Peroxide Oxidation	湿式过氧化物氧化法
CWAO	Catalytic Wet Air Oxidation	催化湿式氧化法
SCWO	Supercritical Water Oxidation	超临界水氧化法
PAC	Poly Aluminum Chloride	聚合氯化铝
PAS	Poly Aluminium Sulfate	聚合硫酸铝
PFS	Poly Ferric Sulfate	聚合硫酸铁
PFC	Poly Ferric chloride	聚合氯化铁
PAM	Polyacrylamide	聚丙烯酰胺
PEO	Polyethylene Oxide	聚氧化乙烯
CSTR	Continuous Stirred-Tank Reactor	连续流搅拌反应器
MLSS	Mixed Liquor Suspended Solids	混合液悬浮固体浓度
MLVSS	Mixed Liquor Volatile Suspended Solids	混合液挥发性悬浮固体浓度
SV	Settling Velocity	污泥沉降比
SVI	Sludge Volume Index	污泥体积指数
SDI	Sludge Density Index	污泥密度指数
SRT	Sludge Residence Time	污泥龄
HRT	Hydraulic Retention Time	水力停留时间
CLR	Closed Loop Ractor	封闭环流式反应池
SBR	Sequencing Batch Reactor	序批式反应池
OD	Oxidation Ditch	氧化沟
ORP	Oxidation-Reduction Potential	氧化还原电位
CAST	Cyclic Activated Sludge Technology	循环式活性污泥法
CASS	Cyclic Activratied Sludge System	周期循环活性污泥法
ICEAS	Intermittent Cycle Extended Aeration System	间歇循环延时曝气系统
AB	Absorption Bio-degradation	吸附-生物降解
MBR	Membrane Biological Reactor	膜生物反应器
BAF	Biological Aerated Filters	曝气生物滤池法
UASB	Upflow Anaerobic Sludge Blanket Reactor	升流式厌氧污泥床
AEB	Anaerobic Expanded Bed	厌氧膨胀床
AFB	Anaerobic Fluidized Bed	厌氧流化床
ABR	Anaerobic Baffled Reactor	厌氧挡板反应器
ARBR	Anaerobic Rotating Biological Reactor	厌氧生物转盘
EGSB	Expanded Granular Sludge Bed	膨胀颗粒污泥床
IC	Internal Circulation	内循环反应器

参考文献

[1] 顾夏声，黄铭荣，王占生. 水处理工程[M]. 北京：清华大学出版社，1985.

[2] 高廷耀，顾国维，周琪. 水污染控制工程下册（第三版)[M]. 北京：高等教育出版社，2007.

[3] 张自杰. 排水工程下册（第四版）[M]. 北京：中国建筑工业出版社，2008.

[4] 张自杰. 环境工程手册（水污染防治卷)[M]. 北京：高等教育出版社，1996.

[5] 王宝贞，王琳. 水污染治理新技术 —— 新工艺、新概念、新理论[M]. 北京：科学出版社，2004.

[6] 张自杰. 废水处理理论与设计[M]. 北京：中国建筑工业出版社，2003.

[7] 胡纪萃. 废水厌氧生物处理理论与技术[M]. 北京：中国建筑工业出版社，2003.

[8] 张忠祥，钱易. 废水生物处理新技术[M]. 北京：清华大学出版社，2004.

[9] 钱易，米祥友. 现代废水处理新技术[M]. 北京：中国科学技术出版社，1993.

[10] 张希衡. 水污染控制工程[M]. 北京：冶金工业出版社，1993.

[11] 张希衡. 废水厌氧生物处理工程[M]. 北京：中国环境科学出版社，1996.

[12] 邓荣森. 氧化沟污水处理理论与技术[M]. 北京：化学工业出版社，2006.

[13] [美]威廉·W. 纳扎洛夫，莉萨·阿尔瓦雷斯·科恩. 环境工程原理[M]. 漆新华，刘春光，译. 北京：化学工业出版社，2006.

[14] 吴婉娥，葛红光，张克峰. 废水生物处理技术[M]. 北京：化学工业出版社，2002.

[15] 谭万春. UASB 工艺及工程实例[M]. 北京：化学工业出版社，2009.

[16] 任南琪，赵庆良. 水污染控制原理与技术[M]. 北京：清华大学出版社，2007.

[17] 赵庆良，任南琪. 水污染控制工程[M]. 北京：化学工业出版社，2005.

[18] 赵庆良，刘雨. 废水处理与资源化新工艺[M]. 北京：中国建筑工业出版社，2006.

[19] 晋日亚，胡双启. 水污染控制技术与工程[M]. 北京：兵器工业出版社，2004.

[20] 秦麟源. 废水生物处理[M]. 上海：同济大学出版社，1999.

[21] 区岳州，胡勇有. 氧化沟污水处理技术及工程实例[M]. 北京：化学工业出版社，2005.

[22] 任南琪，马放，等. 污染控制微生物学原理与应用[M]. 北京：化学工业出版社，2003.

[23] 沈耀良，王宝贞. 废水生物处理新技术 —— 理论与应用[M]. 北京：中国环境科学出版社，2000.

[24] 唐受印，戴友芝，汪大翚. 废水处理工程（第二版）[M]. 北京：化学工业出版社，2004.

[25] 王小文. 水污染控制工程[M]. 北京：煤炭工业出版社，2002.

[26] 王燕飞. 水污染控制技术[M]. 北京：化学工业出版社，2001.

[27] 曾科，卜秋平，陆少鸣. 污水处理厂设计与运行[M]. 北京：化学工业出版社，2001.

[28] 赵庆祥. 污泥资源化技术[M]. 北京：化学工业出版社，2002.

[29] 胡国光，曹向东，穆瑞林. 深圳市沙田人工湿地污水处理厂简介[J]. 给水排水，2003，29（8）：30-31.

[30] 李圭白，张杰. 水质工程学[M]. 北京：中国建筑工业出版社，2005.

[31] 李亚峰，晋文学. 城市污水处理厂运行管理[M]. 北京：化学工业出版社，2005.

[32] 刘雨，赵庆良，郑兴灿. 生物膜法污水处理技术[M]. 北京：中国建筑工业出版社，2000.

[33] 缪应祺. 水污染控制工程[M]. 南京：东南大学出版社，2002.

[34] 蒋文举，侯锋，宋宝增. 城市污水厂实习培训教程[M]. 北京：化学工业出版社，2007.

[35] 韩洪军. 污水处理构筑物设计与计算[M]. 哈尔滨：哈尔滨工业大学出版社，2002.

[36] 金兆丰，余志荣. 污水处理组合工艺及工程实例[M]. 北京：化学工业出版社，2003.

[37] 胡勇存，刘绮. 水处理工程[M]. 广州：华南理工大学出版社，2006.

[38] 胡亨魁. 水污染控制工程[M]. 武汉：武汉理工大学出版社，2003.

[39] 郭茂新. 水污染控制工程学[M]. 北京：中国环境科学出版社，2005.

[40] 罗固源. 水污染控制工程[M]. 北京：高等教育出版社，2006.

[41] 朱亮. 供水水源保护与微污染水体净化[M]. 北京：化学工业出版社，2005.

[42] 蒋展鹏. 环境工程学[M]. 北京：高等教育出版社，2005.

[43] 成官文. 水污染控制工程[M]. 北京：化学工业出版社，2009.

[44] 唐受印，戴友芝. 水处理工程师手册[M]. 北京：化学工业出版社，2000.

[45] 魏先勋，陈信常，马菊元，等. 环境工程设计手册[M]. 长沙：湖南科学技术出版社，2002.

[46] 姜应和，谢水波，水质工程学（下）[M]. 北京：机械工业出版社，2011.

[47] Metcalf & Eddy Inc. Wastewater Engineering：Treatment and Reuse（Fourth Edition）. New York：McGraw-Hill Companies，Inc.，2003.

[48] W. Wesley Eckenfelder. Jr. Industrial water Pollution Control（Third Edition）. New York：McGraw-Hill Companies，Inc.，2000.

[49] N. F. Gray. Biology of Wastewater Treatment（Second Edition）. London：Imperial College Press，2004.

[50] Nicholas P. Cheremisinoff. Biotechnology for Waste and Wastewater Treatment. New Jersey：Noyes Publications，1996.

[51] Michael H. Gerardi. Wastewater Bacteria. New Jersey：John Wiley & Sons，Inc.，2006.

[52] Gabriel Bitton. Wastewater Microbiology（3 rd Edition）. New Jersey：John Wiley & Sons，Inc.，2005.

[53] Mihelcic James R. Fundamentals of Environmental Engineering. New Jersey：John Wiley & Sons，Inc.，1999.

[54] Crady C P L，Lim H C. Biological wastewater treatment：Theory and applications. New York：Marcel Dekker，1980.